MCGS 嵌入版组态软件应用教程

主　编　孙亚灿

副主编　王晶晶　翟　辉

北京理工大学出版社
BEIJING INSTITUTE OF TECHNOLOGY PRESS

内容简介

本书通过恒压供水控制系统的设计过程，详细讲解了 MCGS 嵌入版组态软件的基本元件应用和系统功能，包括标准元件的使用、实时数据库的建立、报警功能组态、曲线显示、脚本程序的编写、策略运行、安全机制、配方处理等内容。本书建立了一套以计算机、PLC、通信技术为主线，理论结构完整，工程实践性强的课程教学体系。

本书是根据高等院校制造装备大类专业自动控制类课程的教学目标，按照项目式课程改革的要求编写而成的理论实践一体化教学参考用书，符合高等院校教育规律和学生的认知规律。

本书浅显易懂，遵循应用软件学习规律，实用性强。

本书可作为高等院校机电类专业学生的教材，也可供从事组态控制开发应用的工程技术人员参考。

图书在版编目（CIP）数据

MCGS 嵌入版组态软件应用教程/孙亚灿主编．—北京：北京理工大学出版社，2019.5

ISBN 978-7-5682-5977-4

Ⅰ.①M…　Ⅱ.①孙…　Ⅲ.①工业控制系统-应用软件-高等职业教育-教材　Ⅳ.①TP273

中国版本图书馆 CIP 数据核字（2019）第 096652 号

出版发行／北京理工大学出版社有限责任公司
社　　址／北京市海淀区中关村南大街 5 号
邮　　编／100081
电　　话／（010）68914775（总编室）
　　　　　（010）82562903（教材售后服务热线）
　　　　　（010）68948351（其他图书服务热线）
网　　址／http：//www.bitpress.com.cn
经　　销／全国各地新华书店
印　　刷／涿州市新华印刷有限公司
开　　本／787 毫米×1092 毫米　1/16
印　　张／16
字　　数／380 千字
版　　次／2019 年 5 月第 1 版　2019 年 5 月第 1 次印刷
定　　价／64.00 元

责任编辑／钟　博
文案编辑／钟　博
责任校对／周瑞红
责任印制／施胜娟

前言

随着我国工业现代化水平的提高，各种各样的控制设备被大量地应用于生产、生活的各个领域，人们对人机界面交互的工业控制自动化的要求也越来越高。

本书把 MCGS 组态软件的使用方法、基本元件特点、运行策略与可编程控制器的使用方法、变频器的应用等结合起来，帮助使用者实现人机界面控制设计要求。使读者学习后可以对人机界面有比较系统的了解和掌握。

本书力求将组态软件的使用系统地表述出来，帮助学习者构建一个完整、美观、功能强大的控制系统。

本书分为四个部分。根据认知规律及工程要求，第一部分主要解决了选型的问题；第二部分主要帮助初学者搭建一个能够实现简单功能的人机交互式控制系统；第三部分是进阶部分，帮助学习者实现数据存储、报警、安全等高级要求；第四部分帮助学习者融会贯通，将前面学习的内容、实现的功能整合在一起，形成一个完整的恒压供水控制系统。同时，各个部分包含“实训练习”，供练习使用。由于学时的限制，课堂上只能讲授书中的一些基本功能，许多内容可让学生参照课本操作练习。

本书由孙亚灿主编，负责全书的内容结构安排、工作协调及统稿工作。参与编写的还有王晶晶、翟辉。

本书内容根据学生的认知规律编排，编写工作量大，由于编者水平有限，不足之处在所难免，欢迎广大读者批评指正。

编　者

目录 Contents

第一部分

MCGS 嵌入版组态软件简介

1.1 MCGS 嵌入版组态软件的主要功能及组成

1.1.1 MCGS 嵌入版组态软件的主要功能

通用监控系统（Monitor and Control Generated System，MCGS）是一套用于快速构造和生成计算机监控系统的组态软件，通过对现场数据的采集处理，以动画显示、报警处理、流程控制、实时曲线、历史曲线和报表输出等多种方式向用户提供解决实际工程问题的方案。

MCGS 嵌入版组态软件的主要特点和基本功能如下：

（1）有简单灵活的可视化操作界面，采用全中文、可视化的开发界面，符合中国人的使用习惯和要求。

（2）7.7 版本软件向下兼容，支持全系列产品，兼容 Win7－64 位系统。

（3）有丰富、生动的多媒体画面，以图像、图符、报表、曲线等多种形式，为操作员及时提供相关信息。

（4）有完善的安全机制，提供了良好的安全机制，可以为多个不同级别的用户设定不同的操作权限。

（5）支持串口、网口等多种通信方式，支持 MPI 直连、PPT187.5K。

（6）有多样化的报警功能，提供多种不同的报警方式，具有丰富的报警类型，方便用户进行报警设置。

（7）提供了 800 多种常用设备的驱动。

总之，MCGS 嵌入版组态软件具有与通用组态软件一样强大的功能，并且操作简单，易学易用。

1.1.2 MCGS 嵌入版组态软件的组成

MCGS 嵌入版组态软件生成的用户应用系统，其结构由主控窗口、设备窗口、用户窗口、实时数据库和运行策略 5 个部分构成，如图 1－1 所示。

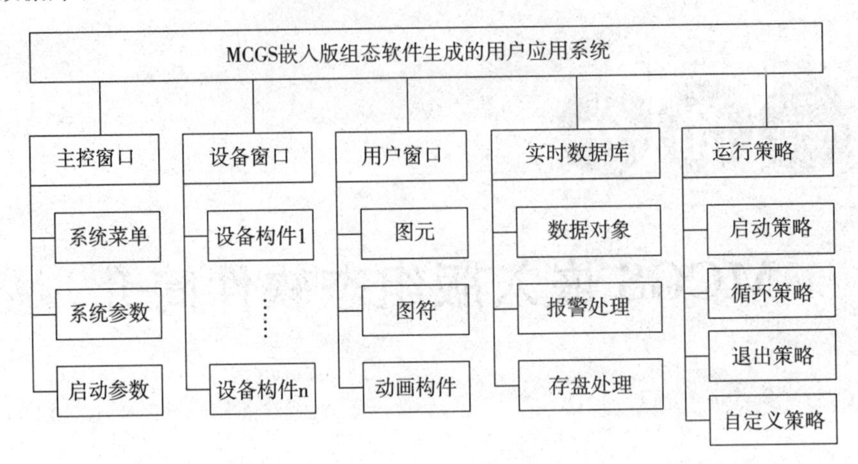

图 1－1 MCGS 嵌入版组态软件生成的用户应用系统的结构

（1）主控窗口确定了工业控制中工程作业的总体轮廓，以及运行流程、特性参数和启动特性等项内容，是应用系统的主框架。

（2）设备窗口是 MCGS 嵌入版系统与外部设备联系的媒介，是专门用来放置不同类型和功能的设备构件，实现对外部设备的操作和控制。设备窗口通过设备构件把外部设备的数据采集进来，送入实时数据库，或把实时数据库中的数据输出到外部设备。

（3）用户窗口实现了数据和流程的“可视化”。在用户窗口中可以放置 3 种不同类型的图形对象：图元、图符和动画构件。通过在用户窗口内放置不同的图形对象，用户可以构造各种复杂的图形界面，用不同的方式实现数据和流程的“可视化”。

（4）实时数据库是 MCGS 嵌入版系统的核心。它相当于一个数据处理中心，同时也起到公共数据交换区的作用。从外部设备采集来的实时数据送入实时数据库，系统其他部分操作的数据也来自实时数据库。

（5）运行策略是对系统运行流程实现有效控制的手段。运行策略本身是系统提供的一个框架，其里面放置由策略条件构件和策略构件组成的“策略行”，通过对运行策略的定义，系统能够按照设定的顺序和条件操作任务，实现对外部设备工作过程的精确控制。

1.2 MCGS 嵌入版组态软件的安装

MCGS 嵌入版组态软件的组态环境和模拟运行环境相当于一套完整的工具软件，可以在 PC 上运行。MCGS 嵌入版组态软件的运行环境是一个独立的运行系统，它按照组态工程中用户指定的方式进行各种处理，完成用户组态设计的目标和功能。运行环境本身没有任何意义，必须与组态工程一起作为一个整体，才能构成用户应用系统。一旦组态工作完成，并且将组态好的工程通过 USB 口下载到嵌入式一体化触摸屏的运行环境中，组态工程就可以离开组态环境而独立运行在 TPC 上，从而实现了控制系统的可靠性、实时性、确定性和安全性。

在运行 MCGS 嵌入版组态软件前，必须先在电脑上安装该软件，安装过程如下：

把装有安装程序的光盘放到计算机的光驱中或者在计算机的硬盘中找到软件的安装包，打开安装包所在的文件夹，找到安装文件，如图 1－2、图 1－3 所示。

图 1－2　安装包所在文件夹

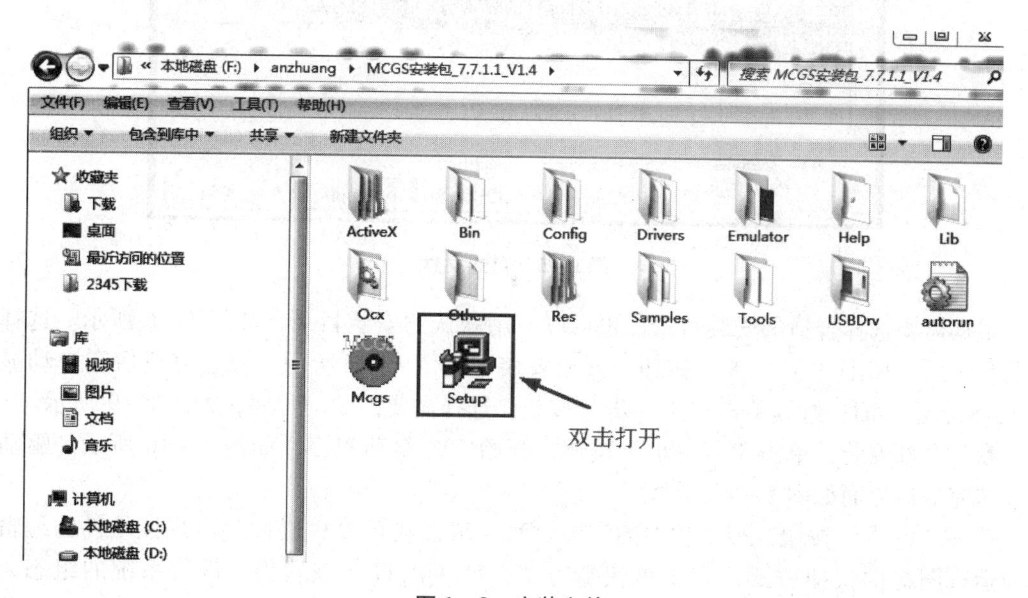

图 1－3　安装文件

双击安装图标，开始组态软件的安装，按照提示单击“下一步”按钮即可开始安装，如图1-4及图1-5所示。

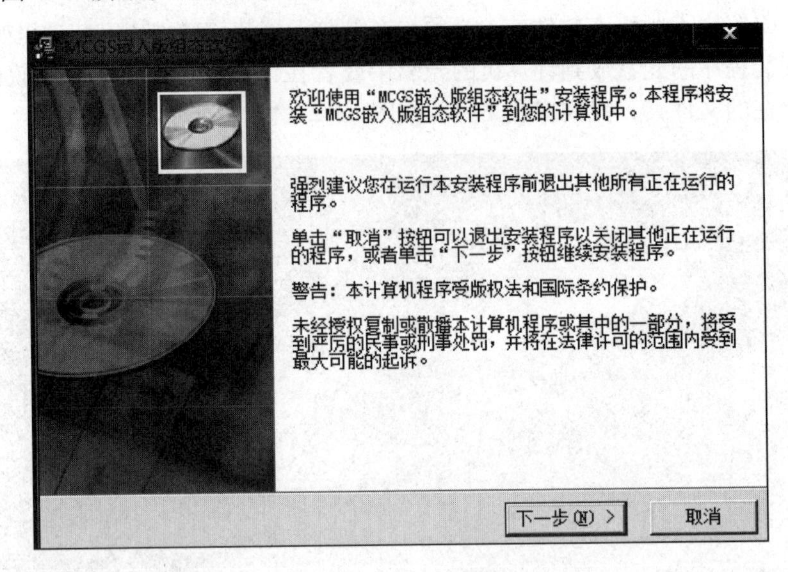

图1-4　欢迎安装界面

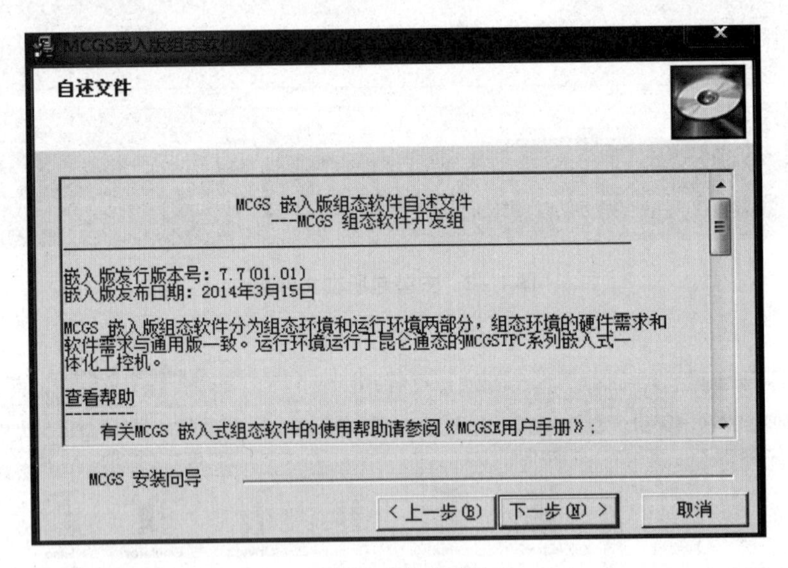

图1-5　自述文件

根据需要选择合适的安装目录，也可以使用默认的安装目录，如图1-6所示。选择好安装目录后，单击“下一步”按钮，开始安装，如图1-7所示。安装完成后会自动显示图1-8所示界面，继续单击“下一步”按钮，选择需要的驱动程序，如图1-9所示。

默认全部安装，单击“下一步”按钮，开始安装驱动程序，如图1-10所示。驱动程序安装完成后界面如图1-11所示。

单击“完成”按钮，整个软件的安装过程完成，在计算机桌面会出现该软件的编辑图标及运行图标的快捷方式，双击该快捷方式，就可以打开该软件，进行系统的组态，如图1-12所示。

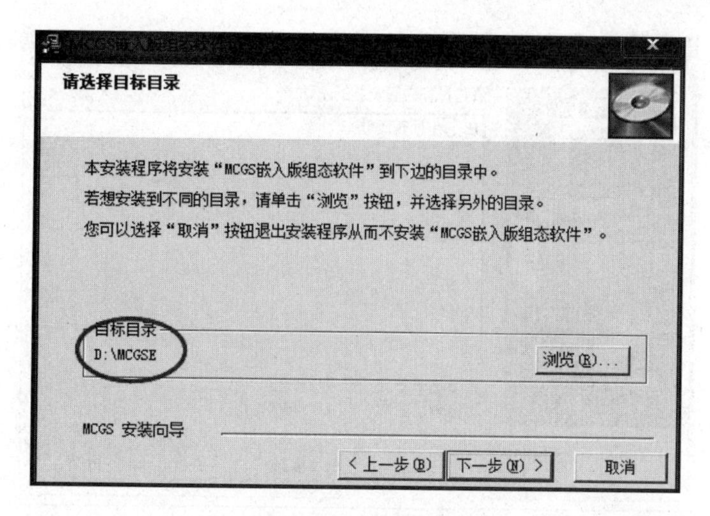

图1－6　安装目录

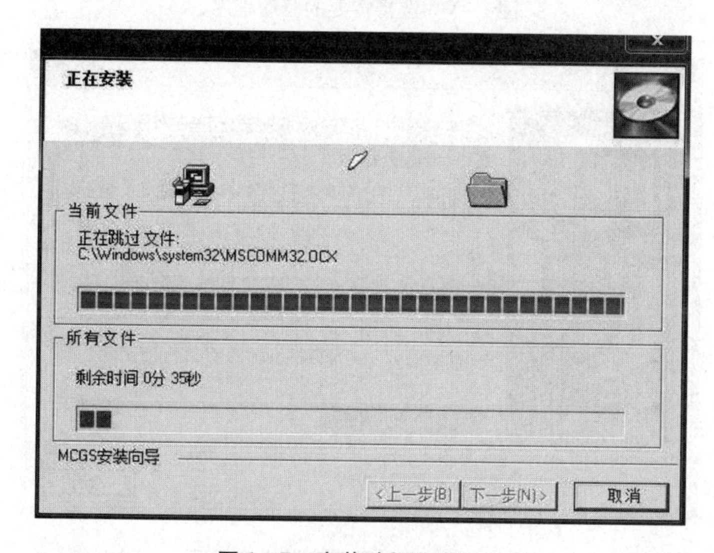

图1－7　安装过程进度显示

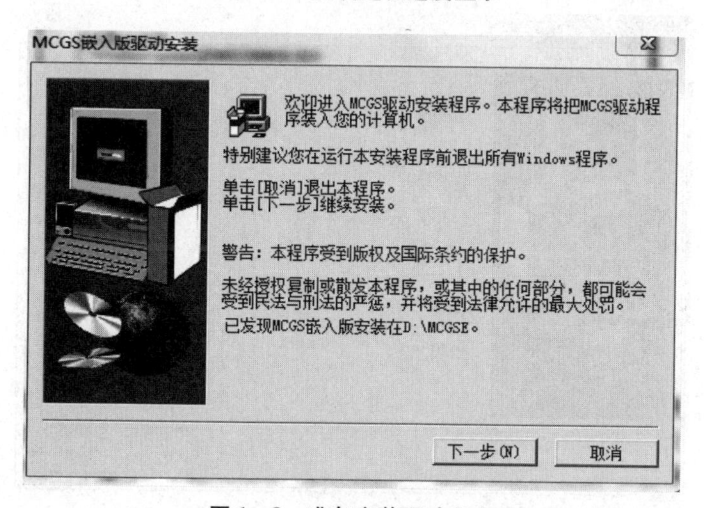

图1－8　准备安装驱动程序

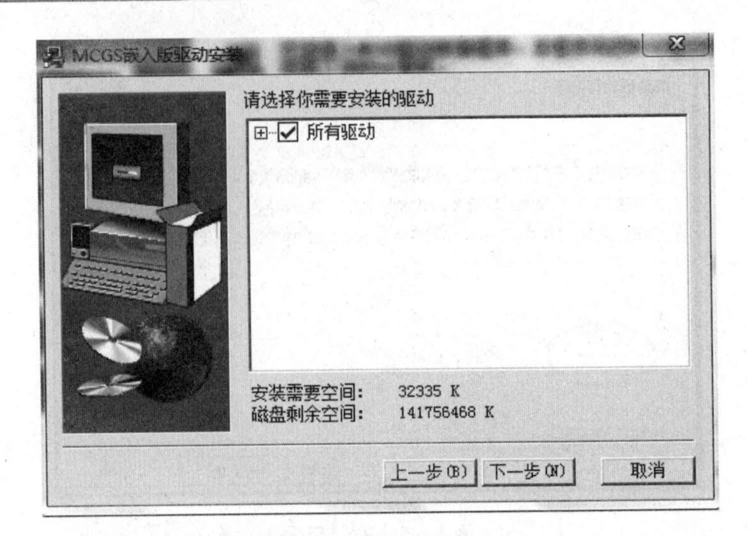

图1－9　选择需要的驱动程序

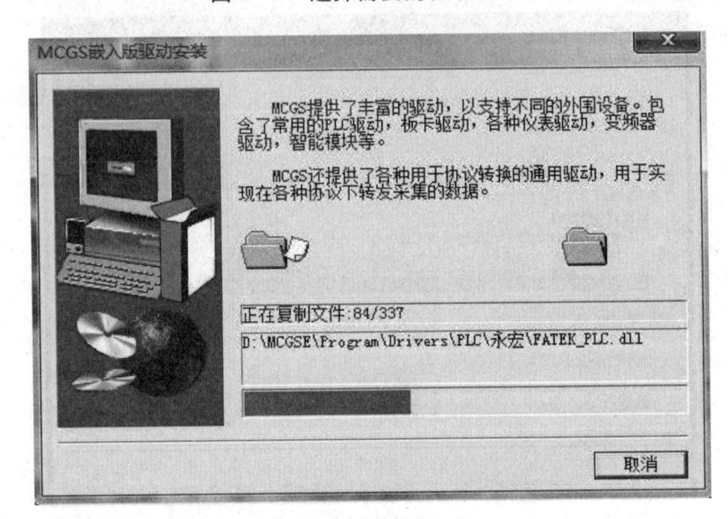

图1－10　驱动程序安装进度显示

图1－11　安装完成

图 1-12 快捷方式

1.3 TPC7062K 系列触摸屏简介

1.3.1 TPC7062K 产品的外观及安装

1. TPC7062K 产品的外观

TPC7062K 产品的外观如图 1-13 所示。

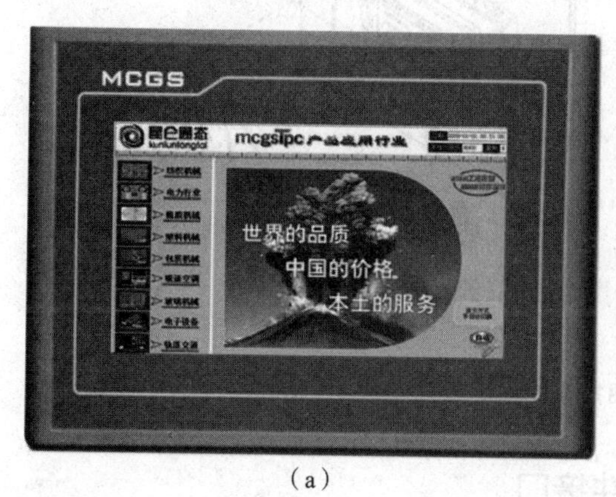

(a)

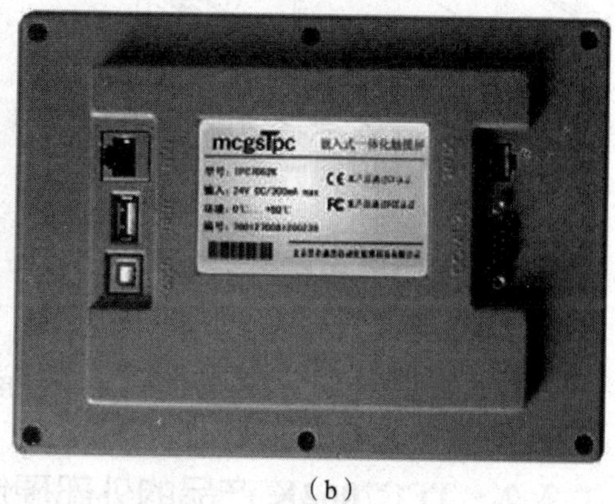

(b)

图 1-13 TPC7062K 产品的外观

(a) 正面图；(b) 背面图

2. TPC7062K 产品的安装

TPC7062K 产品的安装如图 1－14 所示。

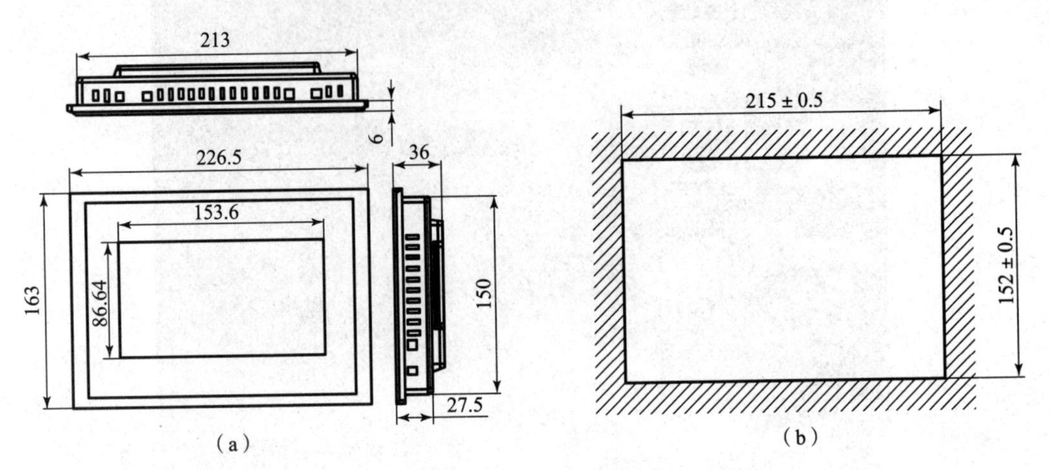

图 1－14　TPC7062 产品的外形尺寸及安装的开孔尺寸

(a) 外形尺寸；(b) 安装的开孔尺寸

3. TPC7062K 产品的安装方式

TPC7062K 产品的安装方式如图 1－15 所示。

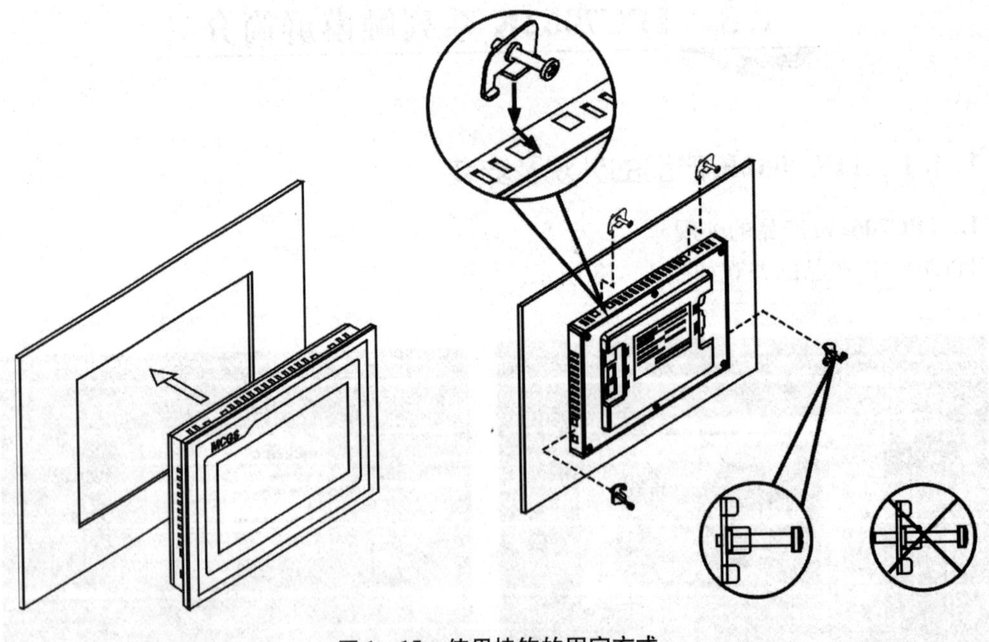

图 1－15　使用挂钩的固定方式

1.3.2　TPC7062K 产品的外部硬件接口

触摸屏进行程序的下载或者与外部设备（PLC）进行连接，必须通过相应的硬件接口，图 1－16 所示 TPC7062K 产品的外部硬件接口。

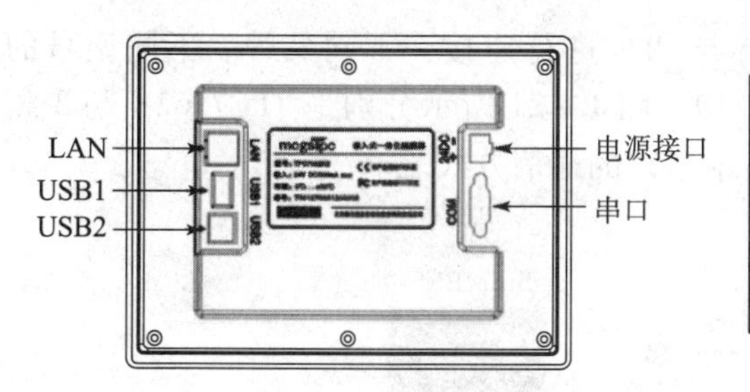

项目	TPC7062K
LAN（RJ45）	以太网接口
串口（DB9）	1×RS232, 1×RS485
USB1	主口，USB1.1兼容
USB2	从口，用于下载工程
电源接口	24 V DC ± 20%

（a）

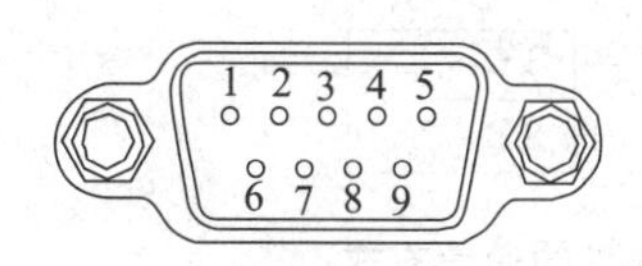

接口	PIN	引脚定义
COM1	2	RS232 RXD
	3	RS232 TXD
	5	GND
COM2	7	RS485+
	8	RS485-

（b）

图 1－16　TPC7062K 产品的外部硬件接口

（a）接口说明；（b）串口引脚定义

1.4　TPC7062K 系列触摸屏与 PLC 连接

在计算机上编辑好组态程序后，需要通过下载线，把编辑好的程序下载到触摸屏中，计算机与触摸屏的下载连接如图 1－17 所示。

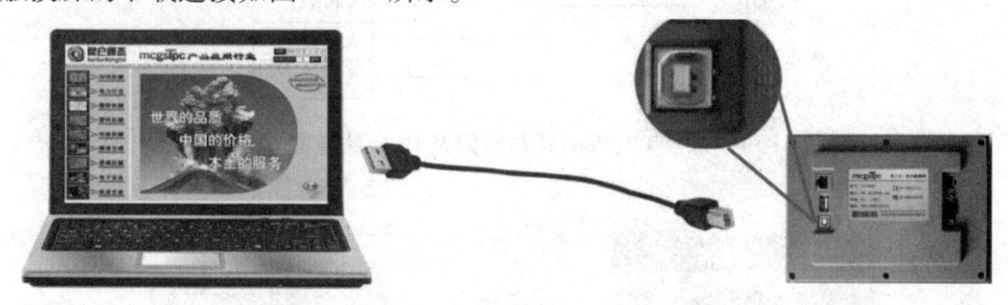

图 1－17　计算机与触摸屏的下载连接

程序下载完成后，或者重新给触摸屏供电后，触摸屏会自动重新启动，重新启动后屏幕上出现“正在启动”提示进度条，此时不需要任何操作，系统将自动进入工程运行界面，如图 1－18 所示。

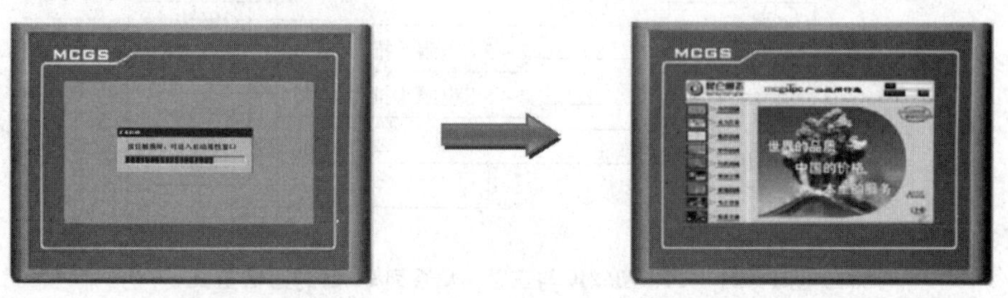

图 1－18　重新启动

触摸屏程序下载完成后，还需要把触摸屏与 PLC 进行连接，不同品牌、不同型号的 PLC 与触摸屏的连接通信电缆是不同的，图 1－19～图 1－21 所示分别是 TPC7062K 与 3 款主流 PLC（西门子 S7－200、欧姆龙、三菱 FX 系列）的通信方式。

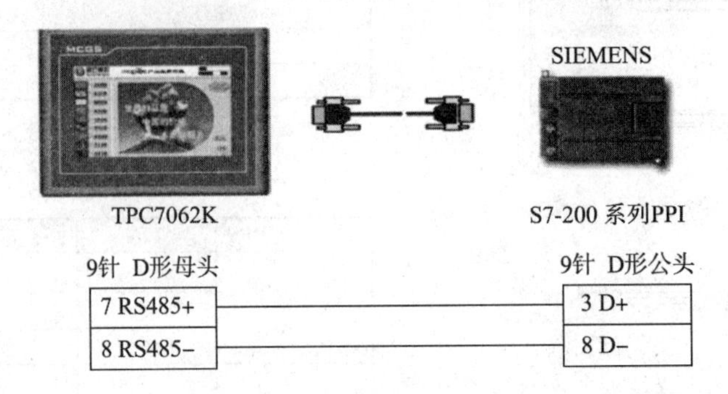

图 1－19　TPC7062K 与西门子 S7－200PLC 的通信方式

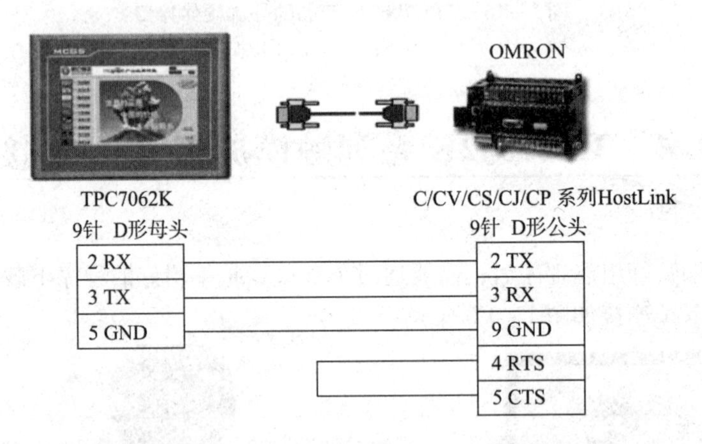

图 1－20　TPC7062K 与欧姆龙 PLC 的通信方式

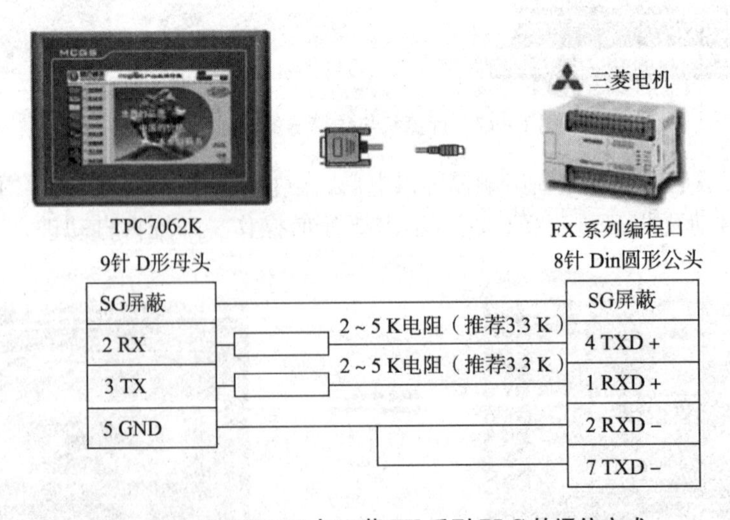

图 1－21　TPC7062K 与三菱 FX 系列 PLC 的通信方式

【实训练习 1】

（1）在电脑上进行 MCGS 嵌入版组态软件的安装练习，并安装驱动程序。
（2）通过连接线把 TPC7062K 触摸屏与实际的 PLC 进行连接并观察连接情况。

第二部分

MCGS 嵌入版基本元件组态

任何一个工程的建立都是从最基本的基础元件开始的，本部分从最基本的元件开始介绍，最终完成复杂的组态过程。

2.1 新工程的建立

2.1.1 MCGS 嵌入版组态软件工程的建立

要建立一个新的组态工程，首先要在安装了 MCGS 嵌入版组态软件的电脑上找到组态环境的快捷方式图标（MCGSE组态环境 快捷方式 629 字节），双击图标，如图 2－1 所示。

打开软件后，单击左上角的“文件”按钮，打开“文件”下拉菜单，然后单击“新建

图 2－1　打开工程

工程”按钮，如图2-2所示。也可以在打开组态软件后，单击软件左上方工具栏中的“新建工程”按钮，如图2-3所示，还可以在打开组态软件后，按“Ctrl + N”组合键。

通过上述3种方式中的任何一种方式确认后，均会弹出图2-4所示的“新建工程设

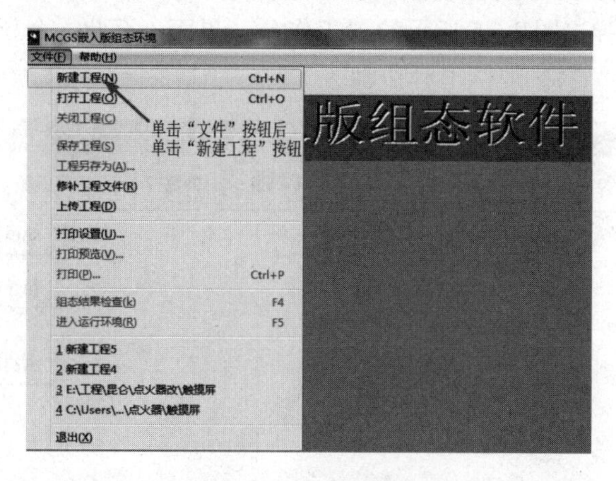

图2-2　新建工程1

图2-3　新建工程2

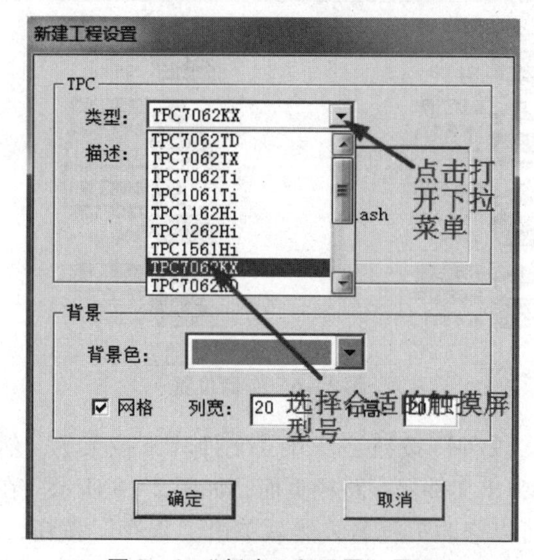

图2-4　“新建工程设置”界面

置”界面。在该界面中，单击触摸屏类型选择下拉菜单，打开触摸屏类型选择菜单，然后选择合适的触摸屏型号（要跟实际工程中选用的触摸屏型号一致，可通过触摸屏背面标签查找触摸屏型号）。选择好触摸屏型号后，其他选项暂时选择默认模式，不作任何更改，单击“确定”按钮，会弹出图2-5所示的“工作台”界面。至此一个新的MCGS嵌入版组态工程建立完成。

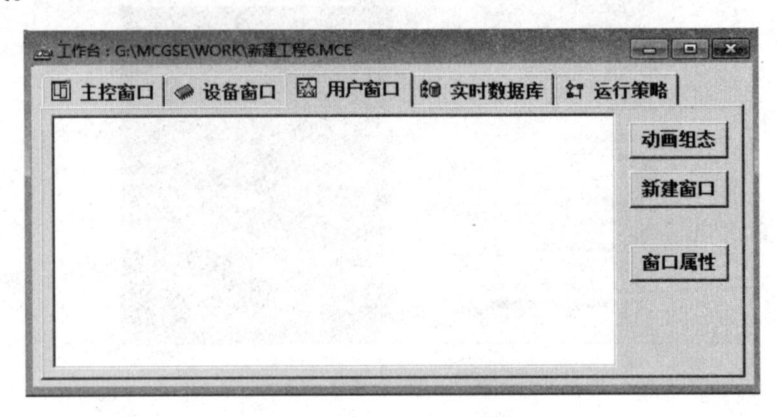

图2-5 “工作台”界面

工程建立后，可通过以下方式进行保存：

（1）单击左上角的“文件”按钮，打开“文件”下拉菜单，然后单击“保存工程”按钮，或者按“Ctrl+S”组合键进行工程保存。通过该方式保存的工程会存放在默认的存盘位置，具体位置为安装该嵌入版组态软件的硬盘分区中的“MCGSE”文件夹中的“Work”文件夹，文件名默认为“新建工程+数字”，如图2-6所示。

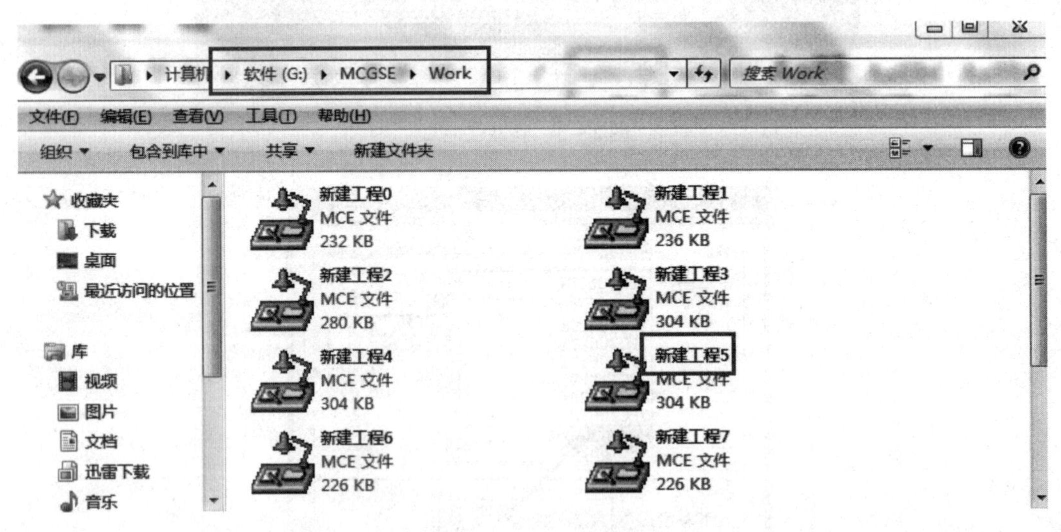

图2-6 存储位置

（2）单击左上角的“文件”按钮，打开“文件”下拉菜单，然后单击“工程另存为”按钮，如图2-7所示。弹出文件保存路径页面，如图2-8所示。在该页面中，可以选择要存储工程的存储位置，可以修改工程名，然后单击“保存”按钮，新建的工程就可以存储到指定的位置。需要注意的是，在组态过程中，要在“工作台”界面时才可以另存工程。

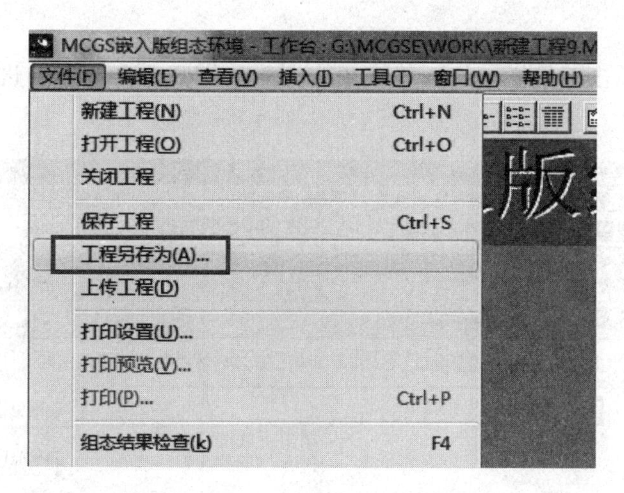

图 2－7　“工程另存为”按钮

图 2－8　工程存储位置选择

2.1.2　TPC7062K 触摸屏与电脑的连接及工程下载

触摸屏与电脑的连接如图 2－9 所示（普通的 USB 线一端为扁平接口，插到电脑的 USB 口；一端为微型接口，插到 TPC 端的 USB2 口）。

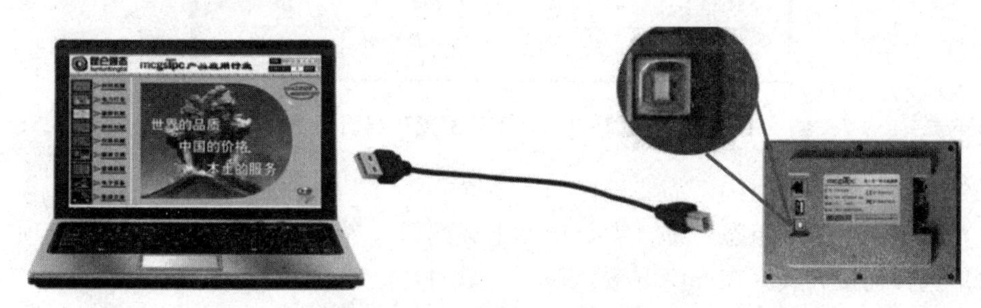

图 2－9　触摸屏与电脑的连接

连接成功后，单击工具栏中的下载按钮，如图 2－10 所示，进入“下载设置”界面，如图 2－11 所示。

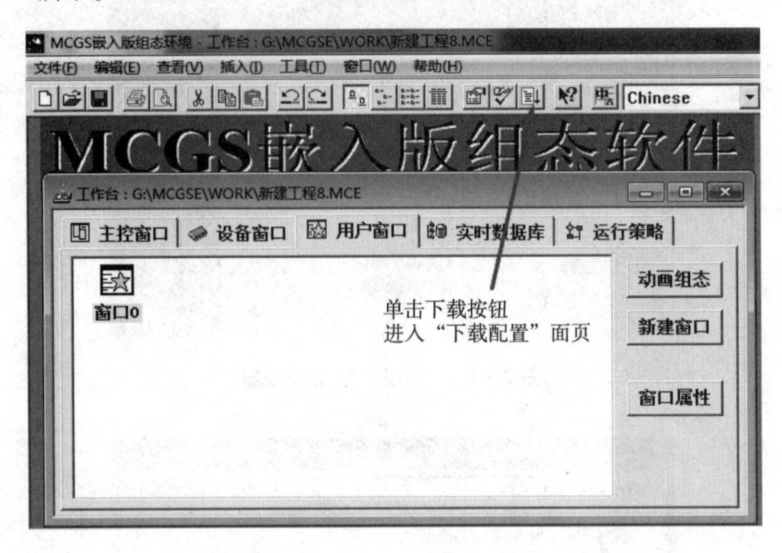

图 2－10　下载工程

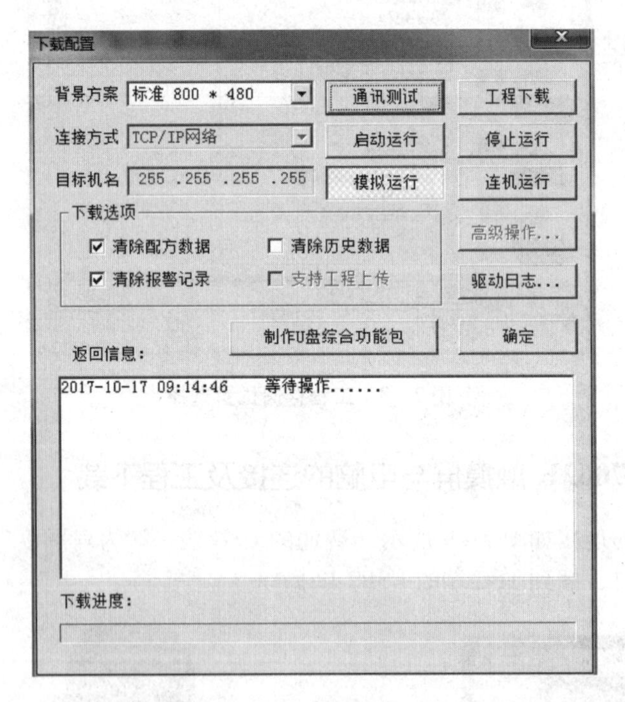

图 2－11　“下载配置”界面

在“下载配置”界面中，需要进行如下设置：

（1）在实际中下载组态工程，需要在“下载配置”界面选择“连机运行”选项。

（2）选择连接方式。在 MCGS 嵌入版组态软件中，有两种连接方式，一种是“USB 通讯”，另一种是“TCP/IP 网络”，这里选择“USB 通讯”，如图 2－12 所示。

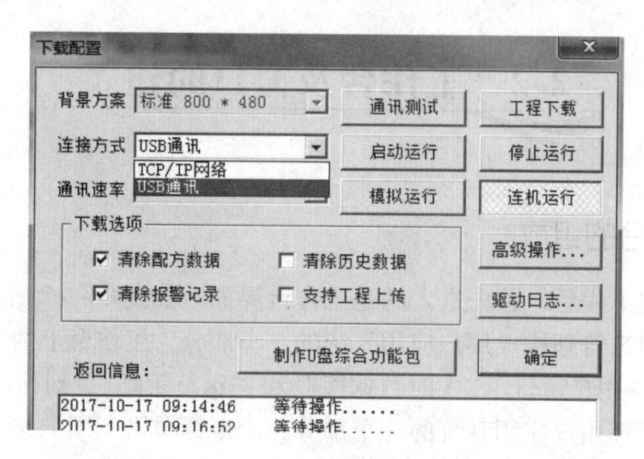

图 2－12　选择连接方式

（3）单击“工程下载”按钮，就可以把组态好的工程下载到触摸屏中。

（4）如果没有实际的硬件触摸屏，也可以通过模拟运行方式在电脑上运行组态好的工程。模拟运行时，不需要选择连接方式，但是需要单击“工程下载”按钮，并且在工程下载完成后单击“启动运行”按钮，以启动组态工程。

在配置完成，并保证电脑与触摸屏正确连接的情况下，单击“工程下载”按钮，组态好的工程就可以下载到触摸屏中，如图 2－13 所示。下载完成后单击“启动运行”按钮，就可以启动工程运行，如图 2－14 所示。

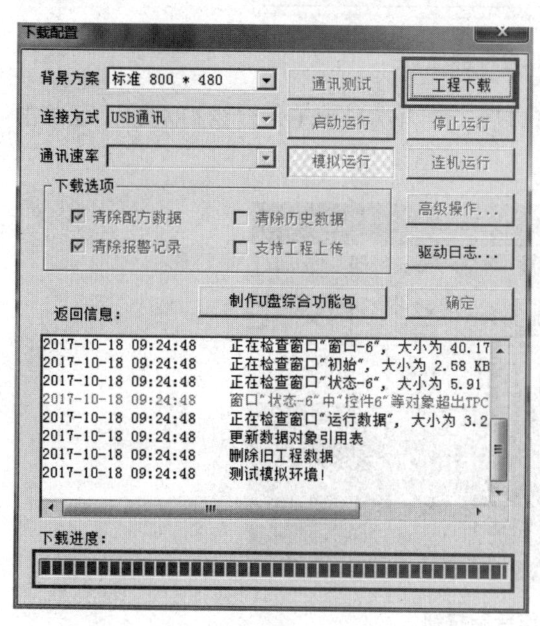

图 2－13　下载进度

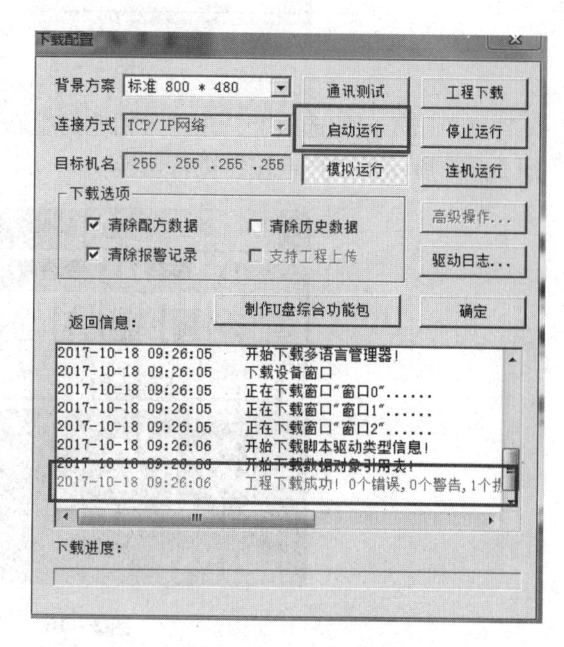

图 2－14　下载完成

【实训练习 2.1】

新建一个工程，选择触摸屏型号为 TPC7062TX，修改工程的存储位置，模拟下载运行。

2.2 工作台及窗口的建立

2.2.1 工作台的组成

在完成一个新建工程后，首先进入的是工作台界面，如图 2-15 所示。MCGS 嵌入版组态软件用工作台窗口来管理构成用户应用系统的 5 个部分，工作台上的 5 个选项卡为“主控窗口”“设备窗口”“用户窗口”“实时数据库”和“运行策略”，对应于 5 个不同的窗口页面，每个页面负责管理用户应用系统的一个部分，用鼠标单击不同的选项卡可选取不同窗口页面，对应用系统的相应部分进行组态操作。

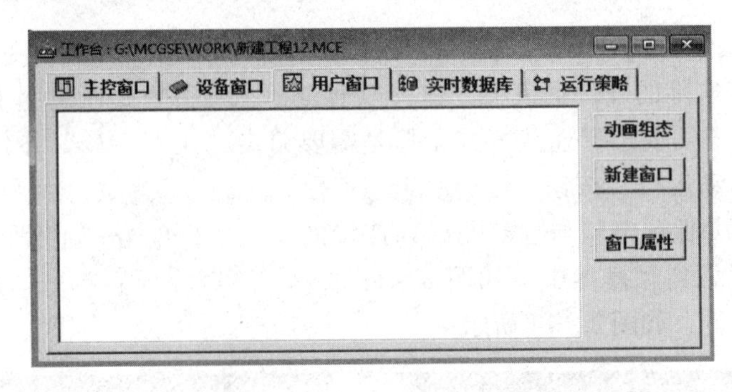

图 2-15 “工作台”界面

在单击不同的选项卡，并进入相应的组态窗口后，要再次显示工作台窗口页面，可单击图 2-16 所示的工作台按钮进行切换。

图 2-16 “工作台”按钮

2.2.2 设备窗口

设备窗口是 MCGS 嵌入版系统与作为测控对象的外部设备建立联系的后台作业环境，负责驱动外部设备，控制外部设备的工作状态。系统通过设备与数据之间的通道，把外部设备的运行数据采集进来，送入实时数据库，供系统的其他部分调用，并且把实时数据库中的数据输出到外部设备，实现对外部设备的操作与控制。

MCGS 嵌入版组态软件为用户提供了多种类型的“设备构件”，作为系统与外部设备进行联系的媒介。进入设备窗口，从设备构件工具箱里选择相应的构件，配置到窗口内，建立接口与通道的连接关系，设置相关的属性，即完成了设备窗口的组态工作。

单击工作台上的“设备窗口”选项卡，然后在工作台编辑区双击“设备窗口”按钮，如图 2－17 所示，打开设备组态设置窗口，同时打开的还有“设备工具箱”窗口，如图 2－18 所示。

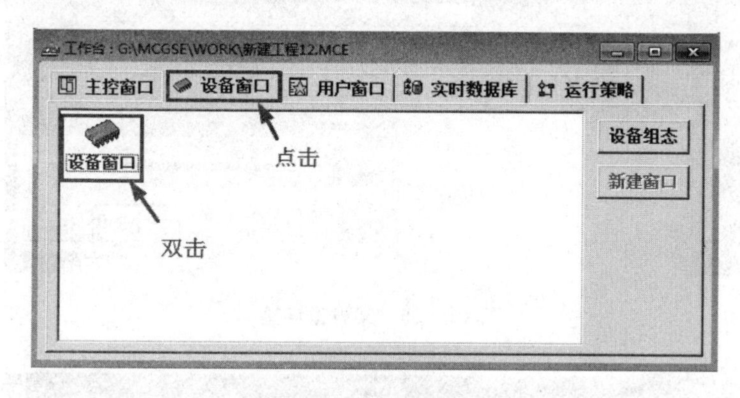

图 2－17　设备窗口

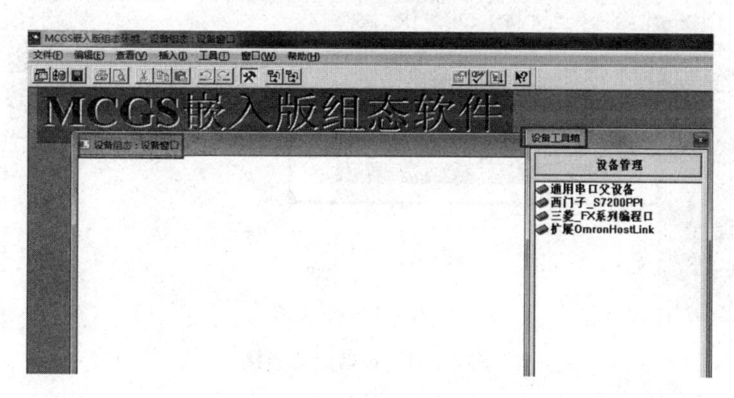

图 2－18　打开设备窗口

如果“设备工具箱”窗口没有打开，可通过图 2－19 所示的工具箱按钮打开或者关闭设备工具箱。

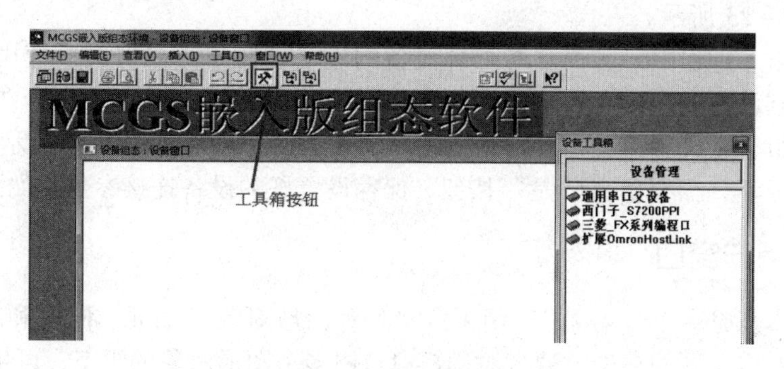

图 2－19　工具箱按钮

在设备工具箱中找到“通用串口父设备”选项并双击，添加到设备组态窗口编辑区，然后再找到与该触摸屏所连接的控制设备，比如三菱 PLC，就选择并双击“三菱－FX 系列编程口”标签按钮，在弹出的提示框中选择“是”选项，与触摸屏连接的外部设备就组态完成，如图 2－20、图 2－21 所示。

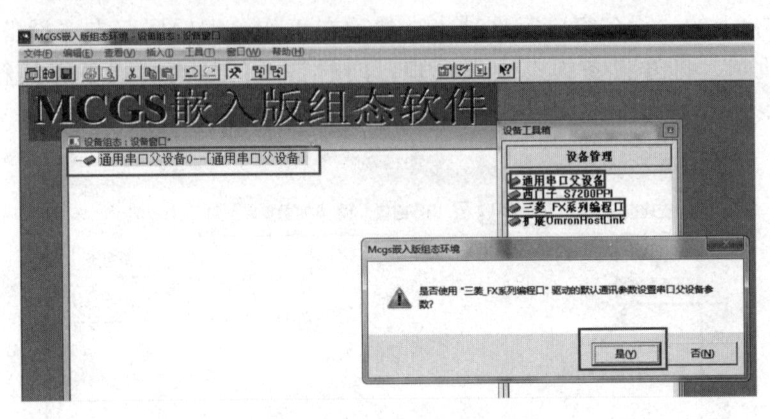

图 2－20　父设备连接

图 2－21　设备组态连接

如果在设备工具箱中没有找到对应的外部连接设备，可单击“设备管理”按钮，打开“设备管理”窗口，在该窗口中选择合适的外部设备，然后双击或者按下方的“增加”按钮将其添加到设备工具箱显示页面，然后按“确认”按钮，回到设备工具箱窗口，如图 2－22、图 2－23 所示。

在前期的组态过程中，触摸屏与外部设备的连接参数不需要修改，使用默认参数就可以，后面会讲到设备的连接参数的设置方法。

设备窗口组态完成后，关闭设备窗口即可，在关闭过程中，系统会提示“‘设备窗口’已改变，存盘否?”，需要单击“是”按钮，保存设置好的设备连接参数，如图 2－24 所示。

2.2.3　用户窗口

用户窗口本身是一个“容器”，用来放置各种图形对象（图元、图符和动画构件），不同的图形对象对应不同的功能。通过对用户窗口内多个图形对象的组态，可生成漂亮的图形界面，为实现动画显示效果做准备。

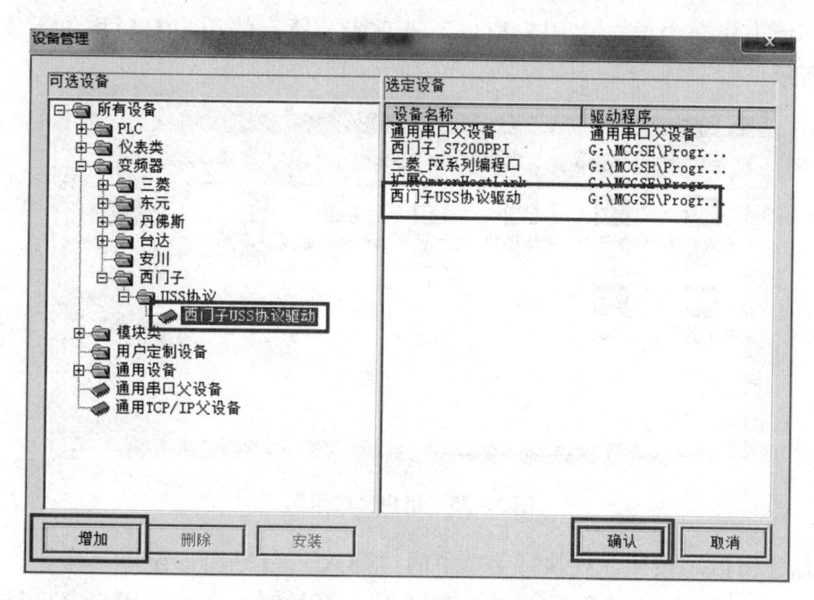

图 2－22　“设备管理”窗口

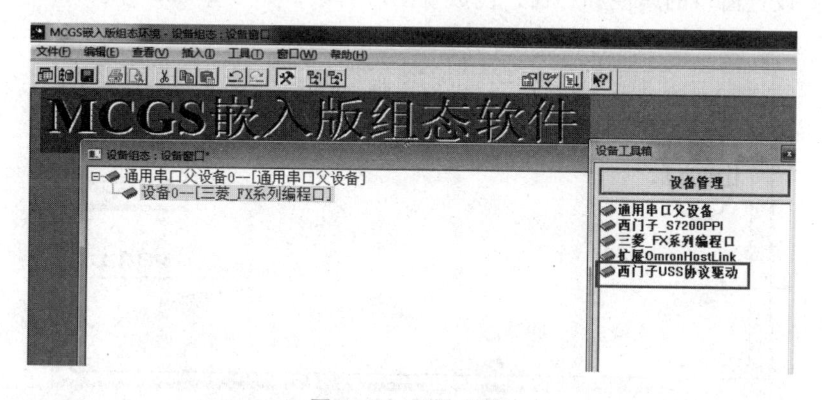

图 2－23　增加设备

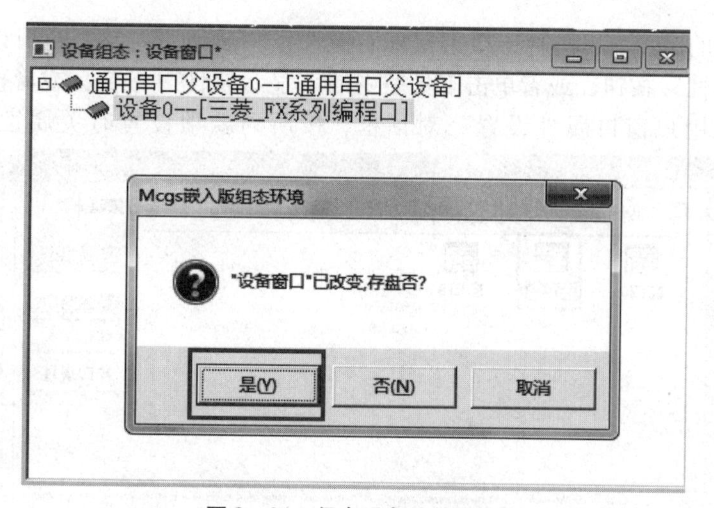

图 2－24　保存设备连接参数

在组态环境工作台中单击“用户窗口”选项卡，所有的用户窗口均位于该窗口页内，如图 2－25 所示。

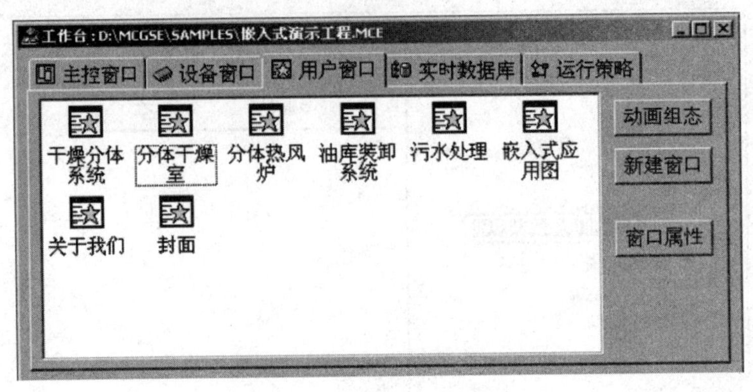

图 2－25　用户窗口示例

单击“新建窗口”按钮，或执行菜单中的“插入”→“用户窗口”命令，即可创建一个新的用户窗口，以图标形式显示，如“窗口 0”。开始时，新建的用户窗口只是一个空窗口，根据需要设置窗口的属性和在窗口内放置图形对象，如图 2－26 所示。

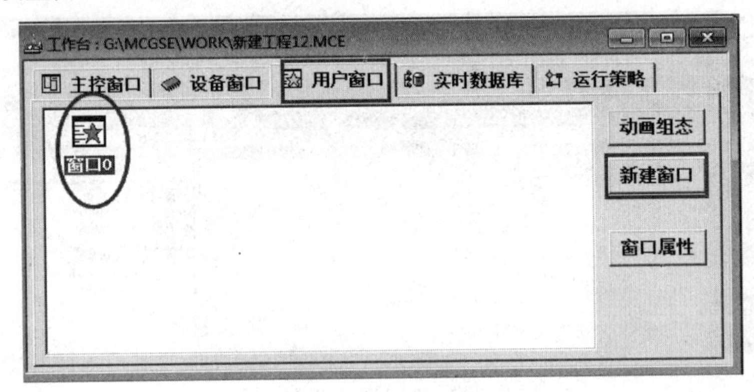

图 2－26　新建用户窗口

选择待定义的用户窗口图标，单击鼠标右键选择“属性”选项，也可以单击工作台窗口中的“窗口属性”按钮，或者单击工具条中的“显示属性”按钮，或者按“Alt + Enter”组合键，弹出“用户窗口属性设置”对话框，按所列款项设置有关属性，如图 2－27、

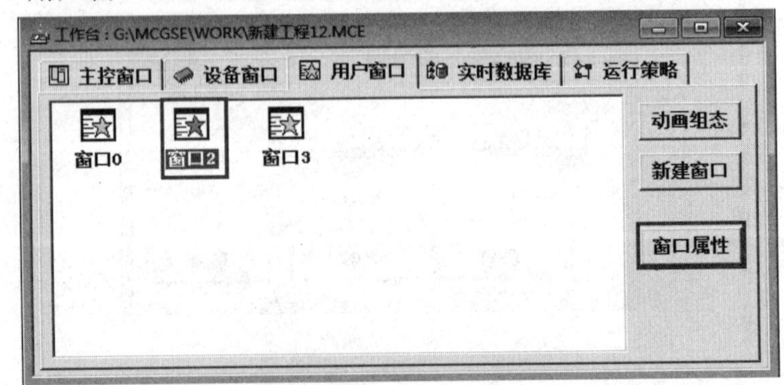

图 2－27　“窗口属性”按钮

图 2－28 所示。

用户窗口的属性包括基本属性、扩充属性和脚本控制（启动脚本、循环脚本、退出脚本），由用户选择设置。

窗口的基本属性包括窗口名称、窗口标题、窗口背景、窗口位置、窗口边界等项内容，其中窗口位置、窗口边界不可用。

在图 2－28 所示界面中主要进行窗口名称和窗口背景的设置，其他的属性默认即可。

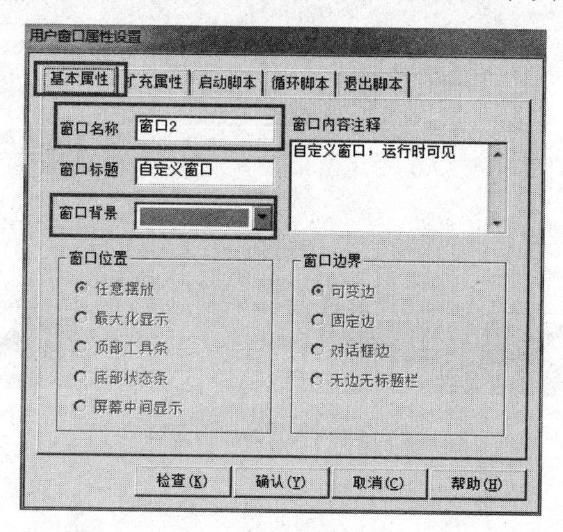

图 2－28　“用户窗口属性设置”对话框

单击“扩充属性”选项卡，进入用户窗口的“扩充属性”页面，如图 2－29 所示，在该页面主要设置窗口的打开方式或者窗口的大小，其他属性默认即可。

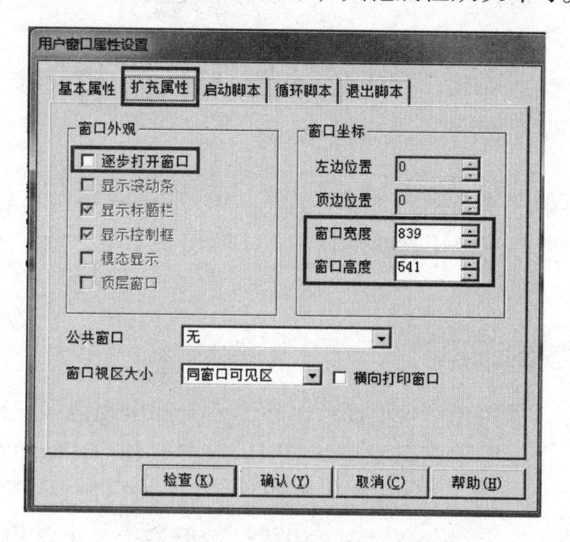

图 2－29　“扩充属性”页面

一个工程中一般会有多个用户窗口，可以选择某一个窗口作为启动窗口，也就是在触摸屏启动后系统显示的窗口。

在工作台界面，选择要作为启动窗口的窗口图标，用鼠标右键单击打开菜单，选择

"设置为启动窗口"命令就可以把该窗口设置为触摸屏的启动窗口，如图2-30所示。

有关工作台中实时数据库及运行策略的组态方法及应用，会在后面的章节中作专门的介绍。

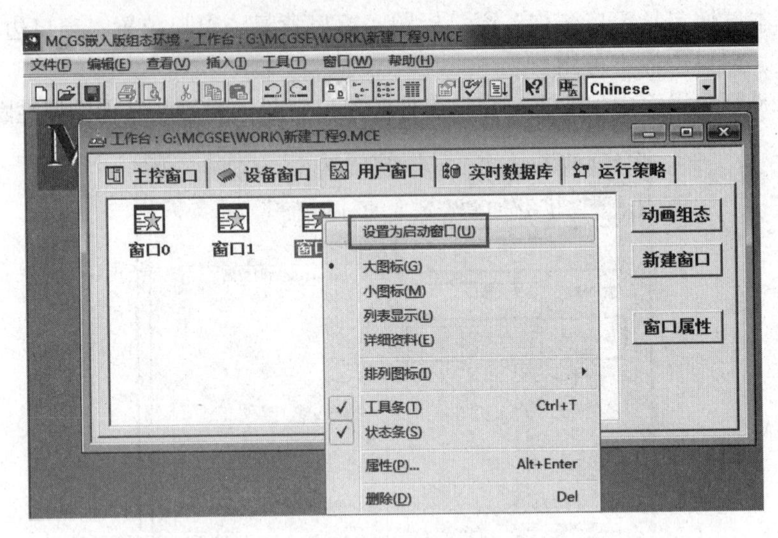

图2-30 设置为启动窗口

【实训练习2.2】

新建一个工程，在组态设备窗口中选择触摸屏与西门子S7-200PPI连接。在用户窗口中组态三个窗口，将名称分别改为"初始窗口""控制窗口""数据窗口"。将3个窗口的背景颜色改为3个不同的颜色。把"初始窗口"改为启动窗口。

2.3 组态环境工具简介

在组态过程中需要很多组态技巧及组态工具，MCGS嵌入版组态软件提供了很多组态工具，为了方便大家认识和熟练使用这些工具，在实际组态对象之前，先介绍常用的组态工具的功能及使用方法。

2.3.1 工作台界面工具

建立一个新的工程，进入工作台界面后，在界面上部出现很多工程信息、标签按钮以及工具按钮图标等信息，在这里主要介绍几个常用的组态工具，其他的在以后的组态学习过程中进行介绍。

在图2-31所示的工作台组态窗口中，用标号的形式给几个常用工具作了相应的标记，按照标号的顺序简单介绍工具按钮图标的功能及用法。

(1) 标号"1"在窗口的最上端，显示的信息是该工程在电脑上的存储位置以及工程名。比如图2-31所示的工程的存储位置为G盘根目录下"MCGSE"文件夹中的"WORK"文件夹内，工程名为"新建工程8. MCE"。

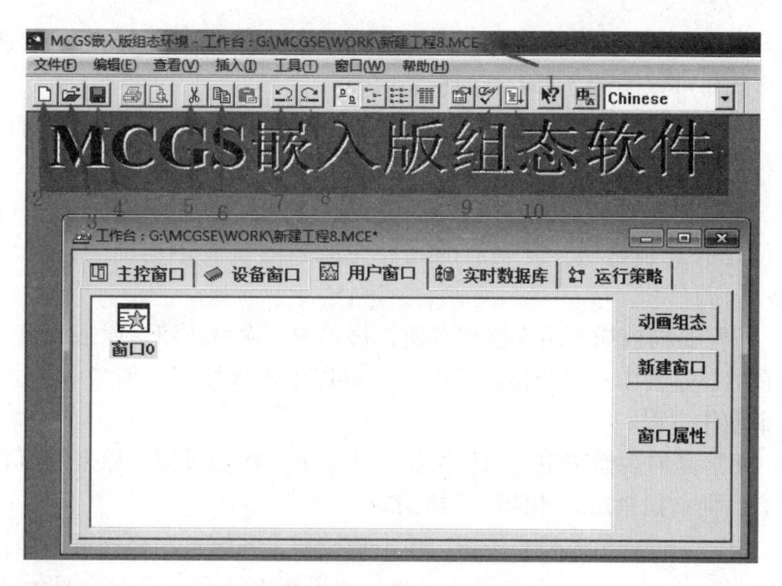

图 2－31　工作台组态窗口

（2）标号“2”是新建工程的快捷按钮，单击该按钮，就可以开始建立一个新的工程，新建工程过程可以参考 2. 2. 1 节的内容。

（3）标号“3”是打开一个已经存在的工程的按钮，单击该按钮出现图 2－32 所示的界面，通过该界面可以找到要打开的工程的存储位置，双击即可打开。

图 2－32　打开已有工程

(4) 标号“4”是保存工具按钮，单击该按钮，可以把工程保存到系统默认位置或者指定的位置，具体操作可以参考2.2.1节的相关内容。

(5) 标号“5”是剪切工具按钮，单击该按钮，可以把选中的元件或者窗口剪切到粘贴板中，可以进行其他位置的粘贴。剪切后的元件在原来的位置会消失。

(6) 标号“6”是复制工具按钮，单击该按钮可以把选中的元件或者窗口复制到粘贴板，进行其他位置的复制粘贴，复制后的元件在原来的位置不会消失，继续保持原来的状态。

(7) 标号“7”是向前撤销组态操作按钮，每单击一次该按钮，原来的组态过程将向前一个动作。当在组态过程中某一步出现问题时，可以单击该按钮，使当前的组态动作撤销，并恢复到前一个动作过程。

(8) 标号“8”是向后撤销组态操作按钮，每单击一次该按钮，原来的组态过程将向后一个动作，只有当向前撤销后，才能向后撤销。

(9) 标号“9”是进行组态检查按钮，单击该按钮，系统自动检查组态是否出错，如果有错误，系统会提示相应的错误所在窗口位置，如果组态正确，系统会显示“组态设置正确，没有错误!”，如图2-33所示。

图2-33 检查组态

(10) 标号“10”是工程下载工具按钮，单击该按钮，工程会进入下载设置页面。工程下载过程可以参考2.1.2节的内容。

2.3.2 动画组态窗口工具按钮的功能

在用户窗口中进行对象元件或者图形组态时，也会用到很多工具按钮，除了一些工具按钮与“工作台”界面的工具按钮的功能与用法相同以外，还有很多按钮是在用户窗口中进行组态时的必要的工具按钮。图2-34所示是动画组态窗口的工具按钮及标识。

(1) 标号“1”是工作台按钮，单击该按钮，可以在动画组态窗口中打开工作台，以方便进行其他窗口的组态。

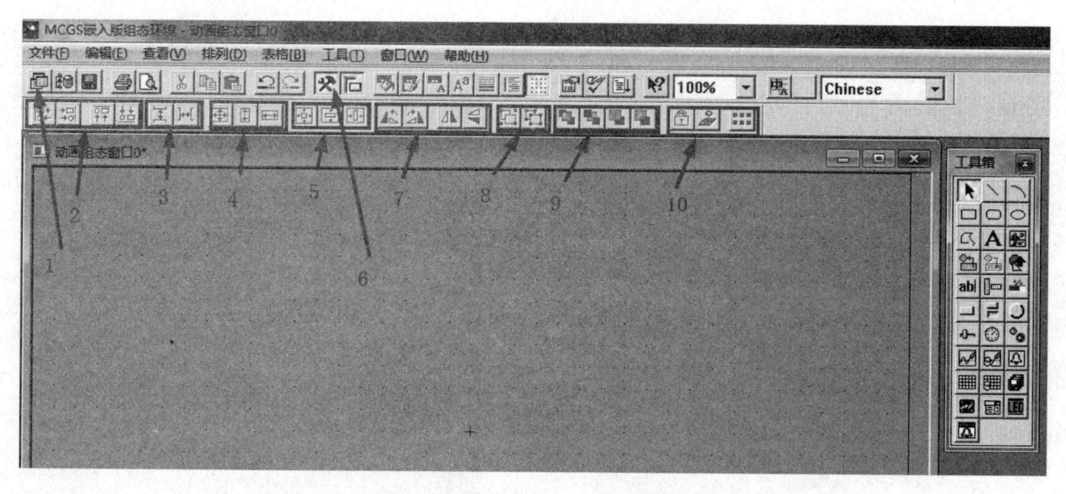

图 2－34　动画组态窗口的工具按钮及标识

（2）标号“2”是边对齐工具按钮组合，当在用户窗口中选中多个对象元件时，该组合可以使用，选中单个对象元件时该组合不能使用。通过该工具按钮组合，可以使被选中的多个对象元件完成以某一个对象元件为基准的上边线对齐、下边线对齐、左边线对齐、右边线对齐 4 种对齐方式。作为基准的对象元件的选择框为黑色，其他为白色，图 2－35 所示为对齐前的状态，图 2－36 所示为左对齐后的状态。

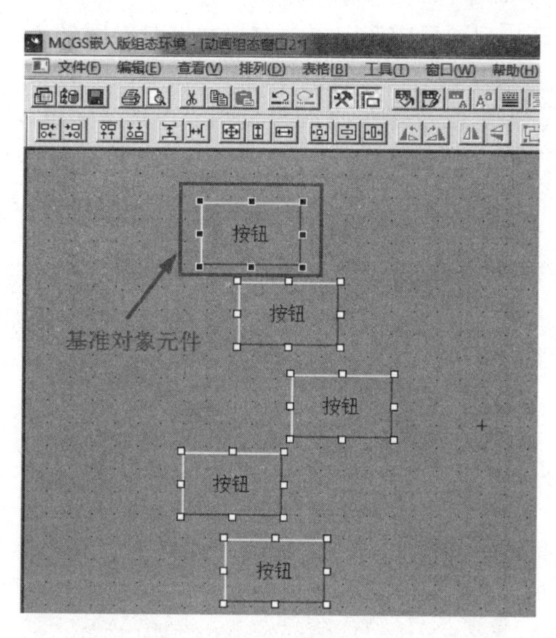

图 2－35　元件对齐前

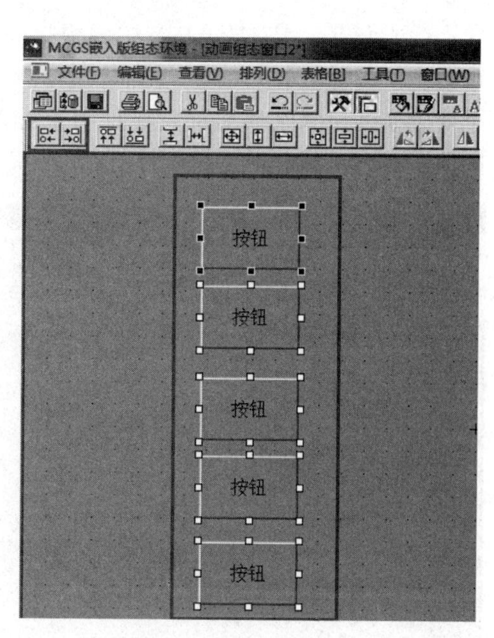

图 2－36　元件左对齐后

（3）标号“3”是等间距工具按钮组合，当在用户窗口中选中多个对象元件时（至少 3 个），该组合可以使用，选中单个对象元件时该组合不能使用。通过该工具按钮组合，可以使被选中的多个对象元件完成以最外侧的两个对象元件为基准的左、右或者上、下的等间距排列。图 2－37、图 2－38 所示分别是等间距对齐前、后的状态。

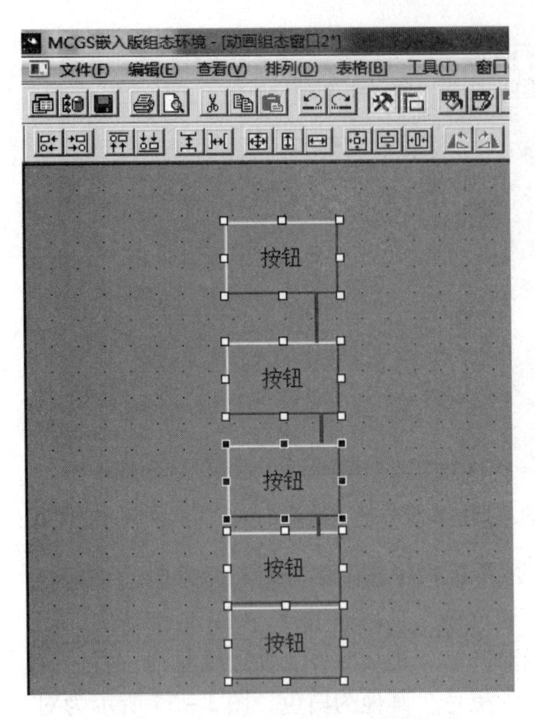

图 2－37 等间距对齐前的状态

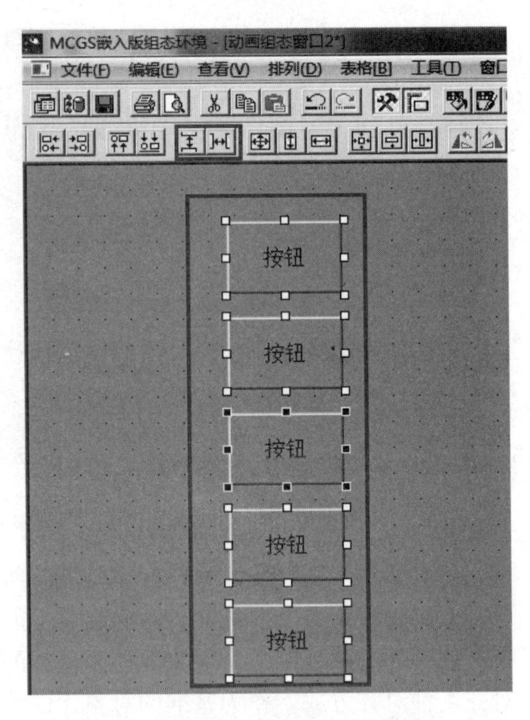

图 2－38 等间距对齐后的状态

（4）标号“4”是等高宽工具按钮组合，当在用户窗口中选中多个对象元件时，该组合可以使用，选中单个对象元件时该组合不能使用。通过该工具按钮组合，可以使被选中的多个对象元件完成以基准对象元件为基准的等高、等宽以及等高宽的外形组态。图 2－39、图 2－40 所示的分别是两个对象元件在等高宽组态前、后的状态。

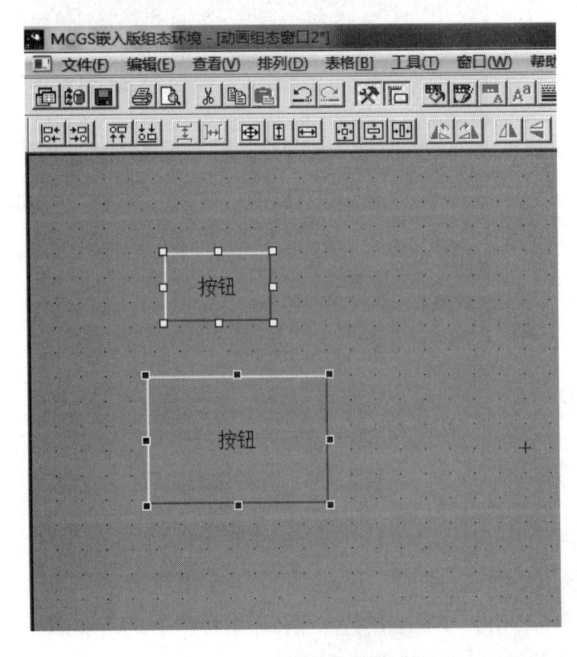

图 2－39 等高宽前的状态

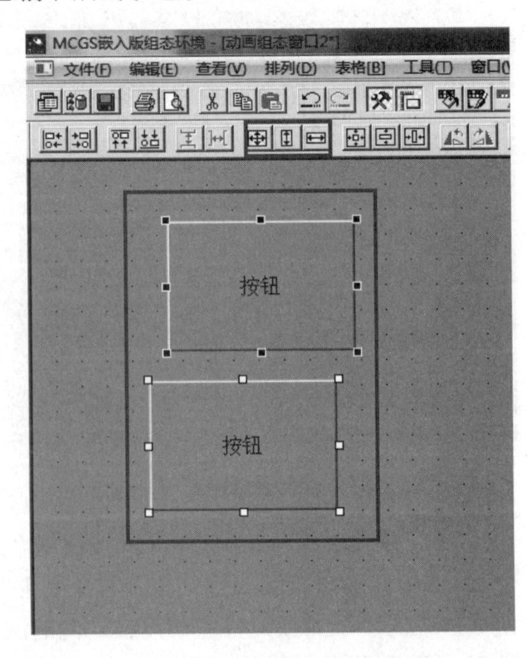

图 2－40 等高宽后的状态

（5）标号“5”是中心对齐工具按钮组合，当在用户窗口中选中多个对象元件时，该组合可以使用，选中单个对象元件时该组合不能使用。通过该工具按钮组合，可以使被选中的多个对象元件完成以基准对象元件为基准的纵向中心线对齐、横向中心线对齐，以及中心点对齐。图 2－41、图 2－42 所示分别是两个对象元件在中心点对齐组态前、后的状态。

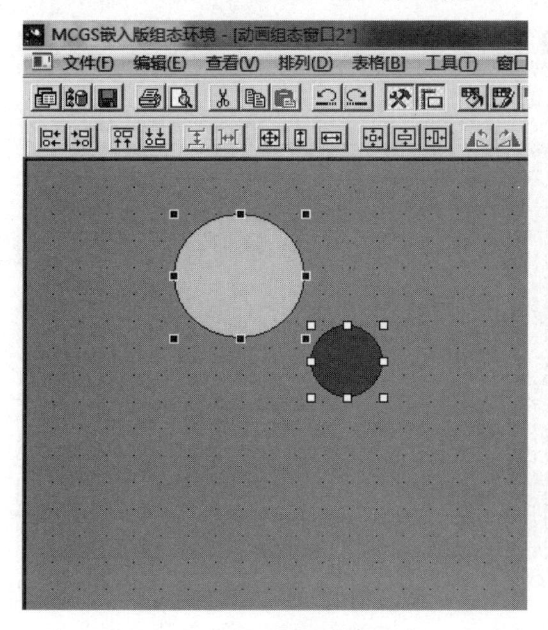

图 2－41　中心点对齐前的状态

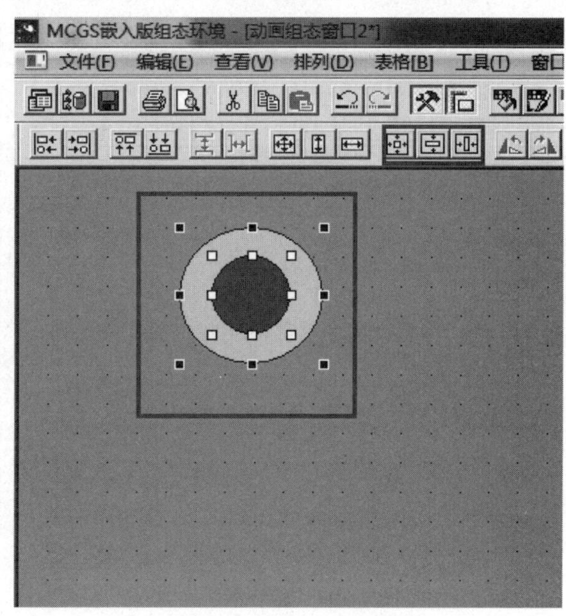

图 2－42　中心点对齐后的状态

（6）标号“6”是对象元件工具箱按钮，单击该按钮可以打开或者关闭元件工具箱，如图 2－43 所示。

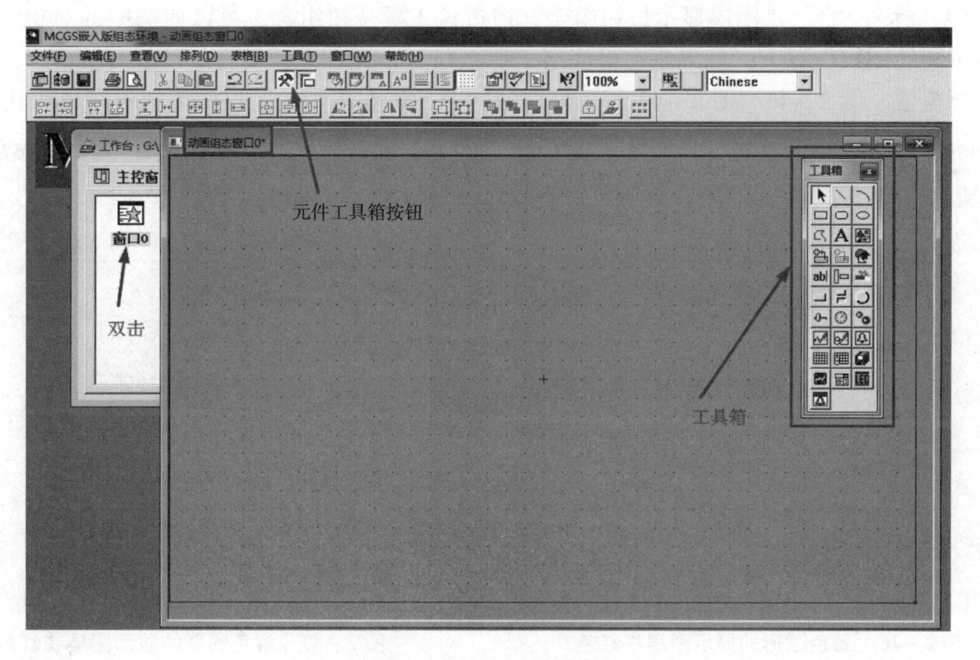

图 2－43　元件工具箱

（7）标号“7”是对象元件翻转工具按钮组合，通过该工具按钮组合，可以使选中的对象元件在状态上进行翻转，包括向左旋转 90°、向右旋转 90°、沿水平 X 轴翻转、沿垂直 Y 轴翻转 4 种方式。有一些对象元件不能进行形态旋转或者翻转，那么该元件被选中时，该工具按钮组合无法使用。图 2-44、图 2-45 所示分别是一个三角形沿 X 轴翻转前、后的效果。

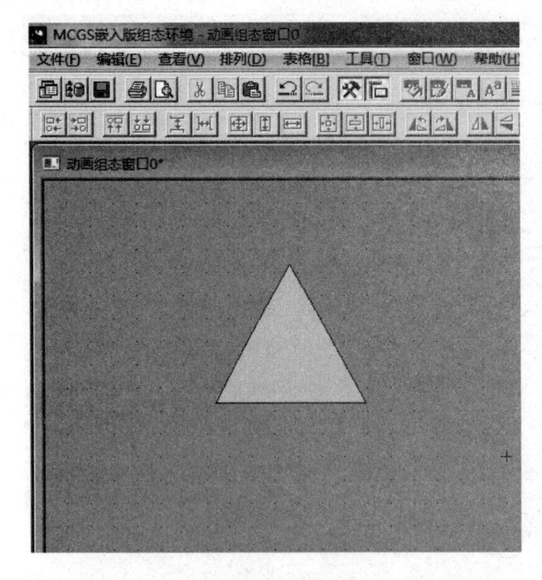

图 2-44　翻转前

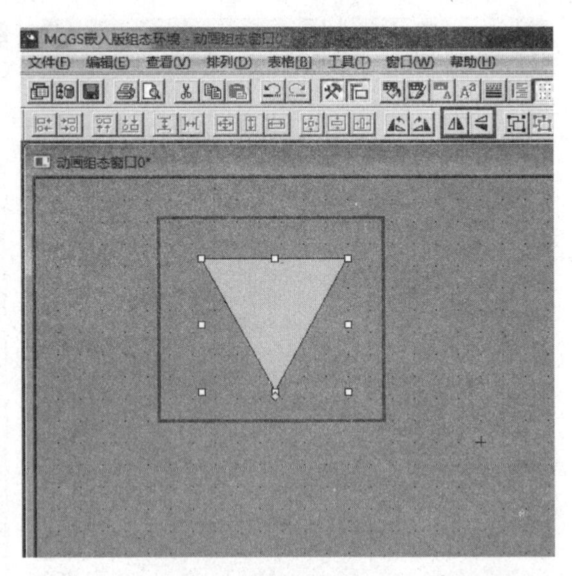

图 2-45　翻转后

（8）标号“8”是构成图符及图符分解按钮组合，通过该工具按钮组合可以把同时选中的几个对象元件组合成一个图符，这样方便在组态工程中选择或者移动；还可以把通过多个对象元件组成的图符重新分解成多个对象元件，便于单个元件的组态编辑。

（9）标号“9”是图层显示按钮组合，通过该工具按钮组合，可以使选中的对象元件显示在不同的图层位置上，如果是在最底层，那么与这个元件显示重合的部分就被前一图层的元件所覆盖。图 2-46、图 2-47 所示分别是两个元件在不同的图层位置的不同显示状态。

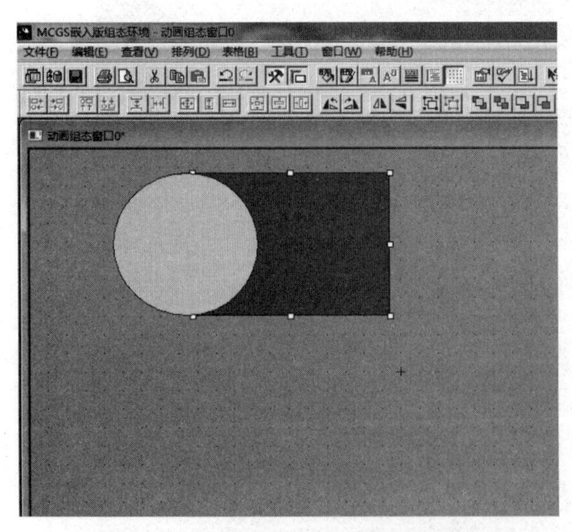

图 2-46　黄色圆形的显示图层在红色矩形上方时的显示效果

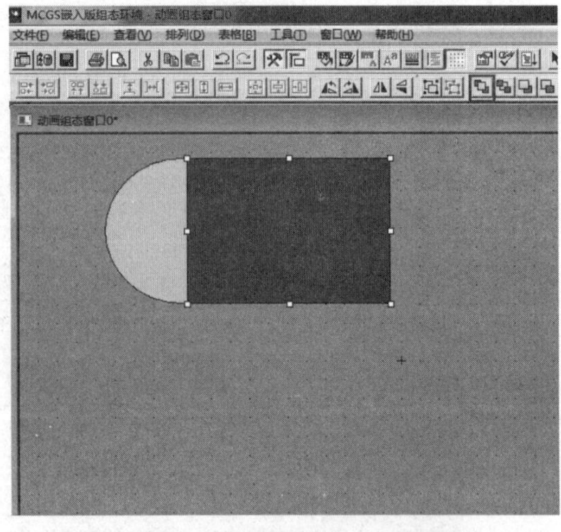

图 2-47　黄色圆形的显示图层在红色矩形下方时的显示效果

（10）标号“10”是多重复制按钮，通过该按钮可以把选中的某个对象元件进行多重复制，复制后的对象元件参数与原来一致，并且可以设置布局参数。如图2－48所示，进行参数设置，水平方向4个，垂直方向2个，水平间距为60，垂直间距为20，多重复制后的布局效果如图2－49所示。

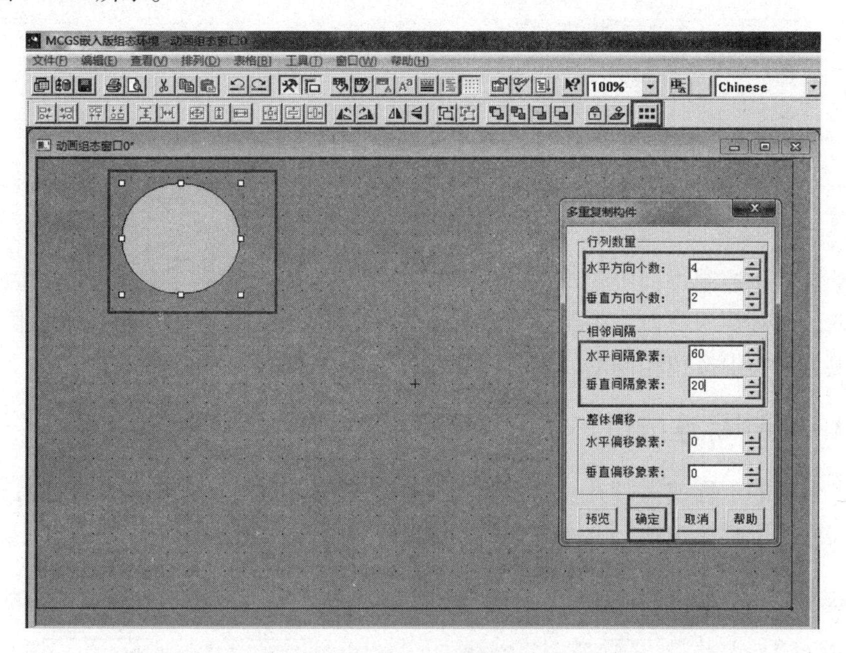

图2－48　多重复制

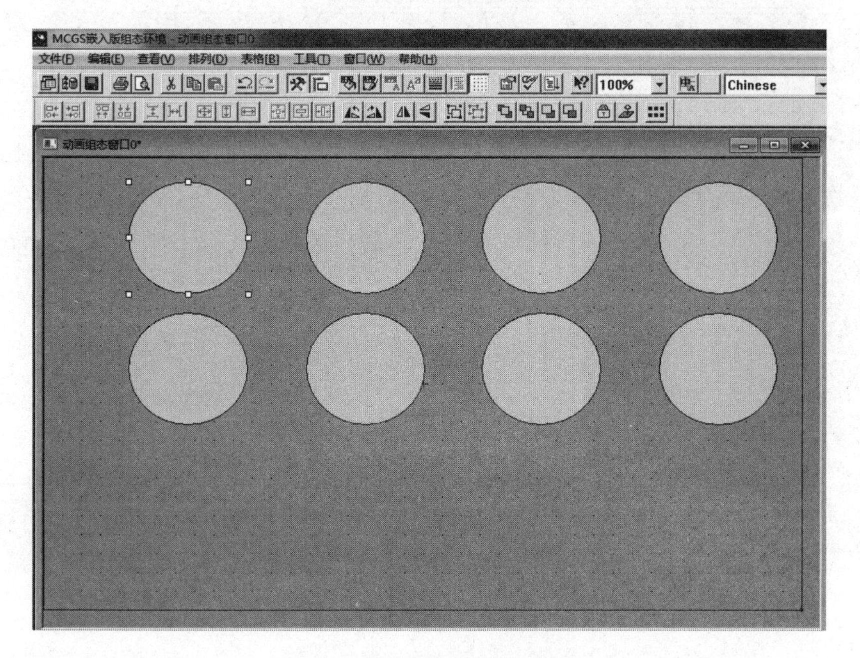

图2－49　多重复制的效果

在组态软件中，还有很多组态工具需要在组态过程中应用，本书不一一介绍，在后面的学习实训过程中，当遇到新的组态工具时再去学习应用。

【实训练习 2.3】

新建一个工程，新建一个用户窗口，在窗口中组态 4 个圆形图案、4 个方形图案，要求圆形图案一列，方形图案一列，圆形图案与方形图案的外形尺寸一致，方形图案与圆形图案的最上面与最下面的一个图案均中心对齐，两种图案各自纵向均分排列。方形图案为红色，圆形图案为黄色。

2.4 组态标准按钮

按钮是自动化控制过程中最常用的一种元器件，在 MCGS 嵌入版组态软件中，也有标准的按钮组态，通过在用户窗口中组态一个标准按钮，并设置相应的功能参数，那么该按钮完全能够实现与现实中按钮相同的功能。下面介绍标准按钮的组态过程。

2.4.1 组态标准按钮

建立一个新的工程或者打开一个工程后，在组态完成设备窗口后，新建或者打开原有的用户窗口。通过工具箱按钮打开对象元件工具箱，如图 2-50 所示。

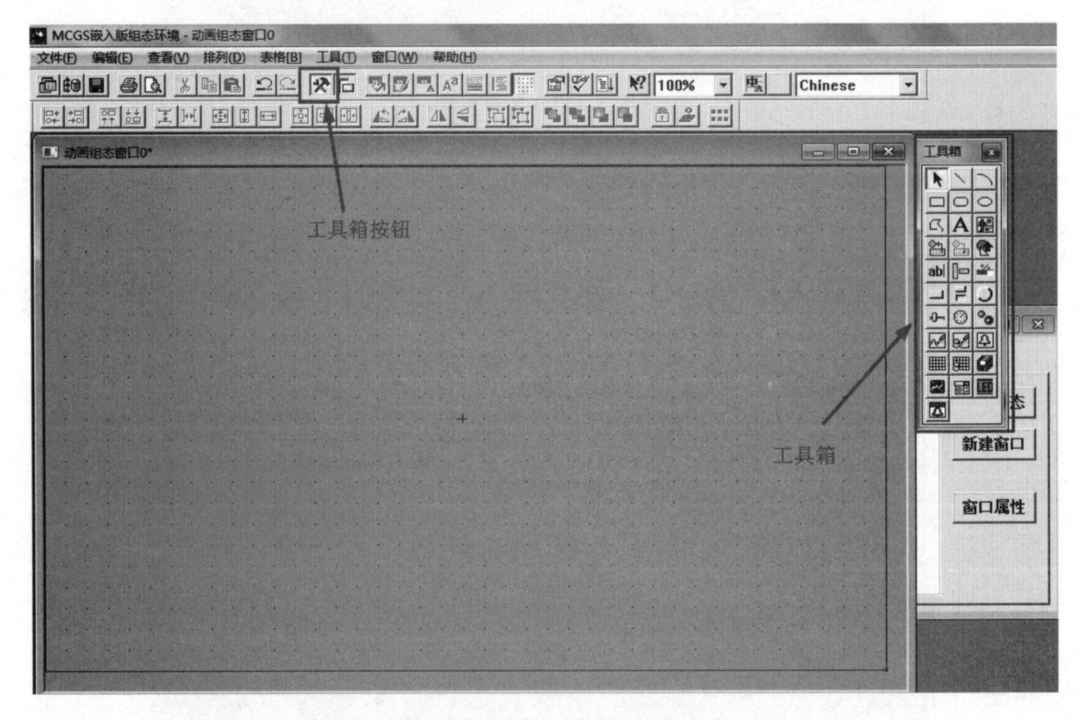

图 2-50 打开/关闭工具箱

在工具箱中找到“标准按钮”按钮并单击选中，然后用以鼠标在用户窗口界面拖拽的方式画出标准按钮图形，如图 2-51 所示。

一个标准按钮被组态到用户窗口，双击用户窗口中的标准按钮，或者用鼠标右键单击用

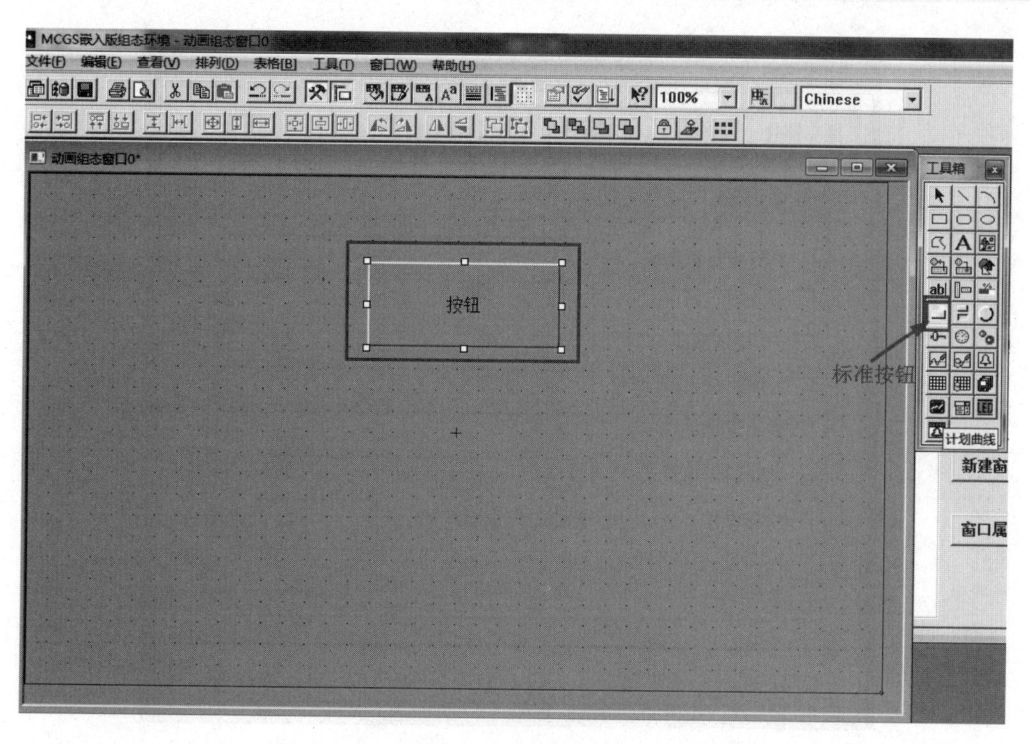

图 2－51　标准按钮

户窗口中的标准按钮，弹出右键菜单选项，选中“属性”选项，打开“标准按钮构件属性设置”界面，如图 2－52、图 2－53 所示。

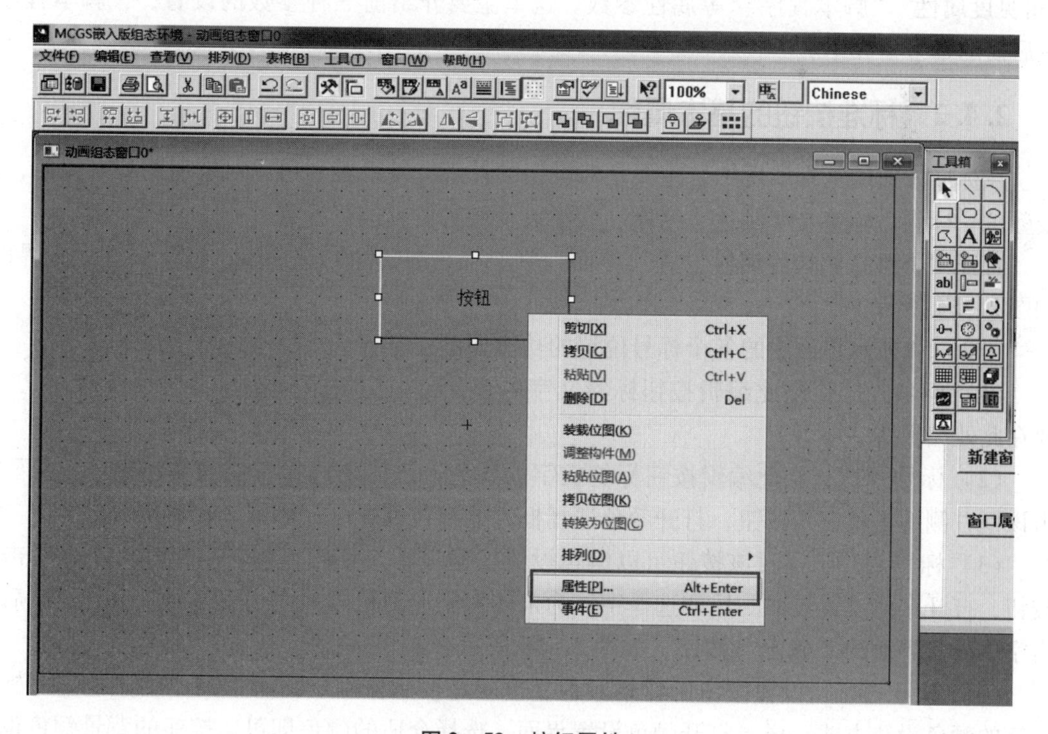

图 2－52　按钮属性

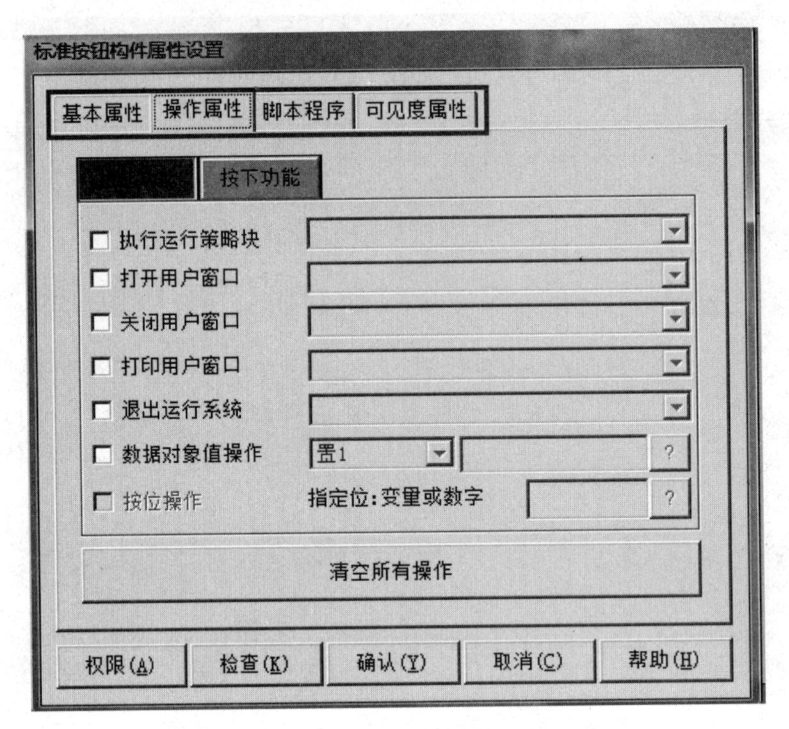

图 2-53 “标准按钮构件属性设置”界面

在“标准按钮构件属性设置”界面，可以设置标准按钮的“基本属性”“操作属性”“可见度属性”“脚本程序”等属性参数。这里主要介绍前三种参数的设置，“脚本程序”在后面的章节中介绍。

2.4.2 标准按钮的基本属性

在标准按钮的基本属性中，主要是对按钮的外观进行设置。可以对按钮的背景颜色，边线颜色，标签，标签文字颜色、字体、大小以及相对位置进行设置。

打开“标准按钮构件属性设置”界面，单击“基本属性”选项卡，进入属性设置界面，如图 2-54 所示。

图 2-54 所示界面中的各个标号位置的功能如下：

（1）标号“1”：在此编辑按钮标签文字内容，比如把按钮标签标为“系统启动”，只要在此处编辑文字即可。

（2）标号“2”：在此编辑按钮标签文字的颜色，比如要选择黄色的文字颜色，只要单击该框右侧的黑色三角按钮，打开颜色选择框，选择黄色即可，如图 2-55 所示。

（3）标号“3”：通过该按钮可以编辑设置按钮标签文字的字体、字形和大小，单击该按钮，打开字体设置界面，比如选择字体为宋体，字形为粗体，大小为二号，设置完成后单击字体设置界面的“确定”按钮，如图 2-56 所示。

（4）标号“4”：设置按钮的背景颜色，也就是按钮在用户窗口中显示的颜色。与标签文字的颜色设置方式一样，打开颜色设置界面，选择合适的颜色即可。按钮的背景颜色也可设置为没有颜色填充，那么该按钮就是透明的、与用户窗口背景颜色相同的按钮。若不设置

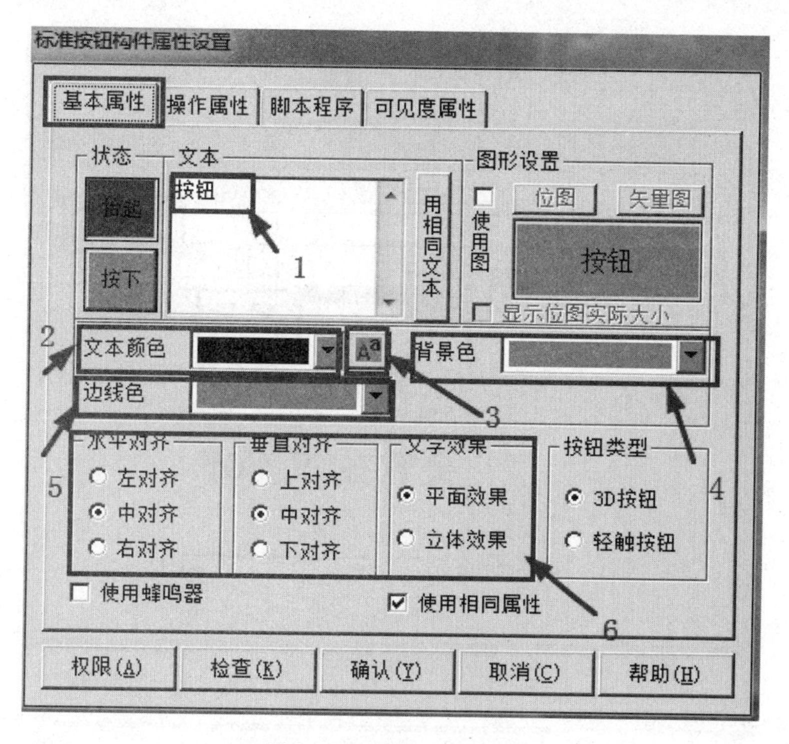

图 2－54　属性设置界面

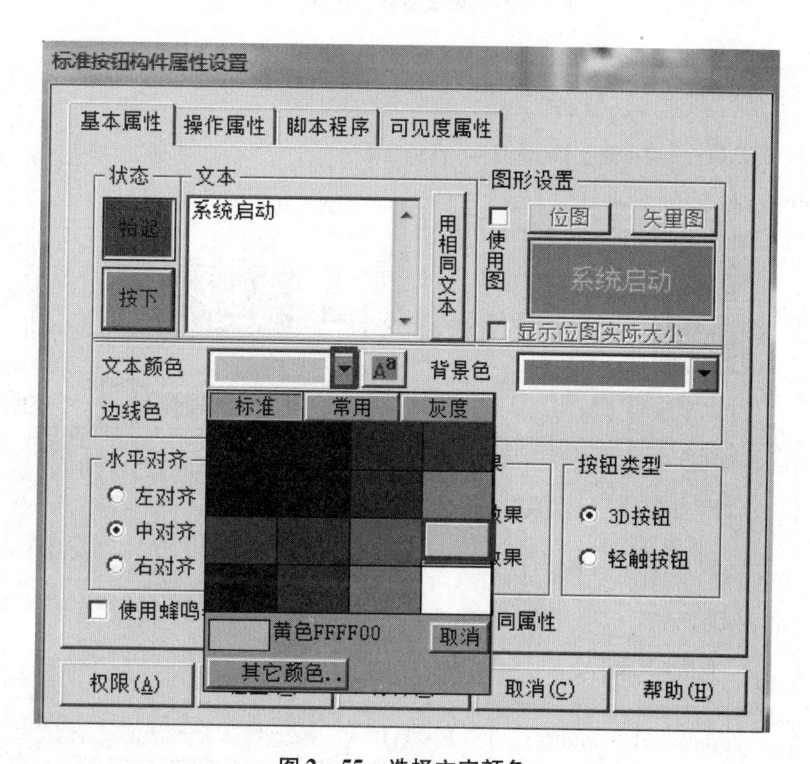

图 2－55　选择文字颜色

颜色填充，可单击按钮背景色填充界面左下方的“没有填充”按钮。在这里设置按钮的背景颜色为红色，如图 2－57 所示。

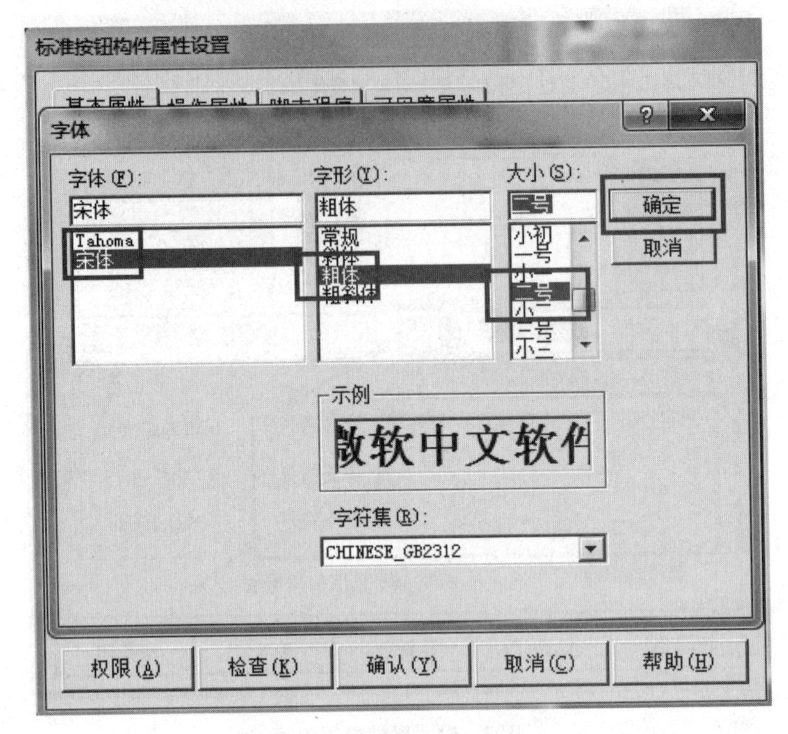

图 2-56　设置字体、字形和大小

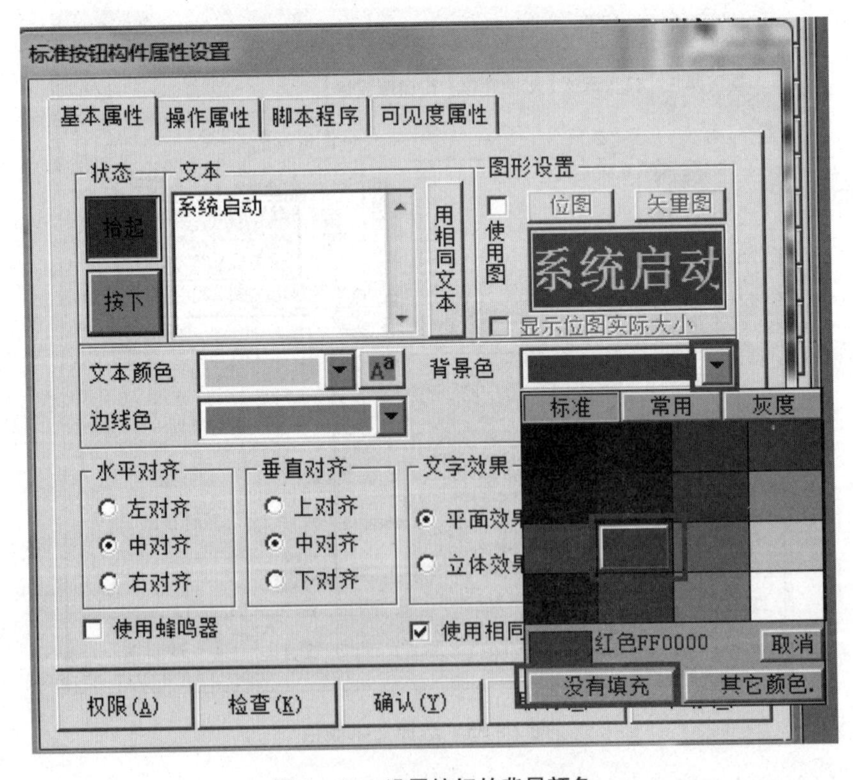

图 2-57　设置按钮的背景颜色

（5）标号“5”：设置按钮的边线颜色。与以上的颜色设置方式一样，在打开的边线颜色选择界面，选择合适的颜色即可，也可以选择“没有边线”，如图 2－58 所示。

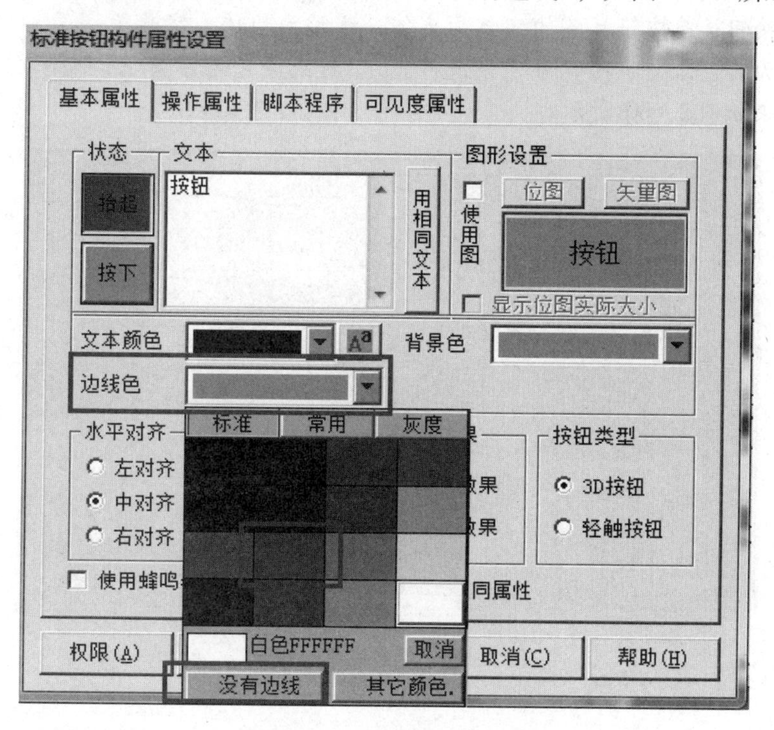

图 2－58　设置按钮的边线颜色

（6）标号“6”：编辑按钮标签文字在按钮上的相对位置及文字效果。通过对这些选项的选择使用，可以使按钮标签文字更加具有特点。比如选择“左对齐”“上对齐”选项，那么按钮标签文字就会出现在按钮的左上方，如图 2－59 示。

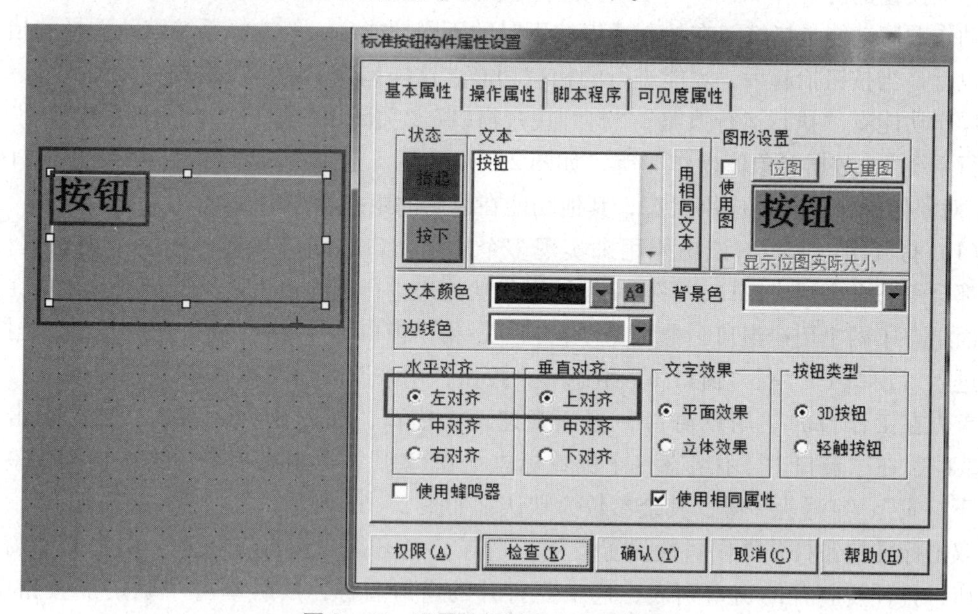

图 2－59　设置按钮标签文字的位置

【实训练习 2.4】

组态一个按钮，使按钮标签的字体为宋体，字形为粗体，字号为一号，背景颜色为红色，文字颜色为黄色，文字内容为“系统停止”，边线颜色为深蓝色，文字位置为中对齐。组态完成的效果如图 2-60 所示。

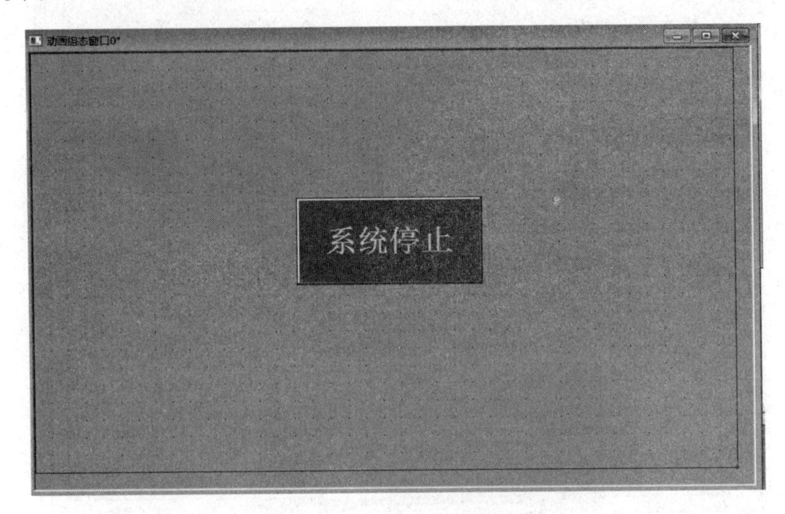

图 2-60　组态完成的效果

2.4.3　标准按钮的操作属性

标准按钮的基本属性用来组态按钮的外形，而在自动化控制中的按钮主要用来进行操作，以完成相应的功能，所以对于一个按钮来说，操作属性是主要的组态内容。

标准按钮的“操作属性”界面主要有两个内容，一个是操作功能，一个是动作顺序功能。动作顺序功能是指按钮在抬起或者按下时的不同功能，一般选择系统默认选择的抬起功能，也就是当按钮抬起后，才能进行的相应功能。这样是为了产生误操作。

操作功能有“执行运行策略”“打开用户窗口”“关闭用户窗口”“打印用户窗口”“退出运行系统”“数据对象值操作”等，如图 2-61 所示。这里主要介绍“打开用户窗口”和“数据对象值操作”功能应用组态，其他功能在以后的组态学习中介绍。

(1) 打开用户窗口。该功能用来实现多个用户窗口之间的切换。在一个组态工程中，一般都会组态多个用户窗口，可以使用该操作功能来进行不同窗口之间的切换。比如在工作台界面组态了两个用户窗口，分别是“窗口 0”和“窗口 1”，在“窗口 0”组态一个按钮，用来进入“窗口 1”，在“窗口 1”组态一个按钮，用来返回到“窗口 0”。

首先在工作台的“用户窗口”页面新建两个窗口，如图 2-62 所示，然后双击打开“窗口 1”，在“窗口 1”中组态一个标签标志“窗口 0”，再组态一个标准按钮，标签文字为“下一页”，字号为一号，其余参数为默认，如图 2-63 所示。

双击标准按钮打开操作属性设置界面，选择“打开用户窗口”选项，单击右侧窗口菜单按钮，打开要打开的窗口列表，选中要打开的窗口名称，然后单击“确定”按钮即可，如图 2-64 所示。

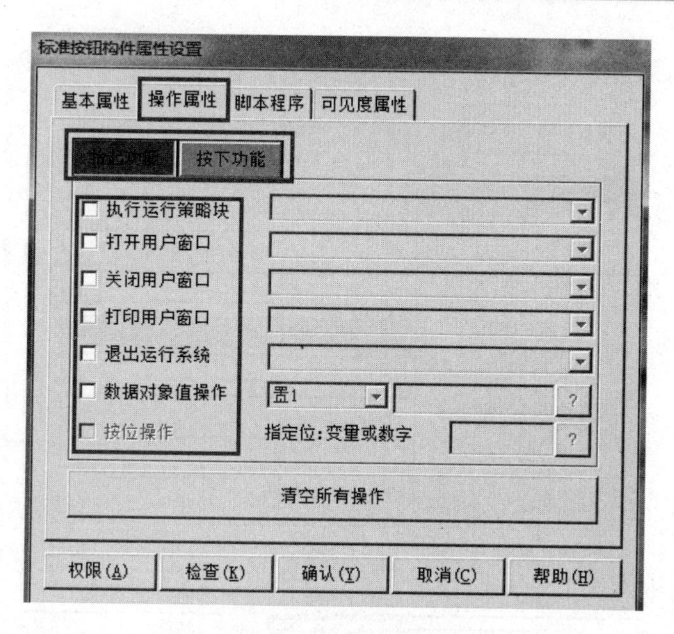

图 2-61　标准按钮的操作属性

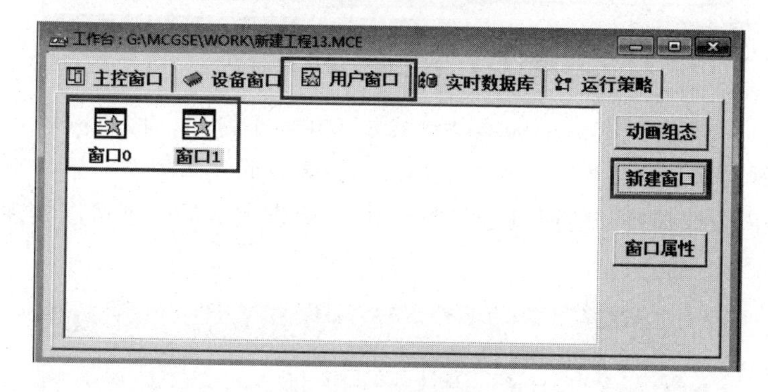

图 2-62　新建窗口

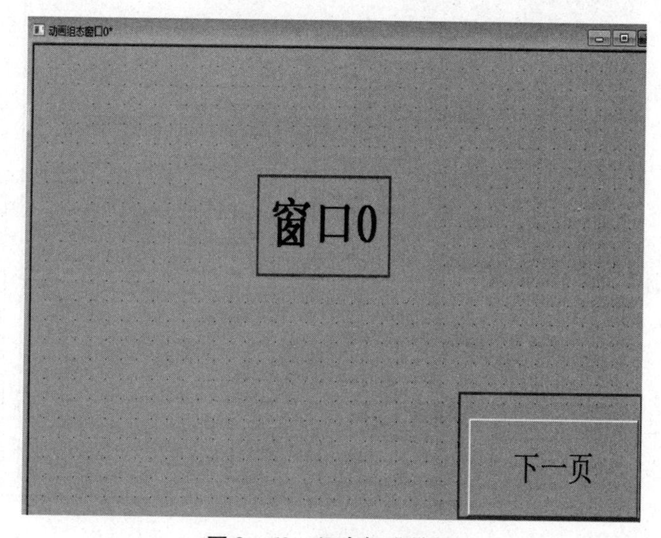

图 2-63　组态标准按钮

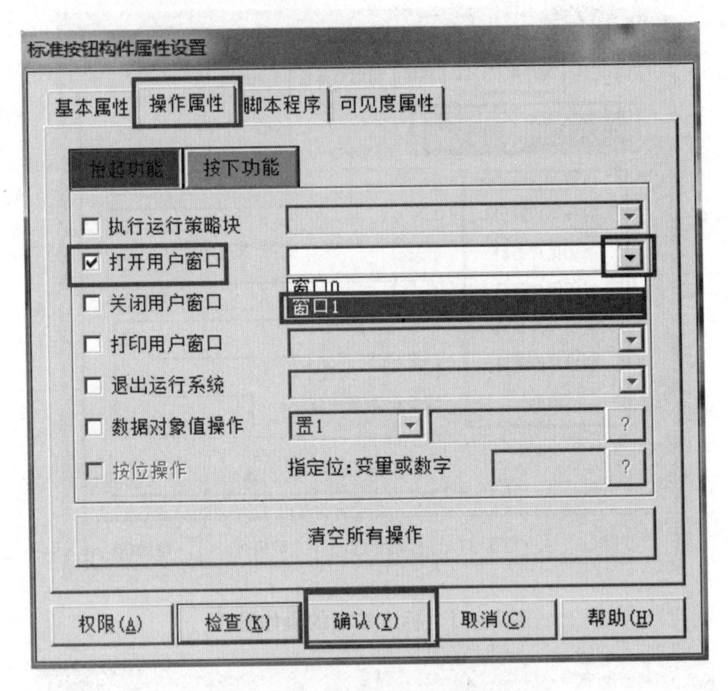

图 2-64　操作属性设置界面 1

在“窗口 0”中同样组态一个标签“窗口 1”和一个按钮，按钮标签文字为“系统停止”，字号为一号，其余参数为默认，在操作属性设置界面，与组态“下一页”按钮的过程一样，不同的是需要选择打开的窗口是“窗口 0”，组态完成后，就可以实现两个窗口之间的显示切换，如图 2-65 所示。

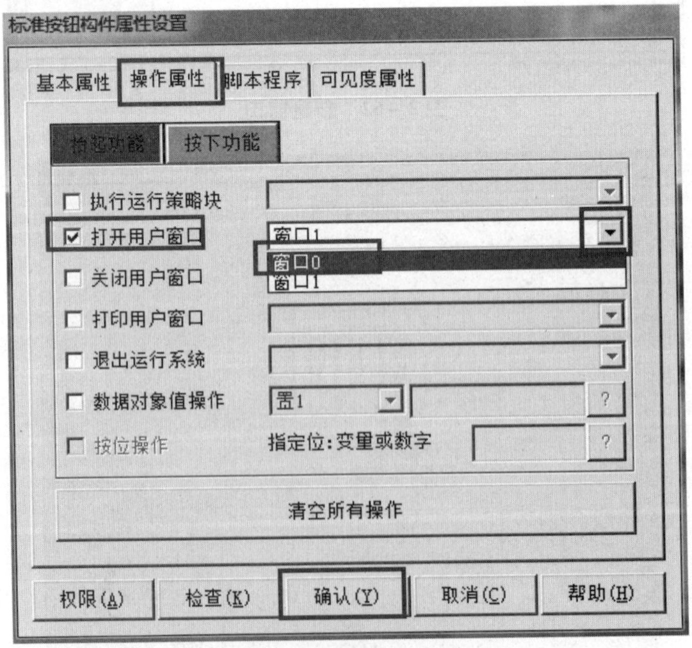

图 2-65　操作属性设置界面 2

【实训练习 2.5】

按照以上组态过程介绍，在工作台组态 3 个窗口，然后在 3 个窗口中各组态 1 个按钮，实现 3 个窗口之间的切换，要求“窗口 0”切换到“窗口 1”，“窗口 1”切换到“窗口 2”；“窗口 2”切换到“窗口 0”。

（2）数据对象值操作功能。这个功能是标准按钮的主要功能，用来对和该触摸屏连接的外部设备的数据进行赋值操作，这里所讲的外部设备就是在设备窗口所组态的设备。

双击打开“窗口 0”中刚才组态的“系统停止”按钮的属性设置界面，选择“操作属性”选项卡选中“数据对象值操作”选项，然后单击后面的对对象值的操作方式，如图 2－66 所示。

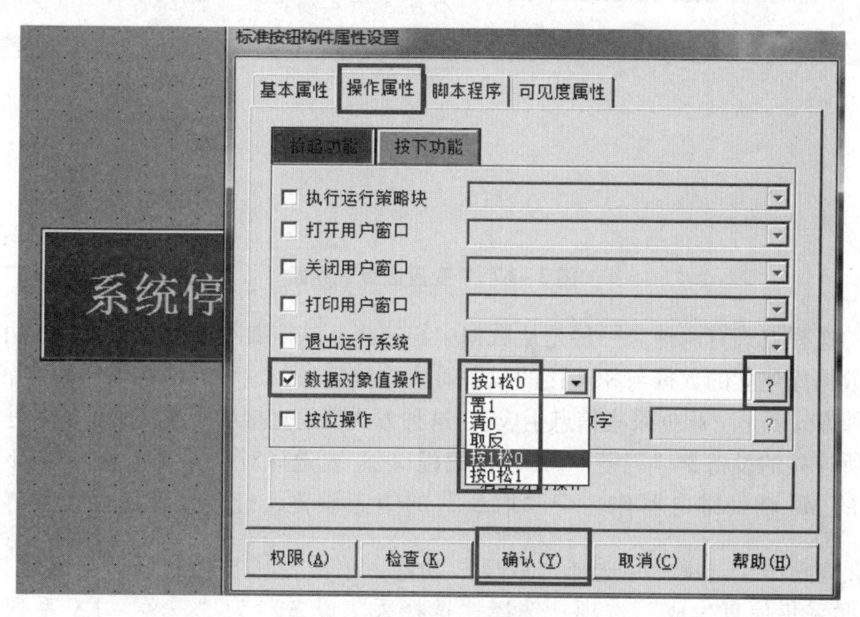

图 2－66　数据对象值操作

在图 2－66 所示界面中显示的对数据对象值的操作方式有 5 种，数据对象的值为“0”或“1”是指开关类型的数据对象，对应的开关量的“断开”与“闭合”两种状态。

“置 1”是指当按钮被按下抬起后，对应的数据对象（开关对象）的值会被“置 1”，即使不再操作该按钮，数据对象的值也不会改变，而保持“1”的状态。其相当于实际元件中的自锁按钮的常开点，自锁按钮被按下后，常开点会闭合并且保持闭合。

“清 0”与“置 1”功能正好相反，当按钮被按下抬起后，对应的数据对象（开关对象）的值会被“清 0”，即使不再操作该按钮，数据对象的值也不会改变，而保持“0”的状态。其相当于实际元件中的自锁按钮的常闭点，自锁按钮被按下后，常闭点会断开并且保持断开状态。

“取反”是指当按钮被按下抬起后，原来数据对象的值会改变，比如原来的值为“1”，那么操作按钮后，该数据对象的值会变为“0”；如果原来的值为“0”，操作按钮后该数据对象的值会变为“1”。

“按 1 松 0”是指当按钮被按下后，数据对象的值变为“1”，松开按钮后，数据对象的值又变为“0”。该功能相当于实际按钮中的自复位按钮的常开点。

“按0松1”是指当按钮被按下后，数据对象的值变为“0”，松开按钮后，数据对象的值又变为“1”。该功能相当于实际按钮中的自复位按钮的常闭点。

按钮的操作改变的是数据对象的值，那么数据对象怎么确定呢？首先单击“数据对象值操作”选项右侧的 ? 按钮，如图2－66所示。打开“变量选择”界面，如图2－67所示。

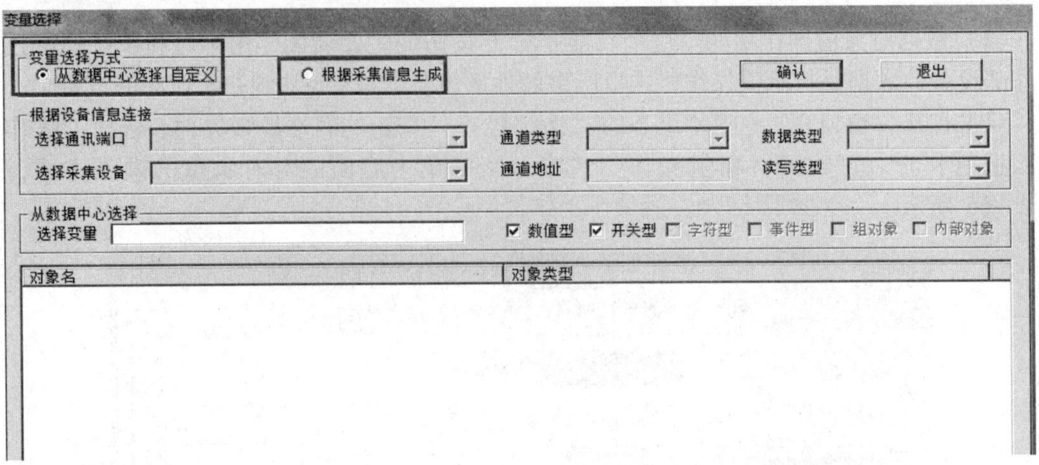

图2－67 “变量选择”界面

变量的选择方式有两种。一种是从数据中心选择，这需要提前建立数据库，并且通过设备窗口把数据库建立的数据与相连接的设备对应连接起来，这种方法在以后的章节中介绍。

另一种方式就是“根据采集信息生成”。这种方式就是直接从所连接的设备中进行选择。

比如所连接的设备是“三菱－FX系列编程口”，要选择对“系统停止”按钮与三菱FX系列PLC的M0辅助继电器作一个“取反”的组态设置，打开操作属性设置界面，选中“数据对象值操作”选项，并选择“取反”功能，单击 ? 按钮打开“变量选择”界面，勾选“根据采集信息生成”选项，选择“选择采集设备”为“三菱－FX系列编程口”，“通道类型”选择为“M辅助继电器”，“通道地址”选择为“0”，单击“确认”按钮即可，如图2－68所示。

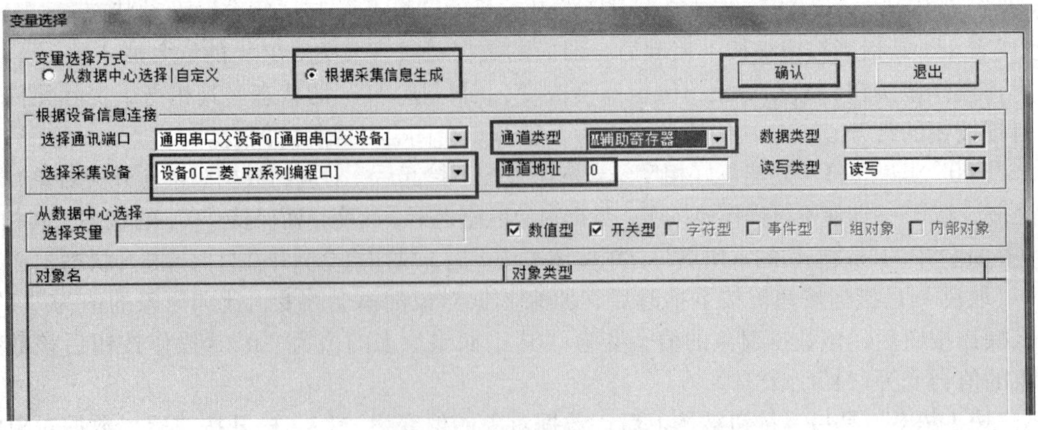

图2－68 “变量选择”界面

确认后的操作属性设置界面如图 2－69 所示，单击“确认”按钮，那么在“窗口 0”中的“系统停止”按钮的功能就成为对三菱 PLC 的辅助继电器 M0 进行取反操作。

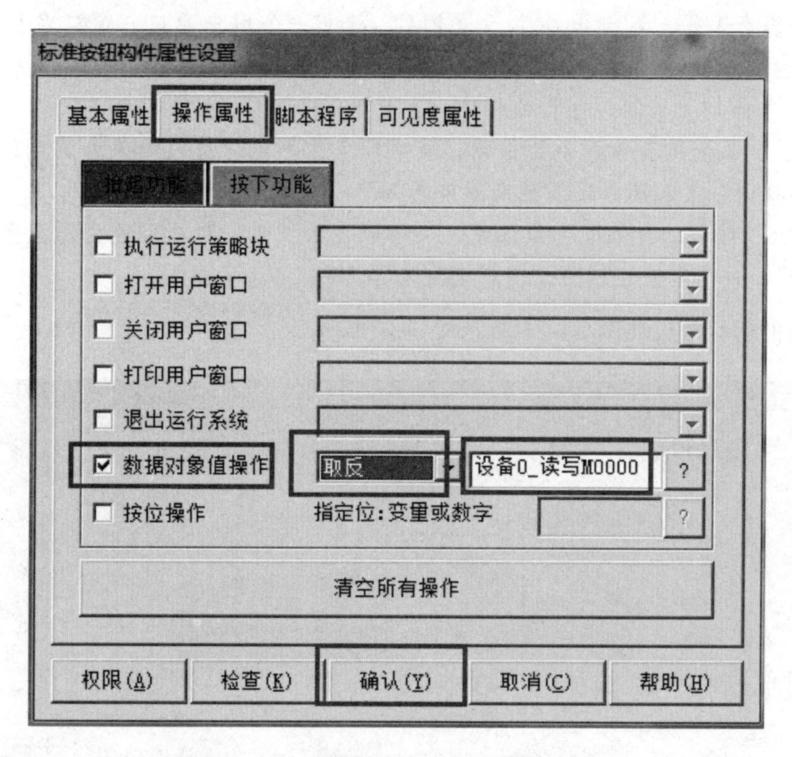

图 2－69　确认后的操作属性设置界面

如果连接的设备是西门子 S7－200 系列 PLC，那么在“变量选择”界面要按照图 2－70 所示的通道地址来选择确定。要把“系统停止”按钮连接到西门子 PLC 的辅助继电器 M0.3 进行取反操作。西门子系列 PLC 的通道地址表示的是该数据对象的字节地址，数据类型表示该数据对象的位地址。

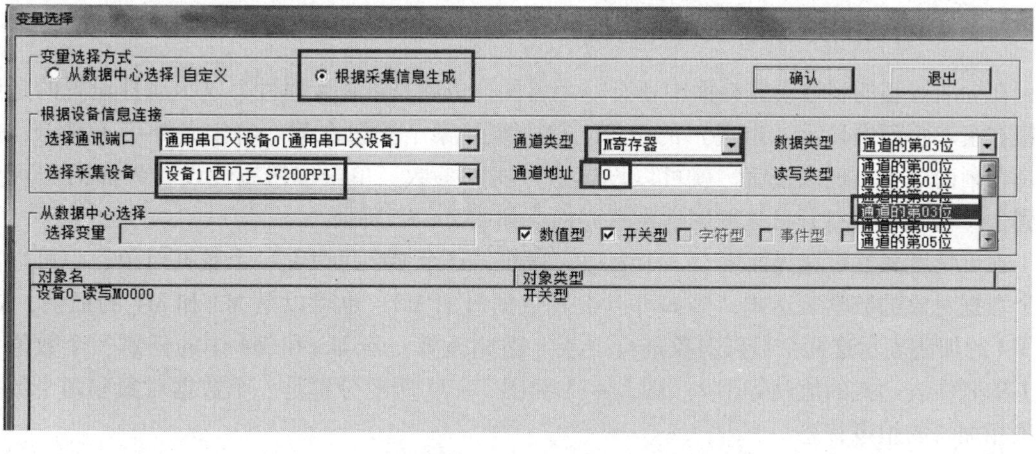

图 2－70　西门子变量选择

【实训练习2.6】

新建一个组态工程，连接设备为三菱 PLC，建立一个用户窗口，窗口名称为“系统控制”，背景颜色为浅蓝色，在窗口中组态两个按钮，按钮标签文字分别为“系统启动”和“系统停止”，字体均为宋体，字形为粗体，字号为一号。

“系统启动”按钮的背景颜色为绿色，文字颜色为黑色，边线颜色为黄色；操作功能为“按 1 松 0”，数据对象连接为三菱辅助继电器 M3。

“系统停止”按钮的背景颜色为红色，文字颜色为黄色，边线颜色为深蓝色；操作功能为“按 1 松 0”，数据对象连接为三菱辅助继电器 M4。

完成之后的运行效果如图 2 – 71 所示。

图 2 – 71　运行效果

2.4.4　标准按钮的可见度属性

在标准按钮的属性设置界面中还有一个属性，也就是可见度属性，这个属性设置的是该按钮在组态画面中显示（出现）的条件。比如要让某个按钮在某一特定条件下不显示，也就是在画面中不出现该按钮，就可以设置这一属性参数。单击按钮属性设置界面的“可见度属性”选项卡，打开可见度属性设置界面，如图 2 – 72 所示。

在可见度属性设置界面中有一个表达式参数，这个参数可以是一个数据对象，也可以是几个数据对象的数学表达式，比如可以设置数据对象 M3，也可以是 M3 和 M4 的加法，M3 和 M4 的加法表示这两个数据对象进行“或”逻辑运算；当 M3 和 M4 中的任意一个数值等于 1 的时候表达式的值就等于 1。图 2 – 73 和图 2 – 74 所示分别是一个数据对象和两个数据对象相加时的组态状态。

当选择设定好表达式后，根据表达式的值有两种可见情况：一种是当表达式的值非零时（也就是不等于 0）按钮可见；另一种是当表达式的值非零时（也就是不等于 0）按钮不

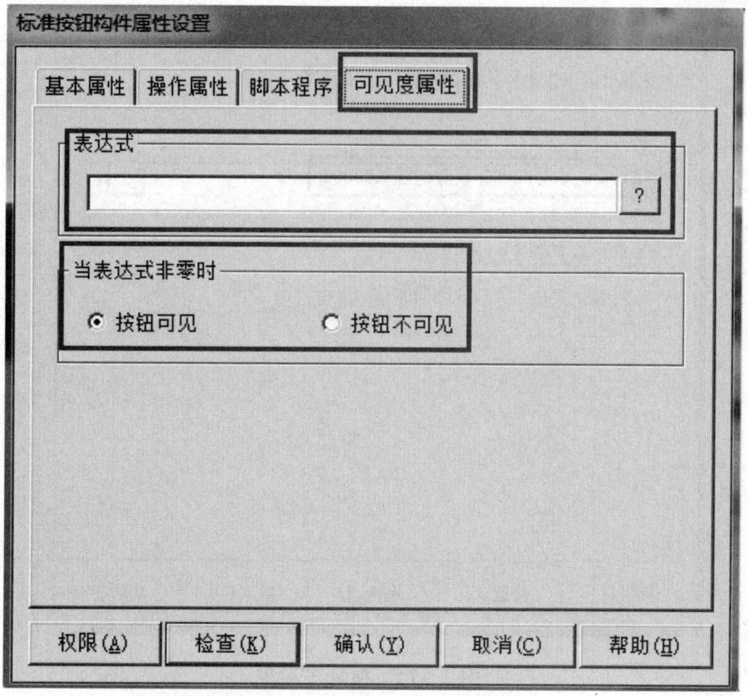

图 2 – 72　可见度属性设置界面

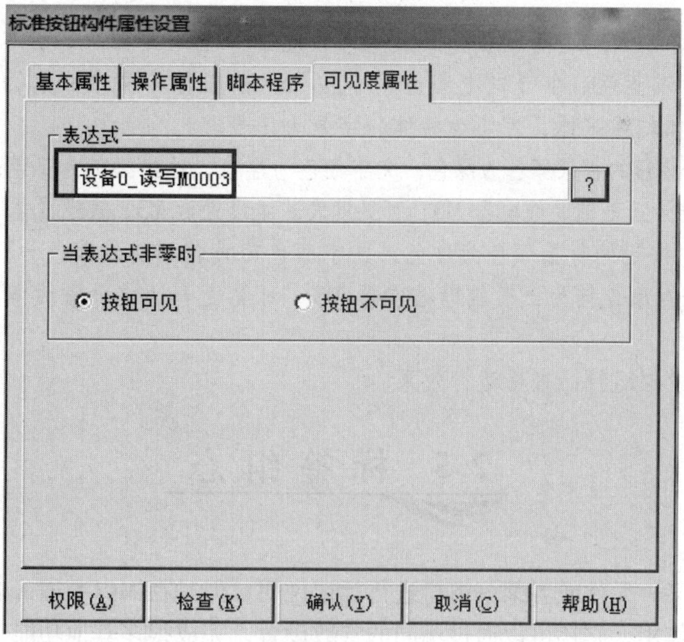

图 2 – 73　按钮可见

可见。

要根据实际的工程要求或者显示需求，设定不同的表达式，并合理赋值以达到正确显示按钮的效果。

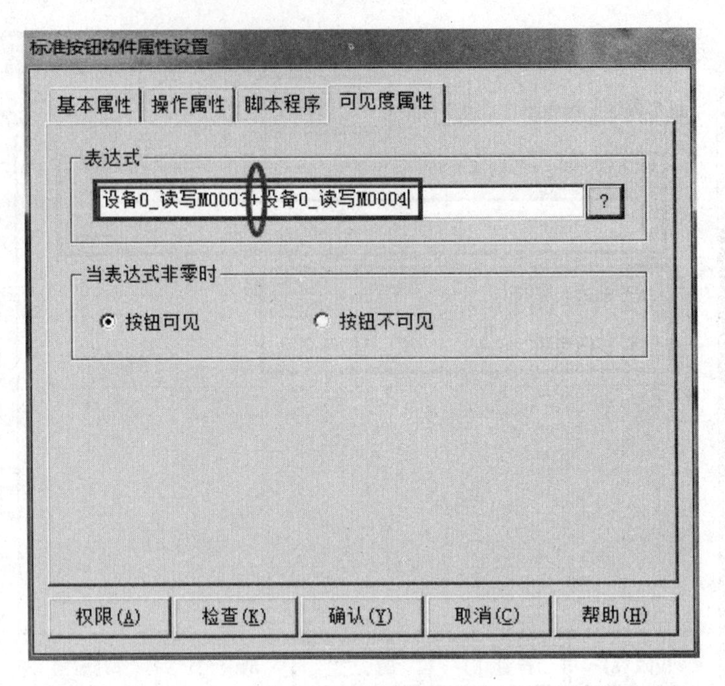

图 2-74　按钮不可见

【实训练习 2.7】

新建一个组态工程，连接设备为三菱 PLC，建立一个用户窗口，窗口名称为“系统控制”，背景颜色为浅蓝色，在窗口中组态两个按钮，按钮标签文字分别为“系统启动”和“系统停止”，字体均为宋体，字形为粗体，字号为一号。

“系统启动”按钮的背景颜色为绿色，文字颜色为黑色，边线颜色为黄色；操作功能为“置1”，数据对象连接为三菱辅助继电器 M3，可见度表达式设置为 M3，表达式非零时不可见。

“系统停止”按钮的背景颜色为红色，文字颜色为黄色，边线颜色为深蓝色；操作功能为“清0”，数据对象连接为三菱辅助继电器 M3。可见度表达式设置为 M3，表达式非零时可见。

组态完成后模拟运行，查看运行效果。

2.5 标签组态

标签用来对某一元件或者某一窗口进行标记说明，但是在 MCGS 嵌入版组态软件中标签不只是起标记的作用，它还可以通过不同的参数设置，完成很多其他功能。下面介绍标签的组态过程。

2.5.1 标签的扩展属性

在用户窗口的工具箱中单击标签图标按钮 A，然后在用户窗口中拖拽鼠标，完成一个标签的外形组态，双击标签图形，打开标签属性设置界面。也可以用鼠标右键单击窗口中的标签图形，选择“属性”选项，打开标签属性设置界面，如图2－75所示。

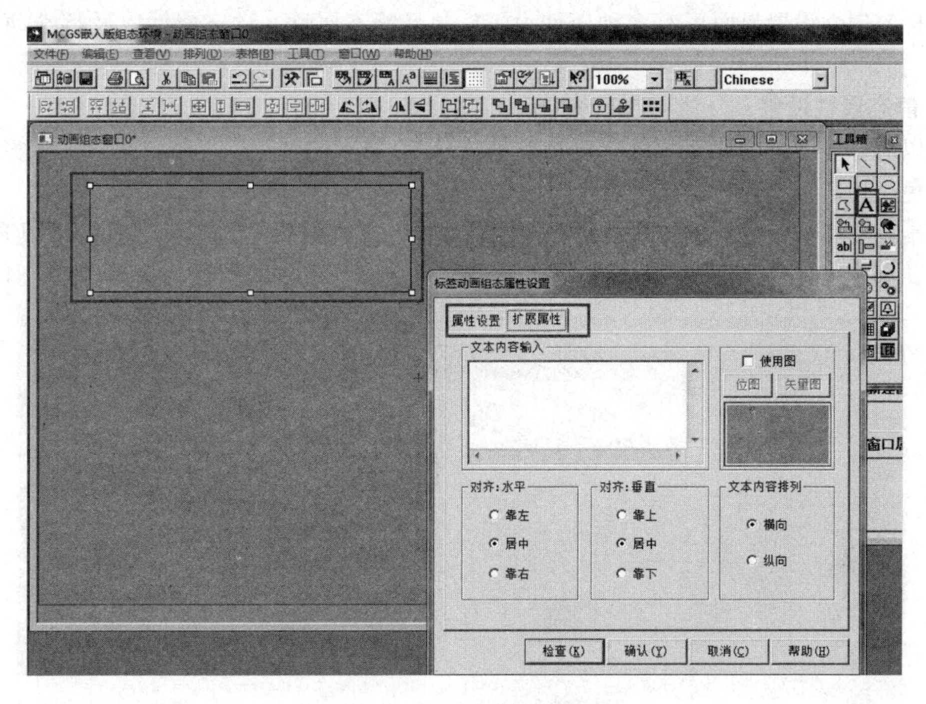

图2－75　标签属性设置界面

标签的“扩展属性”主要用来编辑标签的文本内容，也就是标签图形中所显示的内容，还有文本在标签图形中的相对位置以及文本的排列方向。

组态一个标签显示“MCGS嵌入版”，文字水平居中，垂直靠上，横向排列，组态好的标签如图2－76所示。

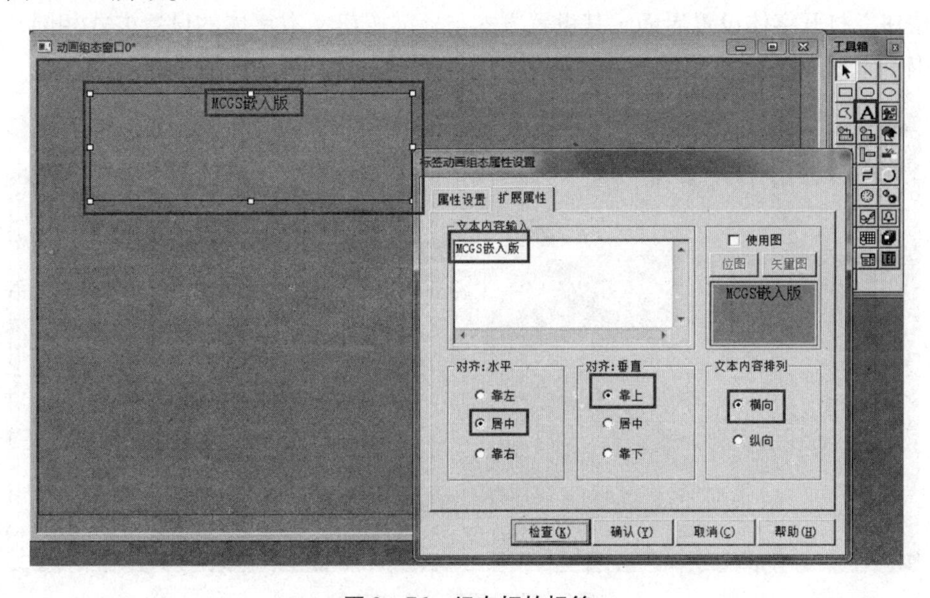

图2－76　组态好的标签

2.5.2　标签的属性设置

在标签属性设置界面里有多种属性设置，包括静态属性、动态属性以及特殊动画属性设置。

1. 静态属性设置

可以对标签图形的填充颜色（背景颜色），标签文本的颜色、字体、字号，标签图形的边线颜色、边线线型进行设置。

双击标签图形，打开标签属性设置界面，选择“属性设置”选项卡，单击“填充颜色”选择框，选中合适的颜色就可以把标签的背景颜色更改为想要的颜色，如图 2－77 所示。

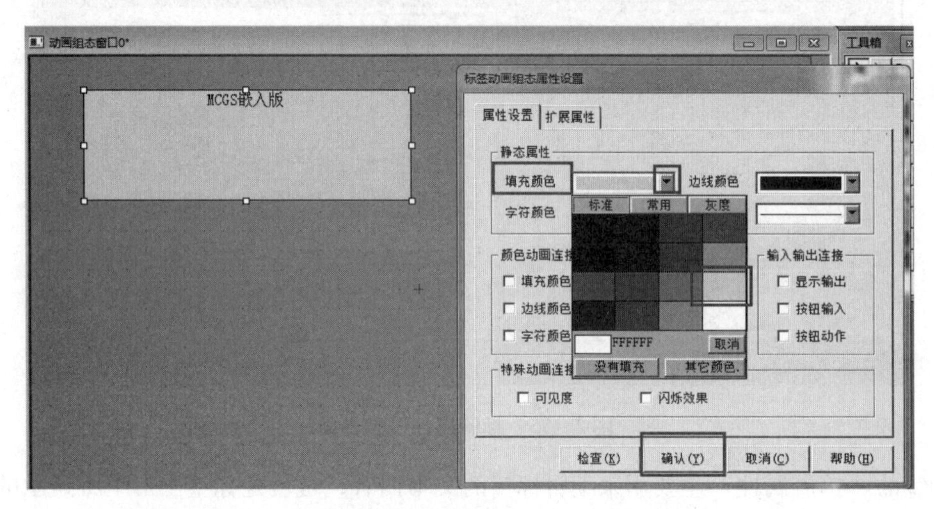

图 2－77　选择标签的背景颜色

标签文本颜色的设置与背景颜色的设置相同。对于文本的字体、字号等的设置，可以单击 按钮，打开字体设置界面，其设置方式与标准按钮文本字体的设置方式相同，不再赘述。字体设置完成后标签的文本效果如图 2－78 所示。

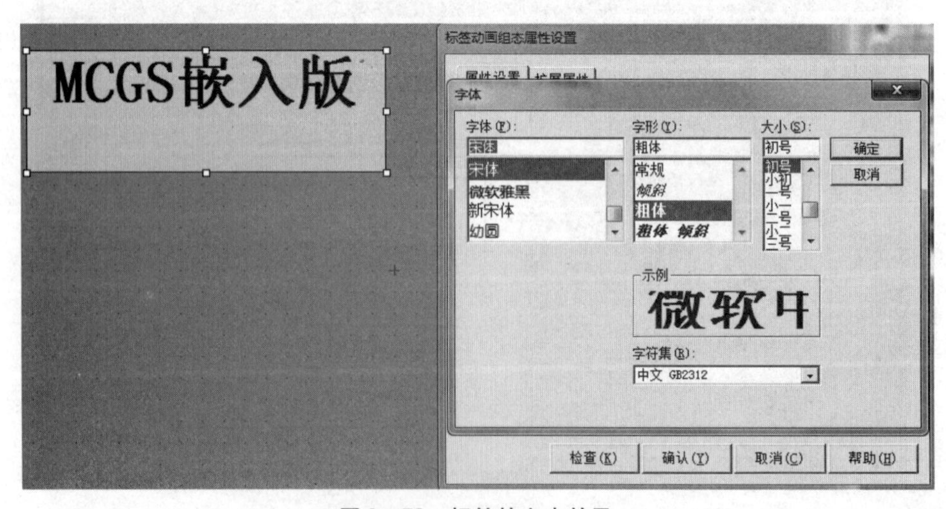

图 2－78　标签的文本效果

标签的边线颜色及边线线型的设置与标准按钮的设置方式相同，不再赘述，可以参照按钮的边线设置方式。

2. 动态属性设置

标签的动态属性设置包括颜色动画连接、位置动画连接、输入输出连接三项。

（1）颜色动画连接是通过与连接的通信设备中的数据对象的不同值，显示不同的颜色，包括填充颜色、边线颜色、字符颜色3种。具体的设置方法如下：首先选中需要连接的动态颜色属性（在相应的颜色属性前打“√”），在属性设置窗口的上方会出现相应的属性设置按钮，如图2－79所示。

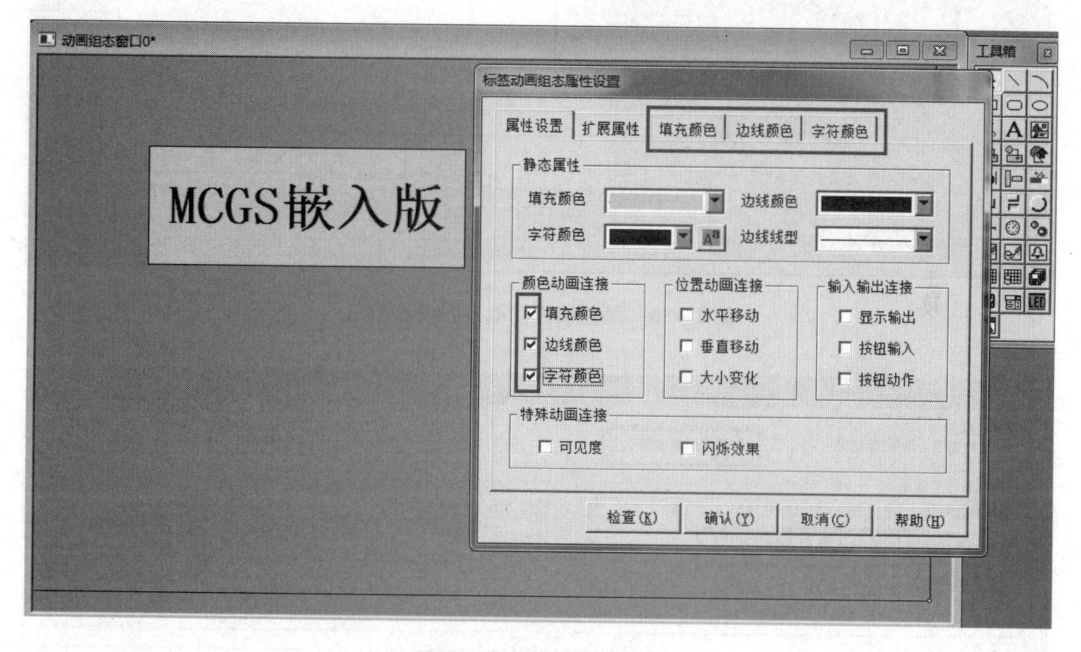

图2－79　属性设置按钮

单击属性设置窗口上方相应的设置按钮，就可以打开相应的颜色动画连接设置窗口，现以颜色填充为例，介绍“填充颜色”动态连接设置。

选中“颜色动画连接”区中的“填充颜色”选项，然后单击上方的“填充颜色”选项卡，打开颜色填充动画连接设置窗口，如图2－80所示。

在图2－80所示的设置窗口中“表达式”是指能够对所选中的标签进行动画颜色填充的变量，可以是单个的变量，也可以是多个变量组成的表达式；单击后侧的“?”按钮，打开“变量选择”窗口，根据所连接的设备窗口，从中选择需要的变量。选择设备“三菱FX系列PLC”中的中间继电器M5，作为连接变量，选择完成后单击“确定”按钮，如图2－81所示。

变量选择完成后，在动画连接设置窗口中，用鼠标双击需要显示的颜色条，如图2－80所示的绿色，可以打开需要显示的颜色选择框，选择合适的颜色单击“确定”按钮即可。

单击图2－80所示的属性设置窗口中的“增加”或“删除”按钮，可以增加需要显示的分段点或者删除已有的分段点，设置完成后单击“确定”按钮。

该设置的动画效果是：当所连接的外部设置三菱FX系列PLC的M5的值为“0”时，

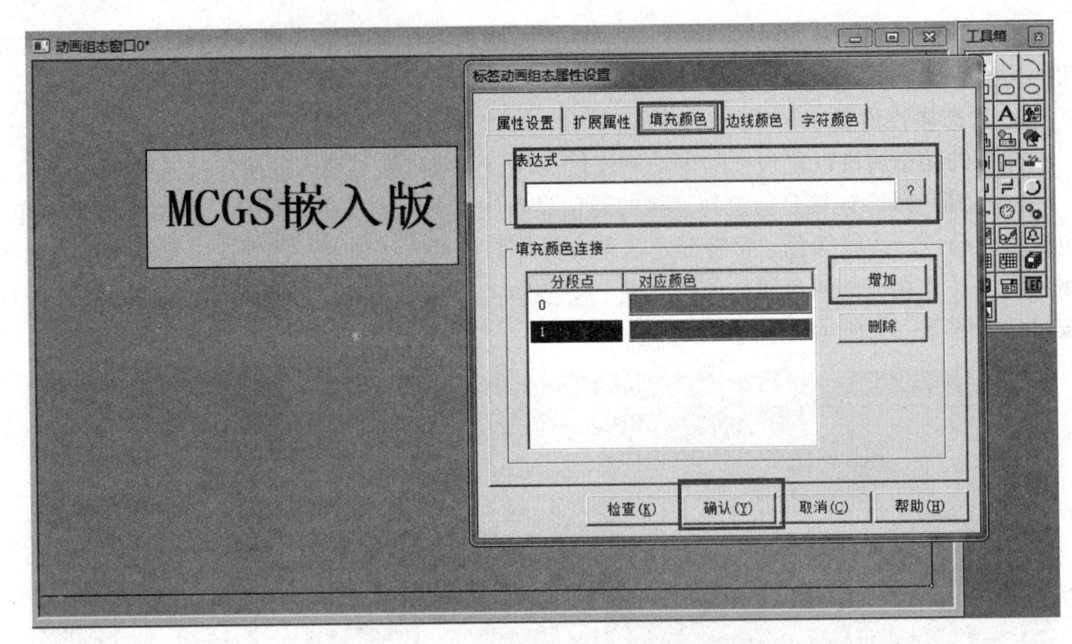

图 2－80 颜色填充动画连接设置窗口

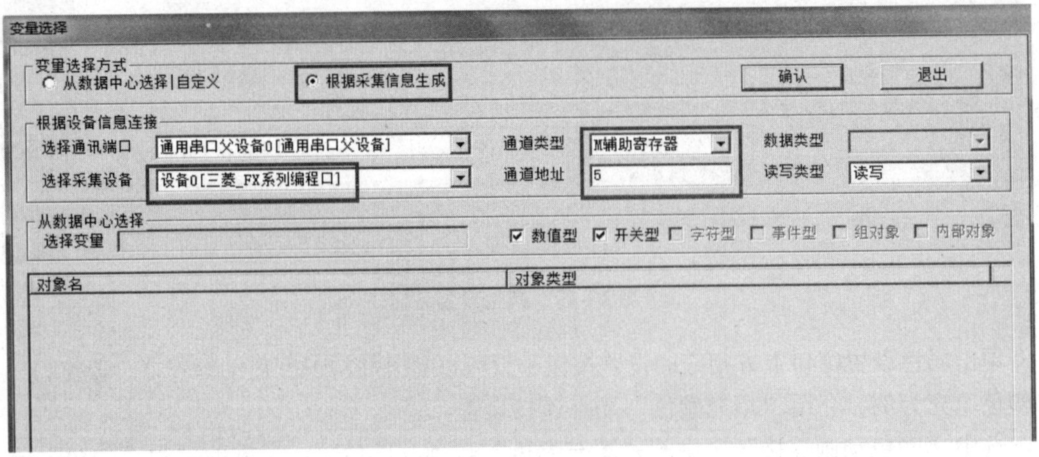

图 2－81 “变量选择”窗口

标签的填充颜色为绿色，当 M5 的值为“1”时，标签的填充颜色为红色。可以在标签所在的窗口组态一个标准按钮，按钮的操作属性设置为取反，变量连接为 M5，组态完成后，下载组态好的工程，选择“模拟运行”选项，单击“工程下载”按钮，下载完成后单击“启动运行”按钮，看一下标签的填充颜色是否随着按钮的按下被改变。图 2－82 所示是按钮按下前，标签的填充颜色为绿色；图 2－83 所示是按钮按下后标签的填充颜色为红色。

标签的颜色动画连接的其他设置与颜色填充的设置方式相同，参照该设置方法即可，这里不再赘述。

（2）位置动画连接用来设置标签在窗口中的位置，可以通过改变一个变量或者几个变量的表达式的值来改变标签所处的位置。位置动画连接包括“水平移动”“垂直移动”以及“大小变化”三个内容。

图 2－82　按钮按下前

图 2－83　按钮按下后

①“水平移动”是通过改变表达式的值来改变标签在水平方向的位置；

②“垂直移动”是通过改变表达式的值来改变标签在垂直方向的位置；

③“大小改变”是通过改变表达式的值来改变标签的尺寸大小。

标签所在窗口的位置是用窗口的分辨率的值来确定的，在组态软件的右下方会实时显示标签所在的位置坐标及标签的尺寸大小，如图 2－84 所示。这里选择的 7 寸触摸屏的分辨率是 800×480。标签位置坐标以标签的左上角所处的位置坐标作为坐标值来显示；标签的尺寸大小以长度×宽度的形式来显示。

下面以标签的水平移动为例介绍标签的位置动画连接的组态过程，其他两种组态方式与此类似，参照即可。

双击已经组态好的标签，在属性设置窗口选择“水平移动”选项，如图 2－85 所示，在属性设置窗口的上端单击“水平移动”选项卡，打开水平移动设置窗口，如图 2－86

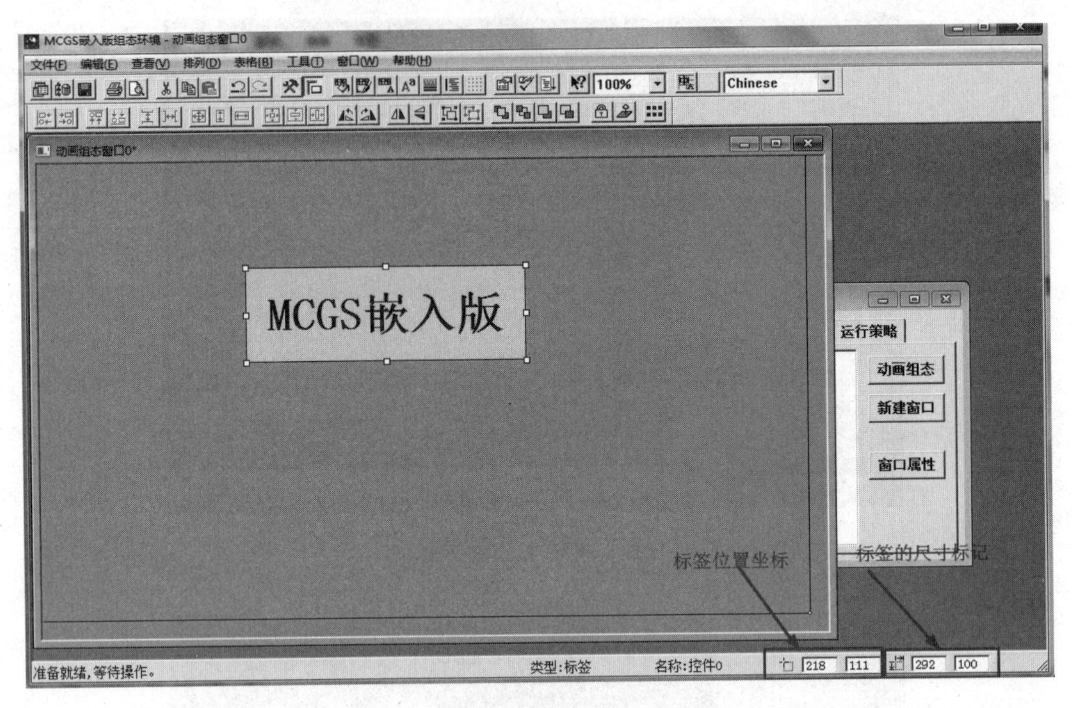

图 2 – 84　标签位置

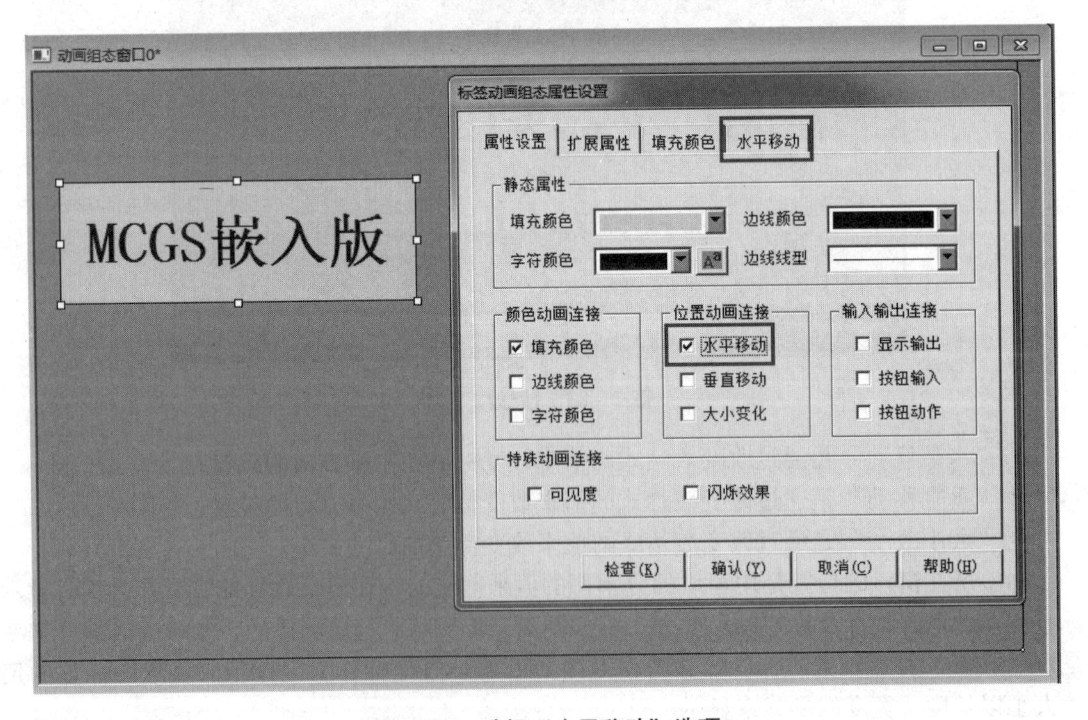

图 2 – 85　选择“水平移动”选项

所示。

在图 2 – 86 所示的界面中，表达式的选择设定与标签颜色填充时的表达式设定方式相同，不再重复。在“水平移动连接”区有 4 个填充量，这 4 个填充量水平两两对应，“最小

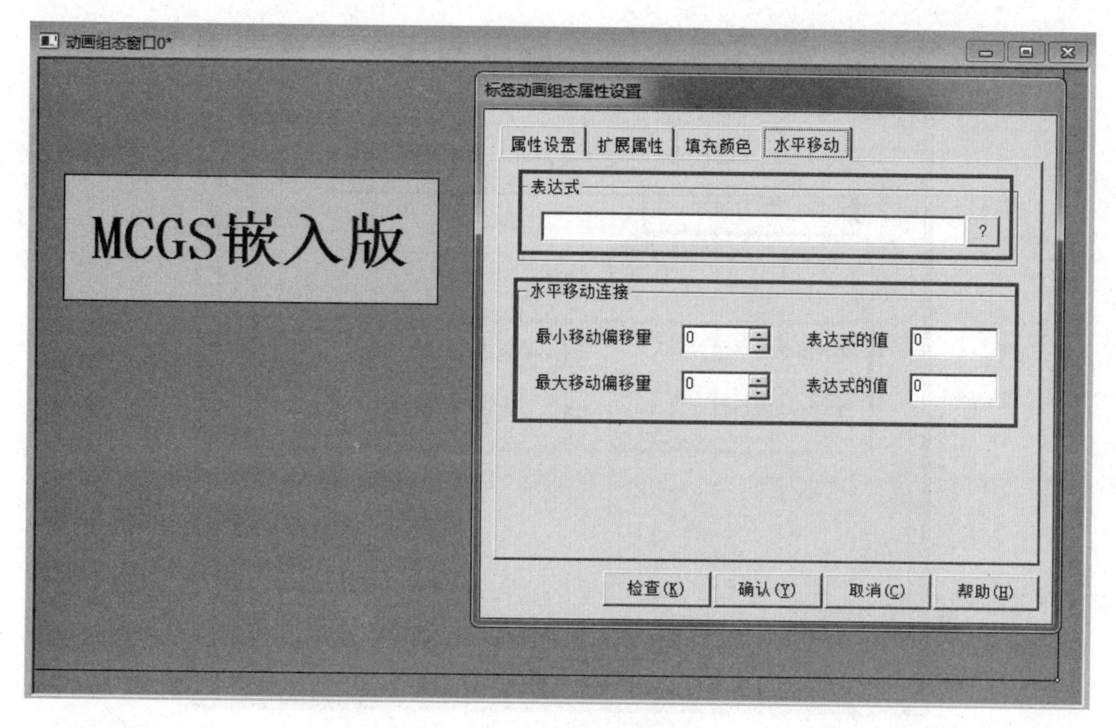

图 2－86 水平移动设置窗口

移动偏移量”是指标签所在的相对于当前位置的最小距离；其值如果是负数，就是在当前位置的左侧，其值如果是正数就是在当前位置的右侧。与其右侧表达式的值相对应；“最大移动偏移量”是指标签所在的相对于当前位置的最大移动距离，与其右侧表达式的值相对应。

假设表达式设置为变量 D0（三菱 PLC 的数据寄存器，用来存储数值），组态的标签的当前坐标为（50，100），最小移动偏移量设置为 0，对应的表达式的值为 0；最大移动偏移量为 200，对应的表达式的值为 100，如图 2－87 所示，并且在标签所在的窗口上组态一个输入框（下一节介绍组态方法），通过在输入框中填写不同的数值，可以看到标签的水平位置也随之发生改变。图 2－88 所示就是在输入框中输入“50”和“150”这两个不同的值时，标签所对应的水平位置的对比。

标签的“垂直移动”及“大小变化”的组态过程与“水平移动”相同，这里就不再重复介绍组态过程，参考“水平移动”的组态过程即可。

（3）标签除了作为普通的标志以外，在 MCGS 嵌入版组态软件中标签的另外一个主要功能是“显示输出”，在很多自动化控制过程中，需要显示很多数据或者状态，而这些数据和状态只能作为输出信息显示，而不能作为输入信息加以改变，这时候就要用到标签的“显示输出”功能。

双击标签，打开属性设置窗口，选择“显示输出”选项，在属性设置界面的上端会出现“显示输出”选项卡，如图 2－89 所示。单击“显示输出”选项卡，打开标签的显示输出设置窗口，如图 2－90 所示。

在标签的显示输出设置窗口中，表达式的选择与标签的其他属性设置中表达式的选择是

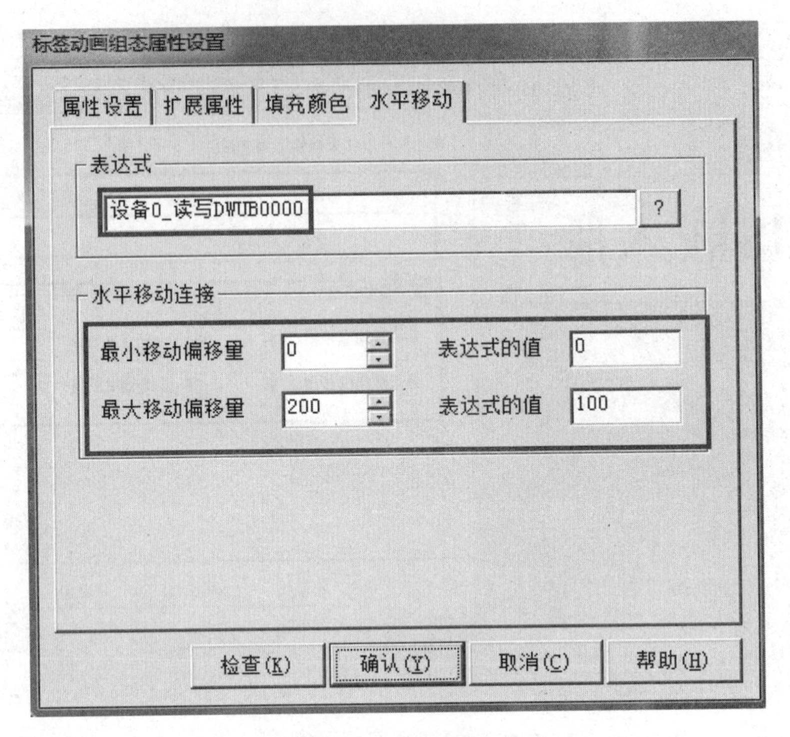

图 2-87　设置参数

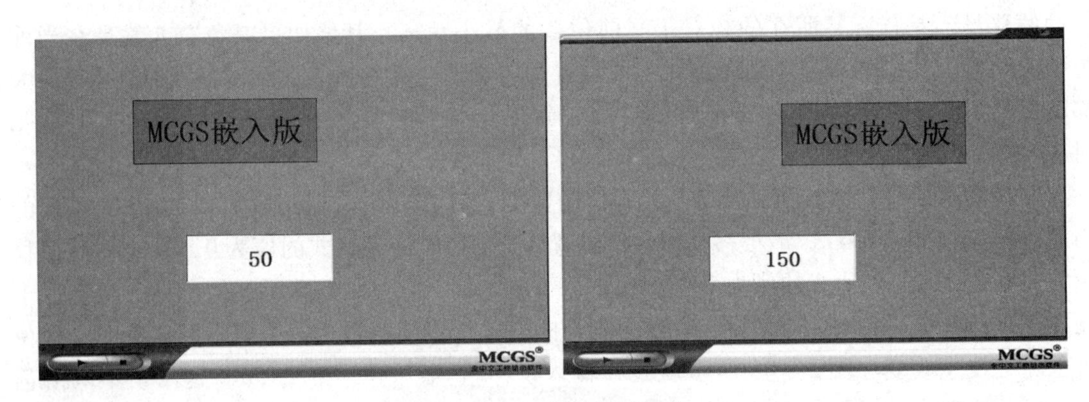

图 2-88　水平位置的对比

一样的，这里的表达式同样可以是一个变量，也可以是几个变量的表达式组合，如果是一个变量，那么标签所显示的就是该变量的实际值，如果是几个变量的表达式组合，那么标签显示的就是几个变量的组合后的值。

表达式选项右侧的“单位”选项中是在标签中要显示的数值单位，只有在“数值量输出”类型选项下，“单位”选项才能使用。

“输出值类型”是指标签所显示的输出的值的数值类型，有三种类型：开关量输出、数值量输出和字符串输出。

“开关量输出”类型只有两种状态——“开”或者“关”，那么对应的变量的值就是“非零”或者“零”。如果变量是数值型，也就是 PLC 的寄存器形式，那么只要该寄存器的数值不为 0，那么作为开关量输出的话，那就是“开”的状态；如果寄存器的数值为 0，那

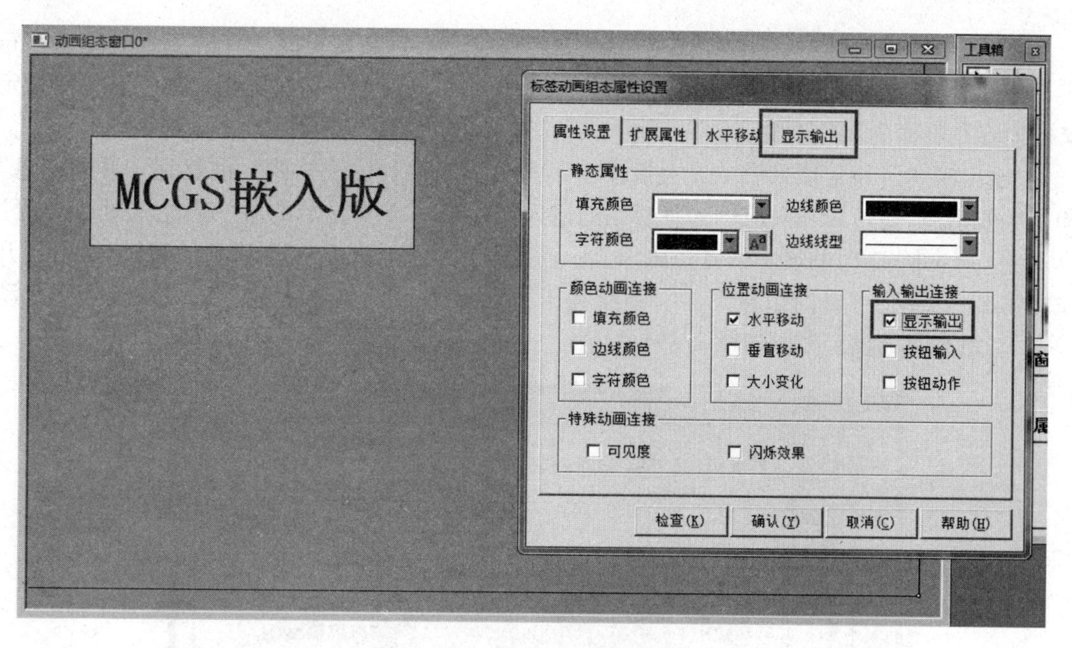

图 2-89　显示输出设置窗口

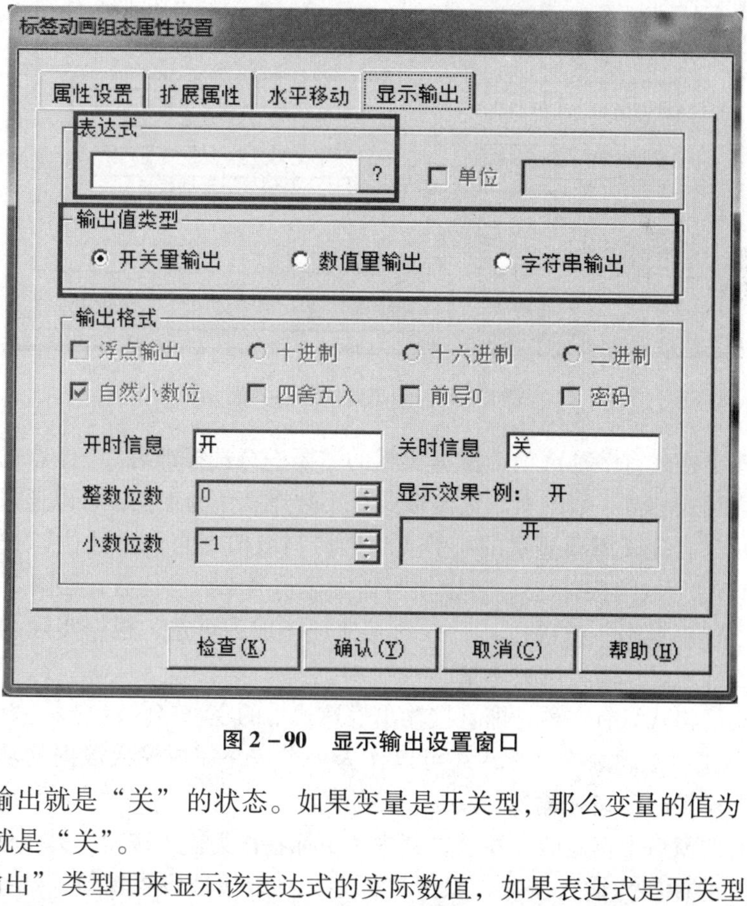

标签动画组态属性设置

属性设置　扩展属性　水平移动　显示输出

表达式　? 　单位

输出值类型

开关量输出　数值量输出　字符串输出

输出格式

浮点输出　十进制　十六进制　二进制

自然小数位　四舍五入　前导0　密码

开时信息 开　关时信息 关

整数位数 0　显示效果-例：开

小数位数 -1　开

检查(K)　确认(Y)　取消(C)　帮助(H)

图 2-90　显示输出设置窗口

么作为开关量输出就是“关”的状态。如果变量是开关型，那么变量的值为 1 就是“开”，变量的值为 0 就是“关”。

“数值量输出”类型用来显示该表达式的实际数值，如果表达式是开关型变量，那么只显示“0”或者“1”；如果表达式是数值型变量，那么标签就显示该变量实际的数值。

“字符串输出”类型只能输出字符串变量，也就是在定义变量时选择的变量类型为字符串，该变量的值也是一串字符，其他类型的变量类型不能作为字符串类型输出。有关变量定义的内容在后面的部分讲解。

“输出格式”设定项目中“开关量输出”类型只有两种输出格式，也就是“开时信息”和“关时信息”，可以在对应的信息后面的输入框中填写需要显示的某一表达式处于“开”或“关”不同状态时的显示信息。比如显示输出连接的表达式是三菱 PLC 的 M1，使用“开关量输出”类型，“开时信息”为“系统处于手动状态”，“关时信息”为“系统处于自动状态”，组态时的设定界面如图 2-91 所示。

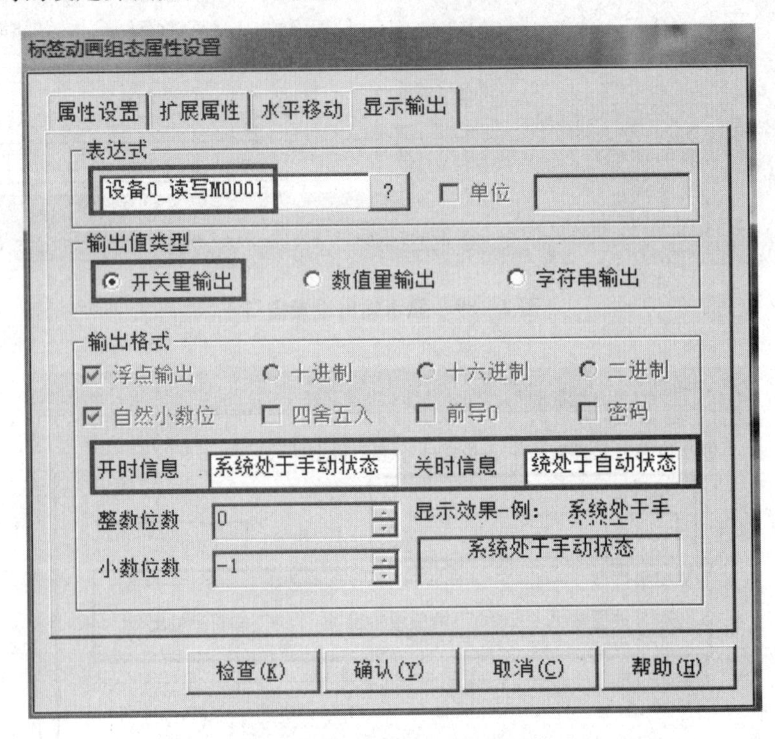

图 2-91　组态时的设定界面

数值量的输出格式有多种选项，根据实际的需要进行选择即可。“浮点输出”是在标签中显示所连接表达式的带小数的实数输出形式，小数点默认为4 位，可以通过取消选择“自然小数位”选项来自定义需要显示的小数点位数，当取消“自然小数位”选项后，下方的“小数位数”选项变为可编辑状态，可以填写需要显示的小数点位数，如图 2-92 所示。

如果取消“浮点输出”选项，其后方的其他选项成为可选，根据实际的需要进行选择即可，目的是正确地显示需要的数值量。

字符串输出的格式只有一种，即直接输出表达式中的字符串内容。

（4）标签除了以上动画连接外，还可以作为一个按钮完成输入数据的功能，下面通过一个示例来说明标签的“按钮输入”功能。

首先在已有的窗口中建立两个标签，其中一个标签作为输入按钮，另一个标签作为显示输出。选择上方的标签为输入按钮，双击该标签，打开属性设置窗口，选择“按钮输入”选项并单击上方的“按钮输入”选项卡，进入按钮输入动画连接属性设置界面，在表达式

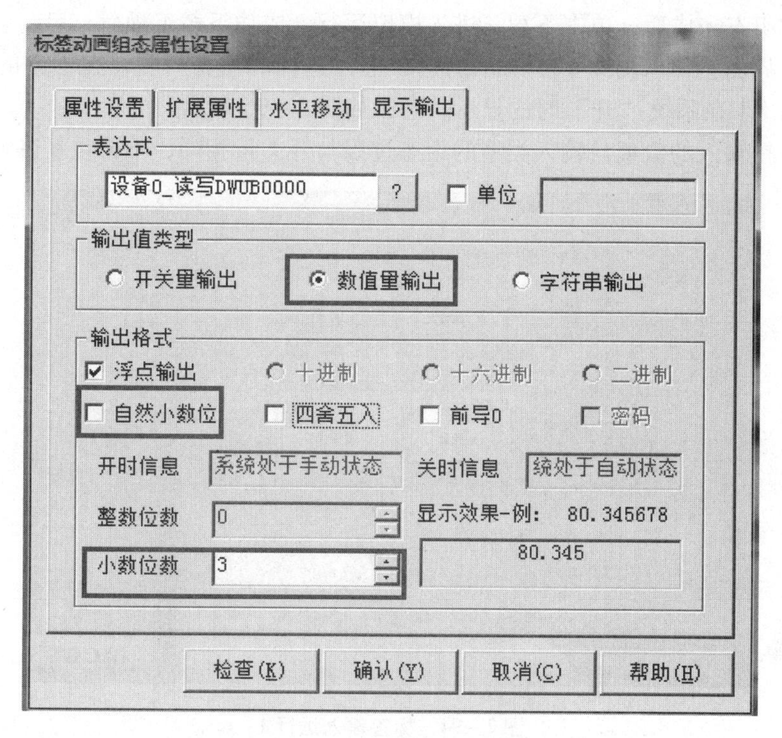

图2-92　数值显示设置

中选择变量为三菱 PLC 的中间继电器 M1，输入值类型为“开关量”输入，表达式为开时的信息为“系统开”，表达式为关时的信息为“系统关”，如图 2-93 所示。

窗口下方的标签按照“显示输出”的组态方式显示中间继电器 M1 的状态内容。

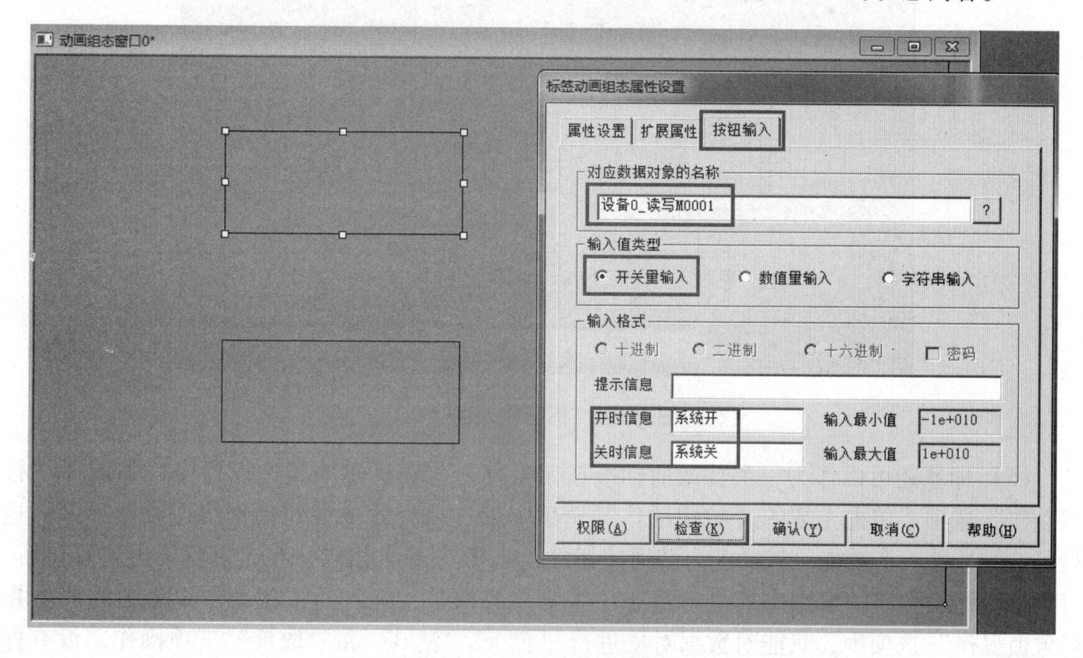

图2-93　标签输入属性

两个标签组态完成后，单击下载，进入模拟运行，成功下载工程后，启动运行，当按动上方标签时，界面会弹出图 2－94 所示的选择框，选择“置 1”后，在下方的标签显示框中，就会显示 M1 在系统“开”时的显示状态，如图 2－95 所示。

标签的按钮输入的数值量输入类型的组态过程与开关量相同，不再重复讲解。

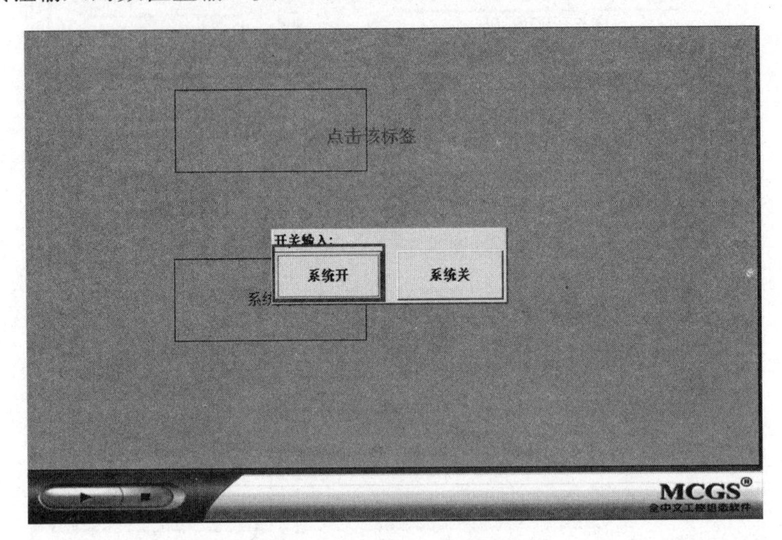

图 2－94　标签输入运行 1

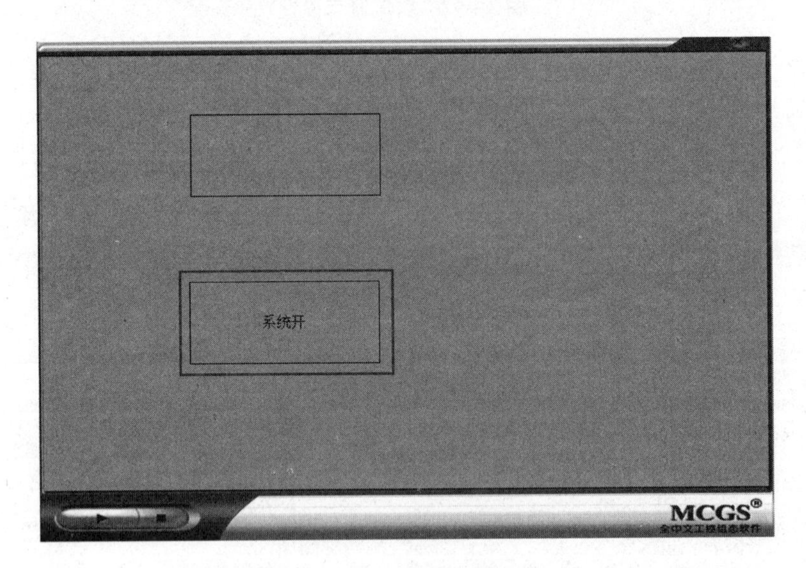

图 2－95　标签输入运行 2

（5）标签还可以作为一个普通的标准按钮来使用，在标签的属性设置窗口中选择“按钮动作”选项，单击上方的“按钮动作”选项卡就进入标签的按钮动作组态设置界面。这是标签的另外一个功能，该功能与普通按钮的组态方法基本相同，在这里就不再重复讲解，可以参照标准按钮的组态方式进行组态。需要注意的是，标签的按钮动作组态中的“数据对象值操作”选项中，只能对数据对象进行“置 1”“清 0”和“取反”三项操作，没有标准按钮的“按 1 松 0”和“按 0 松 1”选项。

【实训练习 2.8】

新建一个组态工程，组态相应的设备窗口、用户窗口，在用户窗口中组态两个标签元件，分别用来显示连接设备中的两个变量的值。

【实训练习 2.9】

通过标签元件完成 3 个窗口的相互进入与关闭。具体要求：在“窗口 0”中组态两个标签，通过组态动作属性，分别进入“窗口 1”和“窗口 2”，在“窗口 1”和“窗口 2”中分别组态一个标签，通过各自的标签返回到“窗口 0”。

2.6　输入元件组态

在进行自动化控制的过程中，经常会进行参数的设置修改，如果没有人机交互设备，就需要打开源程序代码，在自动化控制程序中进行修改，非常不方便。通过人机交互设备（触摸屏）可以很方便地进行各种参数的设置修改，所以触摸屏在自动化控制过程中的应用越来越广泛。可以通过触摸屏组态软件提供的输入组态元件完成数据的写入，这里讲的数据输入是指通过触摸屏把数据写入到与触摸屏连接的自动化控制设备的数据存储器中，在本教材中，触摸屏都是与 PLC 进行连接，那么通过触摸屏写入的数据就存储到 PLC 的数据存储器中，如果是三菱 PLC 就存储到数据存储器 D 中，如果是西门子系列 PLC 就存储到数据存储器 V 中。

MCGS 系列触摸屏组态软件提供了多种输入元件来完成数据的输入，其中最常用的有 3 种：“输入框”“滑动输入器”“旋钮输入器”。下面分别介绍这 3 种不同输入方式的组态过程。

2.6.1　输入框

按照前面的组态过程，新建一个工程，建立设备连接为“三菱 FX 系列编程口”，在用户窗口新建一个窗口，双击打开新建的窗口，打开设备工具箱，选中“输入框”标签 ab|，然后用鼠标拖拽的方式在窗口中建立一个输入框，如图 2-96 所示。

双击建立的输入框，打开输入框的属性设置窗口，在输入框的属性设置中共有 3 个属性——“基本属性”“操作属性”“可见度属性”，双击相关的属性选项卡就可以打开对应的属性设置界面，图 2-97 所示的界面就是输入框的基本属性设置界面。

1. 基本属性组态

在输入框的基本属性设置界面中，主要是对输入框的外形，输入的数据的颜色、字体、字形和字号以及输入的数据在输入框中的相对位置进行设置。

在图 2-97 所示的“水平对齐”的选项区中，可设置输入的数据在输入框中所在的水平位置，包括 3 个位置——“靠右”“居中”“靠左”，根据实际的需要选择合适的选项即可。

“垂直对齐”用来设置输入的数据在输入框中所在的垂直位置，包括“靠上”“居中”

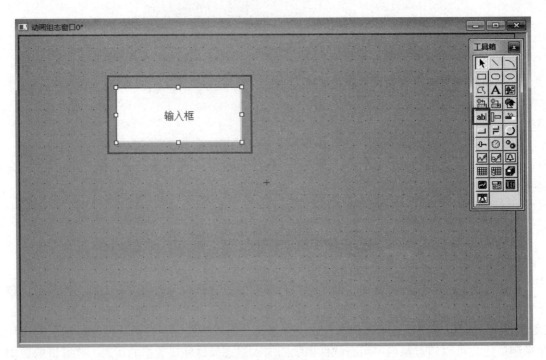

图 2 – 96　建立输入框

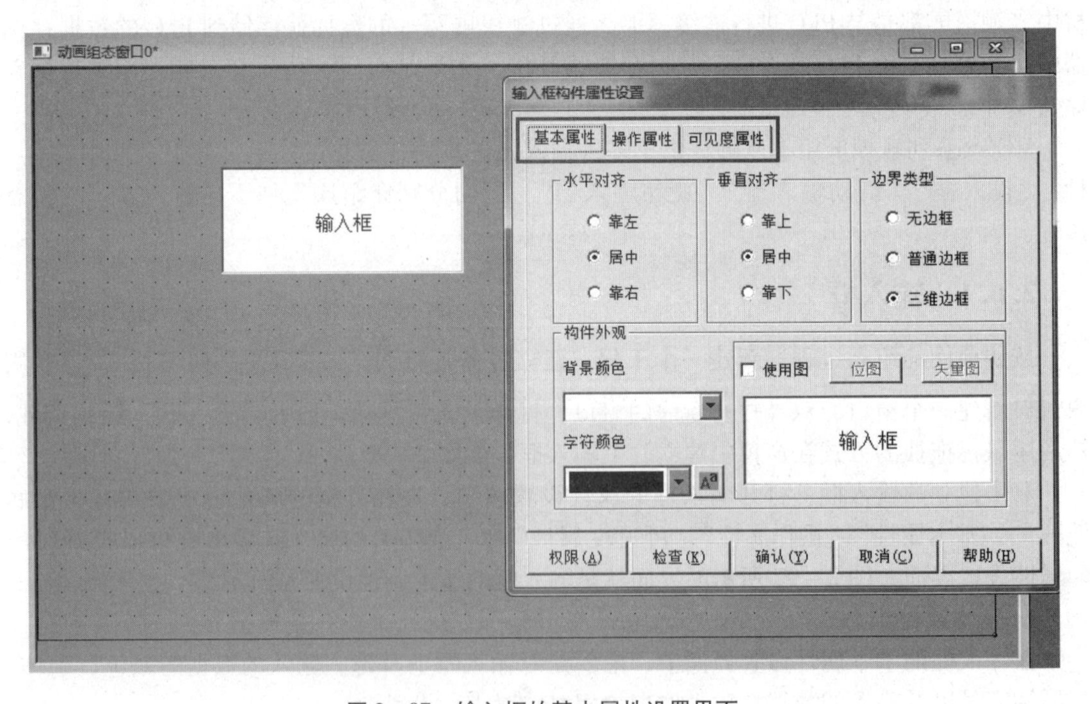

图 2 – 97　输入框的基本属性设置界面

"靠下"，根据实际的需要选择合适的选项即可。

"边界类型"用来设置输入框的边框外形，通过不同的选项可以使输入框的边框外形呈现不同的式样，根据自己的喜好、需要进行合适的选择即可。

"背景颜色"用来组态输入框的背景颜色，单击背景颜色选择框右侧的下拉菜单按钮，打开背景颜色选择框，选择合适的背景颜色就能够改变输入框显示的背景颜色，如图2－98所示。这里选择的背景颜色为黄色，选择完成后单击"确认"按钮，输入框的背景颜色就变成黄色。

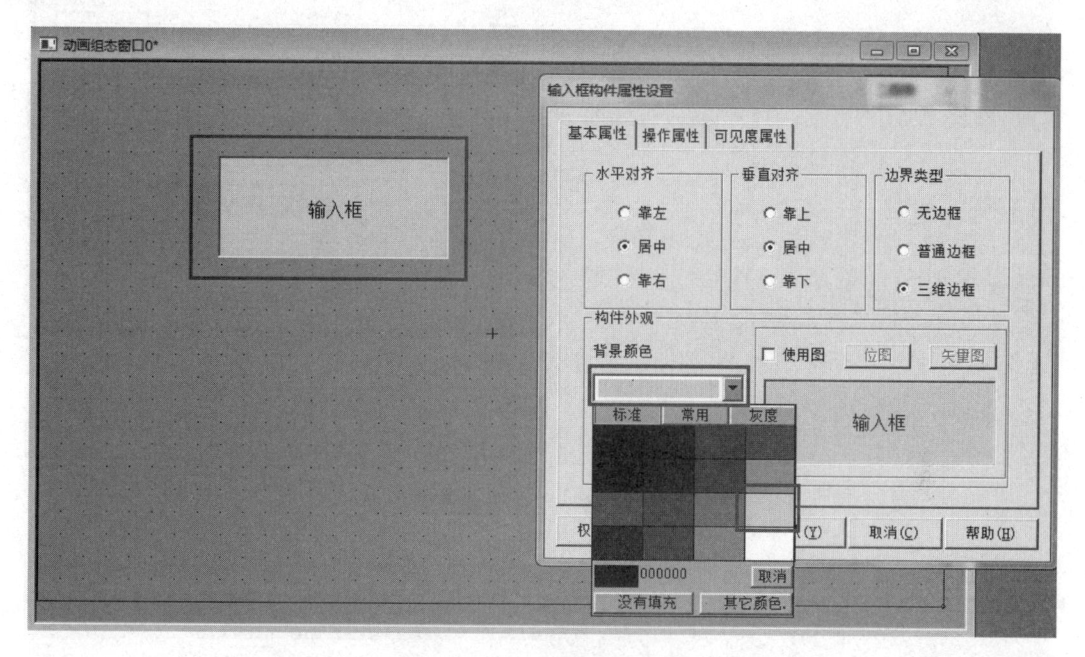

图2－98　背景颜色组态

"字符颜色"用来设置输入数据所显示的颜色，其设置方式与输入框的背景颜色的组态方式相同，单击"字符颜色"填充框右侧的下拉菜单按钮，打开字符颜色选择框，选择合适的字符颜色即可。需要注意的是一定不能把输入框的字符颜色与输入框的背景颜色设置为同一种颜色，否则字符就不能在输入框中显示出来。

"字体设置"用来设置输入数据所显示的字体、字形、字号等，单击"字符颜色"右侧的字体设置图标 A^a，打开字体设置界面，如图2－99所示。例如设置字体为"宋体"，字形为"粗体"，字号为"二号"，设置完成后单击该界面中的"确定"按钮，字体设置完成。

以上就是输入框的基本属性的主要设置项目，其主要是输入框外形方面的设置。

2. 操作属性组态

操作属性用来设置输入框中所输入的数据、外部连接设备地址、输入数据的格式以及限制等，如图2－100所示。

"对应数据对象的名称"指的是该输入框中所输入的数据对写入所连接的外部设备的存储器地址。组态方式是单击右侧的"?"按钮，打开数据变量连接界面，在该界面中根据需要确定存储器地址，如图2－101所示。选择的变量为连接的外部设备三菱FX系列PLC的数据存储器D0；数据类型为"16位无符号二进制"，也就是16位的正整数数据。设定完成后，如果触摸屏连接三菱的FX系列PLC，那么单击触摸屏上的输入框，弹出数字键盘，输入需要的数字，比如"200"，那么"200"这个数值就被写入三菱PLC的数据存储器D0里面，也就是数据存储器D0里面的数据变成了200。

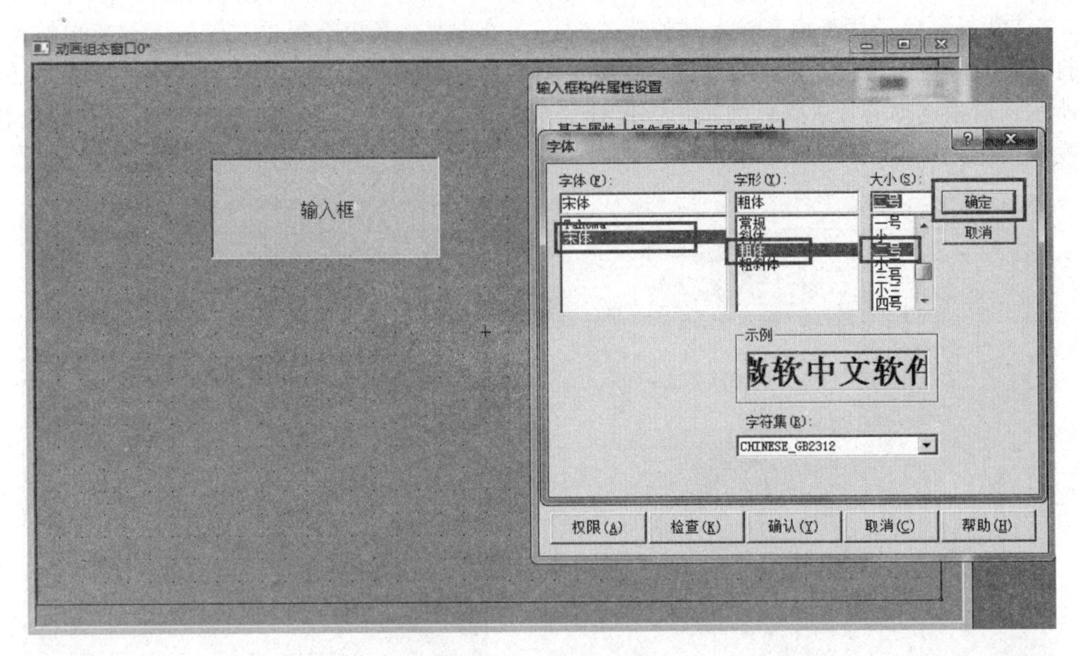

图 2－99　字体设置界面

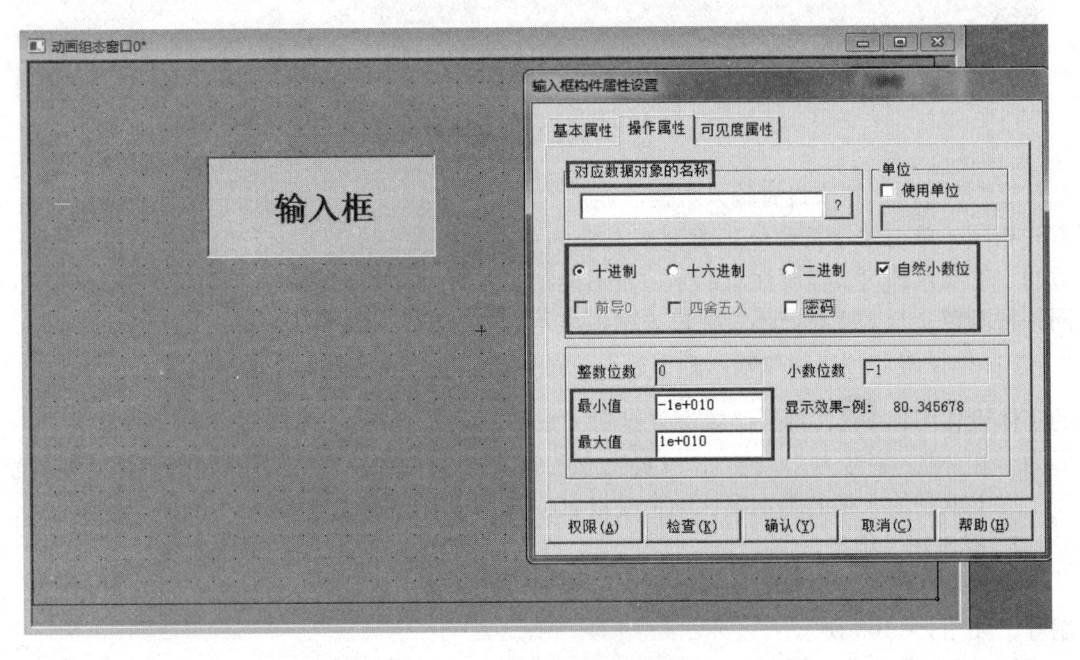

图 2－100　操作属性设置界面

在自动化控制中输入的数据有时候带有单位，也就是输入数据的计量单位，这个时候可以选中右侧的“使用单位”选择框，选中之后在单位框中写上所使用的数据单位，就可以在进行数据输入的时候包含所使用的单位。

数据输入格式包括“十进制”“十六进制”“二进制”，根据输入数据的需要选择合适的数据输入格式即可。

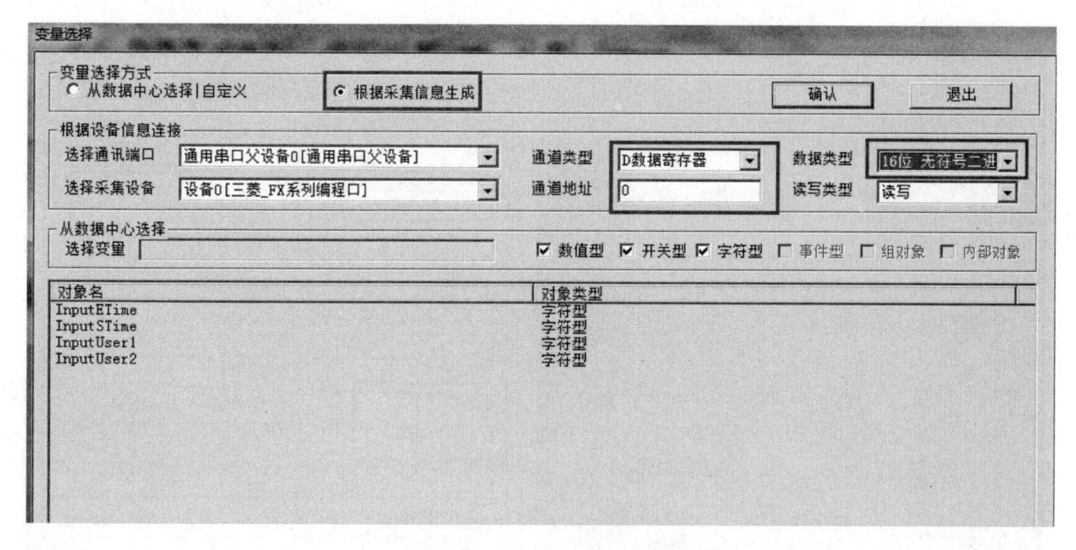

图 2－101　数据变量连接界面

“自然小数位”是指输入数据的小数位数，如果选择的输入数据为整数，这一项不能选，并且将下方的“小数位数”选项改为“0”，也就是没有小数点。如果选择的输入数据为浮点数，也就是带小数的实数，则选中“自然小数位”时会根据实际输入的小数点位数进行输入和显示，也就是在触摸屏上写几位小数就显示几位小数。如果不选择“自然小数位”选项，可以在下方的“小数位数”框中输入需要输入和显示的小数点的实际位数，这样输入的数值就会根据设定的小数点位数进行输入和显示。

“最大值”“最小值”是对输入框的输入数据的上、下限制的设置，也就是该输入框能够输入的最大数值和最小数值的值。比如设置最大值为 1 000，最小值为 300，那么在通过触摸屏输入数值的时候，300～1 000 范围内的任意数值都可以正确写入相应的数据寄存器，如果输入的数值小于 300 或者大于 1 000，那么该数值不会被写入数据寄存器，写入寄存器的数值会是最小值 300 或者最大值 1 000。

例如设定的输入框，连接变量为 D0，数据类型为 32 位浮点数，单位为“公斤”，小数位数为 1 位，最大值为 500，最小值为 100，设置完成并模拟运行，单击输入框的运行状态如图 2－102 和图 2－103 所示。

3. 可见度属性

该属性是通过某一连接变量的值来确定该输入框是否能够显现在触摸屏窗口，有关可见度属性的设置，可参照 2.4 节中标准按钮的可见度属性设置。

2.6.2　滑动输入器

滑动输入器也是一种数据的输入方式，与输入框不同的是它可以连续地进行滑动式数据输入，输入的数据存储与输入框相同，也是把数据写入与触摸屏连接的外部设备的数据存储器中。

在用户窗口界面，打开工具箱，选择工具箱中的滑动输入器按钮，然后在用户窗口的空白处拖拽鼠标，完成一个滑动输入器的绘制，如图 2－104 所示。

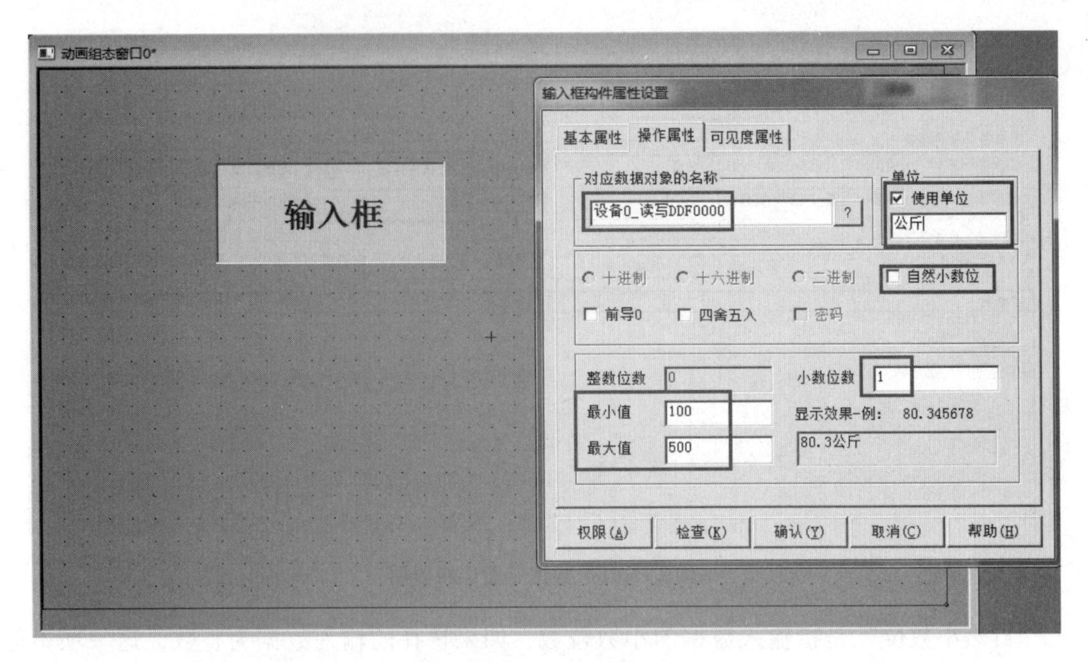

图 2－102　数值参数设定

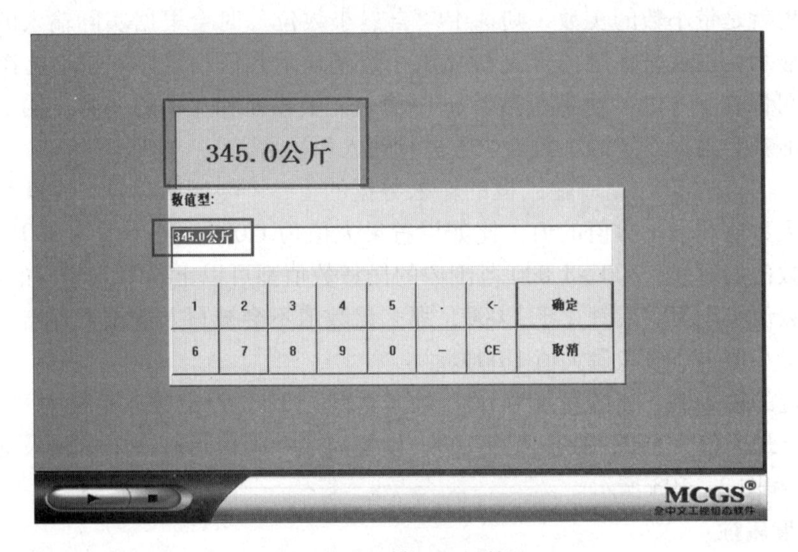

图 2－103　模拟运行效果

双击绘制好的滑动输入器，打开滑动输入器属性设置界面，如图 2－105 所示。在滑动输入器属性设置界面共有 4 项属性可以设置："基本属性""刻度与标注属性""操作属性""可见度属性"。

1. 基本属性

"基本属性"主要用来设置滑动输入器的外观，包括滑块的外形尺寸（宽度、高度）、滑轨的高度、滑块以及滑轨的颜色设置、滑块的指向等。图 2－105 所示界面所显示的数值是系统默认数值，根据默认数值及颜色，滑动输入器的外形颜色就如图 2－104 所示的大小与式样。如果需要改变外形尺寸，只要在相应的外形参数对话框中输入合适的尺寸就可以。

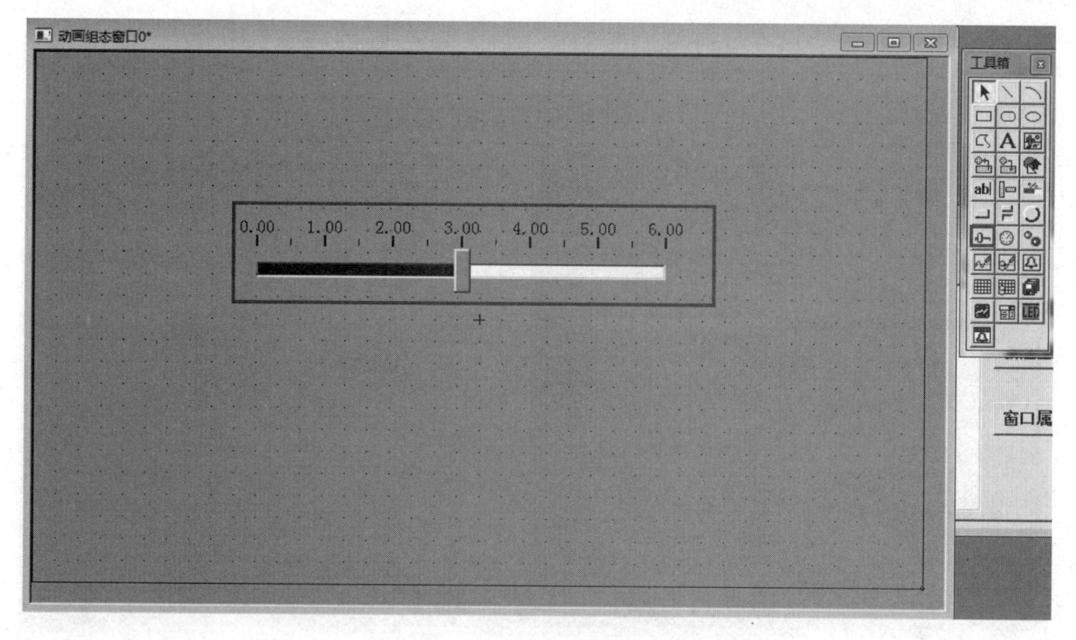

图 2－104　滑动输入器

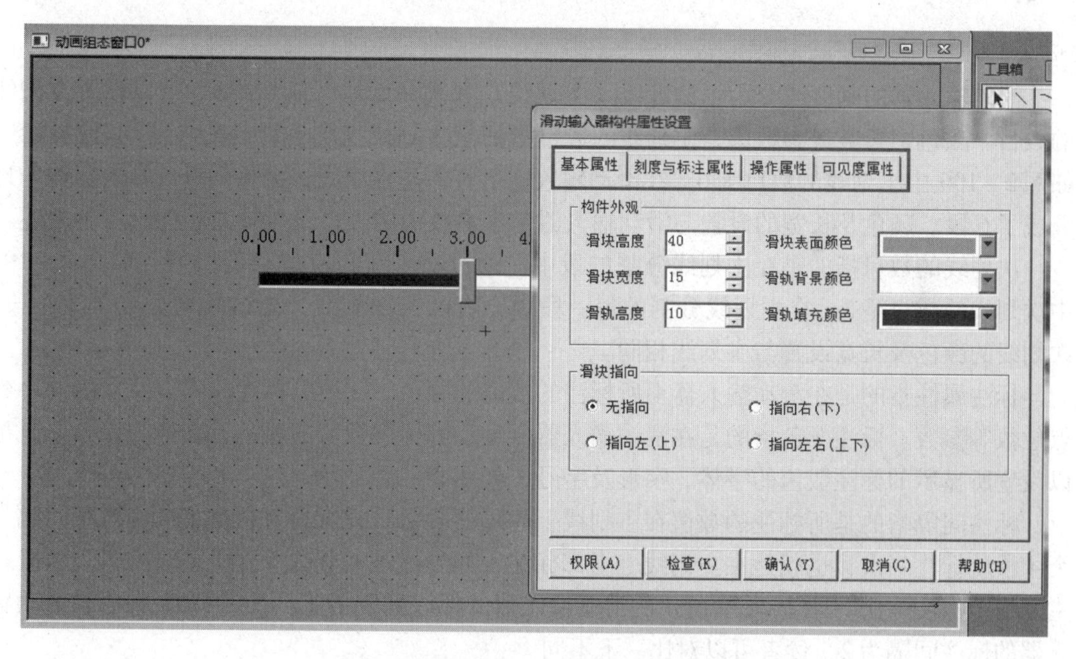

图 2－105　滑动输入器属性设置界面

要改变显示颜色，可以单击颜色设置框右侧的下拉菜单按钮（黑色实心三角按钮）打开颜色选择框，选择合适的颜色就可以。颜色设置与前面介绍的其他元件的颜色设置方法相同。

“滑块指向”是用来设置滑块的外形的箭头指向，可以选择不同的指向查看滑块的不同外形情况，在这里不再实际操作。

2. 刻度与标注属性

该属性用来设置滑动输入器的刻度线以及数值标注的属性，属性设置界面如图 2－106

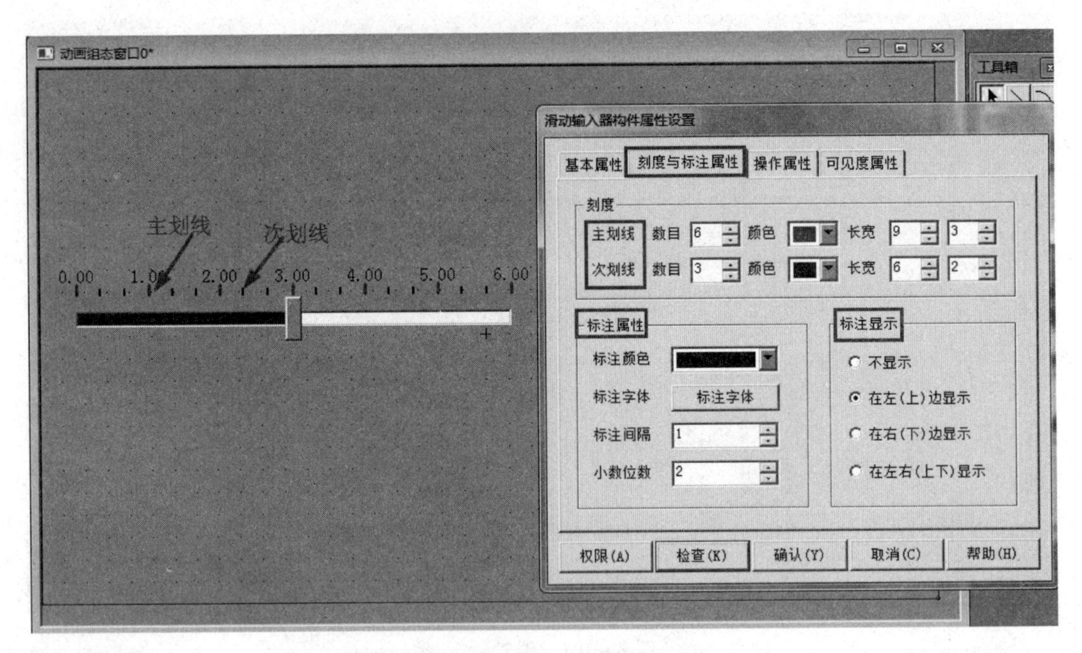

图 2－106　刻度与标注属性设置界面

所示。

滑动输入器的刻度线分为主刻度线（主划线）和次刻度线（次划线），可以设置主划线的数目、颜色、长宽等参数值，主划线的数目指的是主划线把整个滑动输入器均分的段数，如图 2－106 中主划线的数目为 6，在滑动输入器上有 7 条主划线，把整个滑动输入器均匀地分成了 6 段。颜色及长宽的设置与滑动输入器基本参数中的外形设置方式相同，不再赘述。

次划线的数目指的是在主划线分割的段中，通过次划线再次均分的段数，如图 2－106 中次划线的数目是 3，在主划线分割的每一段中，有两条次划线，把该段均分成了 3 小段。次划线的颜色及长宽设置与主划线相同。

标注属性指的是在滑动输入器上所标注的数值的颜色、字体、标注间隔以及数值的小数点位数等参数。标注颜色指的是在滑动输入器所显示的标注数值的颜色，在标注字体中，可以设置所显示的标注数值的字体、字形及字号，如图 2－107 所示。

标注间隔指的是所标注的数值在主划线上间隔的段数，比如标注间隔是 1，即每间隔一个主段就标注一次，也就是在主划线上全部标注，如果标注间隔是 2，即每间隔两个主段在主划线上标注一次。图 2－107 所示的滑动输入器的标注间隔为 1，图 2－108 所示的滑动输入器的标注间隔为 2，读者可以对比一下不同。

小数位数指的是所标注的数值所显示的小数位，图 2－108 所示的小数位数是 2，那么在数值后面保留两位小数点。

“标注显示”参数设置，可以改变所显示的刻度线及标注数值相对滑动输入器的位置，如果选择“不显示”选项，那么就不会在滑动输入器上显示任何刻度线及标注数值，只显示滑动输入器，如图 2－109 所示。

图 2－108 所示的滑动输入器的“标注显示”设置是在上方显示，那么在窗口中显示的滑动输入器的刻度线及标注就显示在其上方。如果选择在下边显示，刻度线及标注就会在下

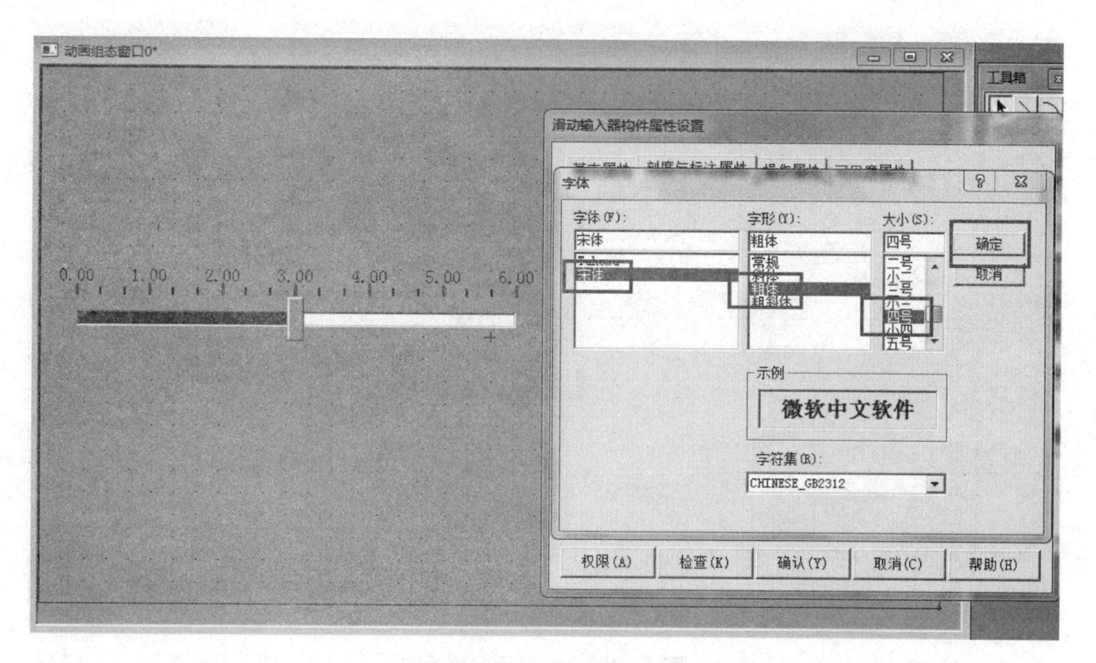

图 2－107　标注字体设置

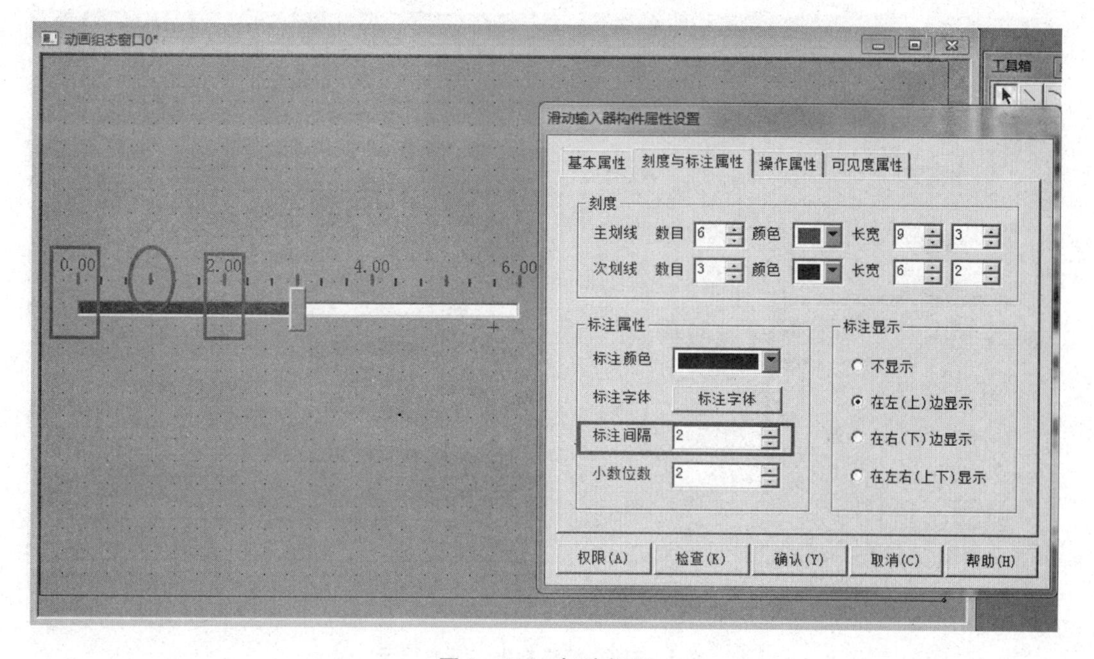

图 2－108　标注间隔

方显示。如果选择“在左右（上下）显示”选项，那么在滑动输入器的上、下两边都会出现刻度线，但是标注只会显示在上方，如图 2－110 所示。

在数值标注显示的时候，会看到有左、右的显示选择，这是滑动输入器处于垂直状态时候的选择，选择滑动输入器按钮，在窗口中垂直拖拽鼠标，就会绘制一个垂直状态的滑动输入器，其设置参数与水平滑动输入器相同，如图 2－111 所示。

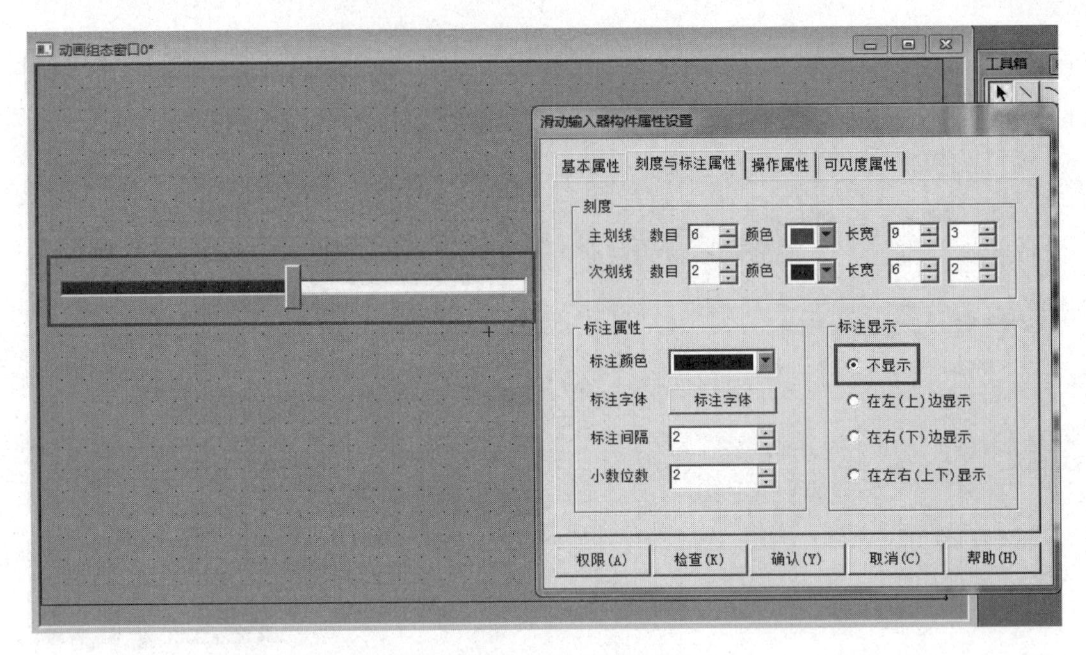

图 2-109　不显示刻度标注

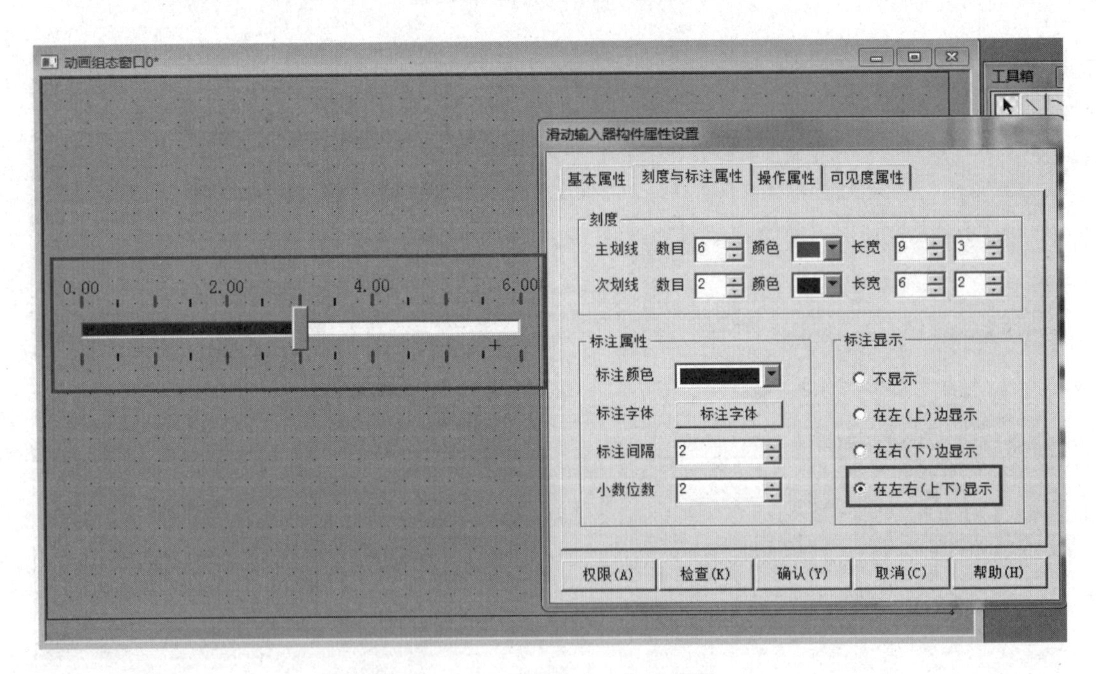

图 2-110　标注在上、下方显示

3. 操作属性

滑动输入器的操作属性用来设置滑动输入器的数值所写入的与触摸屏连接的外部设备的数据寄存器的地址以及滑动输入器输入的数值范围。双击滑动输入器，打开属性设置界面，选择“操作属性”选项卡，进入操作属性设置界面，如图 2-112 所示。

“对应数据对象的名称”用来设置滑动输入器输入的数值所存储的寄存器地址，单击右侧的“?”按钮，打开变量连接设置窗口，根据实际的需要选择正确的寄存器地址，设置正

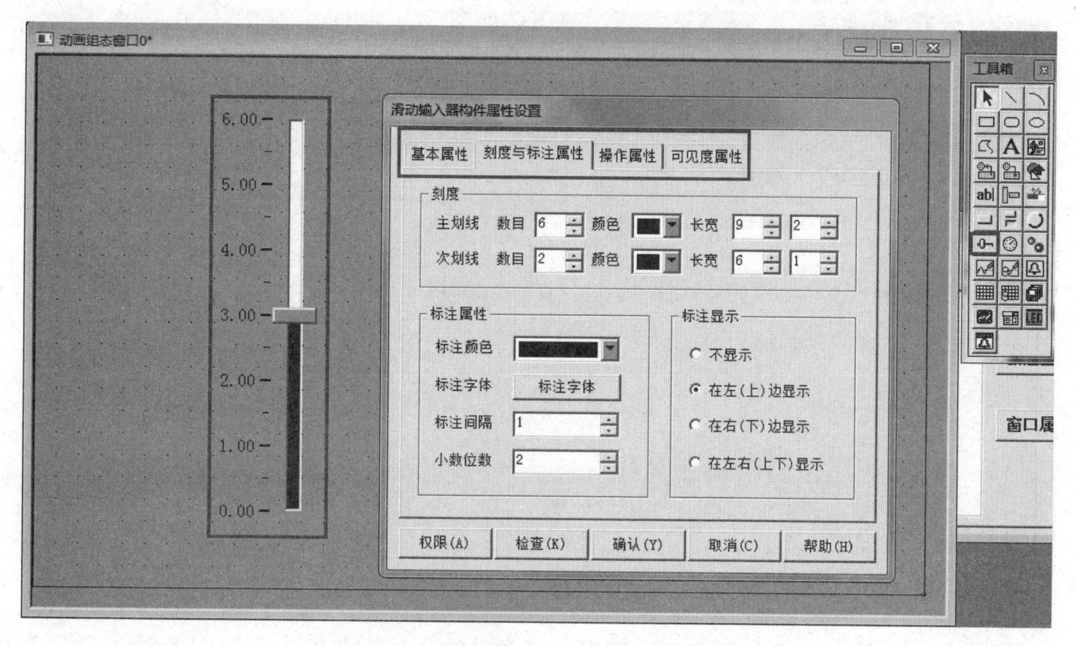

图2-111　垂直状态的滑动输入器

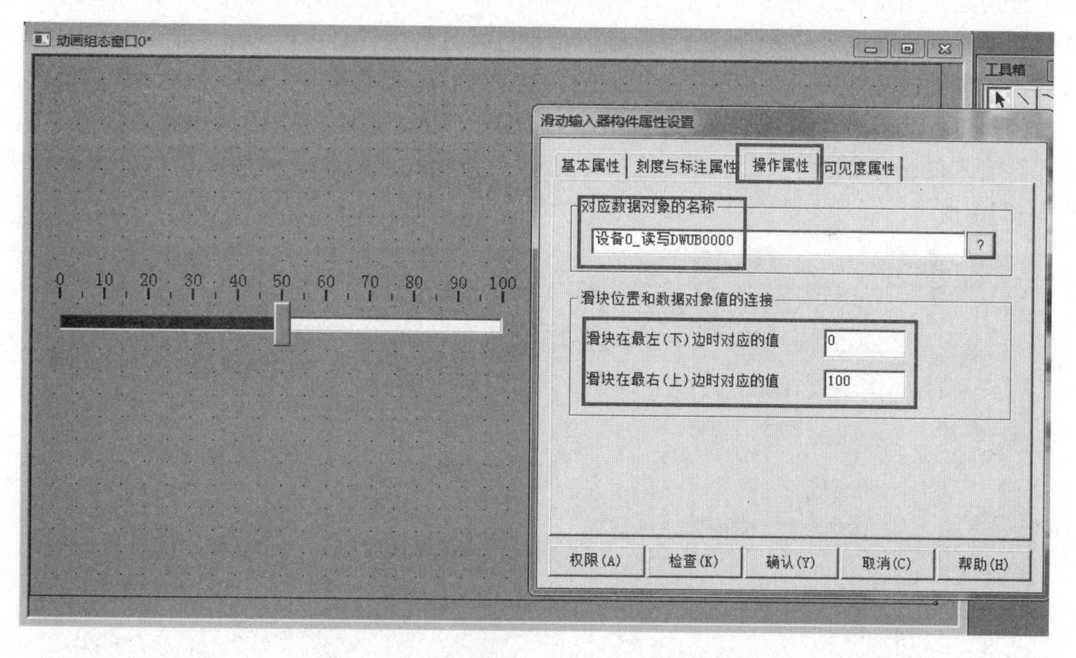

图2-112　滑动输入器操作属性设置界面

确的数值存储格式，然后单击“确定”按钮即可。

比如要选择的寄存器地址为与触摸屏连接的外部设备三菱 FX 系列 PLC 的数据寄存器 D0，存储类型为正整数。首先选择“根据采集信息生成”选项，在“通道类型”中选择“D 数据寄存器”，将“通道地址”设置为“0”，“数据类型”选择为“16 位无符号二进制”，然后单击“确认”按钮，变量连接设置完成，如图 2-113 所示。

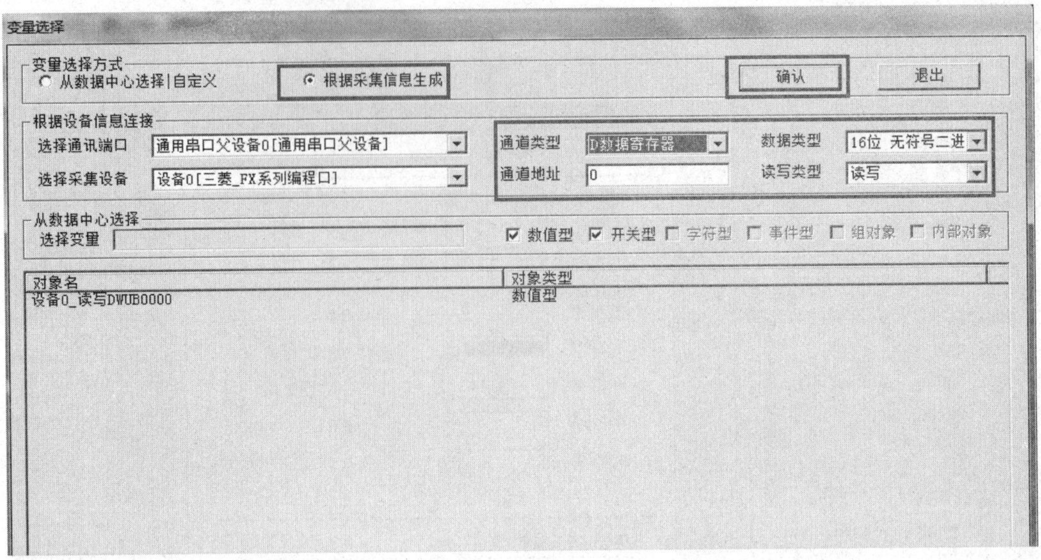

图 2－113　变量选择

“滑块位置和数据对象值的连接”用来设置滑动输入器数值的输入范围，它有两个设置框，分别是“滑块在最左（下）边时对应的值”和“滑块在最右（上）边时对应的值”，这两个设置框里面设定的数值就是滑动输入器能够输入数值的最小值和最大值。数值设置完成后，在滑动输入器的标志显示中会根据主划线的数目自动计算在主划线上显示的数值。

例如设置某个滑动输入器的主划线数目为“10”，标志间隔为“1”，小数点数为“0”，输入器输入的最小值为“0”，最大值为“100”。设置完成后，滑动输入器的外形显示如图 2－114 所示。

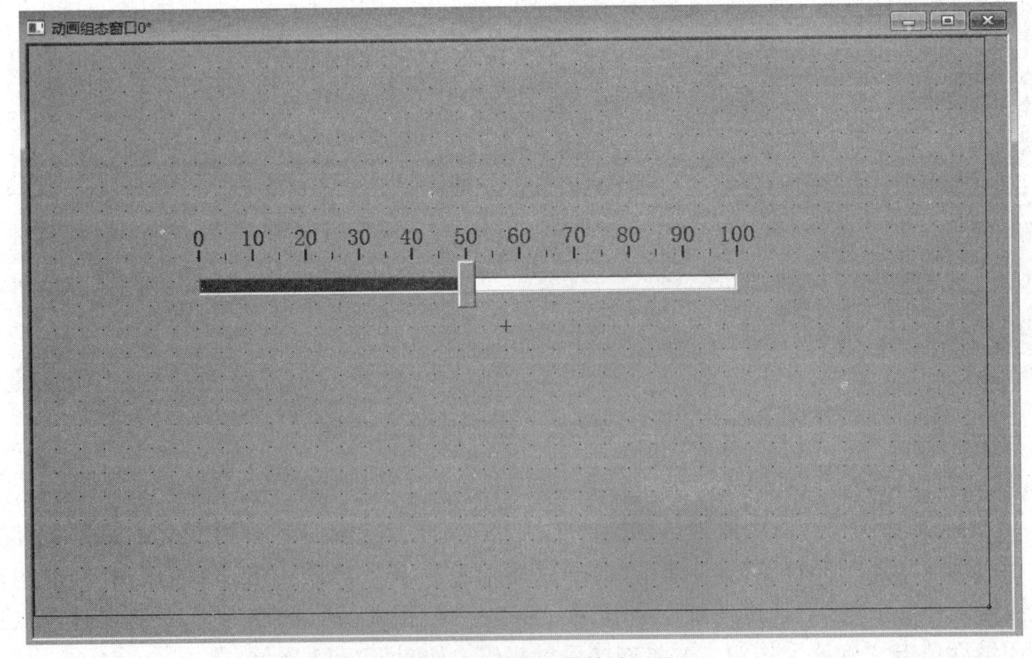

图 2－114　滑动输入器的外形显示

4. 可见度

滑动输入器的可见度属性设置与其他元件的可见度属性设置相同，可参照2.4节标准按钮的可见度属性设置。

2.6.3　旋钮输入器

旋钮输入器与滑动输入器类似，也是通过触摸输入器进行数值输入的输入型元件；选择窗口工具箱里的旋钮输入器按钮，然后在窗口中拖拽鼠标完成一个旋钮输入器的绘制，双击绘制好的旋钮输入器，打开属性设置界面。旋钮输入器的属性设置也有4个，即“基本属性”“刻度与标注属性”“操作属性”“可见度属性”，如图2－115所示。

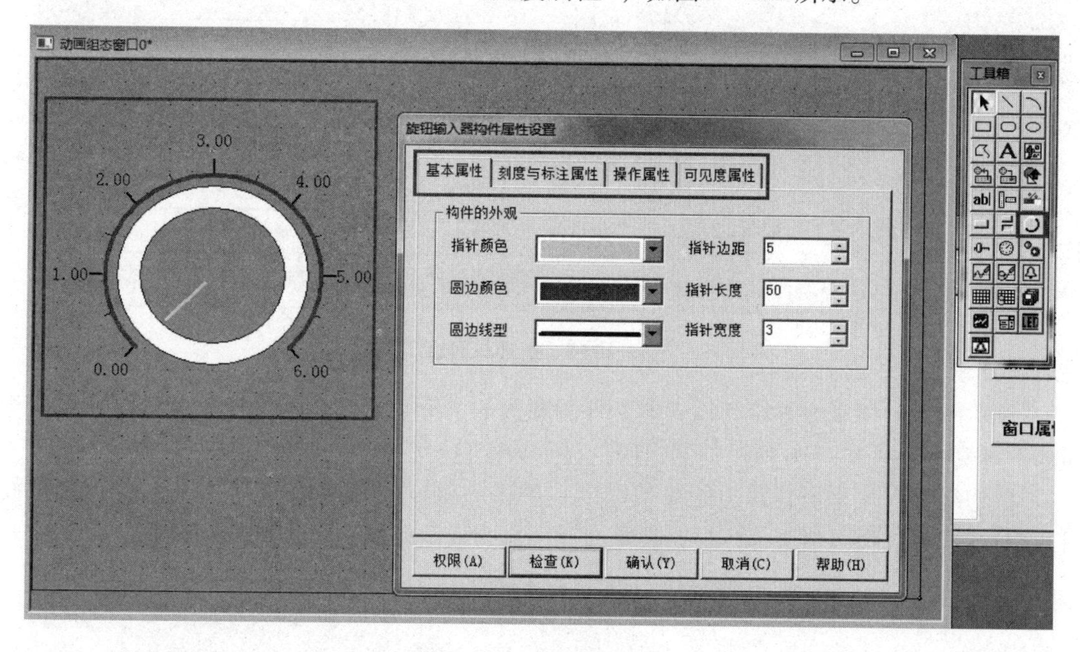

图2－115　旋钮输入器

1. 基本属性

旋钮输入器的基本属性用来设置其外观尺寸及颜色，图2－115所示为其基本属性设置界面，包括指针的颜色、边距、长度、宽度，圆边的颜色、线型等属性参数。指针在旋钮输入器内用来指示数值，圆边是指旋钮输入器最外侧的部件，如图2－116中所示。

“指针颜色”用来设置指针所显示的颜色，其设置方法与其他元件的颜色设置方法相同，单击该属性右侧的颜色选择按钮（黑色实心三角按钮），打开颜色选择界面，选择合适的颜色，单击“确定”按钮即可。图2－116中指针颜色设置为黄色。

“指针边距”用来设置指针外端距离旋钮输入器内侧圆环的距离，可以根据实际的需要设置合适的尺寸。

“指针长度”用来设置旋钮输入器所显示的指针的实际长度，长度的单位以单位分辨率为单位，在实际组态应用中，根据旋钮输入器的实际显示尺寸，合理地设置该参数即可。

“指针宽度”用来设置旋钮输入器所显示的指针的实际宽度，在实际组态应用中，根据旋钮输入器的实际显示尺寸，合理地设置指针的宽度即可。

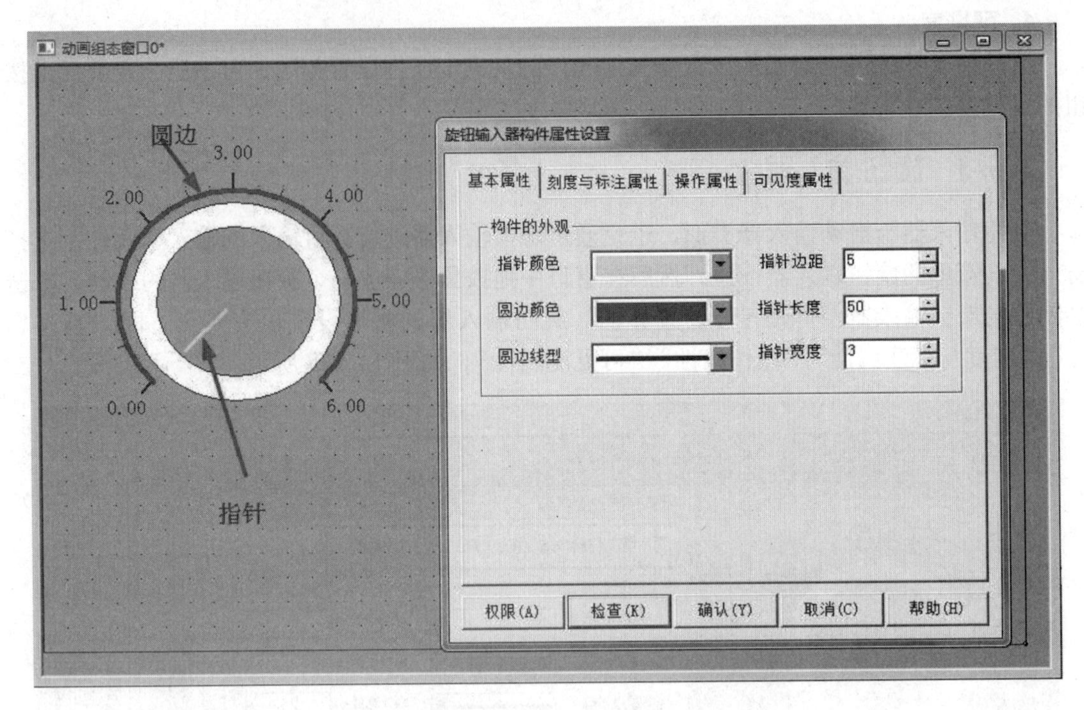

图 2－116　指针与圆边

“圆边颜色”用来设置旋钮输入器最外侧圆边的实际显示颜色，设置方式与指针颜色相同，不再赘述。图 2－116 所示的圆边颜色显示为红色。

“圆边线型”用来设置圆边的线型宽度，单击右侧的线型菜单按钮（黑色实心三角按钮），打开线型选择下拉菜单，根据需要选择合适的线型即可，如图 2－117 所示。

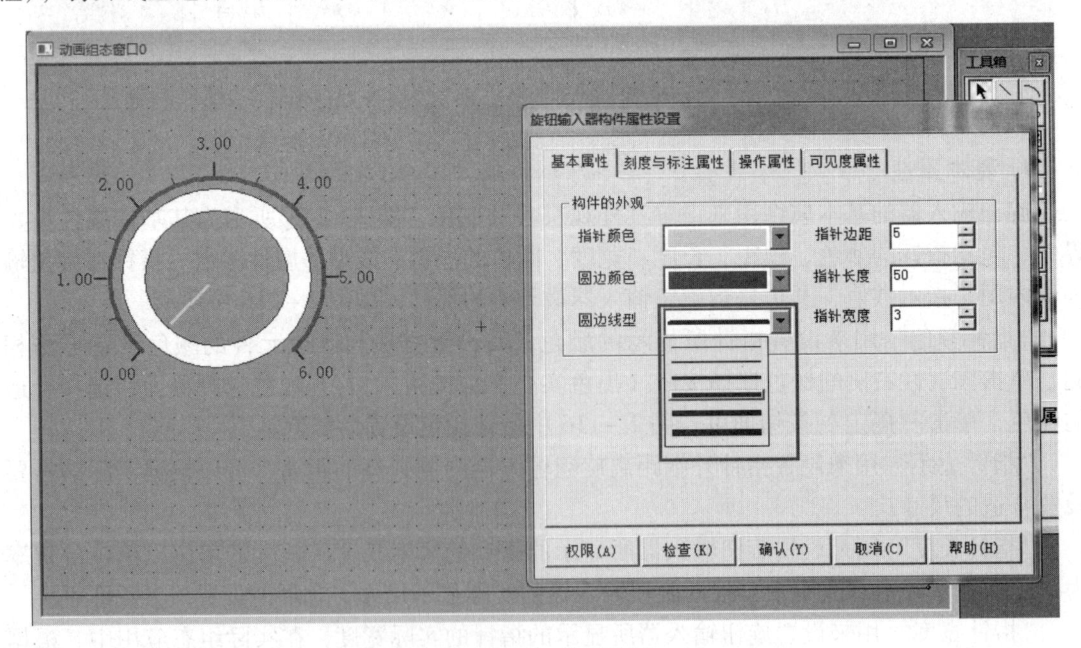

图 2－117　线型选择

2. 刻度与标注属性

旋钮输入器的刻度包括主划线和次划线，它们在圆边的外侧，其特点与滑动输入器相同，需要设置的参数有主划线、次划线的数目、颜色、长宽等，设置方式与滑动输入器相同，可参照滑动输入器的参数设置方式。

“标注属性”包括标注的颜色、字体、字号、字形、小数位数，标注间隔等，设置方式与滑动输入器的“标注属性”的设置方式相同，具体操作时可参照滑动输入器的“标注属性”设置过程，在此不再赘述。

“标注显示”是指标注的数字相对于圆边的显示位置，包括“在圆的外面显示”“在圆的里面显示”和“不显示”三种状态。图2－117所示就是在圆的外面显示，这也是最常用的一种显示方法。

图2－118所示是在圆的里面显示。

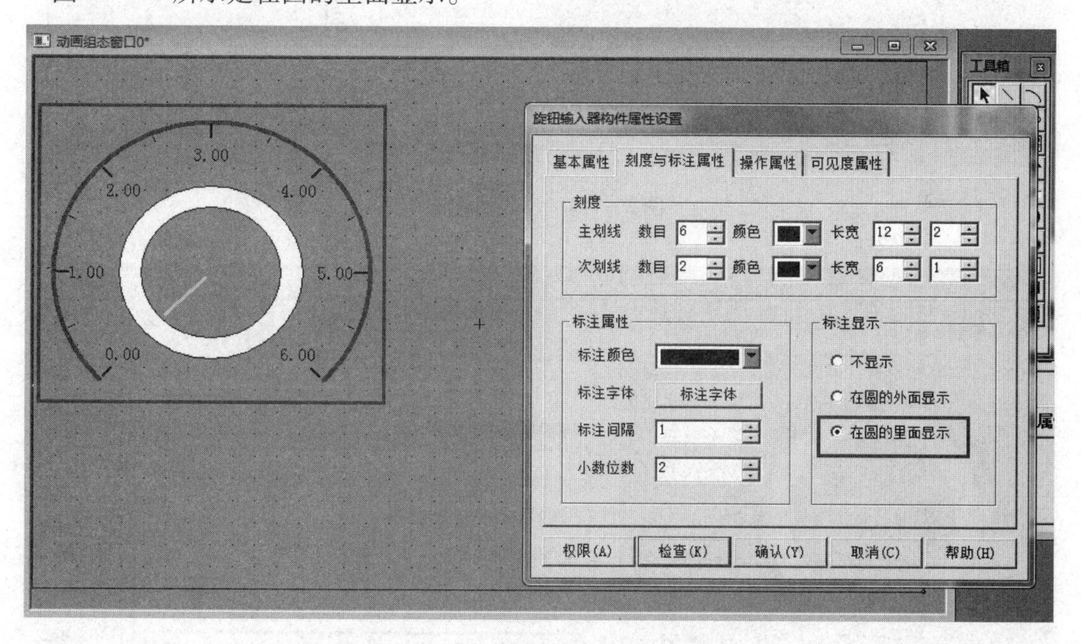

图2－118　在圆的里面显示标注

如果选择“不显示”选项，则不会在旋钮输入器上显示任何标注，包括圆边也不会显示，只显示指针及内圈圆环，如图2－119所示。在实际应用中，很少使用这种显示方式。

3. 操作属性

旋钮输入器的操作属性用来设置旋钮输入器的数值所写入的与触摸屏连接的外部设备的数据寄存器的地址以及旋钮输入器输入的数值范围，与滑动输入器不同的是旋钮输入器不能连续地输入数值，每单击一次旋钮输入器，可以输入一个在原来数值基础上增加或者减小的设定的最小数值。旋钮输入器的数值增加或者减小，根据触摸触摸屏上的旋钮输入器时出现的增/减箭头来确定，顺时针箭头为增加，逆时针箭头为减小。当触摸触摸屏上的旋钮输入器时，会自动出现增/减箭头。双击旋钮输入器，打开属性设置界面，选择“操作属性”选项卡，进入操作属性设置界面，如图2－120所示。

“对应数据对象的名称”用来设置与外部连接设备的存储器地址，其设置方法与滑动输入器相同，可参照设置。

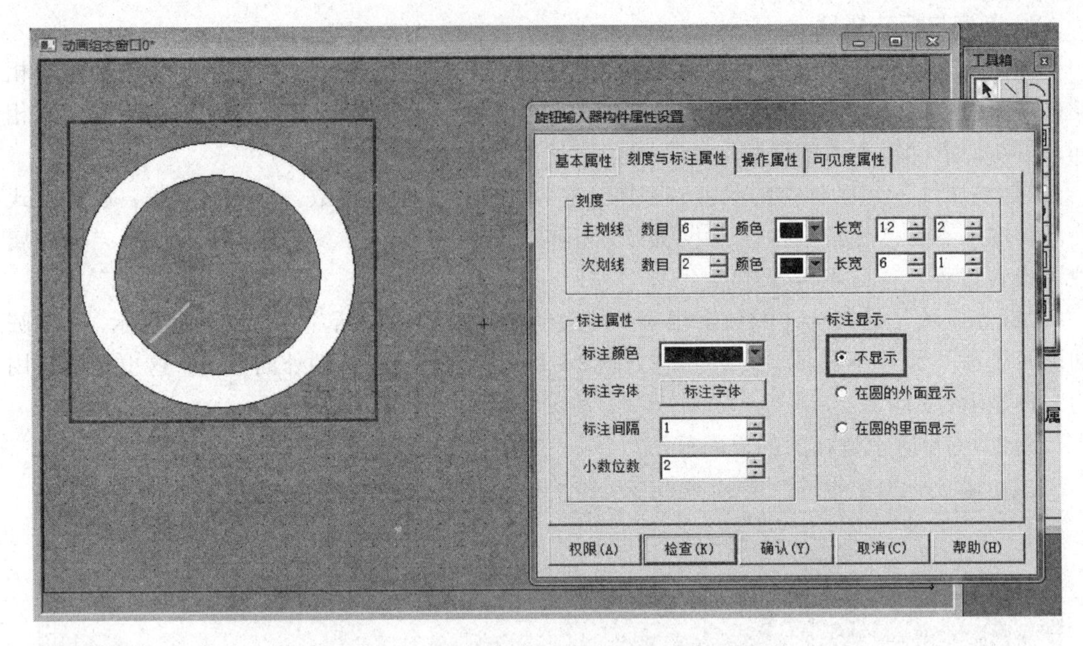

图 2-119　不显示标注

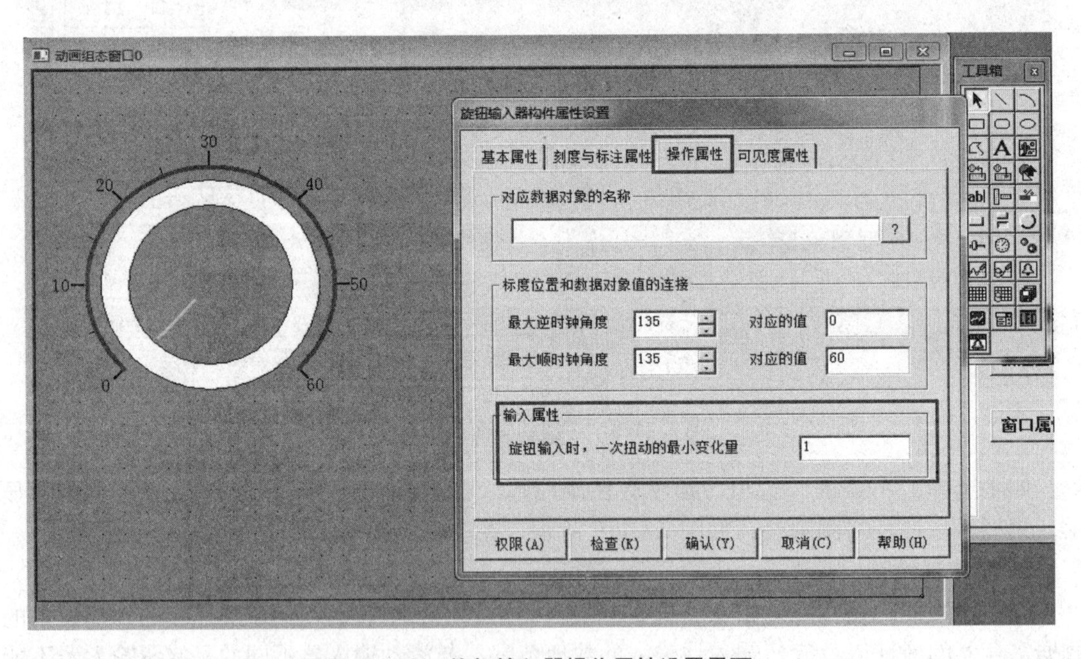

图 2-120　旋钮输入器操作属性设置界面

在“标度位置和数据对象值的连接”选项区，需要设置最大逆时针和最大顺时针角度以及对应的值，顺时针及逆时针的0度位置是钟表的12点钟的位置，然后按照相应的角度向左、右两个方向旋转，向左旋转也就是逆时针方向，向右旋转也就是顺时针方向，角度数值都为正数。改变旋钮输入器的这两个角度值可以改变旋钮输入器的输入起始位置；“对应的值”指的是在两个角度的最大值位置的值，也就是在旋钮输入器的起始位置和终点位置的数值。如图2-120所示，旋钮输入器的最大逆时针和最大顺时针角度都是135°，对应的值分别是“0”和“60”。

“输入属性”用来设置进行旋钮输入时，每触动一次旋钮输入器，输入的数值的最小变化量，也就是每触摸一次旋钮输入器，在寄存器里面的数值就会增加或者减小设定的值，直到数值变为设置的对应的最大值和最小值。

4. 可见度属性

旋钮输入器的可见度属性设置与其他元件的可见度属性设置相同，可参照2.4节标准按钮的可见度属性设置。

【实训练习2.10】

在用户窗口中，组态两个输入框、两个标签元件，要求通过标签元件显示两个输入框中所输入的数值。

【实训练习2.11】

在用户窗口中，组态两个滑动输入器、两个标签元件，要求通过标签元件显示两个滑动输入器中所输入的数值。

【实训练习2.12】

在用户窗口中，组态两个旋钮输入器、两个标签元件，要求通过标签元件显示两个旋钮输入器中所输入的数值。

2.7　百分比填充及旋转仪表

在自动化控制过程中，经常需要实时显示运行设备的各种参数，以便用户能够随时掌握设备的运行情况，在学习标签组态时，标签的“显示输出”属性能够直接显示各种数据，但是标签的数据显示只能显示当前的实际数值，而不能很好地表达该数值所反映的实际参数的量值。比如显示一个温度值，如果只通过标签显示温度的数值，那么该数值是一个安全的温度数值，还是过低或者过高的危险数值，都不能直观地表达出来。为了解决这个问题，MCGS嵌入版组态软件通过其他数值显示元件来解决这个问题。

2.7.1　百分比填充组态

打开MCGS嵌入版组态软件，在用户窗口的工具箱中选择百分比填充图标按钮，然后用鼠标在窗口中拖拽，完成百分比填充构件的绘制，如果横向拖拽鼠标，则形成横向的百分比填充构件，如果竖着拖拽鼠标，则形成纵向百分比填充构件，如图2－121所示。

双击百分比填充构件，打开属性设置窗口。百分比填充构件的属性设置与滑动输入块的属性设置类似，包括“基本属性”“刻度与标注属性”“操作属性”“可见度属性”4项，单击对应的选项卡，可打开相应的属性设置界面。图2－122所示为百分比填充构件的基本属性设置界面。

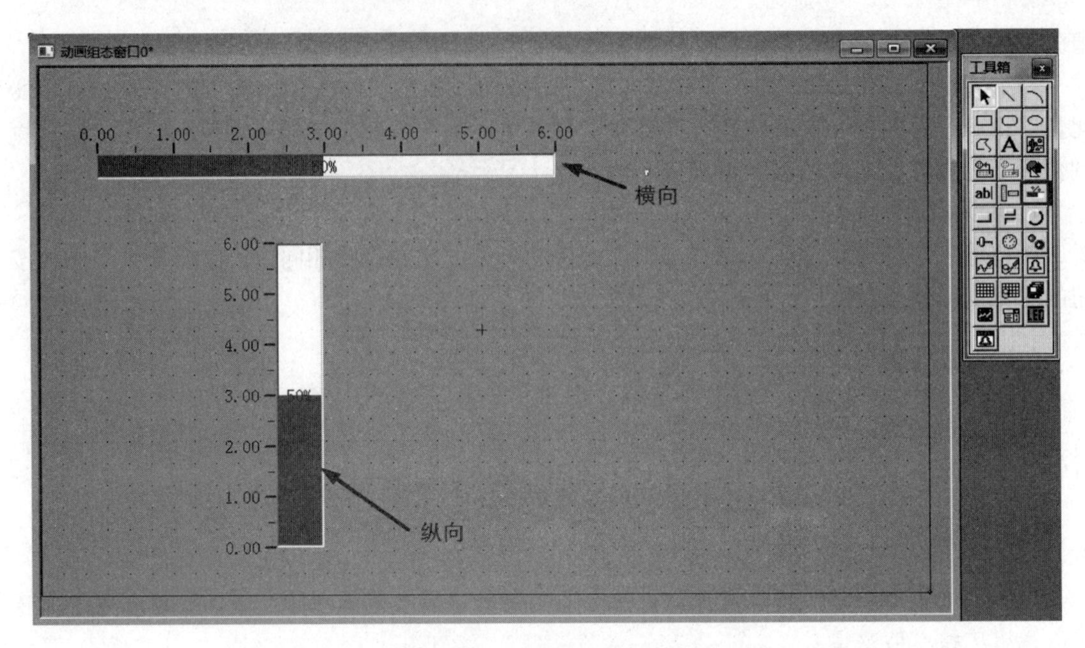

图 2－121　百分比填充构件

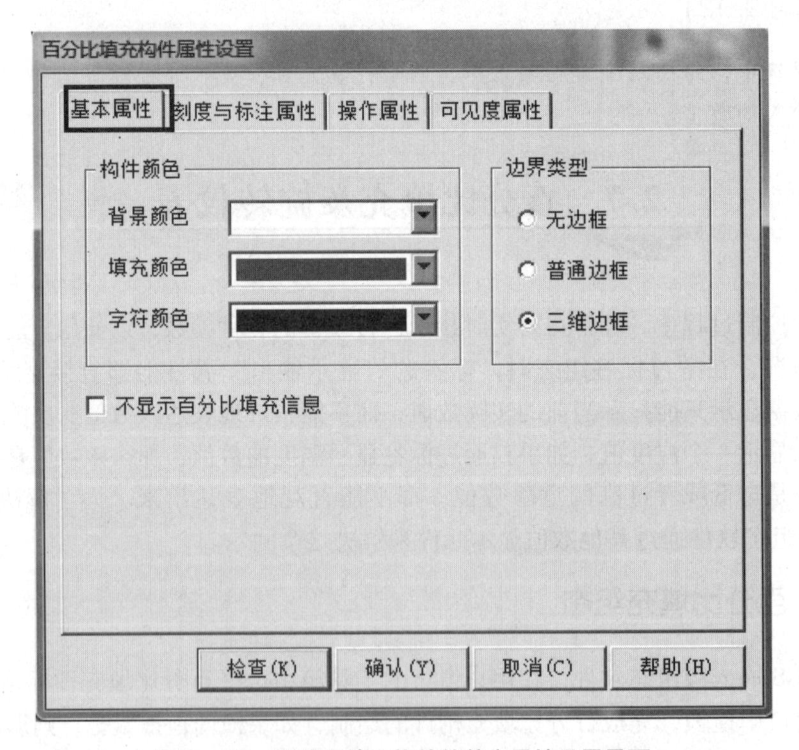

图 2－122　百分比填充构件的基本属性设置界面

1. 基本属性

在基本属性设置界面中主要设置百分比填充构件的外形及进行颜色填充。“构件颜色”选项区包括“背景颜色”“填充颜色”“字符颜色”三项。

背景颜色指的是该构件未填充时所显示的颜色，默认为白色，如图 2－123 所示。背景颜色的设置方式与其他构件的颜色设置方式一样，单击该属性右侧的实心黑色三角按钮，打开颜色选择窗口，选择需要的颜色即可，具体操作过程可参照操作其他构件的颜色设置过程，在此不再赘述。

填充颜色是指该构件随着所连接的数据寄存器中数据的改变，所填充的显示颜色，默认为红色，如图 2－123 所示。

字符颜色指的是在该构件内部所显示的百分数的字符的颜色，不是在该构件一侧的标注颜色，标注颜色会在后面介绍，如图 2－123 所示。

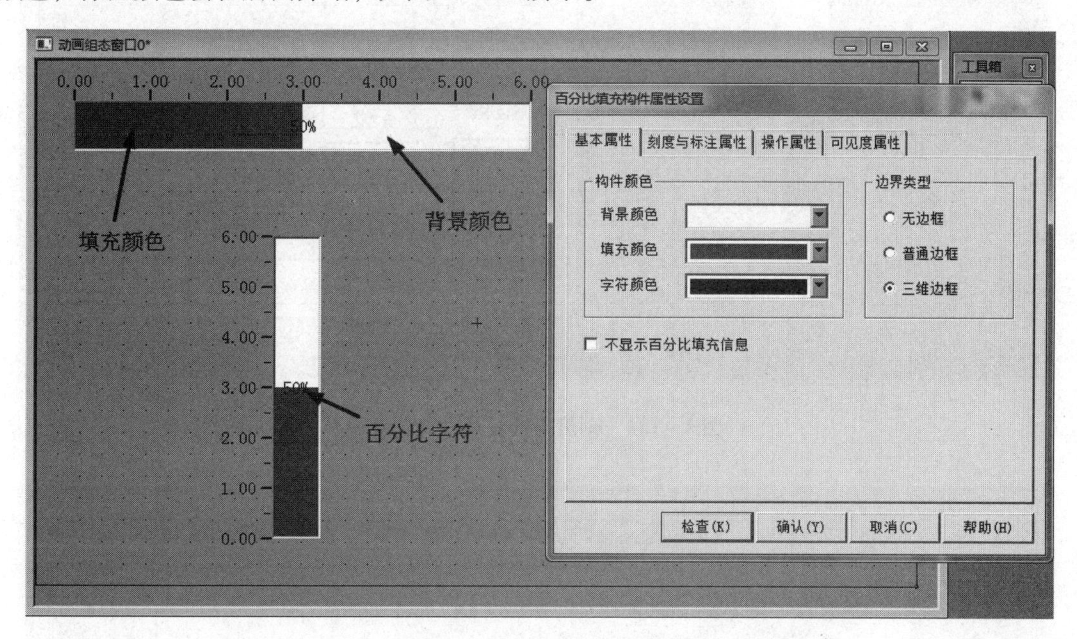

图 2－123　构件颜色设置

边界类型是指百分比填充构件的外形边界，一般选择默认的“三维边框”即可，该属性只是用于该构件的外观设置。

在百分比填充构件的基本属性中还有一个选择项“不显示百分比填充信息”，如果勾选这个选项，那么在该构件中只会通过颜色填充来表示数值的大小，而不再通过百分数（如图 2－123 中的百分比字符）来直观地表达该数值占总数的百分量值。读者可以通过选中该项与不选择该项的实际构件显示来观察其不同的显示效果。

2. 刻度与标注属性

百分比填充构件的刻度与标注属性用来设置滑动输入器的刻度线以及数值标注的属性，其设置界面如图 2－124 所示。

百分比填充构件的刻度与标注属性的设置方式及各属性的定义等与滑动输入器的刻度与标注属性相同，在组态过程中，可参阅其操作过程。

图 2－125 所示是把该参数设置为如图所示的显示状态，图中圈起来的部分是修改了参数的地方。

3. 操作属性

百分比填充构件的操作属性用来设置百分比填充所要读取并通过图案填充的数值与触摸屏连接的外部设备的数据寄存器的地址，以及百分比填充所对应的百分比。双击窗口中组态

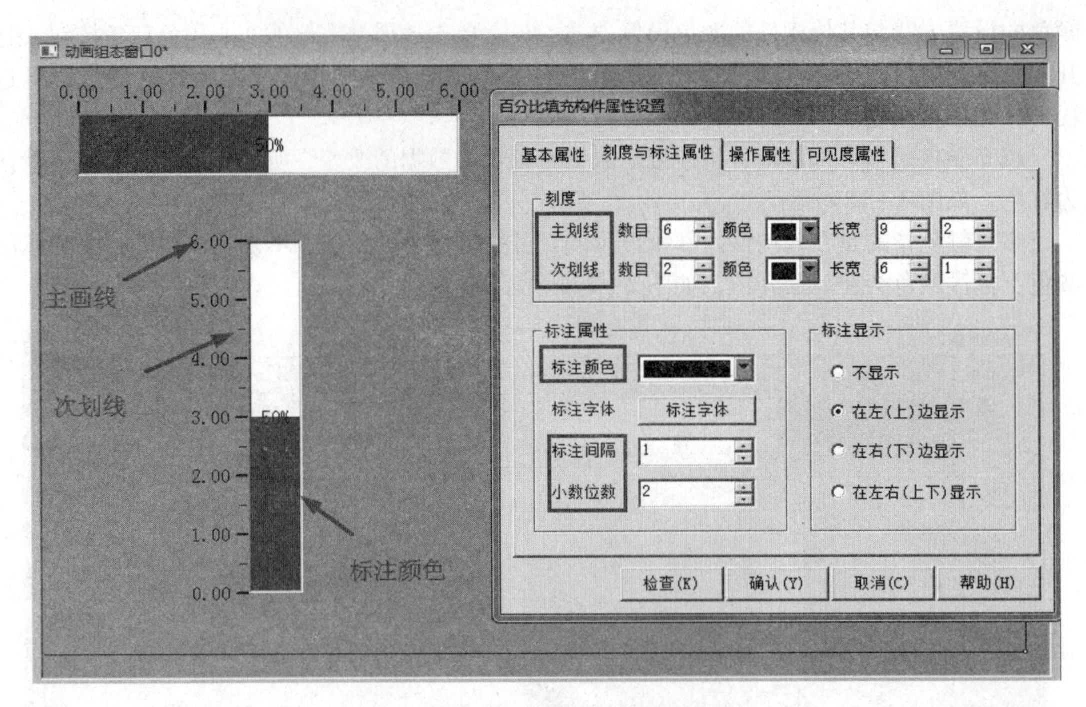

图 2-124　刻度与标注属性设置界面

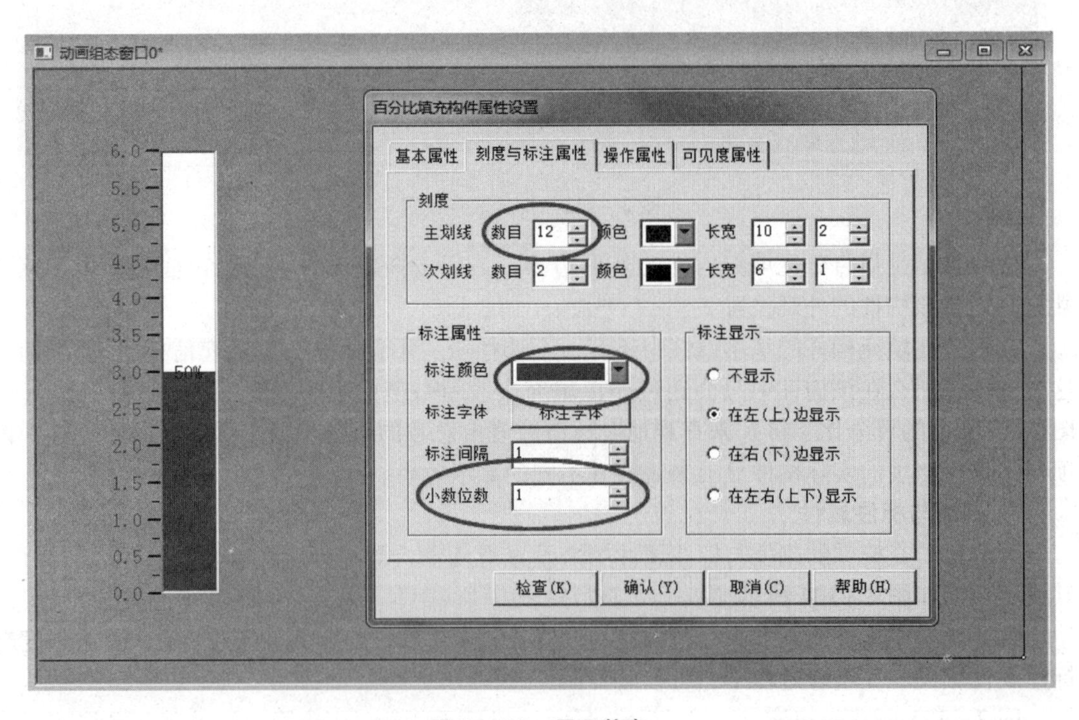

图 2-125　显示状态

的百分比填充构件，打开属性设置界面，选择“操作属性”选项卡，进入操作属性设置界面，如图 2-126 所示。

“表达式”是指通过百分比填充来显示或输出的表达式或者某一个变量的地址，其设置

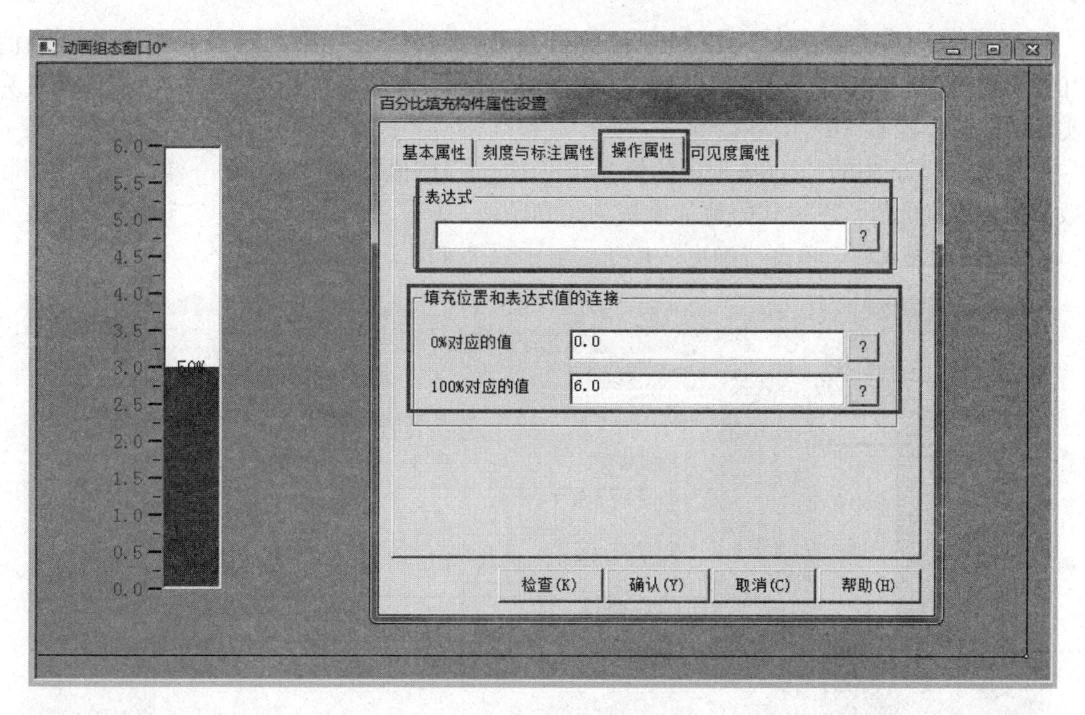

图 2－126　操作属性设置界面

方式与滑动输入器的操作属性中的“对应数据对象的名称”的设置方式相同，具体设置方法可参阅滑动输入器的设置步骤。

“填充位置和表达式值的连接”用来设置在百分比填充器的填充部分要填充的颜色的百分比与上面所设置的表达式或者变量的具体数值的对应连接结果。

如图 2－126 所示，“0% 对应的值”需要设置的可以是实际的确定的数值，也可以是相应的变量地址。单击右侧的“?”按钮，打开“变量选择”界面，选择“根据采集信息生成”选项，然后根据所连接的外部设备，选择对应的变量并设置好地址即可，如图 2－127 所示。

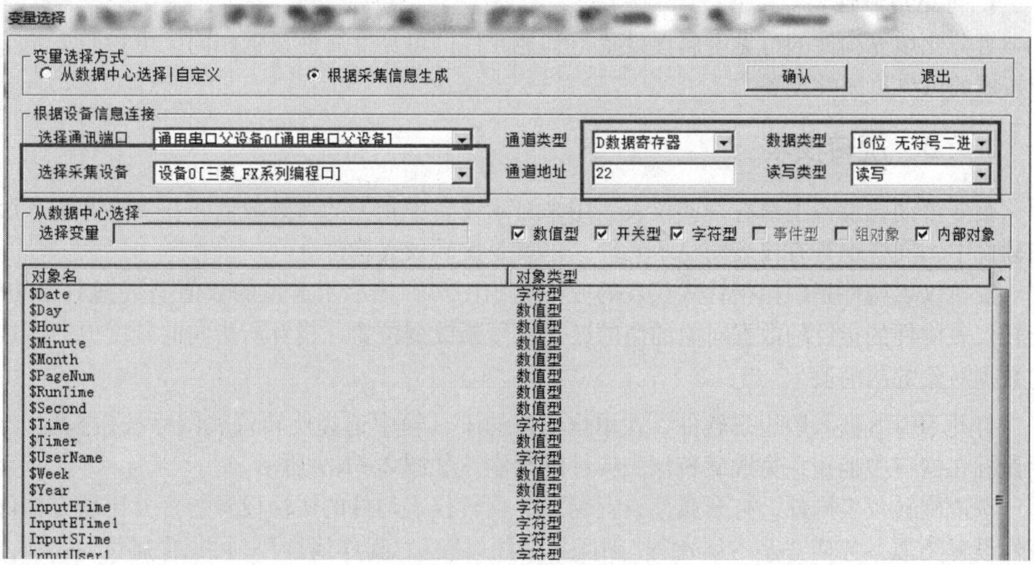

图 2－127　“变量选择”界面

在图中设置的地址为“D22，16 位数值”，这样设置后，那么该百分比填充构件的“0% 对应的值”就是三菱 FX 系列 PLC 中 D22 的数值。在实际应用中，一般把该值设置为实际的数值，比如“0”。

与图 2－126 中的“100% 对应的值”与“0% 对应的值”的设置方法一样，一般用实际数值作为设置的值，表达式的地址设置为“D0”，“0%”的值为“0”，“100%”的值为“100”。设置完成后，单击“确定”按钮，显示效果如图 2－128 所示。

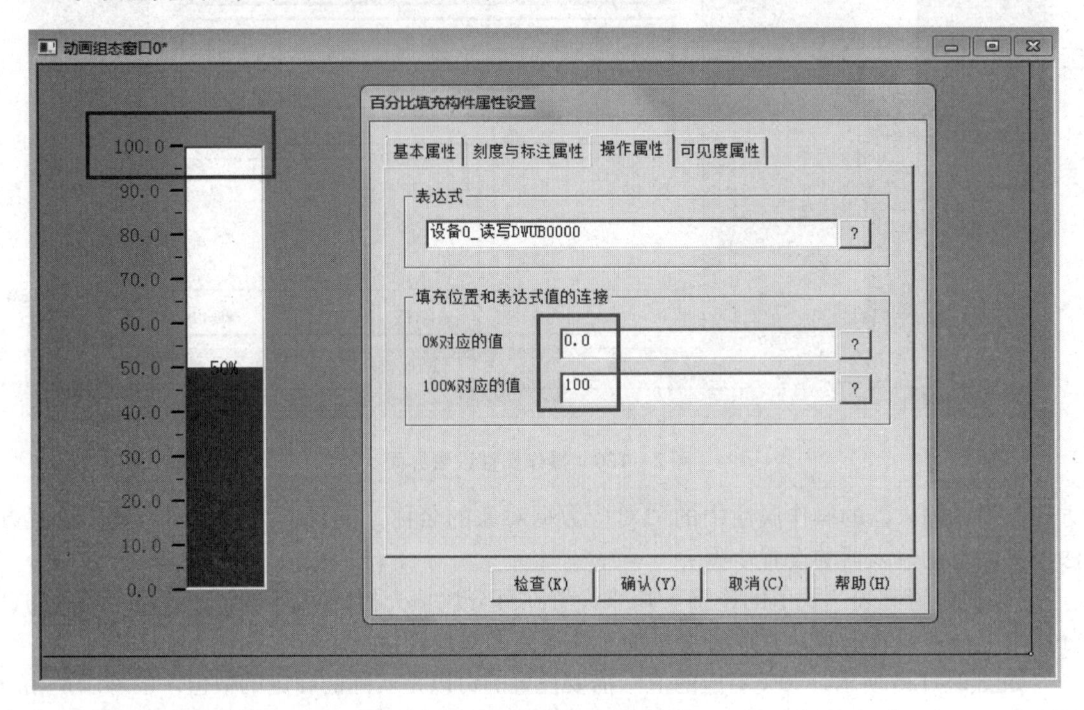

图 2－128　操作属性设置

4. 可见度属性

百分比填充构件的可见度属性设置与其他元件的可见度属性设置相同，可参照 2.4 节标准按钮的可见度属性设置。

2.7.2　旋转仪表

很多自动化设备中都有一些仪表，用来显示设备中相关的参数数值。在 MCGS 嵌入版组态软件中，同样也具有仪表的显示元件，也就是旋转仪表构件。

旋转仪表构件是模拟指针式仪表的一种动画图形，显示所连接的数值型数据对象的值。旋转仪表构件的指针随数据对象的值的变化而不断改变位置，指针所指向的刻度值即所连接的数据对象的当前值。

打开 MCGS 嵌入版组态软件，在用户窗口的工具箱中选择旋转仪表图标按钮，然后用鼠标在窗口中拖拽，完成旋转仪表构件的绘制，如图 2－129 所示。

双击旋转仪表构件，打开属性设置窗口。旋转仪表构件的属性设置与百分比填充构件的属性设置类似，包括“基本属性”“刻度与标注属性”“操作属性”“可见度属性”4 项，单击对应的选项卡，可打开相应的属性设置界面，如图 2－130 所示。

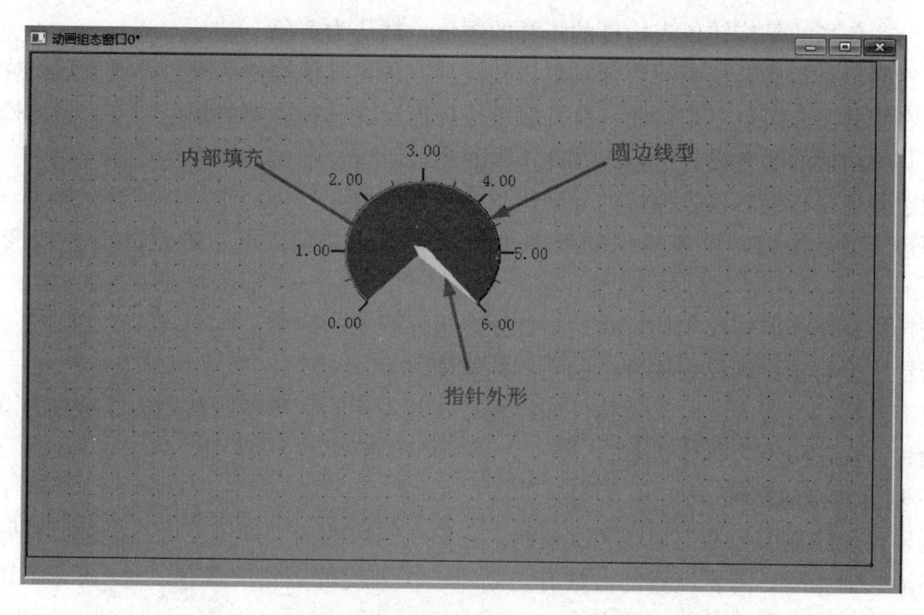

图 2－129　绘制旋转仪表构件

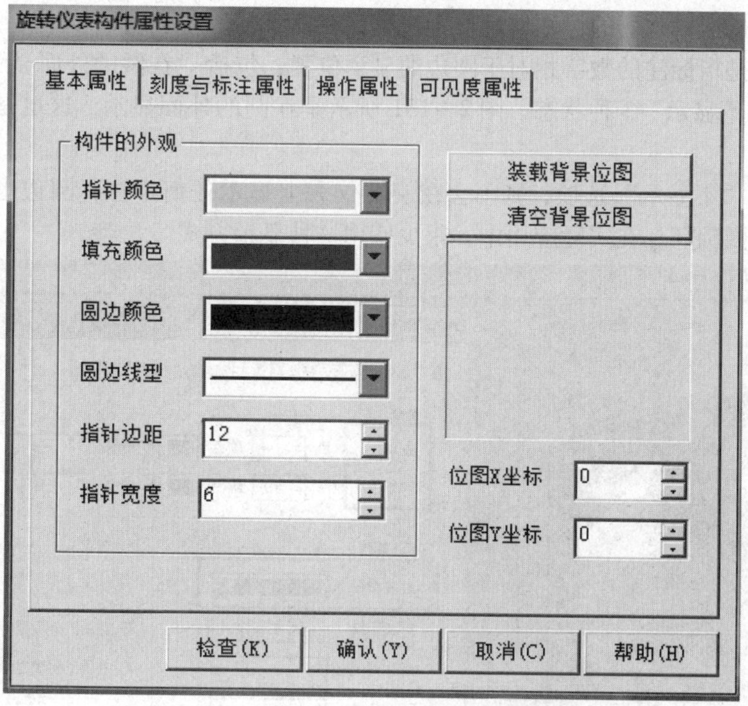

旋转仪表构件属性设置
基本属性　刻度与标注属性　操作属性　可见度属性
构件的外观
指针颜色
填充颜色
圆边颜色
圆边线型
指针边距　12
指针宽度　6
装载背景位图
清空背景位图
位图X坐标　0
位图Y坐标　0
检查(K)　确认(Y)　取消(C)　帮助(H)

图 2－130　旋转仪表构件基本属性设置界面

1. 基本属性

在基本属性设置界面中主要设置旋转仪表构件的外形及进行颜色填充。“构件的外观”选项区包括“指针颜色”“填充颜色”“圆边颜色”“圆边线型”“指针边距”“指针宽度”等参数设置项。

指针颜色指的是旋转仪表构件的指针的颜色，默认为黄色。

填充颜色是指旋转仪表的内部颜色，其设置方法与其他构件的颜色设置方法一样，单击该属性右侧的实心黑色三角按钮，打开颜色选择窗口，选择需要的颜色即可，具体操作过程可参照其他构件的颜色设置过程，在此不再赘述。

圆边颜色是指旋转仪表构件的外围边界的线条颜色。

圆边线型是指旋转仪表构件的外围边界的线条的类型，可以通过此参数改变线型的宽度。

指针边距是指旋转仪表构件中的指针距离边界线条的距离。

指针宽度是指旋转仪表构件中的指针的宽度。

以上参数的设置方式与其他构件的设置方式基本相同，可参照其他构件参数的设置方式进行设置，在这里不再具体讲解。

2. 刻度与标注属性

旋转仪表的刻度包括主划线和次划线，它们在圆边的内、外侧或者不显示，其属性特点与旋钮输入器相同，需要设置的参数有主划线、次划线的数目、颜色、长/宽等，其设置方式可参照旋钮输入器的参数设置方式。

标注属性包括标注的颜色、字体、字号、字形、小数点位数，标注间隔等，其设置方式与旋钮可参照旋钮输入器的标注属性设置过程，在此不再赘述。

标注显示是指标注的数字相对于圆边的显示位置，包括“在圆的外面显示”“在圆的里面显示”和“不显示”3 种状态。图 2－131 所示是在圆的外面显示，这也是最常用的一种显示方法。

如果选择“不显示”选项，则不会在旋转仪表上显示任何标注，圆边也不会显示，只显示指针及内圈圆环，在实际应用中，很少使用这种显示方式。

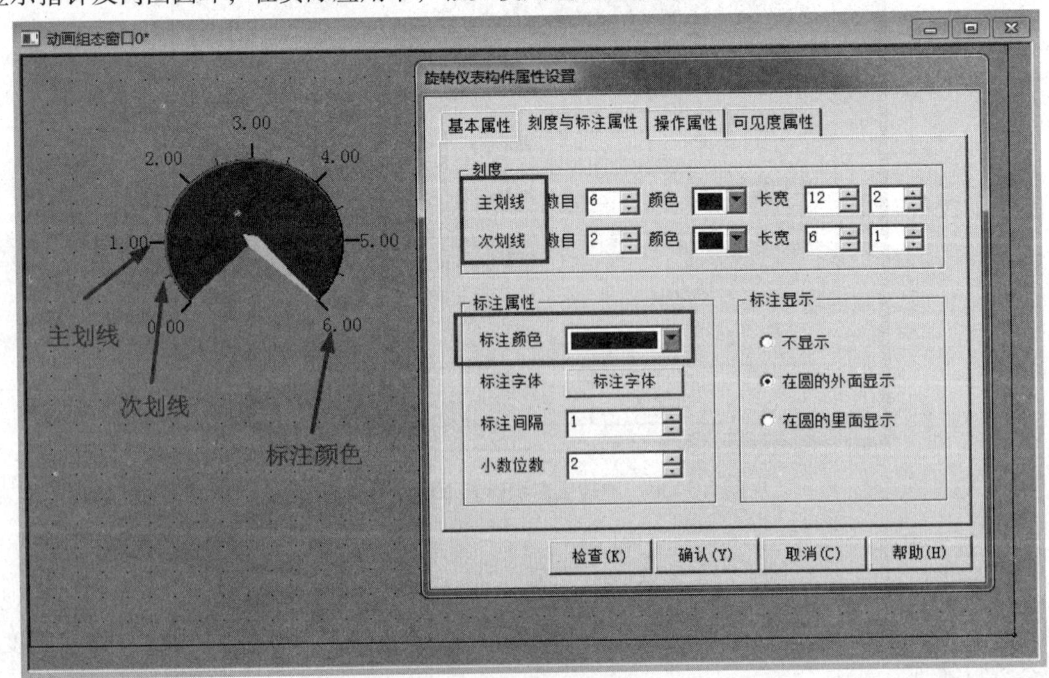

图 2－131　旋转仪表的刻度与标注属性

3. 操作属性

旋转仪表的操作属性用来设置旋转仪表的显示值与触摸屏连接的外部设备的数据寄存器的地址以及旋转仪表输入的数值范围，如图 2－132 所示。

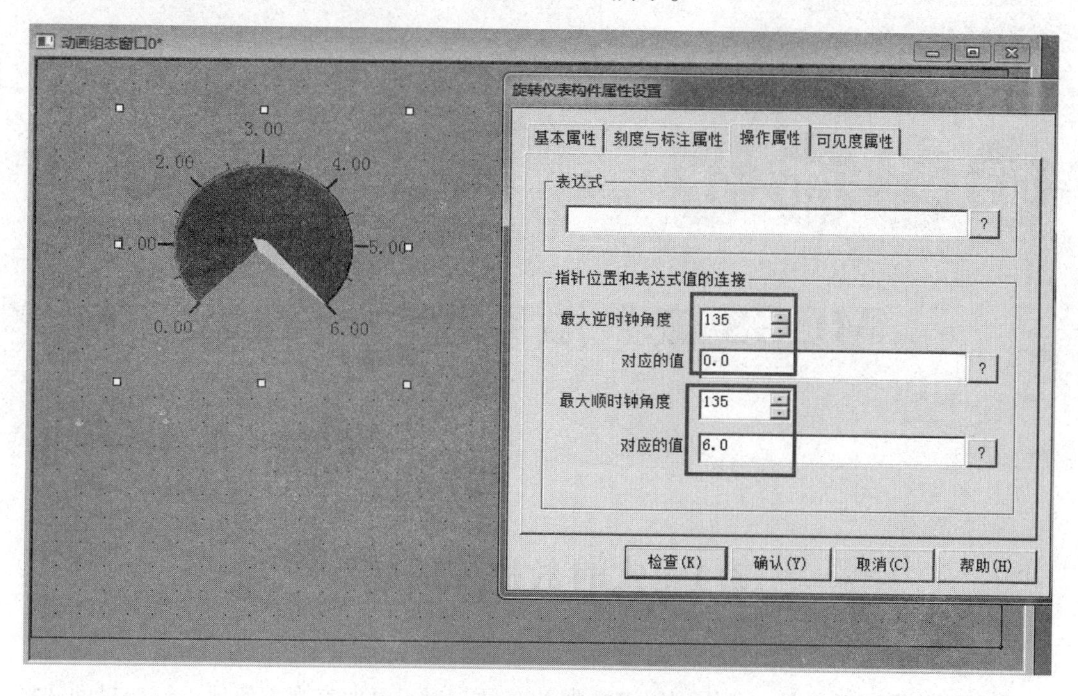

图 2－132 旋转仪表的操作属性

“对应数据对象的名称”就是设置与外部连接设备的存储器地址，其设置方法与旋钮输入器相同，可参照设置。

“标注位置和数据对象值的连接”中，需要设置最大逆时针和最大顺时针角度以及相应的数值，顺时针及逆时针的 0 度位置是在钟表的 12 点钟的位置，然后按照相应的角度向左、右两个方向旋转，向左旋转也就是逆时针方向，向右旋转也就是顺时针方向，角度数值都为正数。改变这两个角度值可以改变旋转仪表输入的起始位置；对应的值指的是在两个角度的最大值位置的值，也就是在旋转仪表的起始位置和终点位置的数值。如图 2－132 所示，旋转仪表的最大逆时针和最大顺时针角度都是 135°，对应的值分别是“0”和“6”。

4. 可见度属性

旋转仪表的可见度属性设置与其他元件的可见度属性设置相同，可参照 2.4 节标准按钮的可见度属性设置。

【实训练习 2.13】

在用户窗口中，组态一个输入框、一个滑动输入器元件、一个百分比填充构件，一个旋转仪表元件。要求通过百分比填充元件显示通过输入框输入的数值；通过旋转仪表显示滑动输入器元件输入端的数值。

第三部分

MCGS 嵌入版系统功能组态

3.1 实时数据库的建立

在 MCGS 组态工程中，会用到很多数据及变量，为了更加直观方便地进行变量的选择与设置，在组态工程前会根据实际的工程需要建立实施数据库。本节详细介绍实时数据库的建立与使用。

1. 数据对象的概念

在 MCGS 嵌入版组态软件中，数据不同于传统意义上的数据或变量，以数据对象的形式进行操作与处理。数据对象不仅包含了数据变量的数值特征，还将与数据相关的其他属性（如数据的状态、报警限值等）以及对数据的操作方法（如存盘处理、报警处理等）封装在一起，作为一个整体，以对象的形式提供服务，这种把数值、属性和方法定义成一体的数据称为数据对象。

在 MCGS 嵌入版组态软件中，用数据对象表示数据，可以把数据对象认为是比传统变量具有更多功能的对象变量，像使用变量一样使用数据对象，在大多数情况下只需使用数据对象的名称即可直接操作数据对象。

2. 实时数据库的概念

在 MCGS 嵌入版组态软件中，用数据对象描述系统中的实时数据，用对象变量代替传统意义上的值变量，把数据库技术管理的所有数据对象的集合称为实时数据库。

实时数据库是 MCGS 嵌入版系统的核心，是应用系统的数据处理中心。系统的各个部分均以实时数据库为公用区交换数据，实现各个部分的协调动作。

设备窗口通过设备构件驱动外部设备，将采集的数据送入实时数据库；由用户窗口组成的图形对象，与实时数据库中的数据对象建立连接关系，以动画形式实现数据的可视化；运行策略通过策略构件对数据进行操作和处理。

3.1.1　新增数据对象

定义数据对象的过程，就是构造实时数据库的过程。

新建一个 MCGS 组态工程，连接好外部设备并保存后，打开组态工作台，在工作台界面有“实时数据库”按钮，单击该按钮就可以建立实时数据库，如图 3－1 所示。

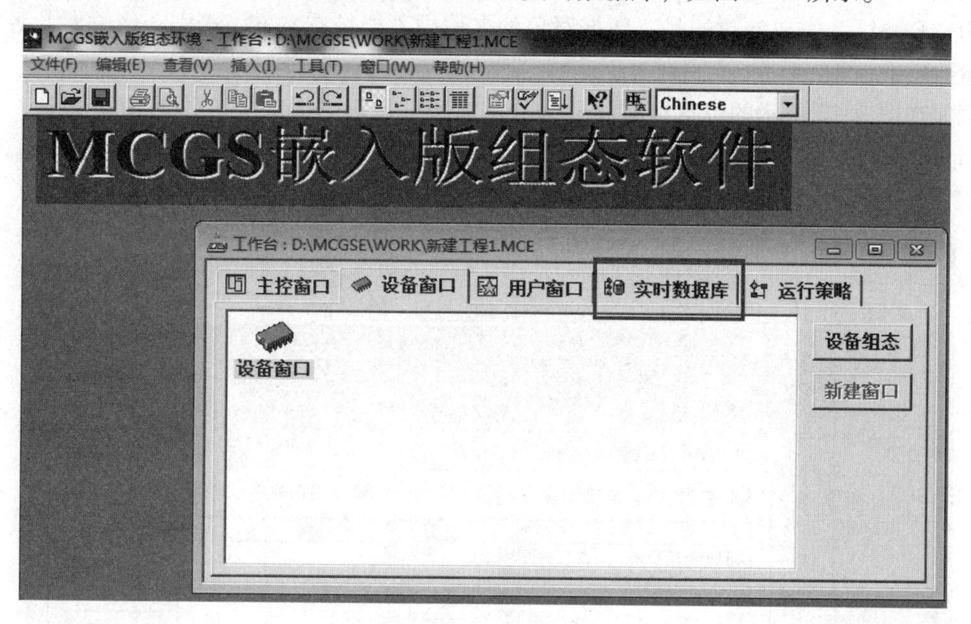

图 3－1　实时数据库

定义数据对象时，在组态环境工作台窗口中，选择“实时数据库”选项卡，进入实时数据库窗口页，显示已定义的数据对象，如图 3－2 所示。

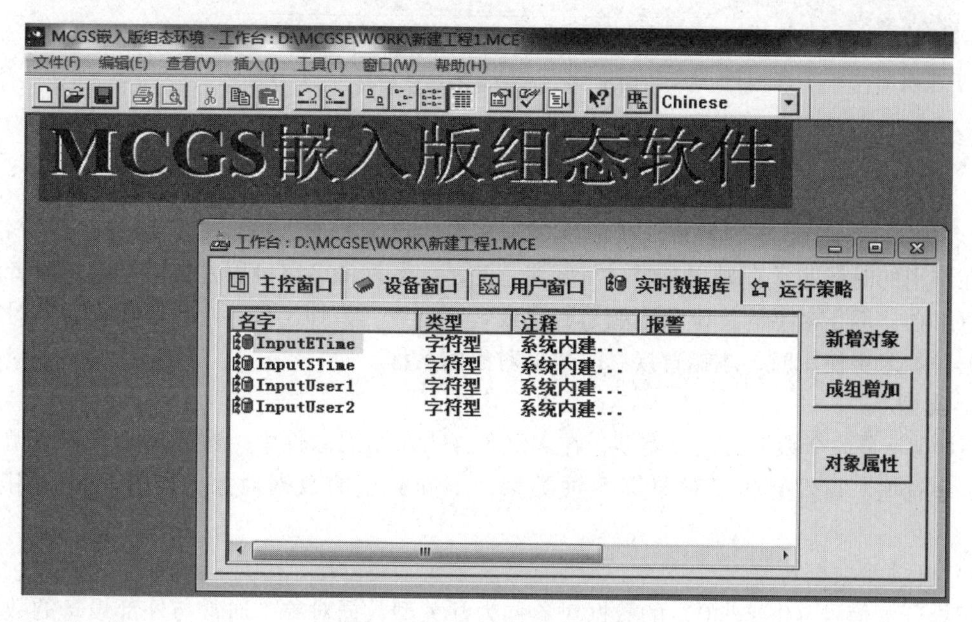

图 3－2　系统建立的实时数据

对于新建工程，窗口中显示系统内建的4个字符型数据对象，分别是InputETime、InputSTime、InputUser1和InputUser2。当在对象列表的某一位置增加一个新的对象时，可在该处选定数据对象，单击“新增对象”按钮，则在选中的对象之后增加一个新的数据对象；如不指定位置，则在对象表的最后增加一个新的数据对象。新增对象的名称以选中的对象名称为基准，按字符递增的顺序由系统缺省确定。对于新建工程，首次定义的数据对象的缺省名称为“Data1”。需要注意的是，数据对象的名称中不能带有空格，否则会影响对此数据对象存盘数据的读取。

例如在图3-2所示的位置再添加一个数据对象，单击右侧的“新增对象”按钮，那么在“InputETime”的下面会自动创建一个名称为“InputETime1”的数据对象，如图3-3所示。

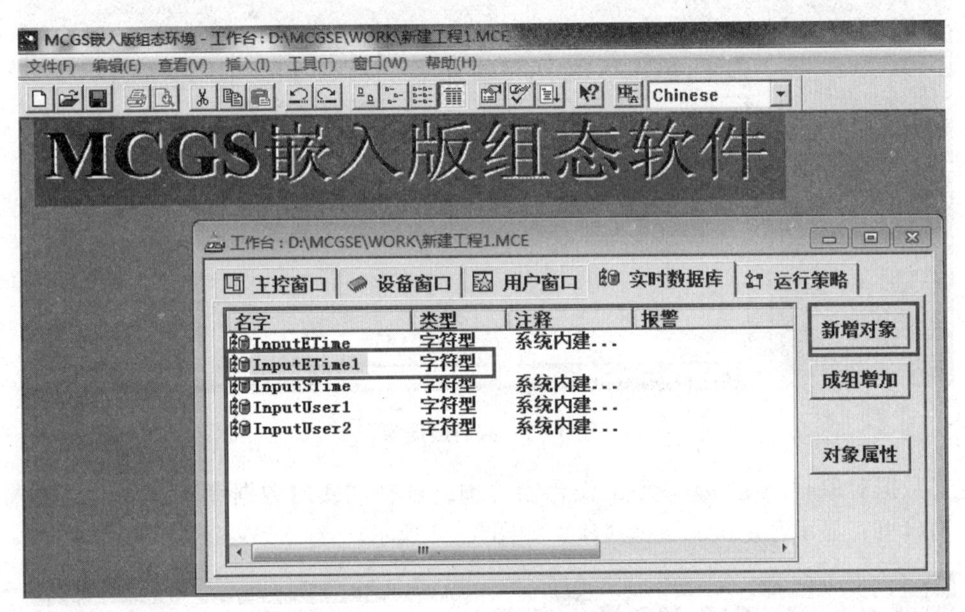

图3-3 新增一个数据对象

在实时数据库中创建的数据对象包括“名称”“类型”“注释”“报警”等属性。

1. 名称

“名称”是一个数据的名字，在工程中，一般会给需要的数据起一个比较直观的名字，这样在调用的时候非常直观和方便。需要注意的是，数据的名字可以是数字、字母或者汉字的任意组合，但是名字的首位置不能是数字或者下划线。另外，只有在新增数据对象时，或者数据对象未被使用时，才能直接修改数据对象的名称。

2. 类型

“类型”是一个数据的数值类型，在MCGS嵌入版组态软件中，数据对象有开关型、数值型、字符型、事件型和组对象等5种类型。不同类型的数据对象，属性不同，用途也不同。

1）开关型数据对象

记录开关信号（0或非0）的数据对象称为开关型数据对象，通常与外部设备的数字量输入/输出通道连接，用来表示某一设备当前所处的状态。开关型数据对象也用于表示

MCGS 嵌入版组态软件中某一对象的状态，如对应于一个图形对象的可见度状态。

开关型数据对象没有工程单位和最大/最小值属性，没有限值报警属性，只有状态报警属性。该类型数据只有两个状态——“开”或者“关”，就像实际的开关一样，在组态工程中，根据该对象对应的变量的值确定该对象的开关状态。如果该对象对应的变量的值为“0”，那么该对象的状态就为“关”；如果该对象对应的变量的值为“非 0”，那么该对象的状态就为“开”。注意“非 0”的值是指不是 0 的任意值。

2）数值型数据对象

在 MCGS 嵌入版组态软件中，数值型数据对象的数值范围：负数是 -3.402823E38 ~ -1.401298E-45，正数是 1.401298E-45 ~ 3.402823E38。数值型数据对象除了存放数值及参与数值运算外，还提供报警信息，并能够与外部设备的模拟量输入/输出通道连接。数值型数据对象有最大值和最小值属性，其值不会超过设定的数值范围。当对象的值小于最小值或大于最大值时，对象的值分别取最小值或最大值。

数值型数据对象有限值报警属性，可同时设置下下限、下限、上限、上上限、上偏差、下偏差等 6 种报警限值。当对象的值超过设定的限值时，产生报警；当对象的值回到所有的限值之内时，报警结束。

3）字符型数据对象

字符型数据对象是存放文字信息的单元，用于描述外部对象的状态特征，其值为多个字符组成的字符串，字符串长度最长可达 64 KB。字符型数据对象没有工程单位和最大值、最小值属性，也没有报警属性。

4）组对象

组对象是 MCGS 嵌入版组态软件引入的一种特殊类型的数据对象，类似一般编程语言中的数组和结构体，用于把相关的多个数据对象集合在一起，作为一个整体来定义和处理。例如在实际工程中，描述一个锅炉的工作状态有温度、压力、流量、液面高度等多个物理量，为便于处理，定义“锅炉”为一个组对象，用来表示“锅炉”这个实际的物理对象，其内部成员则由上述物理量对应的数据对象组成，这样，在对“锅炉”组对象进行处理（如进行组态存盘、曲线显示、报警显示）时，只需指定组对象的名称“锅炉”，就包括了对其所有成员的处理。

组对象只是在组态时对某一类对象的整体表示方法，实际的操作则是针对每个成员进行的。如在报警显示动画构件中，指定要显示报警的数据对象为组对象“锅炉”，则该构件显示组对象包含的各个数据对象在运行时产生的所有报警信息。

注意：组对象是多个数据对象的集合，应包含两个以上的数据对象，但不能包含其他数据组对象。一个数据对象可以是多个不同组对象的成员。

把一个对象的类型定义成组对象后，还必须定义组对象所包含的成员，如图 3-4 所示，在“数据对象属性设置”对话框内，专门有“组对象成员”选项卡，用来定义组对象的成员。双击“组对象成员”选项卡，打开图 3-5 所示的组对象成员列表，图中左边为所有数据对象的列表，右边为组对象成员列表。利用属性页中的“增加”按钮，可以把左边指定的数据对象增加到组对象成员中；利用“删除”按钮则可以把右边指定的组对象成员删除。组对象没有工程单位、最大值、最小值属性，组对象本身没有报警属性。

为了快速生成多个相同类型的数据对象，可以在图 3-3 所示的界面中单击“成组增

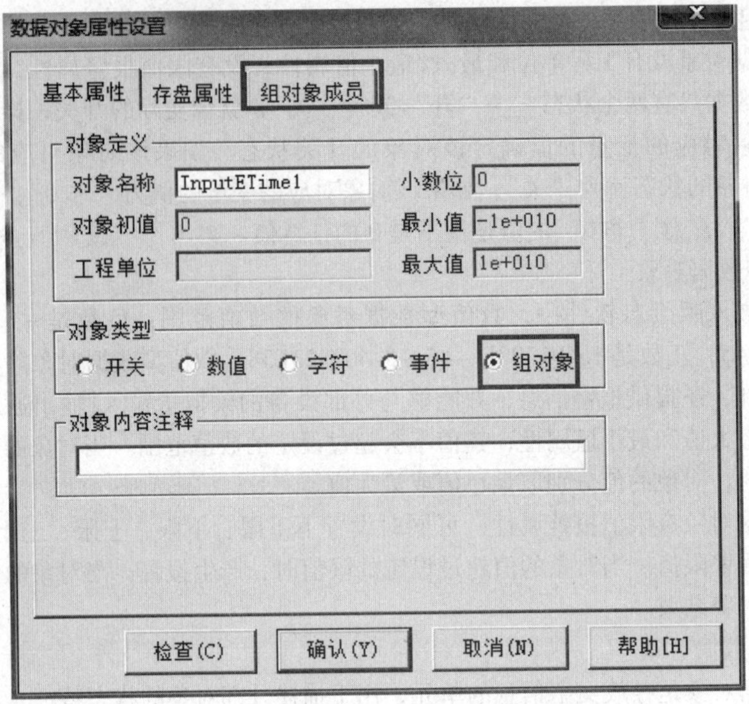

图 3－4 “数据对象属性设置”对话框 1

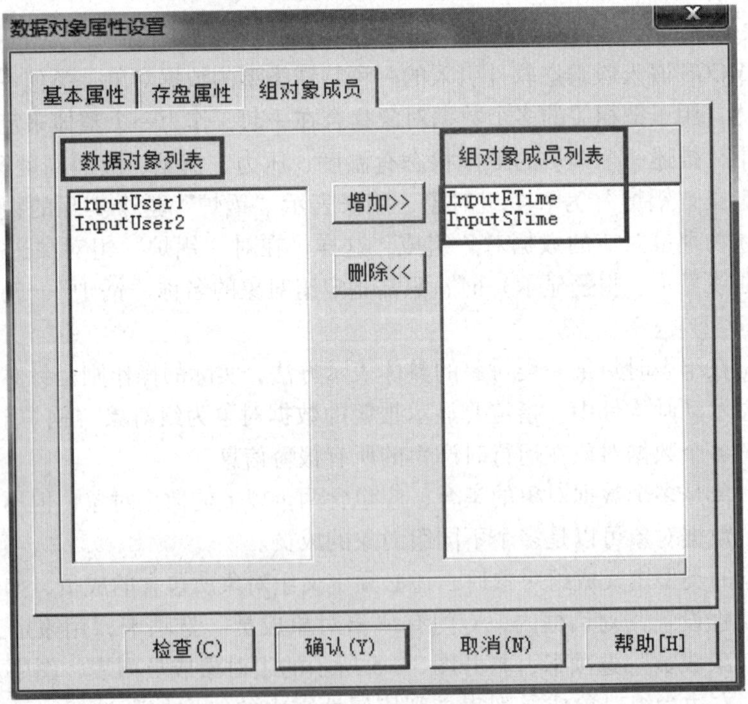

图 3－5 组对象成员列表

加”按钮，弹出“成组增加数据对象”对话框，可以一次定义多个数据对象，如图 3－6 所示。成组增加的数据对象，名称由主体名称和索引代码两部分组成。其中，“对象名称”代表该组对象名称的主体部分，而“起始索引值”则代表第一个成员的索引代码，其他数据对象的主体名称相同，索引代码依次递增。成组增加的数据对象，其他特性如数据类型、工程单位、最大/最小值等都是一致的。当需要批量修改相同类型的数据对象时，可选中需要修改的对象后，选择“对象属性”选项进行设置。

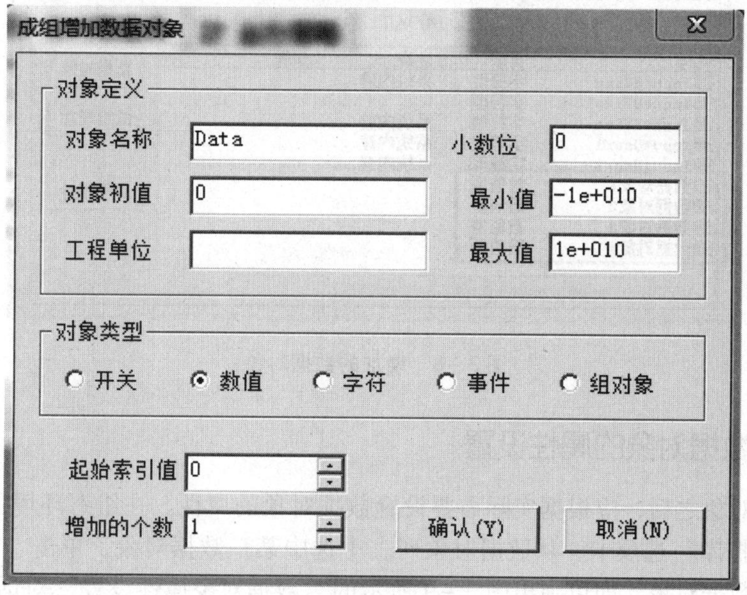

图 3-6 “成组增加数据对象”对话框

下面通过成组增加 4 个数据对象，分别设置不同数据对象的属性。首先在工作台界面，打开“实时数据库”界面，单击“成组增加”按钮，打开“成组增加数据对象”对话框，并按照图 3-7 所示的数值设置，增加 4 个数据对象。

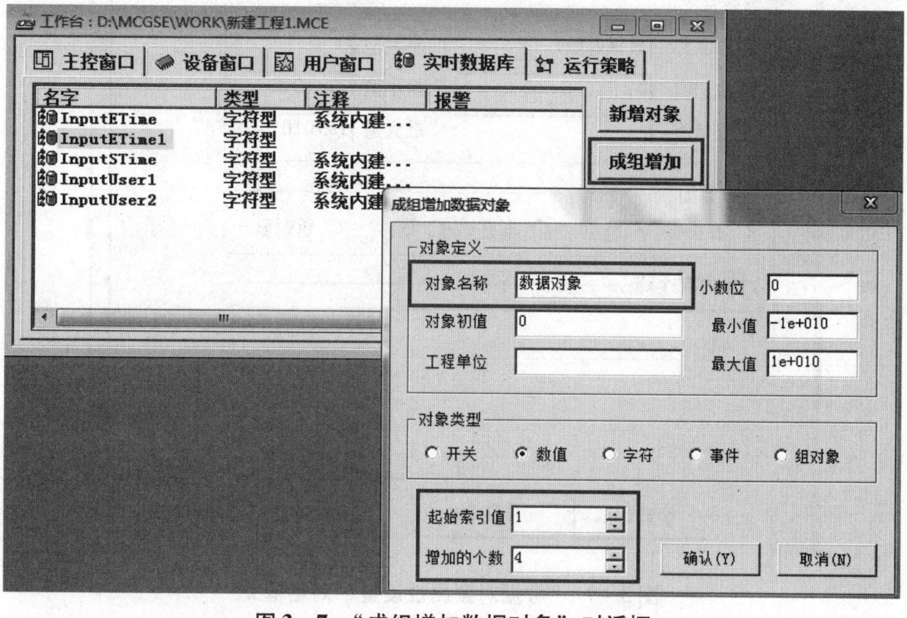

图 3-7 “成组增加数据对象”对话框

将“对象名称”改为“数据对象”，将“起始值索引”改为“1”，将“增加的个数”改为“4”，然后单击“确定”按钮，在实时数据库中就会增加4个数据对象，如图3-8所示。

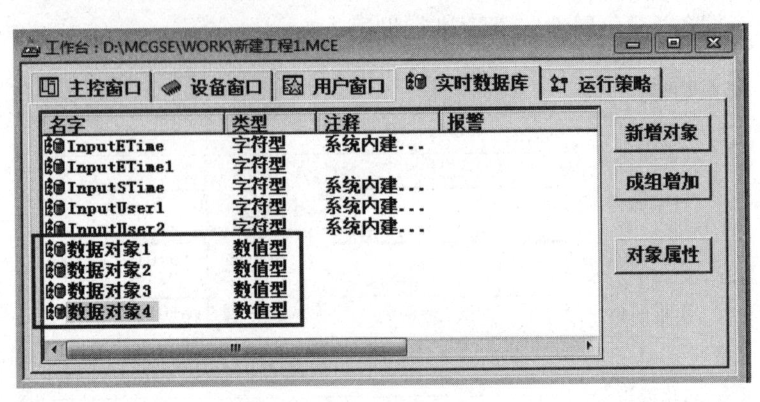

图3-8 增加的数据对象

3.1.2 数据对象的属性设置

定义数据对象之后，应根据实际需要设置数据对象的属性。在组态环境工作台窗口中，选择“实时数据库”选项卡，从数据对象列表中选中某一数据对象，单击“对象属性”按钮，或者双击数据对象，即可弹出图3-9所示的“数据对象属性设置”对话框。对话框中有3个选项卡：“基本属性”“存盘属性”和“报警属性”。

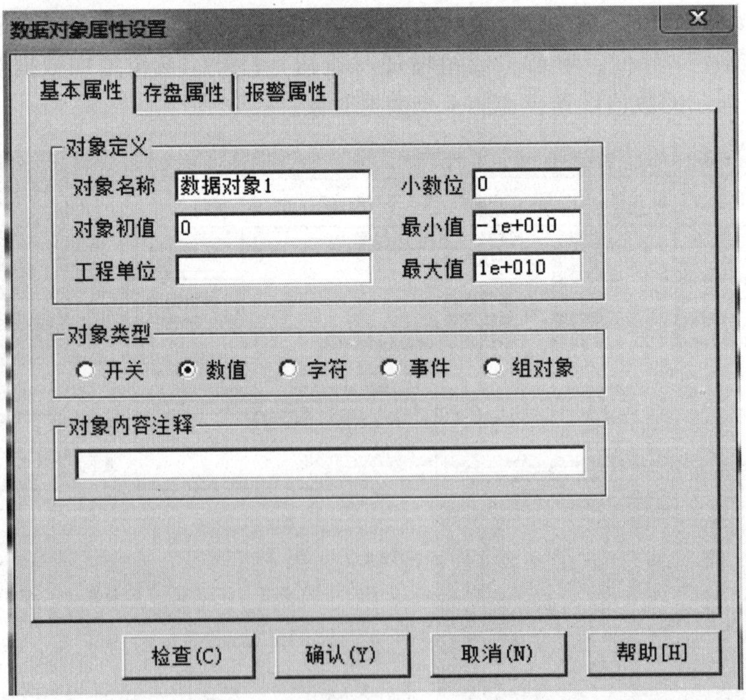

图3-9 “数据对象属性设置”对话框2

1. 基本属性

数据对象的基本属性中包含数据对象的名称、单位、初值、取值范围和类型等基本特征信息。

在“基本属性”设置页的“对象名称”一栏内输入代表对象名称的字符串，字符个数不得超过32个（汉字16个），对象名称的第一个字符不能为“!”“$”符号或数字0~9，字符串中间不能有空格。用户不指定对象的名称时，系统缺省定为“DataX”，其中X为顺序索引代码（第一个定义的数据对象为Data0）。

数据对象的类型必须正确设置。不同类型的数据对象的属性内容不同，按所列栏目设定对象的初始值、最大值、最小值及工程单位等。在“对象内容注释”一栏中，输入说明对象情况的注释性文字。

在MCGS嵌入版实时数据库中，采用“使用计数”的机制来描述数据库中的一个数据对象是否被MCGS嵌入版组态软件中的其他部分使用，也就是说明该对象是否与其他对象建立了连接关系。采用这种机制可以避免对象属性的修改引起已组态完好的其他部分出错。一个数据对象如果已被使用，则不能随意修改对象的名称和类型，此时可以执行“工具”菜单中的“数据对象替换”命令，对数据对象进行改名操作，同时把所有的连接部分也一次改正过来，以避免出错。执行“工具”菜单中的“检查使用计数”命令，可以查看对象被使用的情况，或更新使用计数。

2. 存盘属性

在MCGS嵌入版组态软件中，普通的数据对象没有存盘属性，只有组对象才有存盘属性，如图3-10所示。

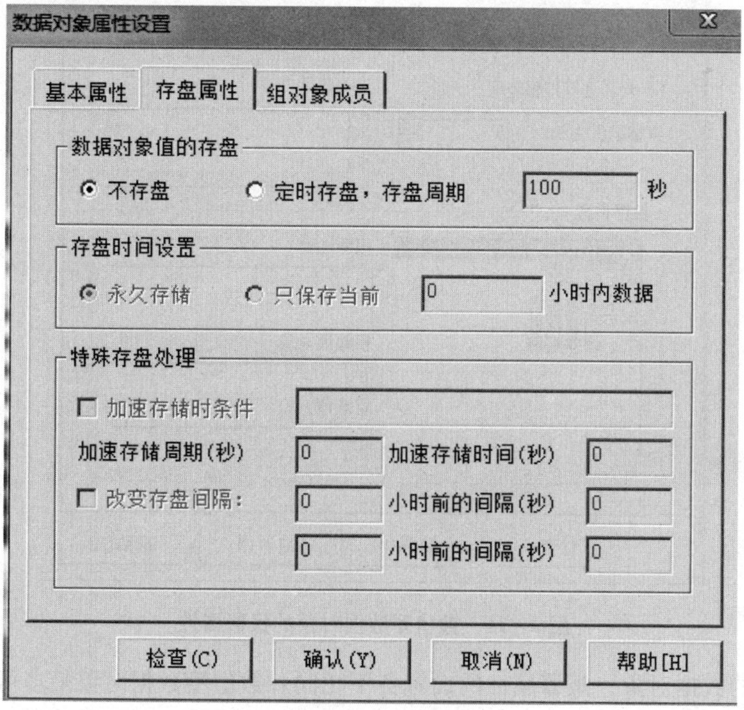

图3-10　组对象的存盘属性

对组对象，只能设置为定时方式存盘。实时数据库按设定的时间间隔，定时存储数据组对象的所有成员在同一时刻的值。如果设定时间间隔为 0 秒，则实时数据库不进行自动存盘处理，只能用其他方式处理数据的存盘，例如可以通过 MCGS 嵌入版组态软件中称为“数据对象操作”的策略构件来控制数据对象值的带有一定条件的存盘，也可以在脚本程序内用系统函数!SaveData 来控制数据对象值的存盘。注意在 MCGS 嵌入版组态软件中，此函数仅对组对象有效。

需要注意的是，基本类型的数据对象既可以按变化量方式存盘，也可以作为组对象的成员定时存盘，它们各自互不相关，在存盘数据库中位于不同的数据表内。

对组对象的存盘，MCGS 嵌入版组态软件还增加了加速存盘和自动改变存盘时间间隔的功能，加速存盘一般用于当报警产生时，加快数据记录的频率，以便事后进行分析。改变存盘时间间隔是为了在有限的存盘空间内，尽可能多地保留当前最新的存盘数据，而对于过去的历史数据，通过改变存盘数据的时间间隔，减少历史数据的存储量。

在数据组对象的存盘属性中，都有“存盘时间设置”一项，选择“永久存储”选项，则保存系统自运行时开始整个过程中的所有数据，选择“只保存当前”选项，则保存从当前开始指定时间长度内的数据。后者较前者相比，减少了历史数据的存储量。

3. 报警属性

MCGS 嵌入版组态软件把报警处理作为数据对象的一个属性封装在数据对象内部，由实时数据库判断是否有报警产生，并自动进行各种报警处理。如图 3 – 11 和图 3 – 12 所示，用户应首先设置“允许进行报警处理”选项，才能对报警参数进行设置。

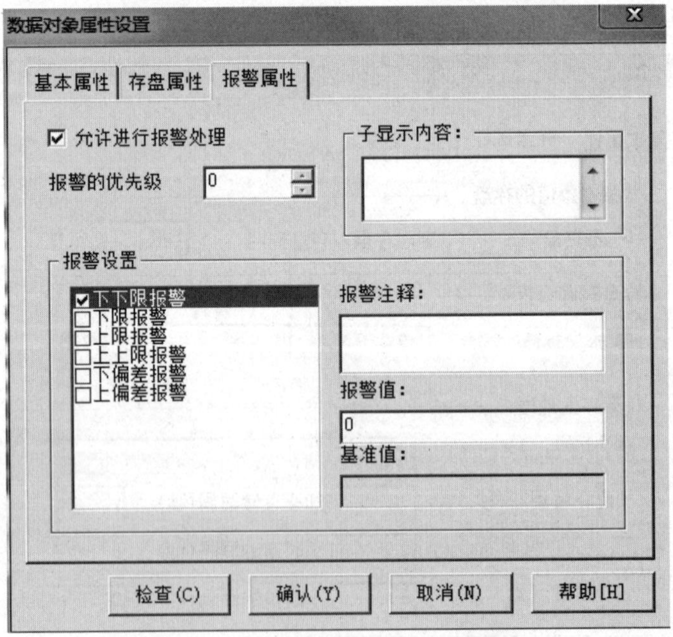

图 3 – 11　数值型数据对象的报警属性

不同类型的数据对象，报警属性的设置各不相同。数值型数据对象最多可同时设置 6 种限值报警；开关型数据对象只有状态报警，当对象的值触发相应的状态时，将产生报警；事件型数据对象不用设置报警状态，对应的事件产生一次，就有一次报警，且报警的产生和结

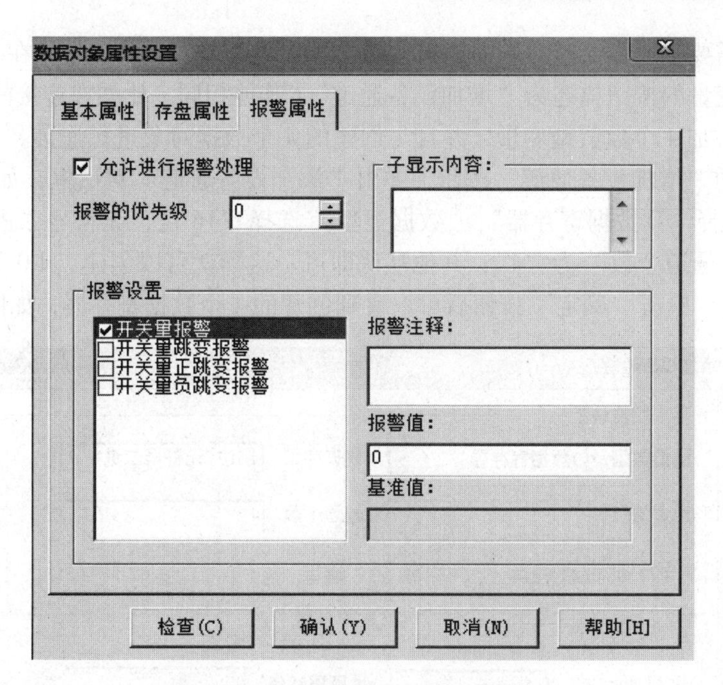

图 3-12 开关型数据对象的报警属性

束是同时的；字符型数据对象和组对象没有报警属性。

3.1.3 数据对象与变量的连接

在 MCGS 嵌入版组态软件中建立了各种类型的数据对象后，只有把这些数据对象与触摸屏所连接的设备中的变量进行连接，才能在外部设备与触摸屏连接使用时发挥作用。下面介绍怎样把创建的数据对象与外部设备变量进行连接。

首先打开设备窗口，在建立好的设备连接中，找到需要与数据对象连接的子设备，双击打开，如图 3-13 所示。

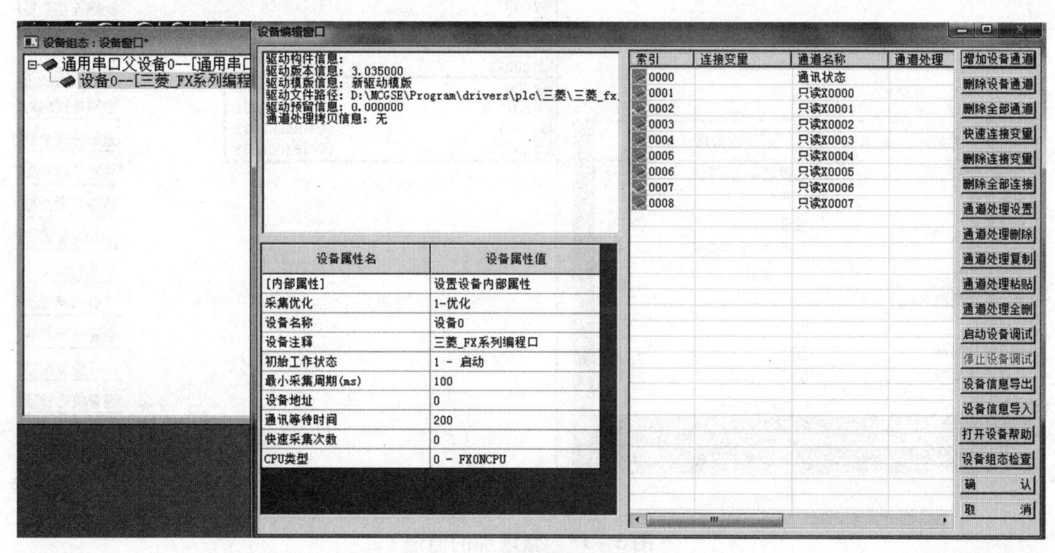

图 3-13 子设备编辑窗口

根据实际需要，通过窗口右侧的编辑按钮，可以增加或者删除变量。在 MCGS 嵌入版组态软件中增加变量的按钮描述为“增加设备通道”，其他相同。比如在连接的外部设备“FX 系列 PLC”中添加 4 个数值型变量，并且与创建的 4 个数据对象进行连接。

单击右侧的“增加设备通道”按钮，弹出“添加设备通道”对话框，如图 3－14 所示。“通道类型”选择“D 数据寄存器”；“数据类型”选择“16 位，无符号二进制”；“通道地址”为“0”；“通道个数”为“4”；其他默认即可。这样就可以创建以 D0 为首地址的连续 4 个数据寄存器。单击“确定”按钮后可以看到创建的 4 个数据寄存器，如图 3－15 所示。

添加设备通道
基本属性设置
通道类型 D数据寄存器
数据类型 16位 无符号二进制
通道地址 0
通道个数 4
读写方式 只读 只写 读写
扩展属性设置
扩展属性名
扩展属性值
确认
取消

图 3－14 “添加设备通道”对话框

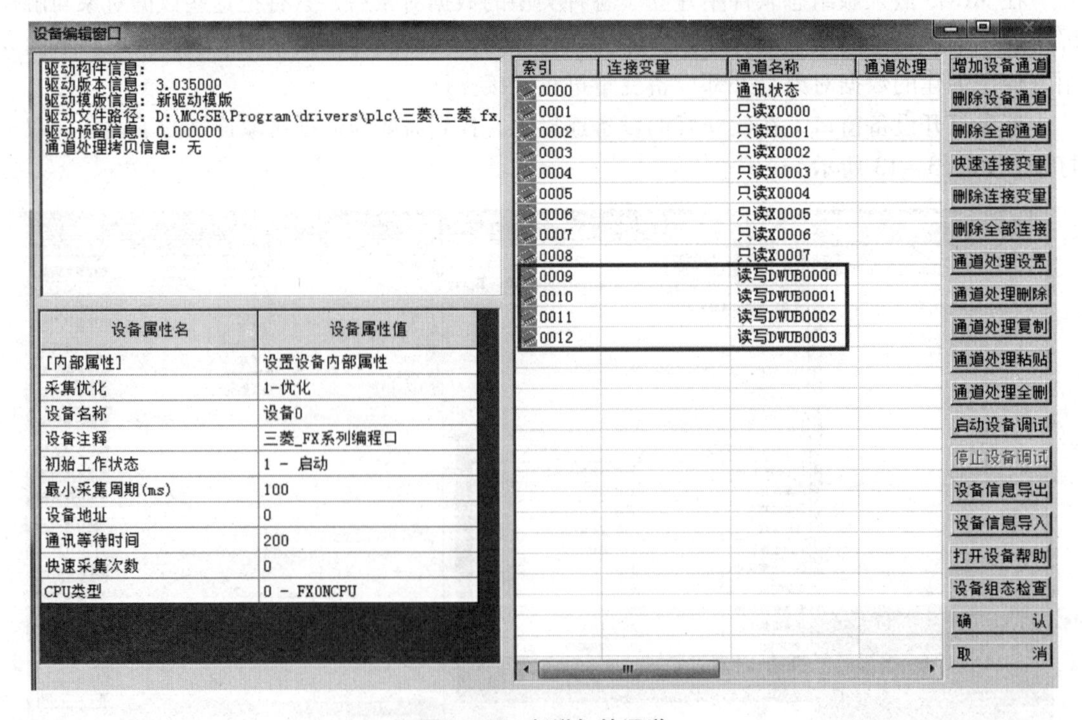

图 3－15 新增加的通道

在新添加的 4 个通道中的地址左侧，也就是“连接变量”中单击鼠标右键，弹出要与新增加的通道连接的数据对象选择窗口，如图 3－16 所示。

变量选择
变量选择方式
从数据中心选择|自定义
根据采集信息生成
确认
退出
根据设备信息连接
选择通讯端口
通道类型
数据类型
选择采集设备
通道地址
读写类型
从数据中心选择
选择变量
数值型
开关型
字符型
事件型
组对象
内部对象

对象名	对象类型
$Day	数值型
$Hour	数值型
$Minute	数值型
$Month	数值型
$PageNum	数值型
$RunTime	数值型
$Second	数值型
$Timer	数值型
$Week	数值型
$Year	数值型
数据对象1	数值型
数据对象2	数值型
数据对象4	数值型

图 3－16　选择连接的数据对象

在需要连接的数据对象上双击，或者单击后再单击“确定”按钮，就可以完成通道与数据对象的连接，如图 3－17 所示。

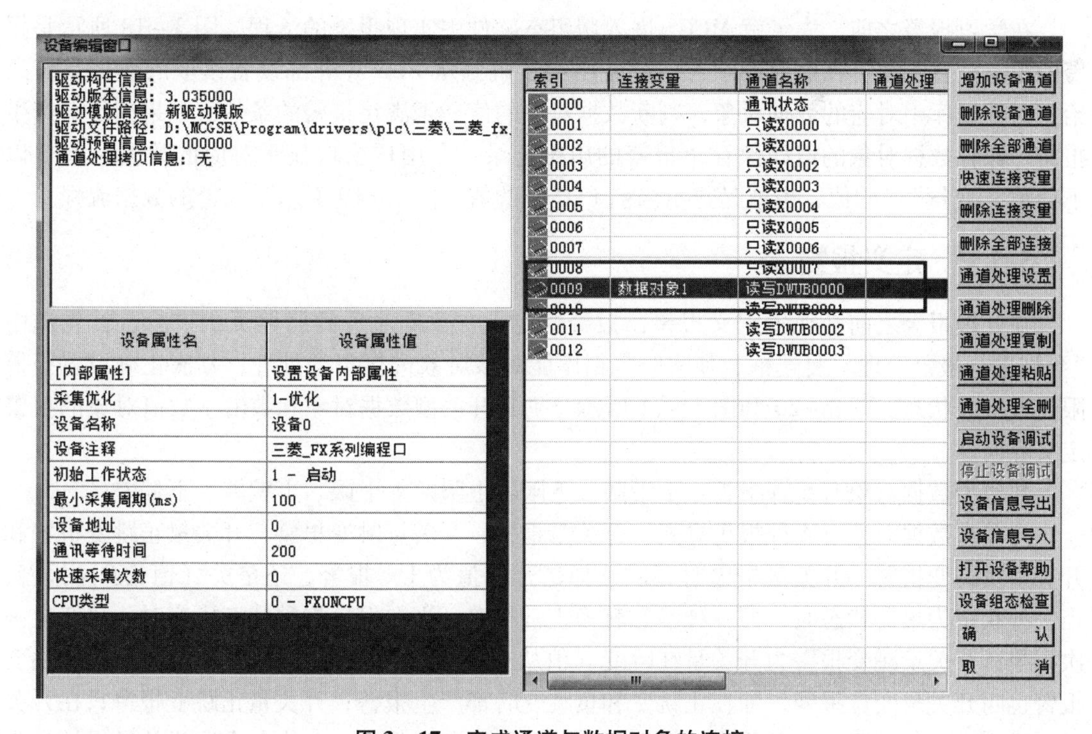

图 3－17　完成通道与数据对象的连接

以同样的步骤，把所有增加的通道与数据对象连接就可以，连接完成后，单击窗口右下角的“确认”按钮，就能完成连接。

需要注意的是，不同数据类型的通道和数据对象不能连接。

【实训练习3.1】

建立一个组态工程，通过实时数据库建立6个数据对象，其中3个数值型，2个开关型，1个组对象。数值型对象与开关型对象分别与其所连接的设备的5个变量进行连接，组对象的组成员包含其余5个数据对象。

3.2 报警组态

3.2.1 MCGS报警简介

在工作过程中，人们非常希望：当设备运行出现故障时能够通知工作人员，从而及时地处理故障；查看报警产生的历史记录，以便清楚地了解设备的运行情况。不同的现场作业需要不同的报警形式，总之，报警已经成为工业现场必备的条件。MCGS嵌入版组态软件根据客户需求，综合分析工业现场报警的多种需求，致力于为客户提供合适的报警方案。本章通过动态地分析众多客户的实际需求，列举出字报警、位报警、多状态报警、弹出窗口显示报警信息等几种报警形式的实现方案。

在学习报警之前，先了解MCGS嵌入版组态软件中实现报警的流程。图3-18所示是报警的组态配置流程。在前面的学习中读者已经了解到从PLC等外部设备读取的数据是传送给实时数据库中对应的数据对象，判断数据对象的值是否满足报警的条件，如果满足即产生报警；保存数据对象的值即保存了报警的历史记录；在用户窗口显示对应的数据对象（以下简称“变量”）的值，也就是显示当前PLC中的值。图3-19所示是报警的数据流程。

3.2.2 定义报警

在处理报警之前必须先定义报警，报警的定义在数据对象的属性页中进行。首先选中“允许进行报警处理”复选框，使实时数据库能对该对象进行报警处理；其次正确设置报警限值或报警状态。图3-20和图3-21所示分别是开关型数据对象和数值型数值对象的报警定义界面。

数值型数据对象有6种报警：下下限、下限、上限、上上限、上偏差、下偏差。

开关型数据对象有4种报警方式：开关量报警、开关量跳变报警、开关量正跳变报警和开关量负跳变报警。开关量报警时可以选择是开（值为1）报警，还是关（值为0）报警，当一种状态为报警状态时，另一种状态就为正常状态，当在保持报警状态不变时，只产生一次报警；开关量跳变报警为开关量在跳变（值从0变1和值从1变0）时报警，开关量跳变报警也叫开关量变位报警，即在正跳变和负跳变时都产生报警；开关量正跳变报警只在开关量正跳变时发生；开关量负跳变报警只在开关量负跳变时发生。4种方式的开关量报警是为了适用不同的应用需求，用户在使用时可以根据不同的需求选择一种或多种报警方式。

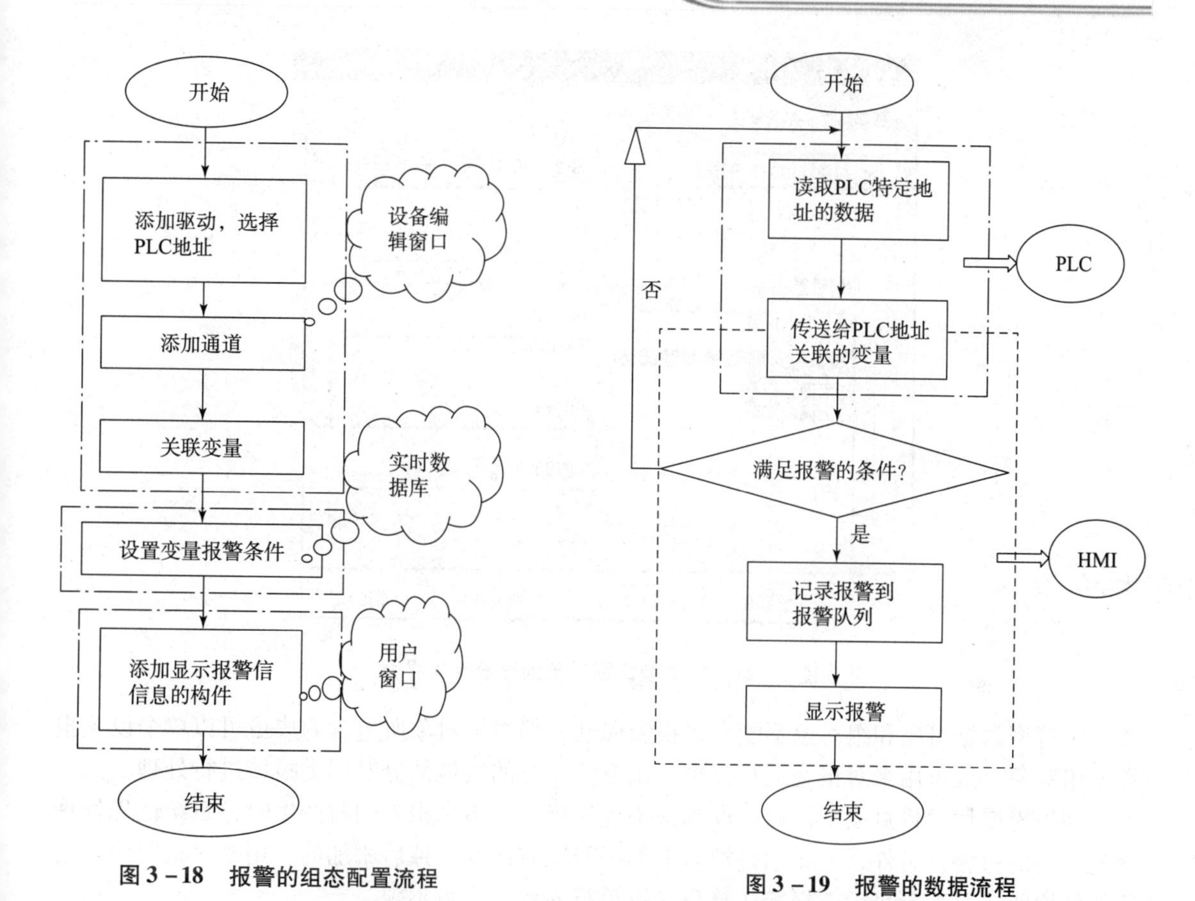

图 3－18　报警的组态配置流程

图 3－19　报警的数据流程

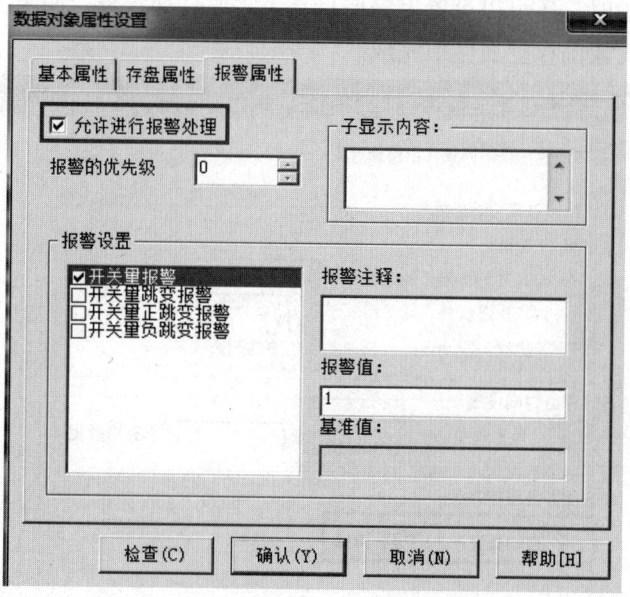

数据对象属性设置
基本属性　存盘属性　报警属性
☑ 允许进行报警处理
报警的优先级　0
子显示内容：
报警设置
☑开关量报警
☐开关量跳变报警
☐开关量正跳变报警
☐开关量负跳变报警
报警注释：
报警值：
1
基准值：
检查(C)　确认(Y)　取消(N)　帮助[H]

图 3－20　开关型数据对象的报警定义界面

事件型数据对象不用进行报警限值或状态设置，当它所对应的事件产生时，报警也就产生，对事件型数据对象，报警的产生和结束是同时完成的。

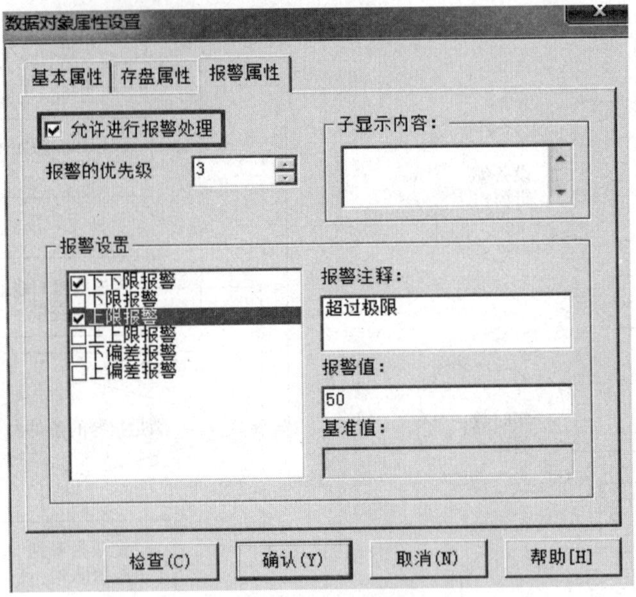

图 3－21　数值型数据对象的报警定义界面

字符型数据对象和组对象不能设置报警属性，但对组对象所包含的成员可以单个设置报警。组对象一般可用来对报警进行分类，以方便系统的其他部分对同类报警进行处理。

在报警属性设置页面中，可以设置报警优先级，当多个报警同时产生时，系统优先处理优先级高的报警，另外，子显示是把原来的报警缺省注释去掉后添加的，用来对报警内容进行详细说明，可多行显示，报警注释只支持单行显示，字数不限。

当报警信息产生时，还可以设置报警信息是否需要自动存盘，如图 3－22 所示，这种设置操作需要在数据对象的存盘属性中完成。

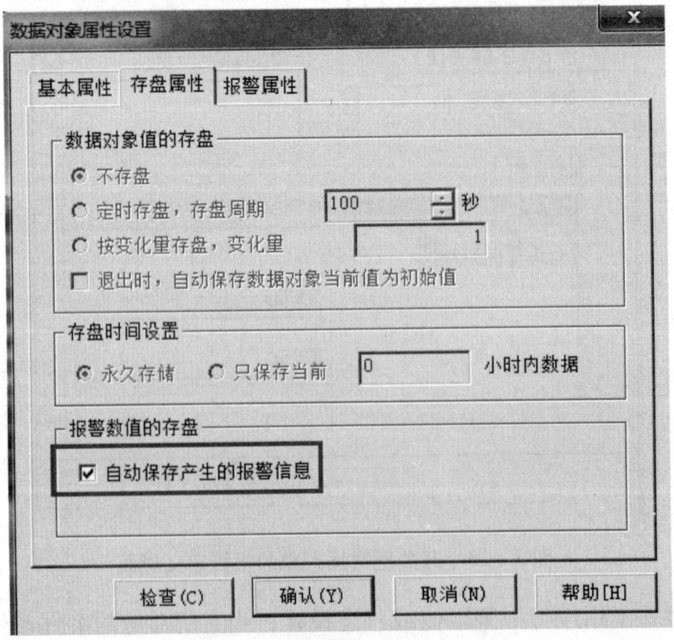

图 3－22　报警存盘属性设置

3.2.3 报警组态

为了更加直观地介绍报警的不同组态过程，下面通过组态几个实际的例程来讲解报警组态的过程。以用西门子 S7－200PLC 为设备为例组态以下几种报警过程：

（1）当 PLC“M 寄存器”的地址 12.3 状态为 1 时提示水满了，此报警信息在屏幕上滚动显示。

（2）当 PLC“V 寄存器”的字地址 49 的值超过 10～30 的范围时提示温度太高或温度太低，以列表显示。

（3）当 PLC 的“V 寄存器”的字地址 200 的值非 0 时表示不同的故障，在画面上进行对应的异常报警信息显示。各种故障信息如下：

①V：200 的值含义；

②0：正常；

③1：故障信息 1；

④2：故障信息 2；

⑤3：故障信息 3；

⑥4：故障信息 4。

（4）当“M 寄存器”的地址 12.3 发生报警后立即弹出一个小窗口，显示当前报警信息。

需求了解清楚后，下面逐一分析并组态。首先新建一个组态工程，在设备窗口添加通用串口父设备和西门子_S7200PPI 驱动。

1. 位报警

第一个报警需求：当 PLC 中“M 寄存器”地址 12.3 的值为 1 时提示“水满了”，并且滚动显示。

方案：地址 M12.3 报警内容固定，直接设置对应变量的报警属性即可，然后在用户窗口用报警条（走马灯）构件显示。

（1）添加位通道：在设备窗口，双击西门子_S7200PPI 驱动进入设备编辑窗口，单击“增加设备通道”按钮，弹出“添加数据通道”对话框，“通道类型”选择“M 寄存器”，“数据类型”选择“通道的第 03 位”，“通道地址”为“12”，“通道个数”为“1”，“读写方式”选择“读写”，如图 3－23 所示，设置完成单击“确认”按钮。

（2）通道关联变量：在设备编辑窗口单击“快速连接变量”按钮，打开“快速连接”对话框，选择“默认设备变量连接”选项，单击“确认”按钮回到设备编辑窗口，自动生成变量名“设备 0_读写 M012_3”。在设备编辑窗口单击“确认”按钮，系统弹出“添加数据对象”提示框，选择“全部添加”选项，所建立的变量会自动添加到实时数据库。

（3）在实时数据库设置变量的报警属性：切换到实时数据库，打开变量“设备 0_读写 M012_3”的属性设置对话框，在“报警属性”页，选择“允许进行报警处理”选项，设置“开关量报警”的报警值为 1，“报警注释”为“水满了”，如图 3－24 所示，设置完成单击“确认”按钮。

（4）设置报警条（走马灯）构件 LED：新建“窗口 0”，并添加一个“报警条（走马

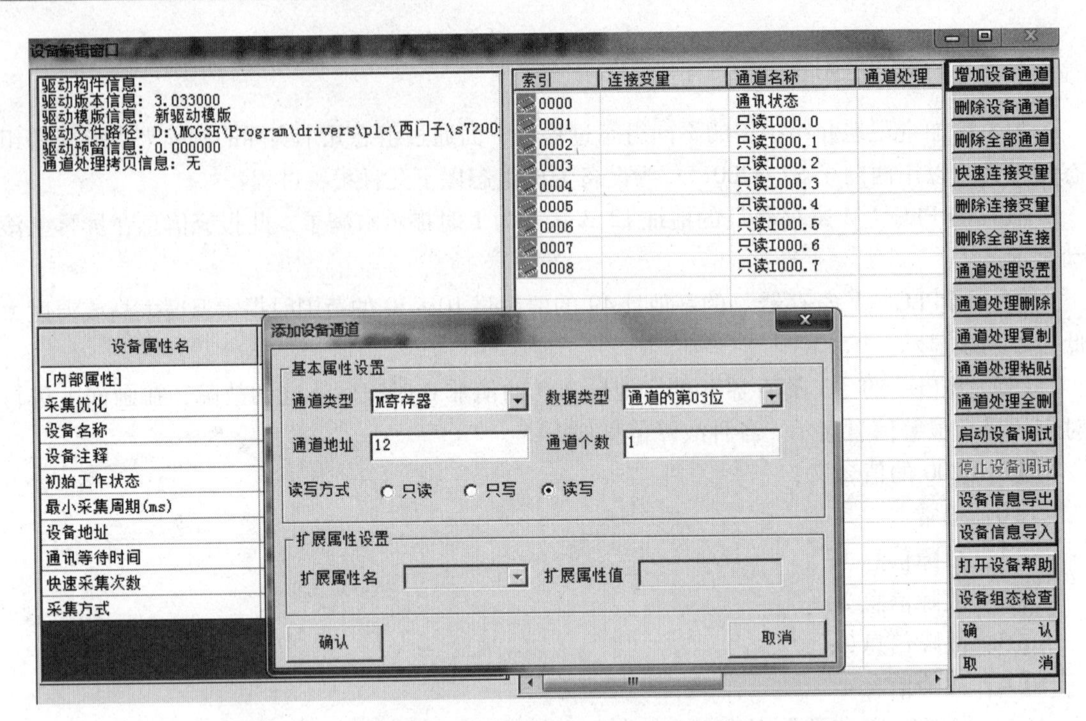

图 3－23 “添加数据通道”对话框

数据对象属性设置
基本属性 存盘属性 报警属性
允许进行报警处理
子显示内容:
报警的优先级 0
报警设置
开关量报警
开关量跳变报警
开关量正跳变报警
开关量负跳变报警
报警注释:
水满了
报警值:
1
基准值:
检查(C) 确认(Y) 取消(N) 帮助[H]

图 3－24 设置开关量报警

灯)”构件，打开“走马灯报警属性设置”对话框，单击 ? 按钮，选择在设备窗口建立的变量“设备0_读写 M012_3”，设置前景色为“黑色”，设置背景色为“浅粉色”，滚动的字符数为3，滚动速度为200，支持闪烁，如图 3－25 所示。

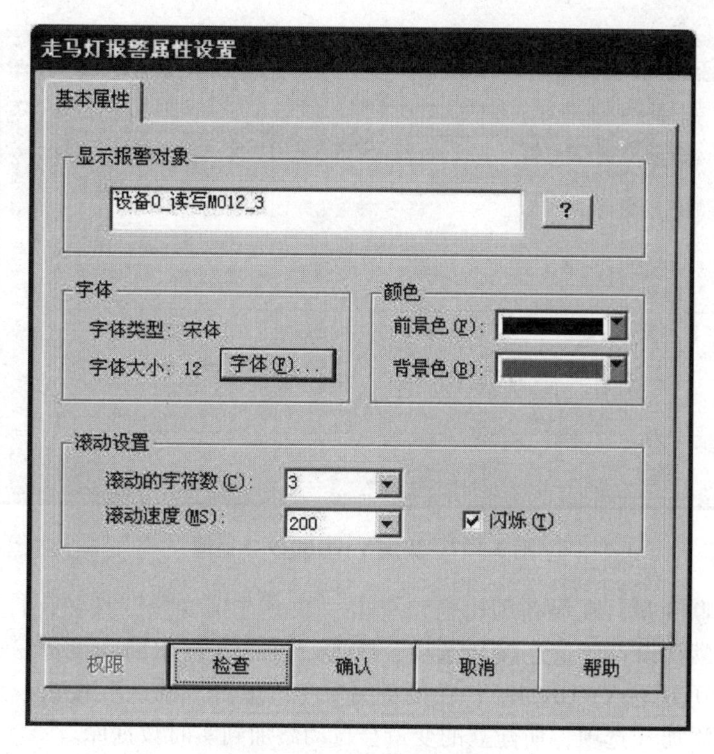

图 3－25　报警条属性设置

注：报警条（走马灯）构件不关联任何变量时，显示当前所有的实时报警信息。

（5）显示数据：添加一个标签，选择显示输出。在显示输出属性页，单击 ? 按钮，选择变量“设备 0_读写 M012_3”，以开关量输出。另外添加一个标签，输入“显示注水状态”。参照图 3－26 所示效果设置标签颜色和字体颜色。

（6）查看效果：组态完成后，连接 PLC，下载运行查看效果：当 PLC 有报警产生时，报警信息显示。

图 3－26　位报警运行效果

2. 字报警

第二个报警需求：当 PLC 中“V 寄存器”地址 49 的值超出 10～30 的范围时，以列表形式显示温度太高或温度太低。

方案：设置“V 寄存器”地址 49 对应变量的报警属性，在用户窗口用报警浏览构件显示。

（1）添加字通道：在设备窗口，双击西门子_S7200PPI 驱动进入设备编辑窗口，单击“增加设备通道”按钮，打开“添加设备通道”对话框，“通道类型”选择“V 寄存器”，“数据类型”为“16 位无符号二进制”，“通道地址”为“49”，“通道个数”为“1”，“读写方式”为“读写”，如图 3－27 所示。设置完成单击“确认”按钮。

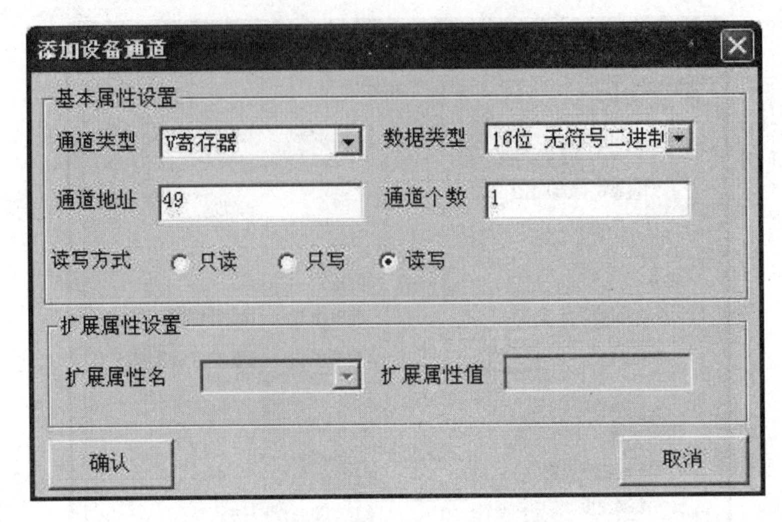

图 3-27 添加 VWUB049 字通道

（2）通道关联变量：在设备编辑窗口单击“快速连接变量”按钮，打开“快速连接”对话框，选择“默认设备变量连接”选项，单击“确认”按钮回到设备编辑窗口，自动生成变量名“设备0_读写 VWUB049”，在设备编辑窗口单击“确认”按钮，系统提示添加变量，选择“全部添加”选项，所建立的变量会自动添加到实时数据库。

（3）在实时数据库设置变量的报警属性：切换到实时数据库，打开变量“设备0_读写 VWUB049”属性设置对话框，在报警属性页，选择“允许进行报警处理”选项，设置“上限报警”值为“30”，“报警注释”为“温度太高了”，如图 3-28 所示。设置“下限报警”值为“10”，“报警注释”为“温度太低了”，如图 3-29 所示。设置完成单击“确认”

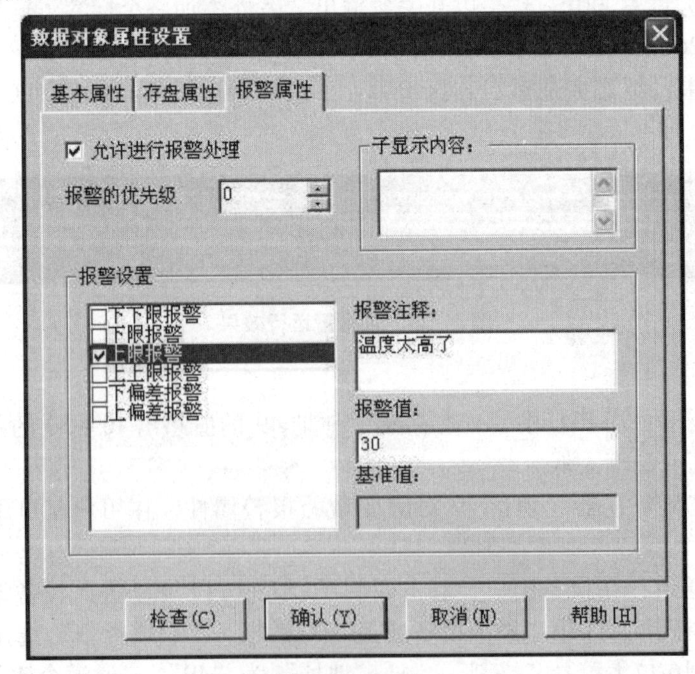

图 3-28 报警上限属性设置

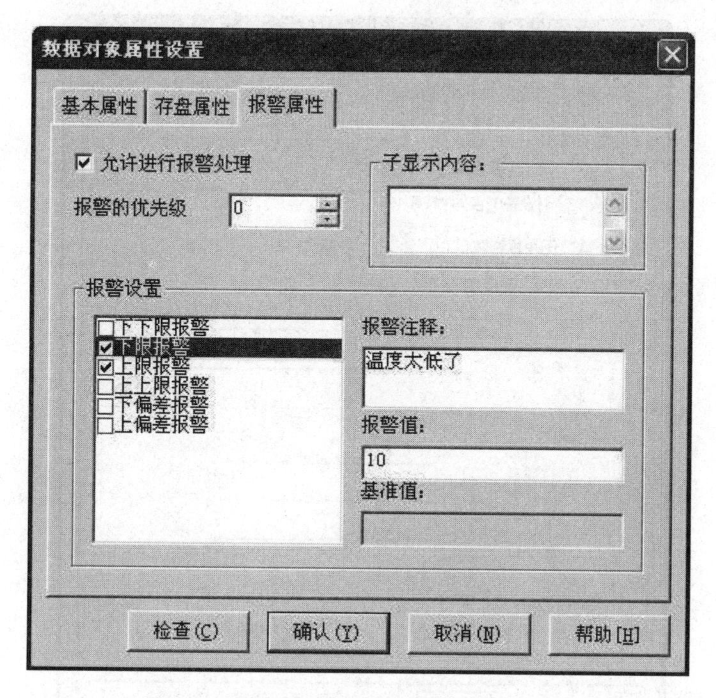

图 3-29　报警下限属性设置

按钮。

（4）设置报警显示构件：在“窗口 0”添加一个“报警浏览”构件，打开“报警浏览构件属性设置”对话框。在“基本属性”页中，“显示模式”选择“实时报警数据(R)”，单击按钮，选择变量“设备 0_读写 VWUB049”，如图 3-30 所示。在“显示格式”页中，勾选“日期”“时间”“对象名”“报警类型”“当前值”“报警描述”并设置合适的列宽，其他项采用默认设置，如图 3-31 所示。在“字体和颜色”页中，将背景色设为浅蓝色，将字体设为“宋体、粗体、小四、黑色”，其他项采用默认设置，单击“确认”按钮保存。

注：报警浏览构件不关联任何变量时，显示当前所有的实时报警信息。

（5）显示数据：添加一个标签，选择显示输出。在“显示输出”页，单击按钮，选择变量“设备 0_读写 VWUB049”，以数值量输出。再添加一个标签，在“扩展属性”页输入“显示当前温度”，参照图 3-32 设置标签填充颜色和字体颜色。

（6）查看效果：组态完成后，连接 PLC，下载运行查看效果：当 PLC 有报警产生时，报警信息显示。

3. 多状态报警

报警需求：PLC 中“V 寄存器”地址 200 输出的值不同时，提示不同的故障信息。

报警组态方案：用动画显示构件可以设置多个分段点的特点来实现，每个非 0 分段点代表一个故障信息。

以下是组态多状态报警的详细步骤：

（1）添加字通道：在设备窗口，双击西门子_S7200PPI 驱动进入设备编辑窗口，单击

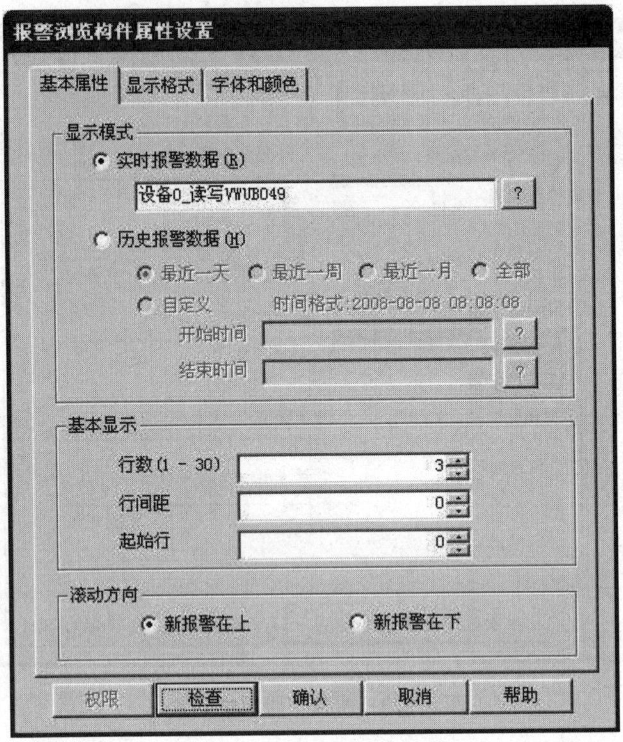

报警浏览构件属性设置

基本属性 | 显示格式 | 字体和颜色

显示模式

实时报警数据(R)

设备0_读写VWUB049 ?

历史报警数据(H)

最近一天 最近一周 最近一月 全部

自定义 时间格式:2008-08-08 08:08:08

开始时间 ?

结束时间 ?

基本显示

行数(1 - 30) 3

行间距 0

起始行 0

滚动方向

新报警在上 新报警在下

权限 检查 确认 取消 帮助

图 3－30 “基本属性”页

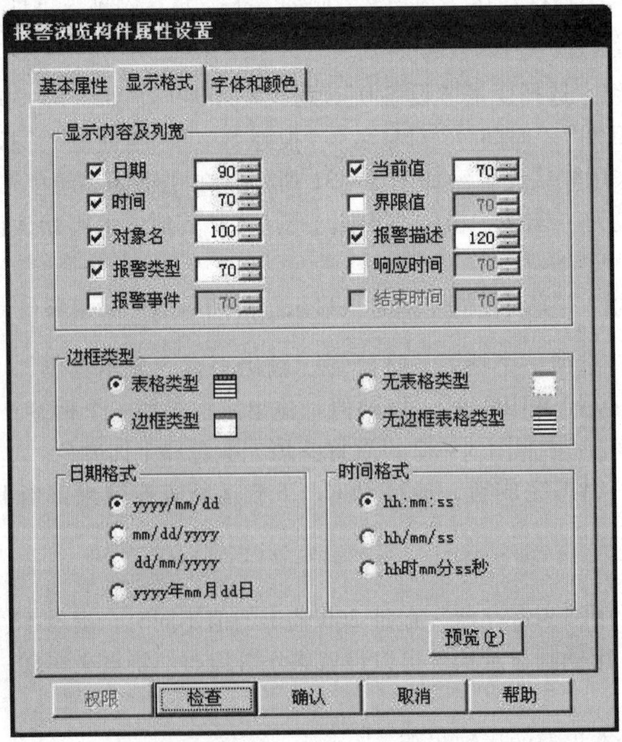

报警浏览构件属性设置

基本属性 | 显示格式 | 字体和颜色

显示内容及列宽

日期 90 当前值 70

时间 70 界限值 70

对象名 100 报警描述 120

报警类型 70 响应时间 70

报警事件 70 结束时间 70

边框类型

表格类型 无表格类型

边框类型 无边框表格类型

日期格式

yyyy/mm/dd

mm/dd/yyyy

dd/mm/yyyy

yyyy年mm月dd日

时间格式

hh:mm:ss

hh/mm/ss

hh时mm分ss秒

预览(P)

权限 检查 确认 取消 帮助

图 3－31 “显示格式”页

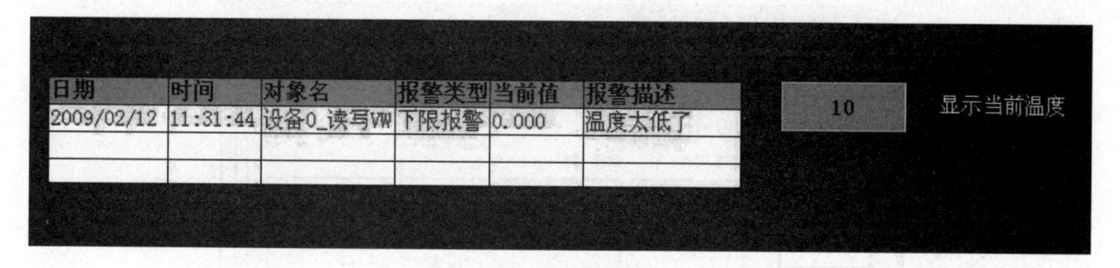

图 3-32　字报警运行效果

“增加设备通道”按钮，弹出“添加设备通道”对话框，“通道类型”选择“V 寄存器”，“数据类型”选择“16 位无符号二进制”，“通道地址”为“200”，“通道个数”为“1”，“读写方式”选择“读写”，如图 3-33 所示。设置完成后单击“确认”按钮。

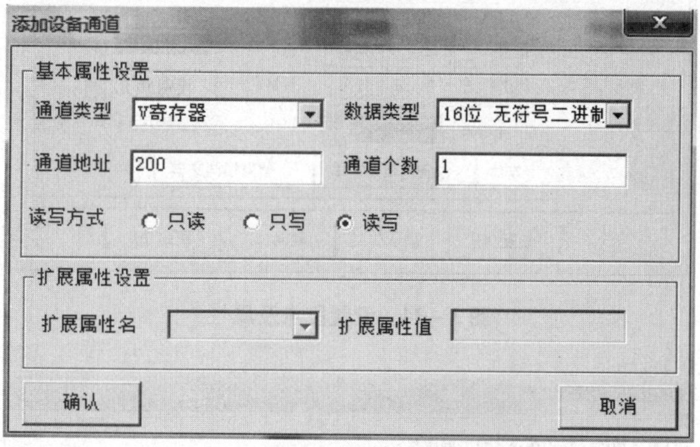

图 3-33　添加 VWUB200 字通道

（2）通道关联变量：在设备编辑窗口单击“快速连接变量”按钮，打开“快速连接”对话框，选择“默认设备变量连接”选项，单击“确认”按钮回到设备编辑窗口，自动生成变量名“设备 0_读写 VWUB200”，在设备编辑窗口单击“确认”按钮，系统提示添加变量，选择“全部添加”选项，所建立的变量会自动添加到实时数据库。

（3）动画构件设置：在“窗口 0”添加一个“动画显示”构件，打开“动画显示构件属性设置”对话框。在“基本属性”页，设置分段点“0”“1”“2”“3”“4”。清空每个分段点的图像列表，将背景类型均设为“粗框按钮：按下”，文字设置按段点顺序依次为“正常”“故障信息 1”“故障信息 2”“故障信息 3”“故障信息 4”，设置前景色、背景色、3D 效果，字体选择“宋体、加粗、小二”，如图 3-34 所示。

在“显示属性”页，“显示变量”选择“开关，数值型”，选择变量“设备 0_读写 VWUB200”，“动画显示的实现”选择“根据显示变量的值切换显示各幅图像”，如图 3-35 所示，单击“确认”按钮保存。

（4）数据显示：添加一个标签，选择显示输出。在“显示输出”页，选择变量“设备 0_读写 VWUB200”，选择“数值量输出”选项。再添加一个标签到窗口，在“扩展属性”页输入“多状态报警”。参照图 3-36 设置标签填充色和字体颜色。

（5）查看效果：组态完成后，连接 PLC，当 PLC 对应的通道值发生变化时，动画显示

动画显示构件属性设置
基本属性
显示属性
可见度属性
分段点
0
1
2
3
4
增加段点
删除段点
外形
文字
文本列表：
效果预览：
文本0
正常
增加
删除
文本内容：
正常
对齐方式
垂直：
上
中
下
任意
水平：
左
中
右
任意
前景色：
背景色：
没有填充
3D效果
字体
使用相同字体
使用相同文字
检查(K)
确认(Y)
取消(C)
帮助(H)

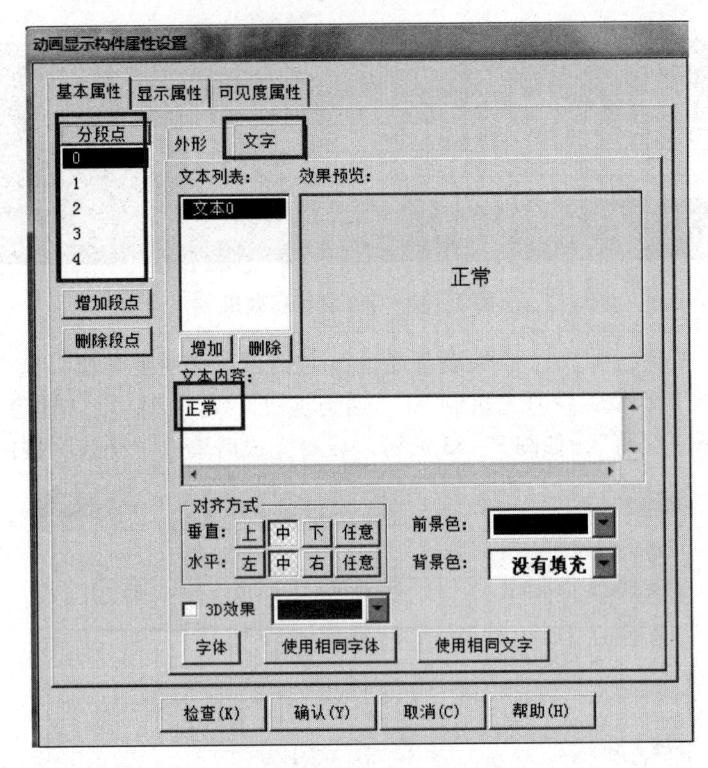

图 3－34　设置段点及属性

动画显示构件属性设置
基本属性
显示属性
可见度属性
显示变量
类型：
开关，数值型
设备0_读写VWUB2C
?
动画显示的实现
根据显示变量的值切换显示各幅图像
当显示变量非零时，自动切换显示各幅图像
自动切换显示的速度
快
中
慢
检查(K)
确认(Y)
取消(C)
帮助(H)

图 3－35　选择显示变量

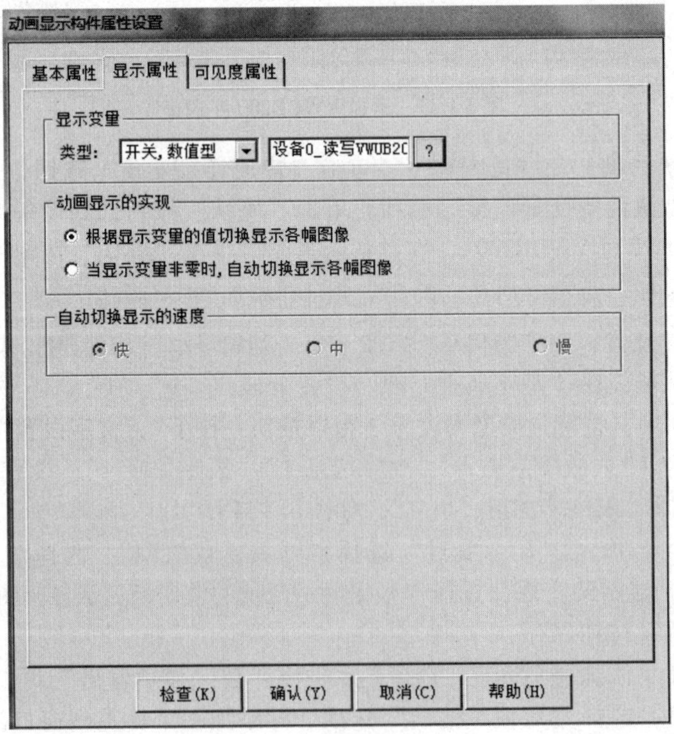

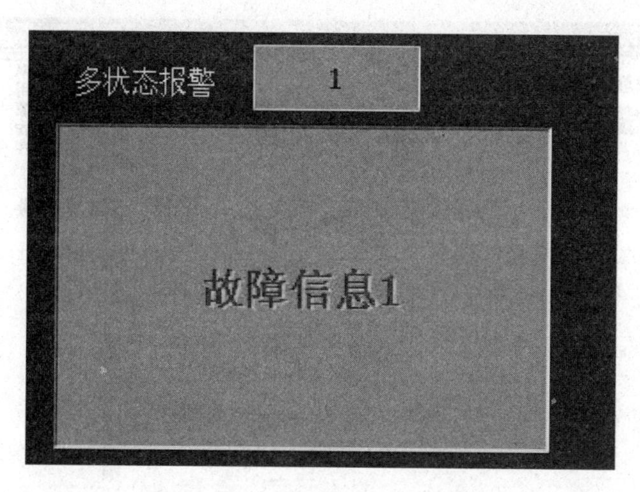

图 3－36　多状态报警显示效果

构件显示不同的信息。

4. 弹出窗口方式报警

报警需求：当 M12.3 状态为 1 时，弹出一个小窗口提示“水满了”。

报警组态方案：用子窗口弹出来实现，运用报警策略及时判断报警是否发生，并设置子窗口显示的大小和坐标。

（1）添加子窗口：在工作台界面切换到用户窗口，新建“窗口 1”。

（2）设置显示信息：打开“窗口 1”，单击工具箱中的“常用符号”按钮，打开常用图符工具箱。添加“凸平面”，设置坐标为（0，0），大小为 310×140，填充色为银色，没有边线，然后添加一个“矩形”，设置坐标为（5，5），大小为 300×130。

从对象元件库插入“标志 24”，再添加一个标签，文本内容为“水满了!”，然后把这两个构件放到矩形上的合适位置，如图 3－37 所示。

图 3－37　位报警窗口信息

（3）设置窗口弹出效果：在工作台界面切换到运行策略窗口，单击“新建策略”按钮，在“选择策略的类型”对话框中选择“报警策略”选项，确定后回到运行策略窗口，双击新建的策略，进入策略组态窗口，在工具条中单击“新增策略行”按钮，打开策略工具箱，选择“脚本程序”选项，如图 3－38 所示。

双击进入“策略属性设置”对话框，设置“策略名称”为“注水状态报警显示策略”，选择变量“设备 0_读写 M012_3”，“对应报警状态”选择“报警产生时，执行一

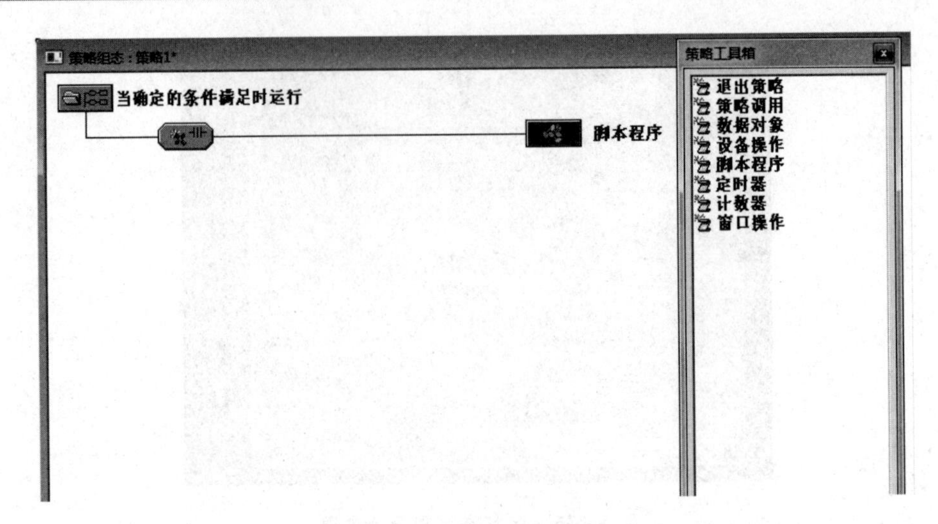

图 3－38　添加报警策略

次”，单击“确认”按钮保存，如图 3－39 所示。双击此策略的脚本程序图标，进入脚本程序窗口，输入“！OpenSubWnd（窗口 1，450，300，310，140，0）”，单击“确定”按钮保存。

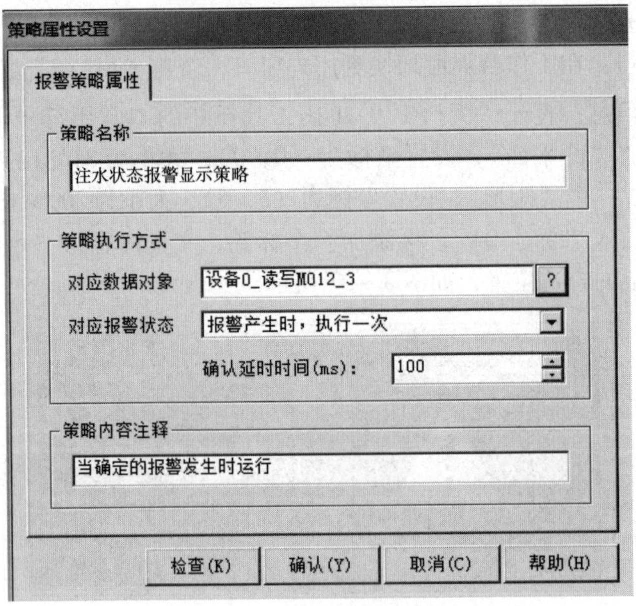

策略属性设置
报警策略属性
策略名称
注水状态报警显示策略
策略执行方式
对应数据对象　设备0_读写M012_3　?
对应报警状态　报警产生时，执行一次
确认延时时间(ms)：100
策略内容注释
当确定的报警发生时运行
检查(K)　确认(Y)　取消(C)　帮助(H)

图 3－39　位报警策略属性设置

采用同样的方式新建“注水状态报警结束策略”，对应的报警状态选择“报警结束时，执行一次”，脚本程序为“！CloseSubWnd（窗口 1）”。

（4）查看效果：组态完成后，连接 PLC，当“M 寄存器”的地址 12.3 发生报警时，在“窗口 0”就会弹出窗口显示报警信息。

注：如果工程启动时有报警产生，报警窗口不会弹出。

报警实例的功能完成，然后为“窗口 0”添加一个标签作为标题，文本内容为“报警”，背景色为白色。为各报警添加注释“位报警”“字报警”和“弹出窗口显示报警信息”。组态设置完成，运行效果实现。

3.2.4　报警显示

在用户窗口中放置报警显示动画构件，并对其进行组态配置，运行时，可实现对指定数据对象报警信息的实时显示。如图 3－40 所示，报警显示动画构件显示的一次报警信息包含如下内容：

（1）报警事件产生的时间；

（2）产生报警的数据对象名称；

（3）报警类型（限值报警、状态报警、事件报警）；

（4）报警事件（产生、结束、应答）；

（5）对应数据对象的当前值（触发报警时刻数据对象的值）；

（6）报警界限值；

（7）报警内容注释。

时间	对象名	报警类型	报警事件	当前值	界限
05-09 15:18:56	Data0	上限报警	报警产生	120.0	100.0
05-09 15:18:56	Data0	上限报警	报警结束	120.0	100.0
05-09 15:18:56	Data0	上限报警	报警应答	120.0	100.0

图 3－40　显示报警信息

组态时，在工具箱中选择报警显示构件图标，然后在用户窗口中用鼠标拖动，就可以建立一个报警显示构件。在用户窗口中双击报警显示构件可将其激活，进入该构件的编辑状态。在编辑状态下，用户可以用鼠标自由改变各显示列的宽度，对不需要显示的信息，将其列宽设置为 0 即可。在编辑状态下，再双击报警显示构件，将弹出图 3－41 所示的属性页。

图 3－41　报警属性设置

在一般情况下，一个报警显示构件只用来显示某一类报警产生时的信息。定义一个组对象，其成员为所有相关的数据对象，把属性页中的“对应的数据对象的对象”设置成该组对象，则运行时，组对象包括的所有数据对象的报警信息都在该报警显示构件中显示。

【实训练习 3.2】

新建一个工程，分别通过“走马灯”“报警显示”“弹出窗口报警”的形式来组态一个罐体中的温度、压力的数值超过设定值的报警显示。

3.3 存盘数据浏览

在现场工作过程中，有很多数据需要进行存储，MCGS 嵌入版组态软件提供了存盘数据浏览构件，用来通过触摸屏显示存储的相关数据，下面通过一个数据的存储浏览过程讲解存盘数据浏览的组态过程。

组态要求：在触摸屏上组态一个电动机运行的参数数据存储界面，需要存储的数据包括电动机温度、电动机转速、电动机电流 3 个参数。

3.3.1 组对象的建立

“存盘数据浏览”构件显示的数据对象必须是组对象，所以先来组态建立一个组对象。打开工作台中的实时数据库，增加 4 个数据对象，如图 3－42 所示。

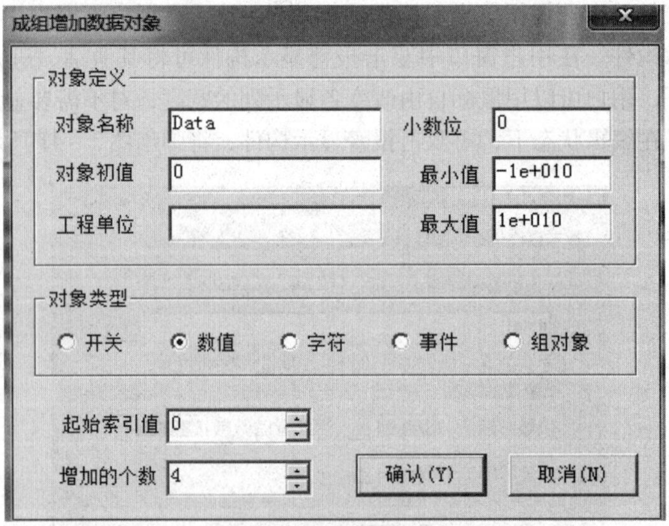

图 3－42 增加数据对象

单击“确定”按钮完成数据对象的增加后，在实时数据库中会有 4 个新增的数据对象，分别对新增的数据对象进行属性设置，把其中的 3 个设置为数值型数据对象，名称分别为“电动机温度”“电动机转速”“电动机电流”；把第 4 个的数据类型设置为“组对象”，名称为“存盘数据”，并把前 3 个数据对象作为该组对象的成员，如图 3－43 所示。

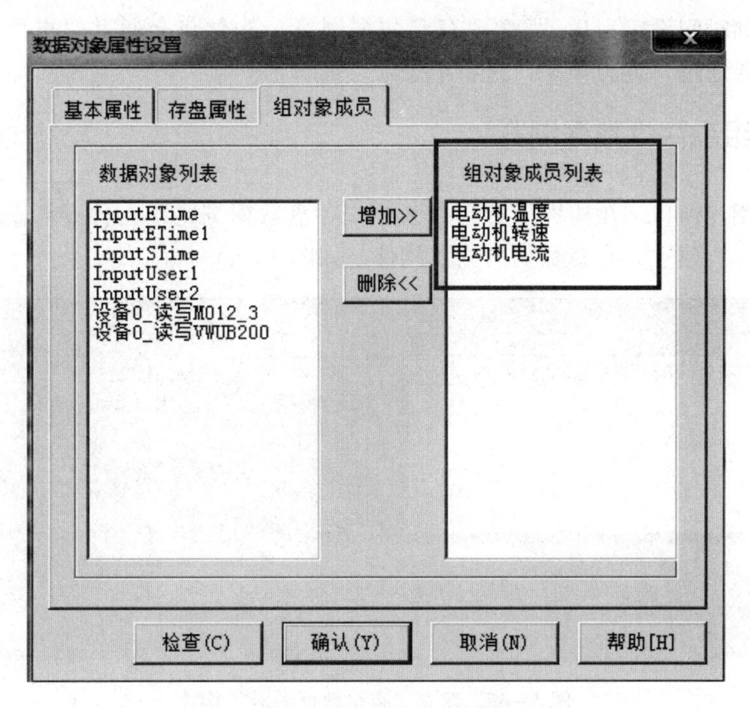

图 3-43　添加组对象成员

单击该组对象的“存盘属性”选项卡，打开存盘属性设置界面，如图 3-44 所示。在存盘属性设置界面中，选择“定期存盘”选项，并设定时间为 10 s，那么系统将会每隔 10 s 就自动存储一次组对象中 3 个数据的值，并显示在触摸屏界面上。

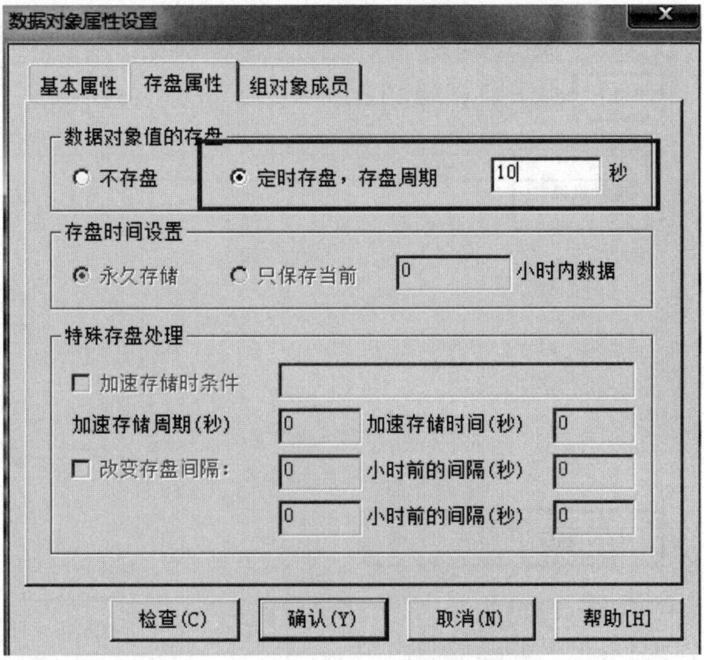

图 3-44　组对象的存盘属性设置界面

如果把存储时间设定为0，那么“存盘数据浏览”构件将会通过“事件触发”的方式进行存盘，需要通过“运行策略”进行组态。

3.3.2 组态存盘数据浏览

新建一个用户窗口，在构件工具箱中选择“存盘数据浏览”构件，在新建的用户窗口中拖动鼠标，建立“存盘数据浏览”构件，如图3-45所示。

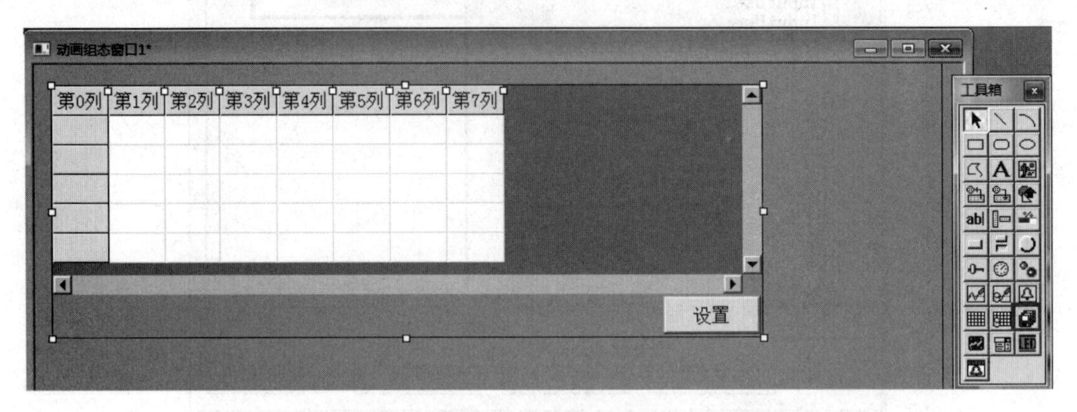

图3-45 建立“存盘数据浏览”构件

双击用户窗口中建立的“存盘数据浏览”构件，打开属性设置界面。

(1)“基本属性”用来设置该构件的名称，比如把名称设置为“电动机参数”，选中下方的“运行时允许设置时间范围”复选项，表示能够在系统运行过程中设置显示的时间段，系统默认选中，如图3-46所示。

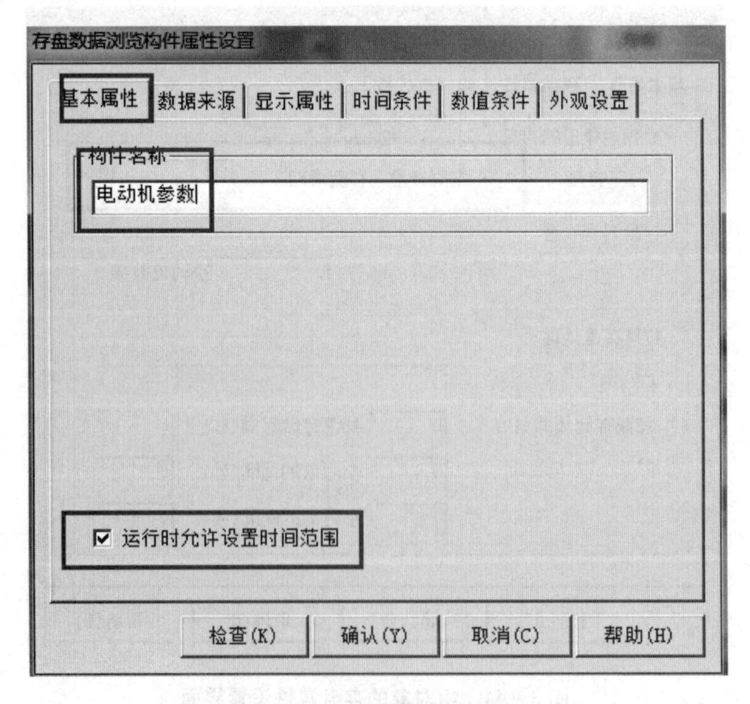

图3-46 基本属性设置界面

（2）在 MCGS 嵌入版组态软件中，“存盘数据浏览”构件的数据来源只有组对象，在组对象数据类型中添加需要存储的数据，就可以进行数据的存盘浏览，如图 3－47 所示。其余的数据来源选项都是灰色，不可操作。

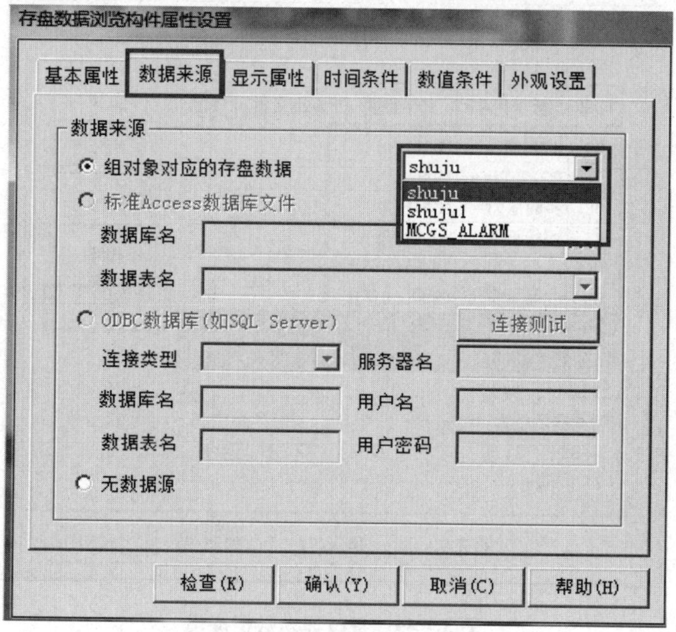

图 3－47　数据来源设置界面

（3）“显示属性”用来设置该存盘数据的显示效果，选中“显示属性”选项卡，打开显示属性设置界面，如图 3－48 所示。

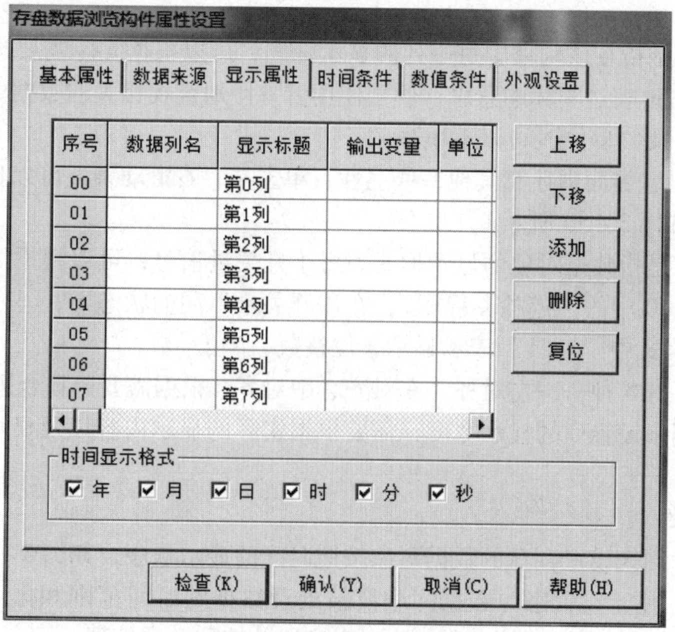

图 3－48　显示属性设置界面 1

单击右侧的“复位”按钮，在数据来源中选择好的组对象中的组成员就会自动按照一定的顺序出现在列表当中，如图 3 – 49 所示。

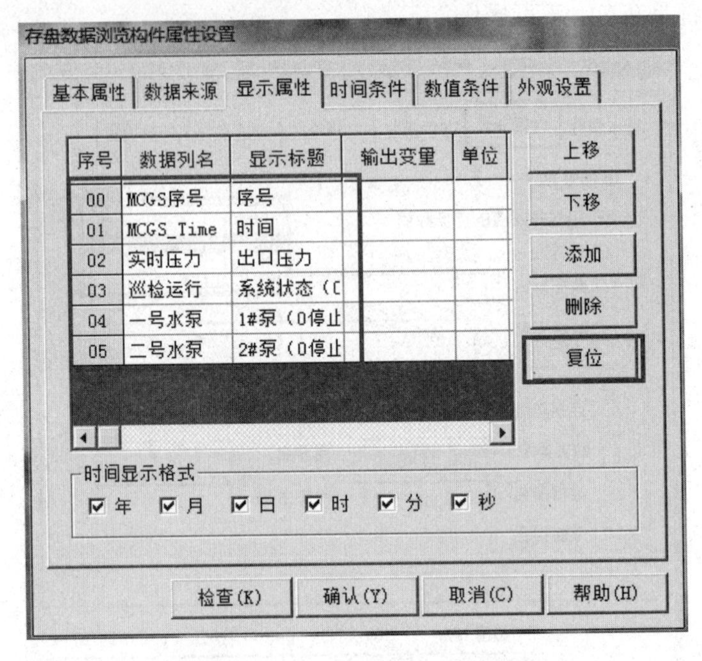

图 3 – 49　复位显示数据成员

还可以通过右侧的编辑按钮，对所显示的对象的排列顺序进行调整，还可以继续添加或者删除需要显示的数据对象。

在显示属性设置界面中，“数据列名”用来显示每一列的数据对象的值，这一项保持默认就可以。

“显示标题”是指在该构件中每一列的显示标题，可以根据实际需要进行编辑，使所显示的标题能够清楚地表达实际的意思，便于使用者方便地查找相关的数据资料。

“输出变量”及“单位”可以不填写。

在显示属性设置界面中还有其他一些属性，单击左、右滑动条，可以显示右侧的一些需要编辑的属性，如图 3 – 50 所示。

“显示格式”是指数据对象的显示形式。对于开关量信号，可以根据需要编辑需要的显示内容，如图 3 – 50 中的“巡检 | 稳压”，在该开关量不同的状态下，显示不同的状态。数值型变量的显示格式中“3 | 1”表示显示 3 位整数、1 位小数。

“对齐方式”有 3 种——左对齐、右对齐、中对齐，根据需要选择合适的格式即可。

“列宽度”用来设置列的显示宽度，需要根据实际的显示内容以及显示框的大小来进行合适的选择。

（4）时间条件。

“时间条件”用来设置存盘的数据对象按照时间的显示顺序，如图 3 – 51 所示。

①时间条件：用于设置来源数据库中要被处理数据的时间范围和排序方式。“排序列名”为需要进行排序的字段，缺省时，为时间字段并按照升序处理。

②所有存盘数据：处理所有时间段的存盘数据。

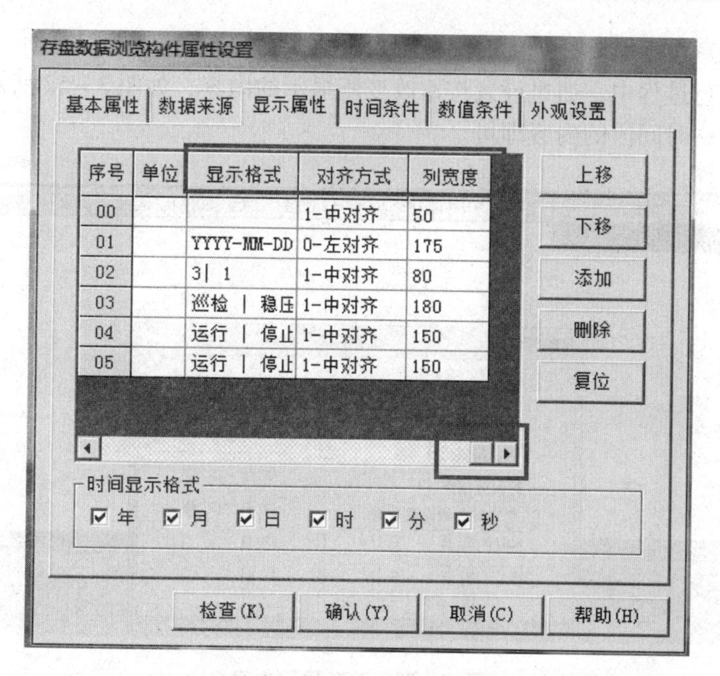

图 3-50 显示属性设置界面 2

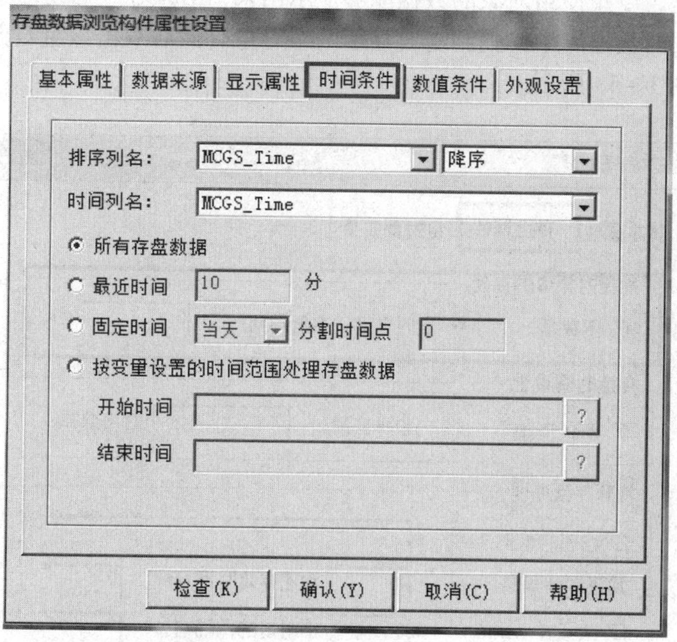

存盘数据浏览构件属性设置
基本属性 数据来源 显示属性 时间条件 数值条件 外观设置
排序列名: MCGS_Time 降序
时间列名: MCGS_Time
所有存盘数据
最近时间 10 分
固定时间 当天 分割时间点 0
按变量设置的时间范围处理存盘数据
开始时间 ?
结束时间 ?
检查(K) 确认(Y) 取消(C) 帮助(H)

图 3-51 时间条件设置界面

③最近时间：处理满足数据范围条件和最近若干分钟内的存盘数据。

④固定时间：处理满足数值范围条件和指定时间段的存盘数据，“固定时间”包括“当天”“本月”“本星期”“前一天”“前一月”“前一星期”。天的“分割时间点”用于设置天的起点，即每天的几点几分算作这一天的开始。

⑤变量指定时间：把开始时间、结束时间和 MCGS 的字符型数据对象建立连接，操作员

可以在运行时任意设定需要处理的时间范围。

还可以在运行过程中，通过设置按钮改变所显示的内容，如图 3－52 所示。根据实际的需要选择显示某一时间段的内容即可。

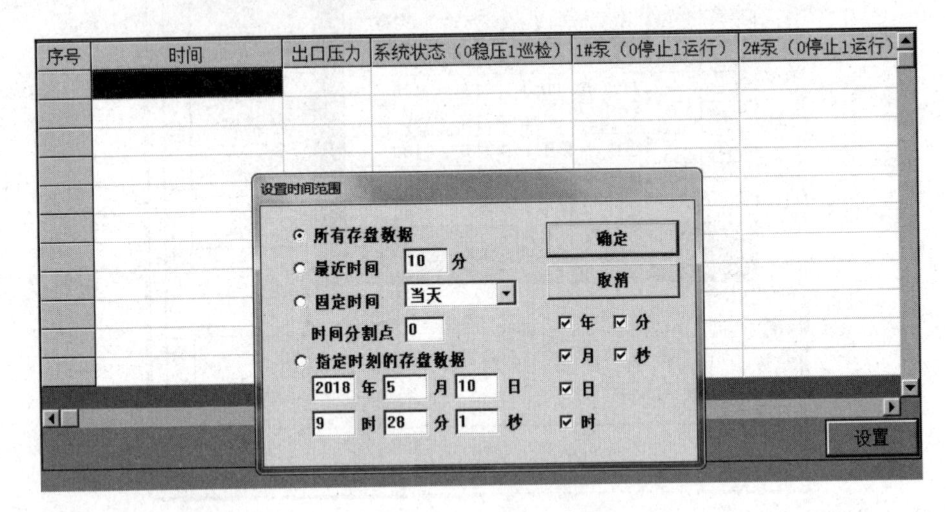

图 3－52　改变显示内容

需要注意的是，要想使组对象的数据能够显示出来，必须在组态组对象的时候进行存盘属性的设置。在实时数据库中，找到需要显示的组对象，然后双击该组对象，打开组对象属性设置窗口，如图 3－53 所示。

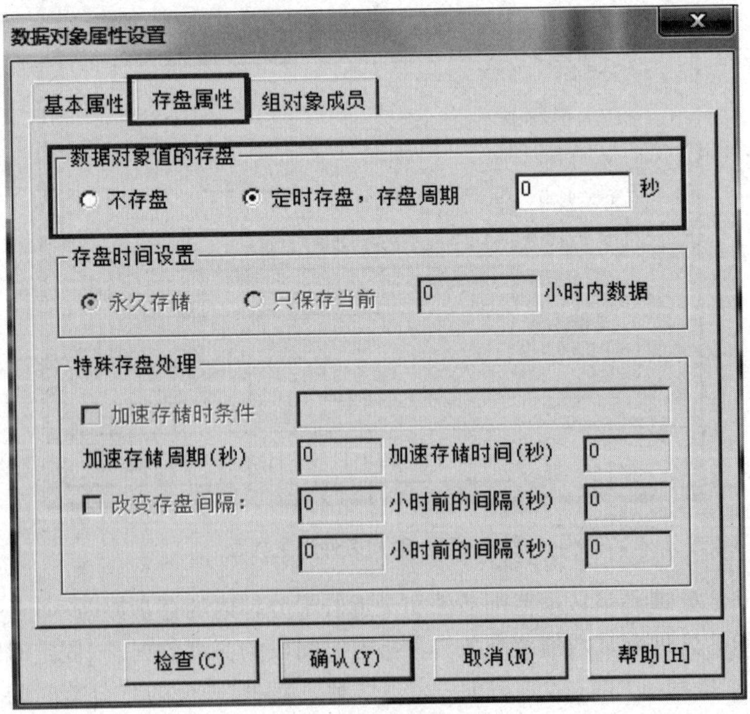

图 3－53　组对象的存盘属性

在存盘属性设置界面中，如果选择“不存盘”选项，那么就不会在“存盘数据浏览”构件中显示组对象中的数据。如果选择“定时存盘”选项，存盘周期不为0，那么系统会自动每隔一定的时间，对该组对象中的数据进行一次存盘处理，可以通过“存盘数据浏览”构件显示出来。如果存盘周期设置为0，那么组对象就要通过触发的方式进行存盘，一般通过“运行策略”进行存盘，当某一条件满足时，启动“运行策略”，进行数据存盘。有关通过“运行策略”进行存盘的组态方法，在后面的部分介绍。

【实训练习3.3】

新建一个工程，在实时数据库中组态4个数值型数据对象，在用户窗口中组态“存盘数据流量”构件，要求每隔5秒显示组态的4个数据对象的数值。显示的数据名称分别为“压力”“流量”“温度”“湿度”。

3.4　曲线显示组态

在实际生产过程中，对实时数据、历史数据的查看、分析是不可缺少的工作，但对大量数据仅作定量的分析还远远不够，必须根据大量的数据信息，绘制出趋势曲线，从趋势曲线的变化中发现数据的变化规律。因此，趋势曲线处理在工控系统中成为一个非常重要的部分。

MCGS 嵌入版组态软件为用户提供了功能强大的趋势曲线。通过众多功能各异的曲线构件，包括历史曲线、实时曲线、计划曲线，以及相对曲线和条件曲线，用户能够组态出各种类型的趋势曲线，从而满足工程项目的不同需求。这里介绍实时曲线及历史曲线的组态方法。

3.4.1　实时曲线组态

实时曲线是在 MCGS 系统运行时，从实时数据库中读取数据，同时以时间为 X 轴绘制的。X 轴的时间标注，可以按照用户组态要求，显示绝对时间或相对时间。

下面介绍实时曲线的组态过程。

首先打开 MCGS 嵌入版组态软件，新建一个工程，并建立设备窗口，如图 3 - 54 所示。

组态完设备窗口后，在用户窗口平台新建一个用户窗口，双击打开用户窗口，在工具箱中单击实时曲线图标“”，然后在新建的用户窗口中通过鼠标拖拽画出实时曲线的坐标框，如图 3 - 55 所示。

用鼠标双击建立的坐标框，打开实时曲线的属性设置界面，如图 3 - 56 所示。

1. 选择基本属性

打开实时曲线的基本属性设置界面，基本参数主要用来设置实时曲线的外观及曲线类型，如图 3 - 57 所示。

“背景网格”用来设置实时曲线的坐标显示外形，包括 X 轴的主/次划线、Y 轴的主/次划线。主/次划线的定义及设置与其他构件的主/次划线相同。根据实际的需要选择合适的主/次划线数目、颜色及线型即可。

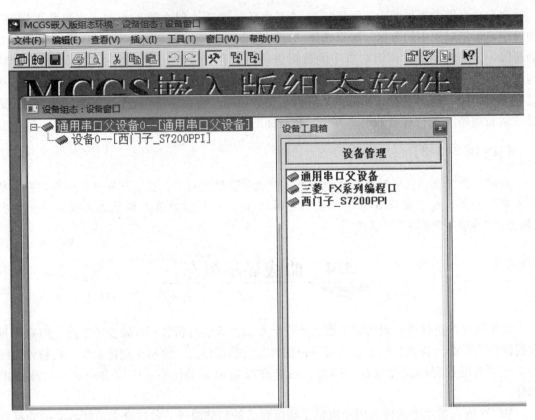

图 3-54 组态设备窗口

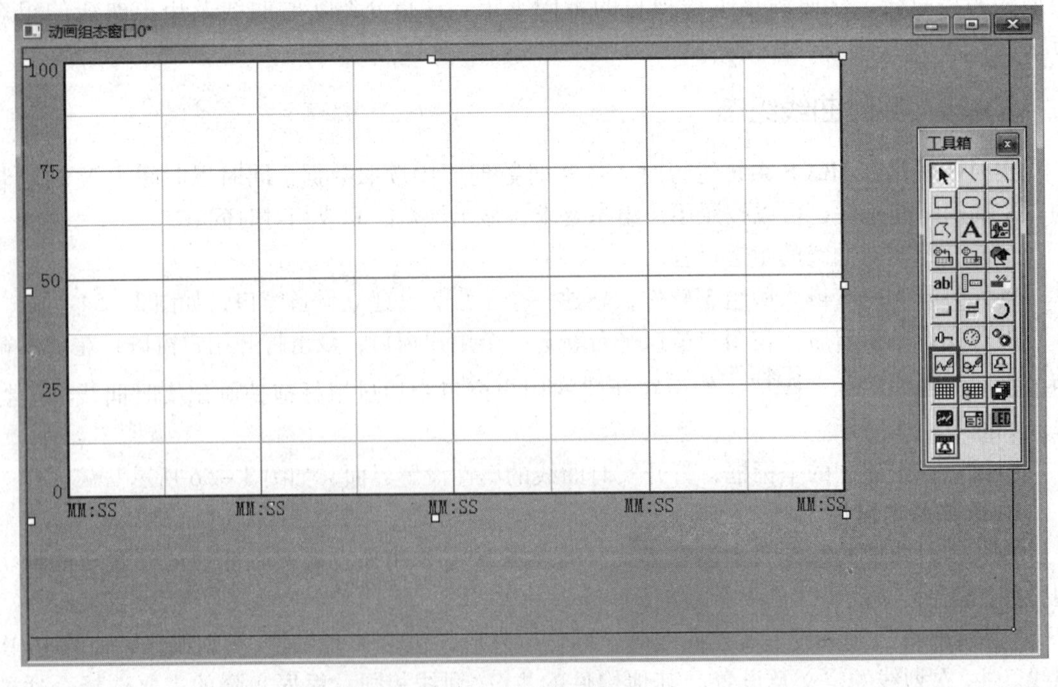

图 3-55 组态坐标框

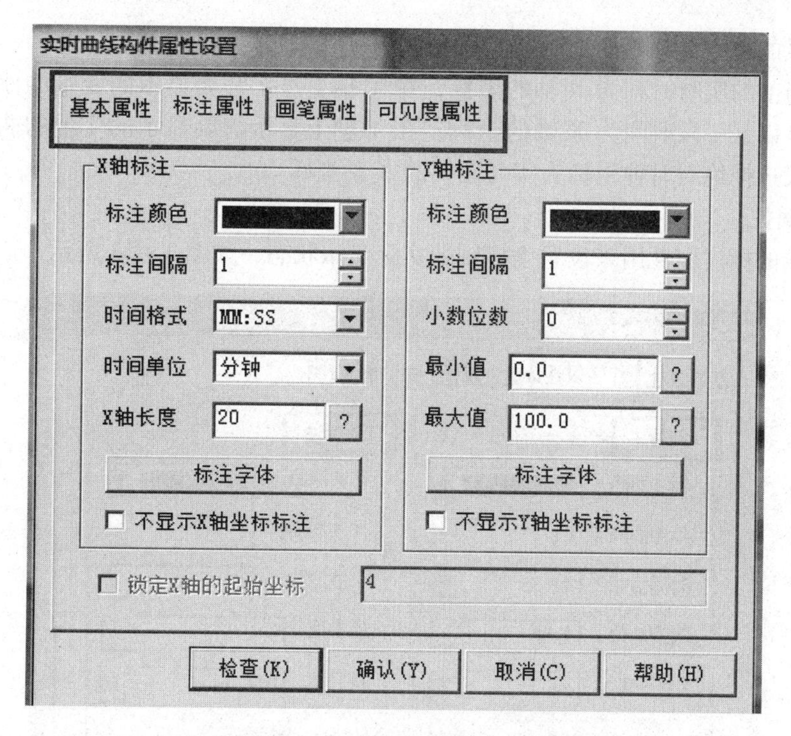

图3－56　实时曲线的属性设置界面

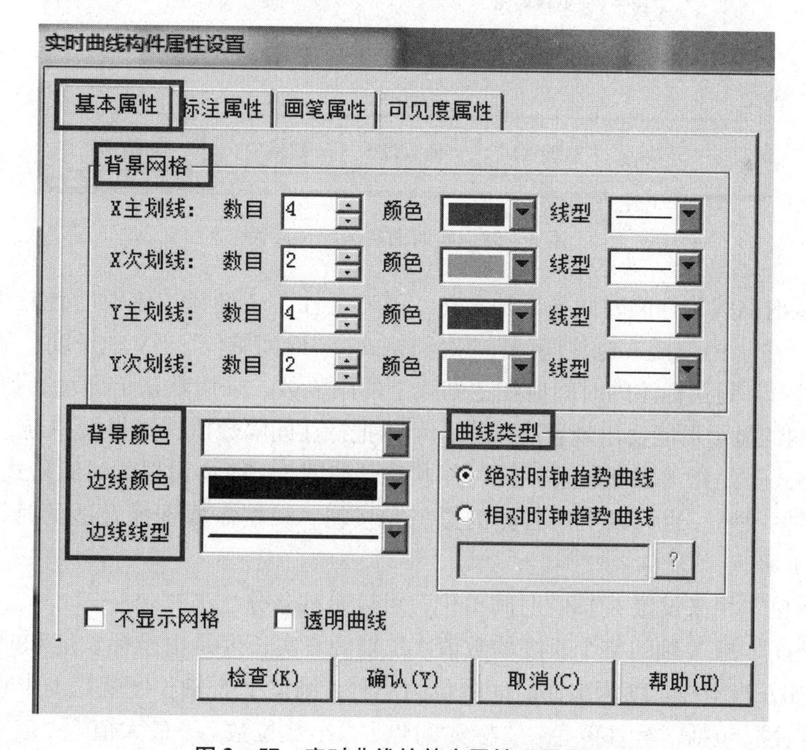

图3－57　实时曲线的基本属性设置界面

"背景颜色"用来设置实时曲线的背景颜色，与其他构件背景颜色的设置方法相同。"边线颜色"是指坐标框最外侧的边框线的颜色，线型也是一样。

实时曲线的类型有“绝对时钟趋势曲线”和“相对时钟趋势曲线”两种，绝对时钟趋势曲线是以当前的实时时刻为X轴的坐标，在Y轴上显示需要显示的变量的曲线；相对时钟趋势曲线是以某一段时间为X轴的坐标，在Y轴上显示需要显示的变量的曲线。在实际应用中，一般选择绝对时钟坐标为实时曲线的X轴坐标。

2. 标注属性

实时曲线的标注属性用来设置坐标轴的实际显示状态，如图3-58所示。

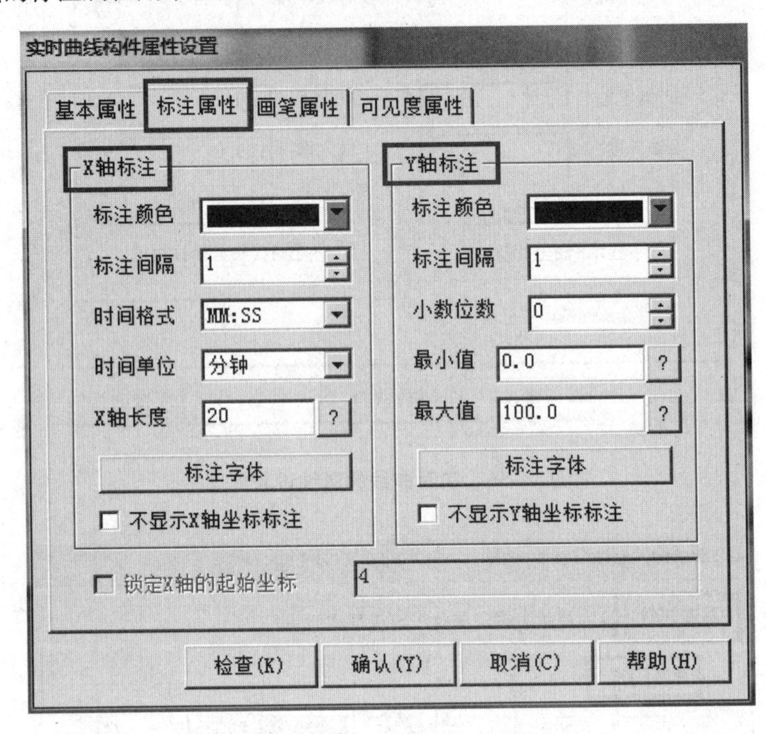

图3-58　实时曲线的标注属性

X轴是实时曲线构件的时间坐标轴，在“基本属性”中选择“绝对时钟趋势曲线”，那么在“X轴标注”中包括“标注间隔”“时间格式”“时间单位”“X轴长度”等参数。

“标注间隔”是指标注的时间值在主划线上的间隔数，采用默认值即可，如果主划线密度过大，时间的显示可能会出现重叠现象，可以把标注间隔数值选择得大一点。

“时间格式”是指X轴坐标显示的时间状态，如图3-58中设置的时间格式“MM：SS”就是指“分钟：秒”。也可以单击右侧的黑三角按钮，根据需要选择合适的时间显示格式，如图3-59所示。

“时间单位”用来设置X轴的时间单位，可以是秒、分、小时。

“X轴长度”指X轴的整个长度的数值。X轴的真实长度是由坐标长度和时间单位共同决定的。比如，当坐标长度为1而时间单位为小时，则整个X轴长度就是1小时。

“Y轴标注”包括“标注颜色”“标注间隔”“小数位数”“最大值”“最小值”等项。其中最大值与最小值是Y轴所显示的两个极限数值，根据实际的需要设定。

3. 画笔属性

在MCGS嵌入版组态软件的实时曲线中，总共能进行6条曲线的组态。同时显示6条曲

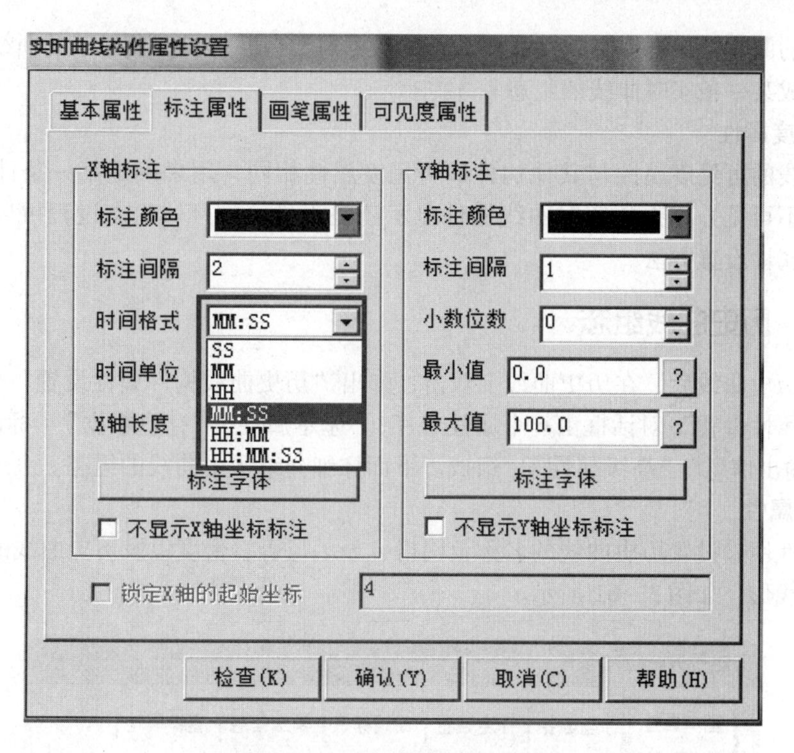

图 3-59　时间显示格式设置

线，会导致曲线显示过密，无法查看。因此，一般只同时显示 1～4 条曲线，如图 3-60 所示。

实时曲线构件属性设置

基本属性　标注属性　画笔属性　可见度属性

画笔对应的表达式和属性

曲线1:　?　颜色　线型

曲线2:　?　颜色　线型

曲线3:　?　颜色　线型

曲线4:　?　颜色　线型

曲线5:　?　颜色　线型

曲线6:　?　颜色　线型

检查(K)　确认(Y)　取消(C)　帮助(H)

图 3-60　画笔属性

在对应的曲线中根据需要连接需要显示的数据对象，并且设置要显示的曲线颜色、线型等就可以完成某一条实时曲线的组态。

4. 可见度属性

实时曲线的可见度属性与其他构件的可见度属性相同，用来确定某一条件满足时（非零可见或者不可见）组态的实时曲线构件显示还是不显示。具体组态过程可以参考其他构件的可见度属性设置方法。

3.4.2 历史曲线组态

绘制了历史曲线后，在历史曲线上双击，弹出“历史曲线构件属性设置”对话框。“历史曲线构件属性设置”对话框由6个属性卡片（“基本属性”“存盘数据”“标注设置”“曲线标识”“输出信息”“高级属性”）组成。下面详细介绍历史曲线的组态。

1. 基本属性

基本属性用来设置历史曲线的名称及网格、显示与否、密度以及历史曲线的背景颜色和边线的颜色线形，如图3－61所示。

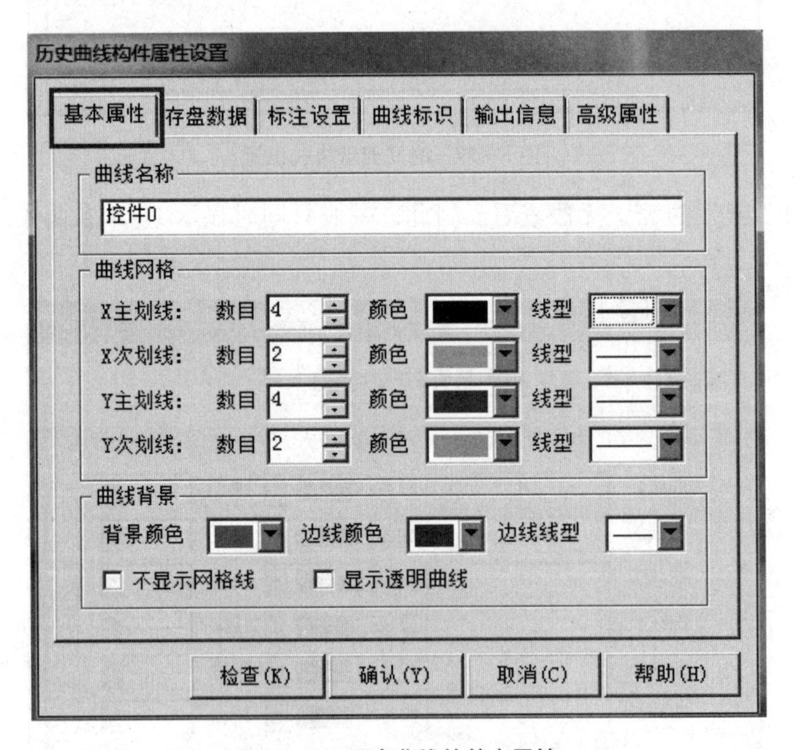

图3－61　历史曲线的基本属性

（1）曲线名称：曲线名称是用户窗口中所组态的历史趋势曲线的唯一标识。调用历史曲线属性和方法必须引用此曲线名称。

（2）曲线网格：曲线网格中罗列了X轴和Y轴主划线和次划线的分度间隔、线色和线形。主划线是指曲线的网格中颜色较深的几条划线，用于把整个坐标轴区域划分为相等的几个部分。而次划线通常指颜色比较浅的几条划线，用于把主划线划出的区域再等分为相等的几个部分。数目项的组态决定了把区域划分为几个部分。如使用X主划线数目为4，则在历史曲线中，纵向划出3根主划线，把整个X轴等分为4个部分。如使用X次划线数目为2，则每个主划线区域被1根次划线等分为两个部分。

（3）曲线背景：在“曲线背景”区域，可以更改背景颜色、边线颜色、边线线型，“不显示网格线”和“显示透明曲线”选项分别表示在历史曲线中不绘制曲线网格、不填充背景颜色。在比较小的历史曲线中，通常选择不绘制曲线网格，以免显得过于紧促。透明曲线通常用于把曲线层叠于其图形之上显示。

2. 存盘数据

在这个选项中，组态历史曲线的数据源，在MCGS嵌入版组态软件中数据源只能选择使用MCGS的存盘组对象产生的数据。在下拉框中选择一个具有存盘属性的组对象即可，如图3－62所示。

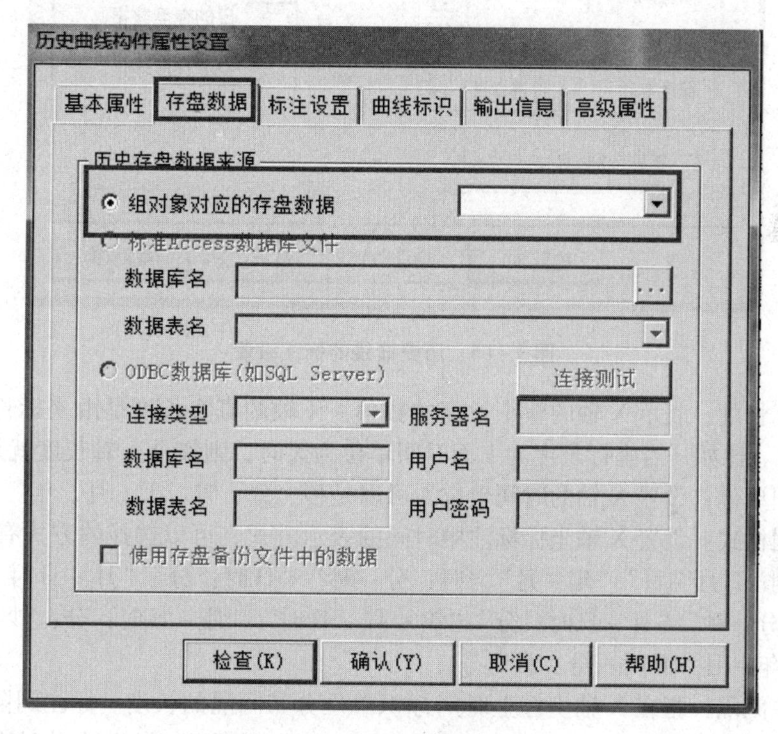

图3－62　历史曲线的存盘数据

3. 标注设置

在“标注设置”界面中，可以对历史曲线的X轴坐标（时间轴）进行组态设置。在“曲线起始点”选项区中，可以根据需要确定曲线显示的起始时间和位置，如图3－63所示。

1）X轴标识设置

在“X轴标识设置”选项区中，可以对X轴的属性进行设置，可以组态的项目包括：

（1）对应的列：组态历史曲线横坐标（时间轴）连接的数据列，必须使用“存盘数据”属性页中组态好的数据源的数据表中的时间列，这一项的下拉框中列出了所有可用的时间列。如果使用MCGS的存盘数据组对象，则对应的数据列应该选择“MCGS_TIME”，其他数据源可以根据需要选择。

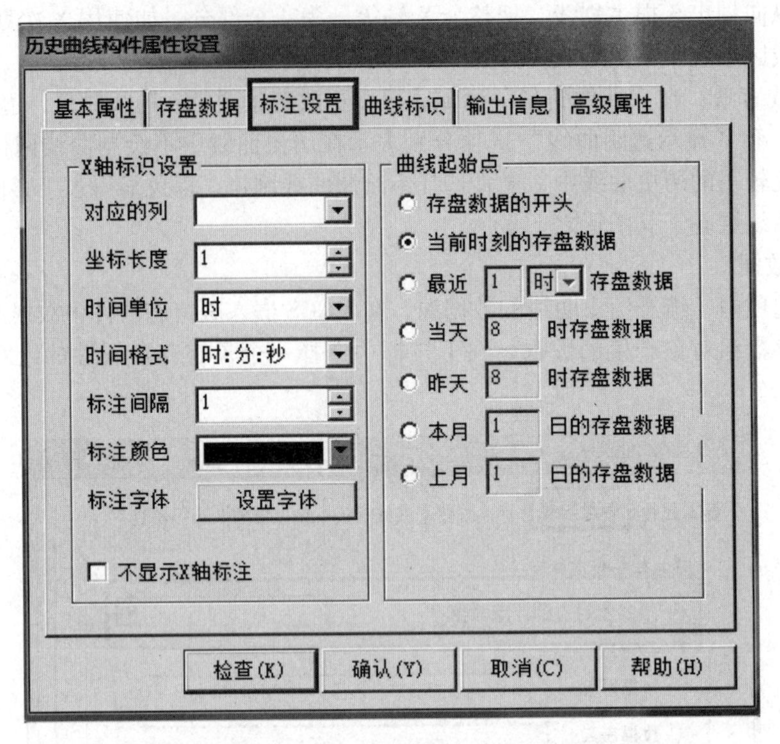

图 3－63　历史曲线的标注设置

（2）坐标长度：表示 X 轴的整个长度的数值。X 轴的真实长度是由坐标长度和时间单位共同决定的。比如，当坐标长度为 1 而时间单位为天时，则整个 X 轴长度就是 1 天。

（3）时间单位：设置 X 轴的时间单位，可以是秒、分、时、天、月、年。

（4）时间格式：设置 X 轴坐标标注中时间的表示方式，可以选择的方式有："分：秒""时分""日时""月－日""年－月""时：分：秒""日时：分""月－日时""年－月－日""日时：分：秒""月－日时：分""年－月－日时""月－日时：分：秒""年－月－日时：分""年－月－日时：分：秒"。

（5）标注间隔：指在 X 轴坐标上时间标识单位分布间隔的长度。标注间隔为 1 时，在每个 X 轴主划线有一个时间标注。当标注间隔为 2 时，每隔 1 个 X 轴主划线有一个时间标注。

（6）标注颜色：指 X 轴标注的颜色。

（7）标注字体：指 X 轴标注的字体。

（8）不显示 X 轴标注：关闭 X 轴标注的显示和 Y 轴标注的显示，并关历史曲线的操作按钮的显示后，可以构造一个干净的历史曲线。用户可以自己制作标注和操作按钮，进行个性化定制。

2）曲线起始点

曲线起始点组态是设置历史曲线绘制的起始时间位置，通过改变不同的起始时间位置，可以帮助用户迅速定位到需要的时间上，了解趋势的变化。曲线起始点组态的内容包括：

（1）存盘数据的开头：表示历史曲线以数据源中时间列里最早的时间作为起始点来绘制曲线，也就是说，以数据源中最早的时间作为 X 轴坐标的起点，把 X 轴长度内记录的数值绘制在历史曲线的显示网格中。

（2）当前时刻的存盘数据：历史曲线以当前时刻作为 X 轴的结束点，X 轴的起始点是从结束点向前倒推 X 轴长度。

（3）最近时间段存盘数据：这个选项比较灵活，通过改变不同的时间单位设置和不同的数值设置，可以得到时间跨度很大的历史曲线。比如选择：最近 6 小时，则以当前时刻为 X 轴结束点，以 6 小时为 X 轴长度，以当前时刻倒推 6 小时作为 X 轴起始点。

（4）当天 C 时存盘数据：X 轴起始点定为当天 C 时。这种方法通常用于观察一天内的生产曲线。如选择当天 6 时，长度是 8 小时，就是查看当天头一班的生产曲线。

4. 曲线标识

在 MCGS 嵌入版组态软件的历史曲线中，总共能进行 16 条曲线的组态。同时显示 16 条曲线，会导致曲线显示过密，无法查看。因此，一般只同时显示 1～4 条曲线，如图 3－64 所示。

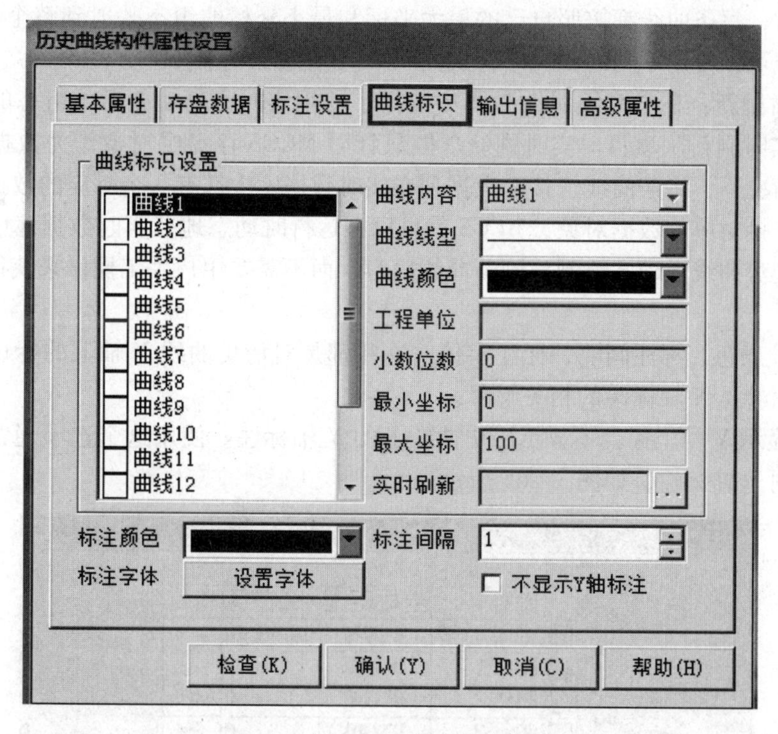

图 3－64　历史曲线的曲线标识

但是，通过在脚本程序中调用历史曲线的“方法”，用户可以在运行时决定显示哪条曲线，以方便进行 16 条曲线之间的比较。在“曲线标识”页中，左上部分是曲线列表，曲线列表中，要使用一条曲线，必须在这条曲线左边的复选框中给这条曲线打钩，此时，右上部分曲线组态项目就可以使用了。通过曲线组态项目的组态，可以使这条曲线以合适的方式显示出来。为了组态其曲线，可以在曲线列表中选择其曲线，此时，正在组态的曲线信息将被保存，而选中曲线的信息将装载到各个组态项目中。曲线的组态项目包括：

（1）曲线内容：每条曲线的组态都必须组态曲线内容，曲线内容的组态决定了数据源中哪个数据列的数据将被作为趋势曲线的数值绘制成趋势曲线。在“曲线内容”下拉框中，列出了所有可以使用的数据列。

（2）曲线线型：不同的趋势曲线在用户的眼中有不同的意义，设定独特的曲线线型，可以区分不同的趋势曲线，如图 3－65 所示。

（3）曲线颜色：同上，有助于区分不同的曲线。

（4）工程单位：曲线连接的数据列的工程单位。在运行时，工程单位将显示在曲线信息窗口中。如果不使用曲线信息窗口，则不需要进行工程单位的组态。

（5）小数位数：在信息窗口中，显示游标指示数值时使用的小数位数。可以在考虑到实际需要和显示效果后折中选择。当最大坐标取小于 1 的数时，需设置恰当的小数位数。

（6）最小坐标、最大坐标：设定了曲线的最小/最大坐标。同时，Y 轴标注的绘制，也由这个组态项目决定。当使用多条曲线时，MCGS 使用第一条曲线的最大/最小坐标进行 Y 轴的标注。Y 轴以第一条曲线的最小坐标作为 Y 坐标原点起始值，以第一条曲线的最大坐标作为 Y 坐标最大值。最小坐标可以大于最大坐标，此时 Y 轴方向是数值减小的方向。使用多条曲线时，每条曲线都按照自己的最大坐标和最小坐标的组态映射到整个 Y 轴坐标上。因此多条曲线可以使用不同的比例结合到同一个趋势曲线中显示。

（7）实时刷新：在“高级属性”页中选择了使用实时刷新功能后，组态的每条曲线都必须组态“实时刷新”项目。实时刷新功能只针对 MCGS 存盘组对象作为数据源的情况提供，在这种情况下，每条曲线连接的数据列在实时数据库中都有一个对应的数据对象，在本组态项目中连接对应的数据对象，MCGS 就可以在运行时动态地从实时数据库中获取数据对象的值，在趋势曲线上动态绘制，刷新曲线内容，而不需要用户手工操作来获得最新的趋势变化情况。

（8）标注颜色、标注间隔、标注字体：这些都是对历史曲线 Y 轴上的标识字符的属性的设置。可以参见 X 轴标注的相关解释。

（9）不显示 Y 轴坐标：不显示历史曲线上的 Y 轴标注。使用这个选项通常是因为用户需要自己定制 Y 轴标注，如图 3－65 所示。

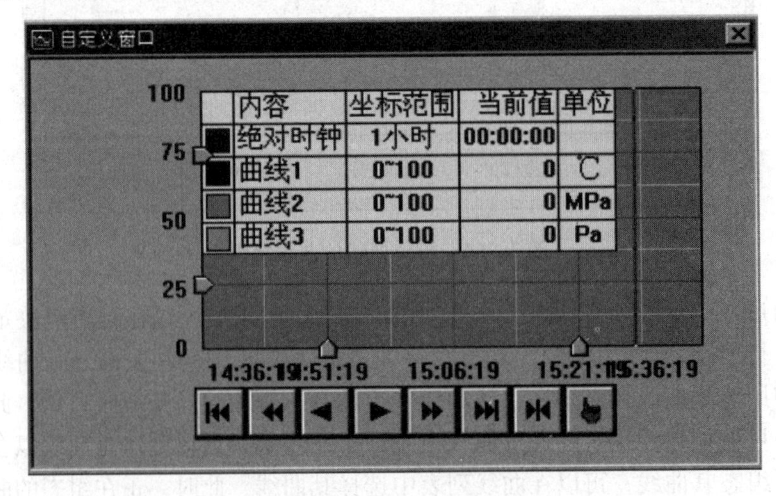

图 3－65　历史曲线显示效果

5. 输出信息

“输出信息”页组态了历史曲线操作过程中产生的一些信息的输出办法。通过在对应的项目上连接数据对象，可以在数据对象中实时地获取历史曲线产生的值。在“输出属性”页（如图 3－66 所示）中，可以组态的项目有：

图 3－66 历史曲线的输出信息

（1）X 轴起始时间：可以连接一个字符型变量，在每次 X 轴起始时间改变包括翻页和重新设置起始时间等操作时，输出 X 轴的起始时间。

（2）X 轴时间长度：可以连接一个数值型变量，在 X 轴长度改变时，输出 X 轴长度的值。

（3）X 轴时间单位：可以连接一个字符型变量，在 X 轴单位改变时，输出 X 轴单位的值。可能的值包括：秒、分、时、天、周、月、年等。

（4）曲线 1 ~ 曲线 16：可以连接一个数值型变量，当用户的鼠标在曲线区域内移动时，会导致光标移动，此时，光标指定的时刻每条曲线的值会通过这个数值型变量输出。通过这个连接，用户可以自己构造一个曲线数值显示区，用来显示曲线光标指定的时刻各个趋势曲线的精确值。

6. 高级属性

在“高级属性”页中主要是对历史曲线运行时的各种属性进行组态设置，如图 3－67 所示。可以选择的组态项目有：

（1）运行时显示曲线翻页操作按钮：去掉这个选项时，历史曲线将不会显示翻页操作按钮。这里的翻页操作按钮包括曲线下方的所有按钮，如时间设置和曲线设置按钮等。因此，去掉这个选项后，曲线下方将没有任何按钮。

（2）运行时显示曲线放大操作按钮：去掉这个选项时，历史曲线将不会显示放大操作按钮。这里的放大操作按钮是指位于 X 轴和 Y 轴上的两个放大游标。

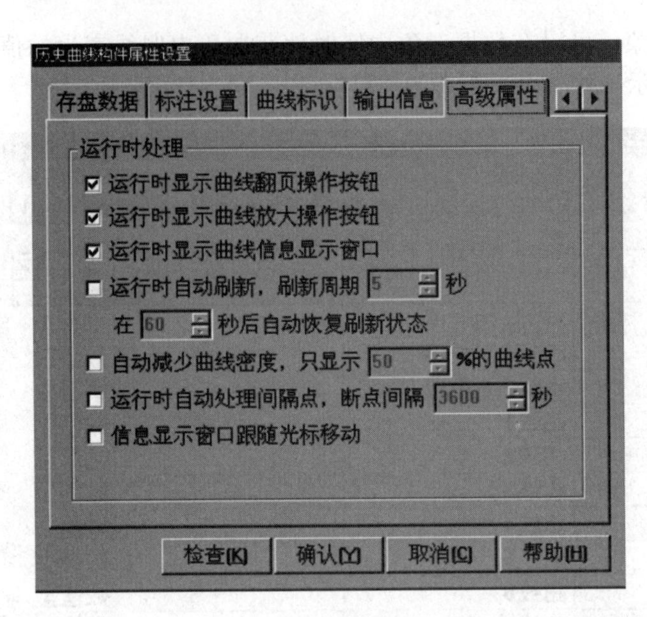

图 3-67　历史曲线的高级属性

（3）运行时显示曲线信息显示窗口：去掉这个选项时，历史曲线将不会显示曲线信息显示窗口。但是，仍然可以在运行时通过脚本程序调用历史曲线打开和关闭曲线信息显示窗口。

（4）运行时自动刷新：勾选这个选项时，历史曲线自动进行刷新。注意，这个选项只在使用存盘组对象作为数据源时有效，而且在进行曲线的组态时，需要对每条曲线指定一个对应的数据对象，以便历史曲线进行动态刷新。

（5）刷新周期：设置动态刷新时，多长时间往历史曲线上增加一个数据点。太短则 CPU 占用率太大，太长则曲线粗糙，通常选择 10～60 秒比较合适。

（6）X 秒后自动恢复刷新状态：当用户进行历史趋势浏览操作时，MCGS 停止了历史趋势的刷新操作，以免妨碍用户操作。当用户在 X 秒内不再进行翻页等操作后，MCGS 自动开始历史趋势的刷新操作。通常选择 60～120 秒比较合适。

（7）自动减少曲线的密度：在数据的存盘间隔比较密，而曲线的时间跨度比较大时，让曲线自动减少绘制点的间隔可以有效提高曲线绘制速度。

（8）运行时自动处理间隔点：由于不可避免的原因，数据在存储时会出现不连续的现象，如计算机停止运行等。在绘制曲线时，对没有数据的时间段，MCGS 会使用一条直线连接这个时间段之前的最后一条记录和这个时间段之后的第一条记录，这样会导致一条长直线出现，影响用户对趋势的判断。为了防止类似的现象影响对数据的分析，选择“运行时自动处理间隔点”选项，可以使 MCGS 忽略缺少数据记录的时间段，在这个时间段内不绘制任何曲线，此处理有助于用户正确理解趋势曲线的含义。

（9）断点间隔：设置组态多长时间内没有数据可以认为出现了停顿。这个间隔选得太短，则正常的存盘间隔也被认为是存盘中断，而间隔设得太长，则真正的存盘记录中断也被忽略。通常考虑到计算机重新启动的时间，选择 300～3 600 秒比较合适。

（10）信息显示窗口跟随光标移动：信息显示窗口的位置有两种摆放方法：一种是固定

显示在曲线区域的四个角，信息窗口显示在与鼠标位置相对的角落里；另一种是跟随鼠标移动。使用哪种方法，可以根据曲线的大小决定，曲线很大时，可以选择跟随光标，以免用户的目光在光标和信息显示窗口之间来回转移时距离太大。曲线比较小时，可以选择固定显示，此时光标和信息显示窗口距离并不远，选择跟随光标反而影响用户观察数据。

3.4.3　历史曲线的使用

历史曲线的运行如图 3－68 所示，历史曲线的使用包括以下内容：

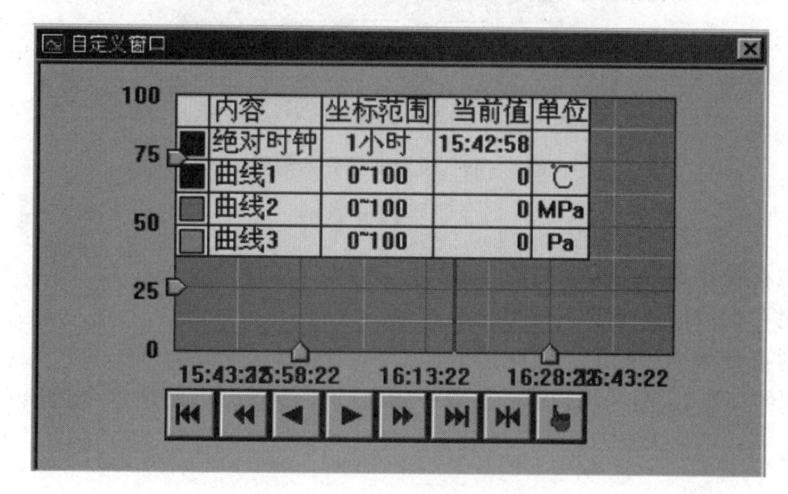

图 3－68　历史曲线的运行

操作按钮包含对历史曲线的一些基本操作，这些操作有：

：翻到最前面，使 X 轴的起始位置移动到所有数据的最前面。

：向前翻动一页，以当前 X 轴起始时间为 X 轴结束时间，以当前 X 轴起始时间倒推 X 轴长度为 X 轴起始时间。

：向前翻动一个主划线的时间，用于小量向前翻动曲线的显示。

：向后翻动一个主划线的时间，用于小量向后翻动曲线的显示。

：向后翻动一页，以当前 X 轴结束时间为 X 轴起始时间，以当前 X 轴结束时间加上 X 轴长度为 X 轴结束时间。

：翻到最后面，使 X 轴的结束位置移动到所有数据的最后面。

：设置 X 轴起始点。单击此按钮，弹出时间设置对话框，这个对话框也可以用历史曲线的方法打开。在设置曲线开始时间时，有图 3－69 所示的选项可以选择：

最近 X 时存盘数据：通过选择时间长度和单位，可以得到最近适当时间内的曲线。可以选择的时间单位包括：秒、分、时、天、月。

当天 X 时存盘数据：指定起始时间为当天的某个固定时刻，通常用于观察某个班的生

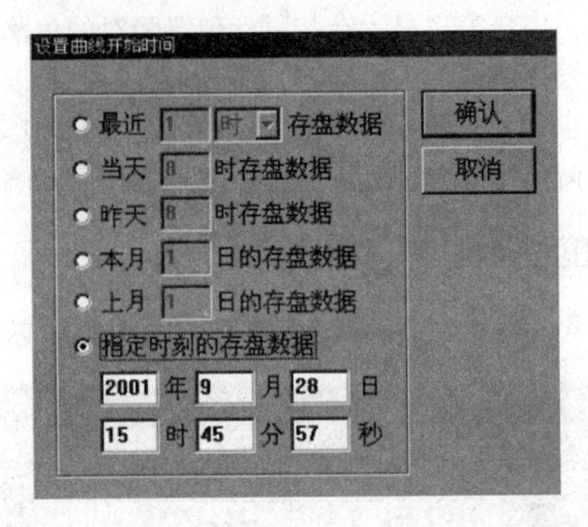

图3－69 设置曲线开始时间

产曲线。

昨天X时存盘数据：同上，时间是昨天。

本月X时存盘数据：同上，时间是本月。

上月X时存盘数据：同上，时间是上月。

指定时刻的存盘数据：直接指定X轴开始时间。用户可以使用这个选项直接跳转到需要的时刻。

【实训练习3.4】

新建一个工程，在实时数据库中组态4个数值型数据对象，在用户窗口中组态4个输入框，分别用来改变组态的4个数据对象的值，再组态一个实时曲线，用来显示4个数据对象的数值曲线状态。颜色分别定义为黑色、红色、黄色、蓝色。通过改变输入框的数值，查看曲线的显示状态。

3.5 运行策略

所谓“运行策略”，是用户为实现对系统运行流程自由控制所组态生成的一系列功能块的总称。MCGS嵌入版组态软件为用户提供了进行策略组态的专用窗口和工具箱。运行策略的建立，使系统能够按照设定的顺序和条件操作实时数据库，控制用户窗口的打开、关闭以及设备构件的工作状态，从而实现对系统工作过程的精确控制及有序调度管理。

通过对MCGS运行策略的组态，用户可以自行组态，完成大多数复杂工程项目的监控软件，而不需要烦琐的编程工作。

3.5.1 运行策略的类型

根据运行策略的不同作用和功能，MCGS嵌入版组态软件把运行策略分为启动策略、退出策略、循环策略、用户策略、报警策略、事件策略、热键策略7种。每种策略都由一系列功能模块组成。

MCGS运行策略窗口中“启动策略”“退出策略”“循环策略”为系统固有的3个策略块，其余的则由用户根据需要自行定义，每个策略都有自己的专用名称，MCGS系统的各个部分通过策略的名称对策略进行调用和处理。

1. 启动策略

启动策略在MCGS嵌入版组态软件进入运行时，首先由系统自动调用执行一次。一般在该策略中完成系统初始化功能，如给特定的数据对象赋不同的初始值、调用硬件设备的初始化程序等，具体需要何种处理，由用户组态设置。启动策略属性设置如图3－70所示。

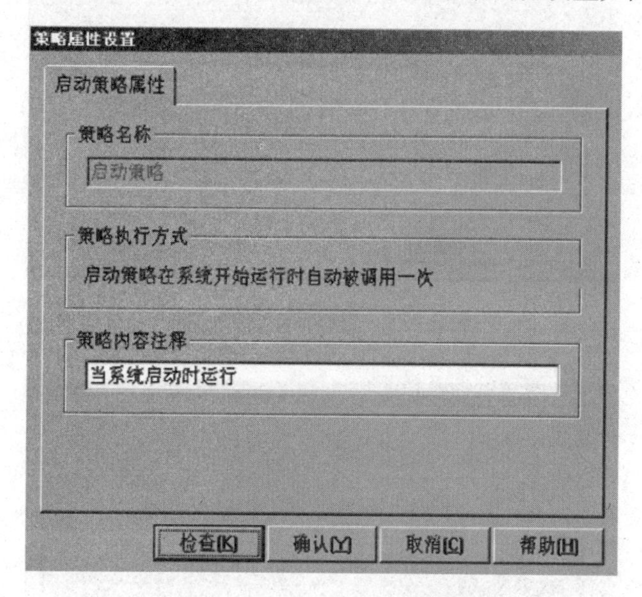

图3－70 启动策略属性设置

（1）策略名称：输入启动策略的名字，由于系统必须有一个启动策略，所有启动策略的名字不能改。

（2）策略内容注释：用于对策略加以注释。

2. 退出策略

退出策略在MCGS嵌入版组态软件退出运行前，由系统自动调用执行一次。一般在该策略中完成系统的善后处理功能，例如，可在退出时把系统当前的运行状态记录下来，以便下次启动时恢复本次的工作状态，如图3－71所示。

（1）策略名称：退出策略的名字，由于系统必须有一个退出策略，所以此名字不能改变。

（2）策略内容注释：用于对策略加以注释。

3. 循环策略

在运行过程中，循环策略由系统按照设定的循环周期自动循环调用，循环体内所需执行的操作由用户设置。由于该策略块是由系统循环扫描执行的，故可把大多数关于流程控制的任务放在此策略块内处理，系统按先后顺序扫描所有的策略行，如策略行的条件成立，则处理策略行中的功能块。在每个循环周期内，系统都进行一次上述处理工作，如图3－72所示。

（1）策略名称：输入循环策略的名称，一个应用系统必须有一个循环策略。

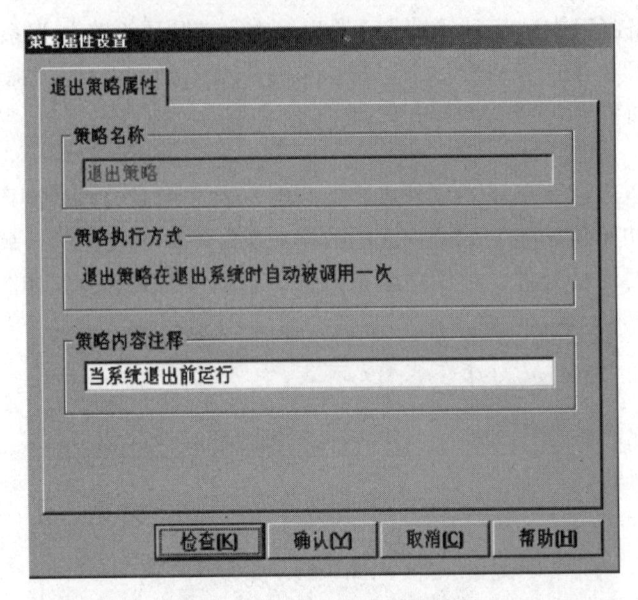

图 3－71　退出策略属性设置

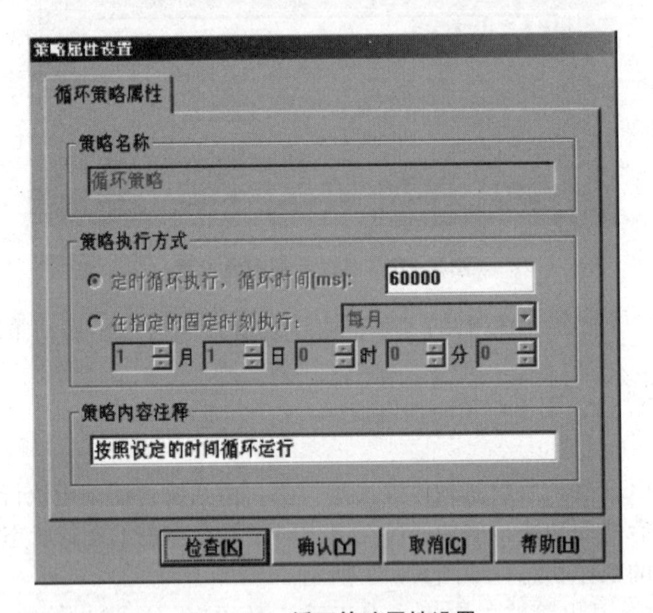

图 3－72　循环策略属性设置

（2）策略执行方式："定时循环"指按设定的时间间隔循环执行，直接用 ms 设置循环间。

（3）策略内容注释：用于对策略加以注释。

4. 报警策略

报警策略由用户在组态时创建，当指定数据对象的某种报警状态产生时，报警策略被系统自动调用一次。报警策略属性设置如图 3－73 所示。

（1）策略名称：输入报警策略的名称。

（2）策略执行方式：

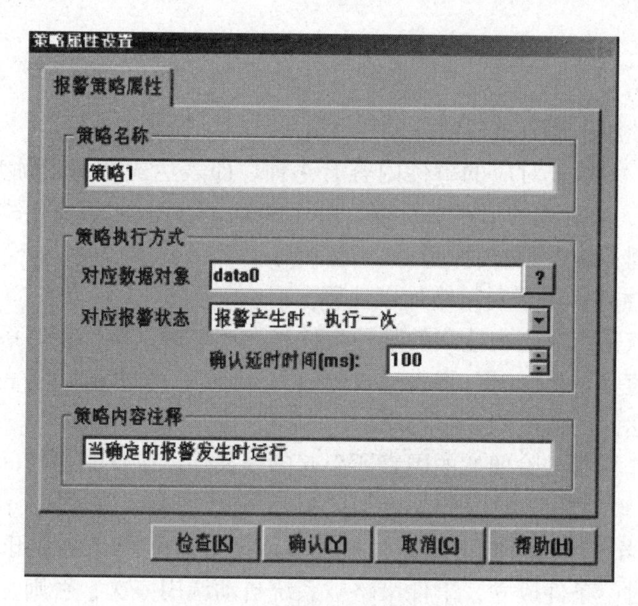

图 3－73 报警策略属性设置

①对应数据对象：用于与实时数据库的数据对象连接；

②对应报警状态：对应的报警状态有 3 种，即“报警产生时，执行一次”“报警结束时，执行一次”“报警应答时，执行一次”；

③确认延时时间：当报警产生时，延时一定时间后，再检查数据对象是否还处在报警状态，如是，则条件成立，报警策略被系统自动调用一次。

（3）策略内容注释：用于对策略加以注释。

5. 事件策略

事件策略由用户在组态时创建，当对应表达式的某种事件状态产生时，事件策略被系统自动调用一次。事件策略属性设置如图 3－74 所示。

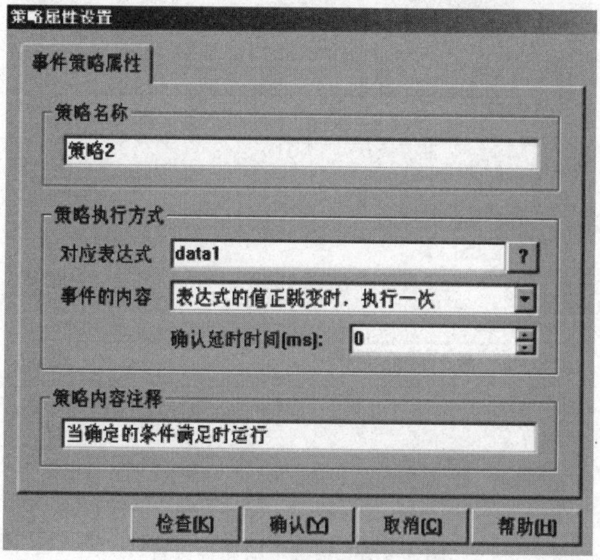

图 3－74 事件策略属性设置

（1）策略名称：输入事件策略的名称。

（2）策略执行方式：

①对应表达式：用于输入事件对应的表达式；

②事件的内容：表达式对应的事件内容有 4 种，即表达式的值正跳变（0to1）、表达式的值负跳变（1to0）、表达式的值正负跳变（0to1to0）、表达式的值负正跳变（1to0，0to1）；

③确认延时时间：输入延时时间。

（3）策略内容注释：用于对策略加以注释。

事件策略的特点是当对应表达式的某种事件状态产生时，事件策略系统自动调用一次。

判断表达式的值是否跳变时，将表达式的值为 0 作为一种状态，将表达式的值为非 0 作为另一种状态。表达式的值不能为字符串。

确认延时时间作用是排除偶然的因素所引起的误操作。确认延时时间为 0 时，表示不进行延时处理。

（1）正跳变：当表达式的值正跳变，并且确认延时时间内（跳变开始时开始计时）表达式的值一直非 0 时，条件成立，事件策略被系统自动调用一次；否则，本次跳变无效（在确认延时时间内，如表达式的值为 0，本次跳变无效，同时准备记录下次跳变）。

（2）负跳变：当表达式的值负跳变，并且确认延时时间内（跳变开始时开始计时）表达式的值一直为 0 时，条件成立，事件策略被系统自动调用一次；否则，本次跳变无效。

（3）正负跳变和负正跳变：当跳变的脉冲宽度大于等于确认延时时间时，条件成立，事件策略被系统自动调用一次；否则，本次跳变无效。

应该注意，负正跳和正负跳变以及值改变，没有延时选择。

6. 热键策略

热键策略由用户在组态时创建，当用户按下对应的热键时执行一次。热键策略属性设置如图 3－75 所示。

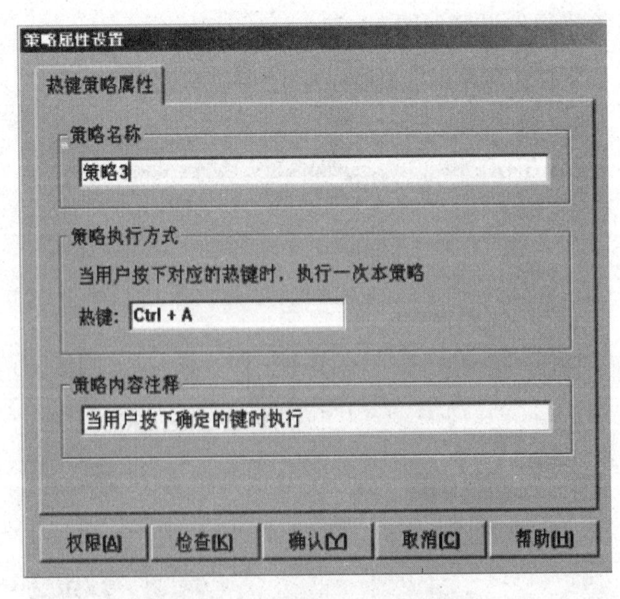

图 3－75　热键策略属性设置

（1）策略名称：输入热键策略的名称。

（2）热键：输入对应的热键。

（3）策略内容注释：用于对策略加以注释。

（4）热键策略权限：设置热键权限属于哪个用户组，单击权限按钮将弹出权设置对话框，选择列表中的工作组，即设置了该工作组的成员拥有操作热键权限。

7. 用户策略

用户策略由用户在组态时创建，在 MCGS 嵌入版系统运行时供系统其他部分调用。用户策略属性设置如图 3－76 所示。

（1）策略名称：输入用户策略的名称。

（2）策略内容注释：用于对策略加以注释。

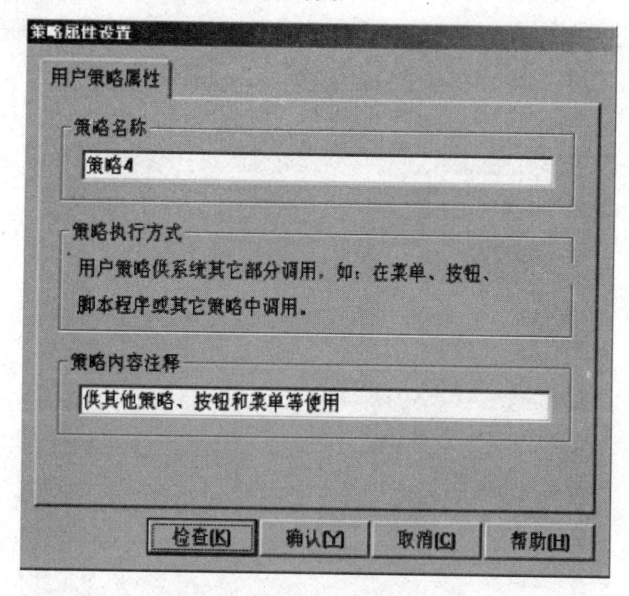

图 3－76 用户策略属性设置

3.5.2 创建运行策略

如图 3－77 所示，在工作台的“运行策略”窗口中，单击“新建策略”按钮，即可新建一个用户策略块（窗口中增加一个策略块图标），缺省名称定义为“策略 ×”（“ ×”为区别各个策略块的数字代码）。在未作任何组态配置之前，“运行策略”窗口包括 3 个系统固有的策略块，新建的策略块只是一个空的结构框架，具体内容须由用户设置。

在工作台的“运行策略”窗口页中，选中指定的策略块，单击工具条中的“属性”按钮或执行“编辑”菜单中的“属性”命令，或单击鼠标右键，选择“属性”命令，或按“Alt + Enter”组合键，即可弹出图 3－78 所示的用户策略属性设置对话框。

MCGS 嵌入版组态软件中的策略构件以功能块的形式完成对实时数据库的操作、对用户窗口的控制等功能，它充分利用面向对象的技术，把大量复杂的操作和处理封装在构件的内部，而提供给用户的只是构件的属性和操作方法，用户只需在策略构件的属性页中正确设置属性值和选定构件的操作方法，就可以满足大多数工程项目的需要，而对于复杂的工程，只需定制所需的策略构件，然后将它们加到系统中即可。

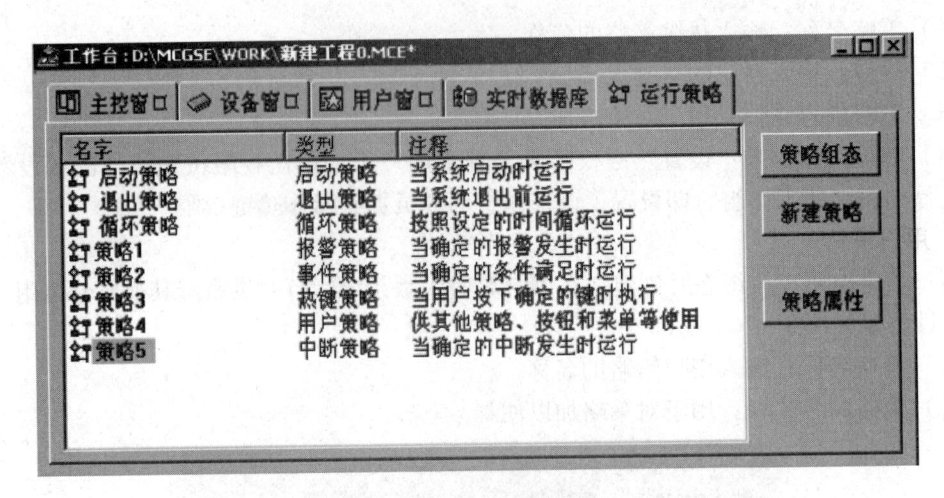

图 3－77　创建运行策略

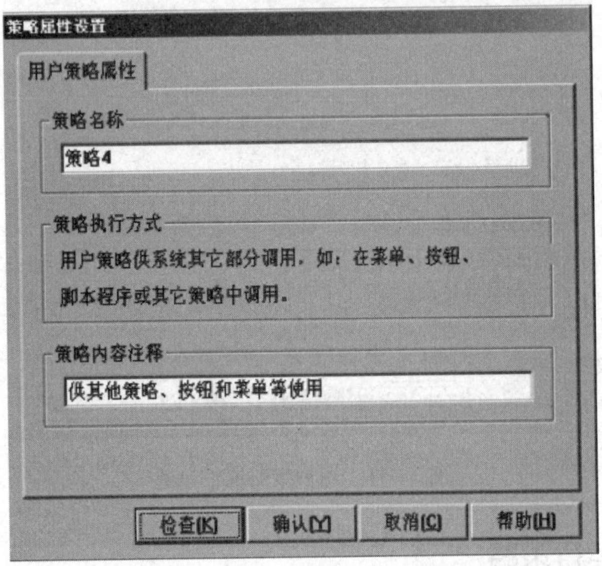

策略属性设置
用户策略属性
策略名称
策略4
策略执行方式
用户策略供系统其它部分调用，如：在菜单、按钮、
脚本程序或其它策略中调用。
策略内容注释
供其他策略、按钮和菜单等使用
检查(K)　确认(Y)　取消(C)　帮助(H)

图 3－78　用户策略属性设置对话框

在传统的运行策略组态概念中，系统给用户提供了大量烦琐的模块，让用户利用这些模块组态自己的运行策略，即使是最简单的系统，也要耗费大量的时间，这种组态只是比程序编程语言更图形化和直观化而已，对普通用户来说，难度和工作量仍然很大。

在 MCGS 嵌入版运行策略组态环境中，一个策略构件就是一个完整的功能实体，用户要做的不是“搭制”，而是真正的组态，在构件属性对话框内，正确地设置各项内容（像填表一样），就可完成所需的工作。随着 MCGS 嵌入版组态软件的广泛应用和不断发展，越来越多功能强大的构件不断地加到系统中。

目前，MCGS 嵌入版组态软件为用户提供了几种最基本的策略构件，它们是：

（1）策略调用构件：调用指定的用户策略；

（2）数据对象构件：数据值的读写、存盘和报警处理；

（3）设备操作构件：执行指定的设备命令；

（4）退出策略构件：用于中断并退出所在的运行策略块；

（5）脚本程序构件：执行用户编制的脚本程序；

（6）定时器构件：用于定时；

（7）计数器构件：用于计数；

（8）窗口操作构件：打开、关闭、隐藏和打印用户窗口。

策略要正确运行，必须满足相应的策略条件。策略条件部分构成策略行的条件部分，是运行策略用来控制运行流程的主要部件。在每一策略行内，只有当策略条件部分设定的条件成立时，系统才能对策略行中的策略构件进行操作。

通过对策略条件部分的组态，用户可以控制在什么时候、什么条件和什么状态下，对实时数据库进行操作，对报警事件进行实时处理，打开或关闭指定的用户窗口，完成对系统运行流程的精确控制。

每个策略行都有图 3 - 79 所示的表达式条件部分，用户在使用策略行时可以对策略行的条件进行设置（缺省时表达式的条件为真），其操作有如下几种方法：

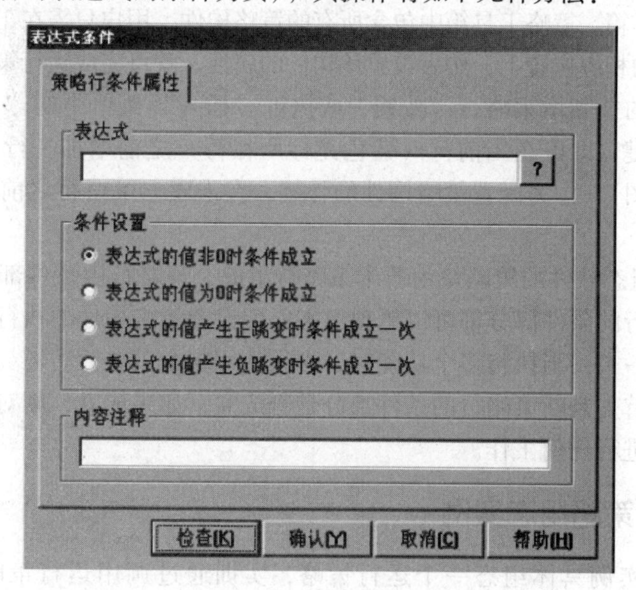

图 3 - 79　策略条件

（1）表达式：输入策略行条件表达式。

（2）条件设置：用于设置策略行条件表达式的值成立的方式。

（3）达式的值非 0 时条件成立：当表达式的值非 0 时，条件成立，执行该策略。

（4）表达式的值为 0 时条件成立：当表达式的值为 0 时，条件成立，执行该策略。

（5）表达式的值产生正跳变时条件成立一次：当表达式的值产生正跳变（值从 0 到 1）时，执行一次该策略。

（6）表达式的值产生负跳变时条件成立一次：当表达式的值产生负跳变（值从 1 到 0）时，执行一次该策略。

（7）内容注释：用于对策略行条件加以注释。

在工作台的“运行策略”窗口中，选中指定的策略块，单击“策略组态”按钮或双击选中的策略块图标，即可打开策略组态窗口，对指定策略块的内容进行组态配置，如图 3 - 80

所示，在策略组态窗口里，可以增加或删除策略行，利用系统提供的策略工具箱对策略行中的构件进行重新配置或修改。

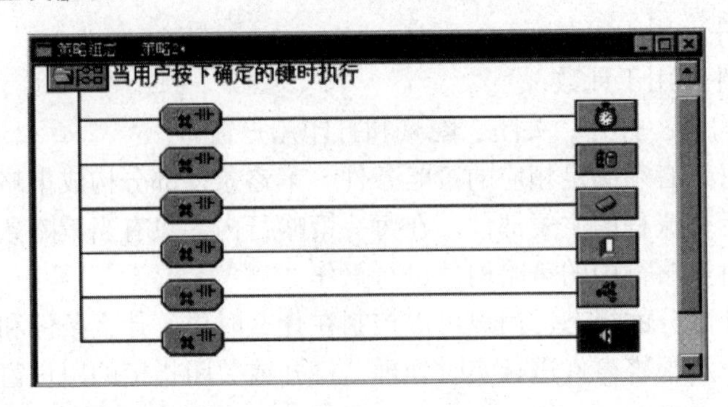

图 3－80　策略块

单击工具条中的工具箱按钮，或者选择“查看”菜单中的“策略工具箱”选项，即打开系统提供的策略工具箱。策略工具箱中包含所有的策略构件，用户只需在工具箱内选择所需的构件，放在策略行的相应位置上，然后设置该构件的属性，就可完成运行策略的组态工作。

单击工具条中的“新增策略行”按钮，或执行“插入”菜单中的“策略行”命令，或按“Ctrl＋I”组合键，即可在当前行（蓝色光标所在行）之前增加一行空的策略行（放置构件处皆为空白框图），作为配置策略构件的骨架。在未建立策略行之前，不能进行构件的组态操作。

MCGS 嵌入版组态软件的策略块由若干策略行组成，策略行由条件部分和策略构件两部分组成，每一策略行的条件部分都可以单独组态，即设置策略构件的执行条件，每一策略行的策略构件只能有一个，当执行多个功能时，必须使用多个策略行。

系统运行时，首先判断策略行的条件部分是否成立，如果成立，则对策略行的策略构件进行处理，否则不进行任何工作。

3.5.3　运行策略组态实例

下面通过一个实例具体组态一个运行策略，实训通过调用运行策略完成两个画面的切换。

首先新建一个组态工程，在用户窗口中新建两个窗口，如图 3－81 所示。

图 3－81　新建两个窗口

在这两个窗口中分别创建两个标准按钮和两个标签构件，如图3－82，图3－83所示。

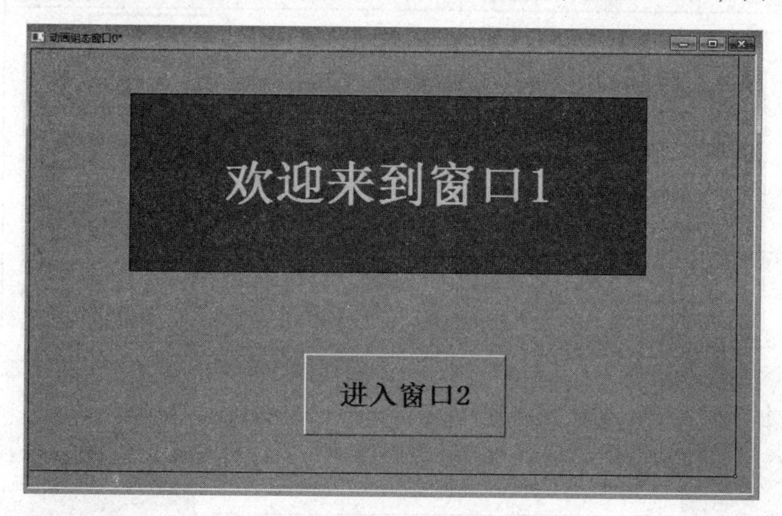

图3－82　窗口1

图3－83　窗口2

在工作台界面，单击“运行策略”按钮，打开运行策略组态窗口，然后单击右侧的“新建策略”按钮，在弹出的“选择策略类型”窗口中选择“用户策略”选项，如图3－84所示，然后单击“确定”按钮，新建的用户策略就出现在策略窗口中，如图3－85所示。

双击打开新建的用户策略，进入策略属性设置界面，用鼠标右键单击新建的用户策略图标，在弹出的对话框中选择“新增策略行”命令，如图3－86所示。选择完成后，在新建策略下方出现一个新的策略行，如图3－87所示。

用鼠标右键单击右侧的方框，选择打开策略工具箱，然后选择需要的策略构件，在这里选择“窗口操作”选项，如图3－88所示。

接下来双击选择的窗口操作构件，打开“窗口操作”界面，勾选“打开窗口”选项，选择需要打开的窗口为“窗口1”，然后单击“确定”按钮如图3－89所示。

用同样的过程，再创建一个用户策略，选择打开“窗口0”，如图3－90所示。

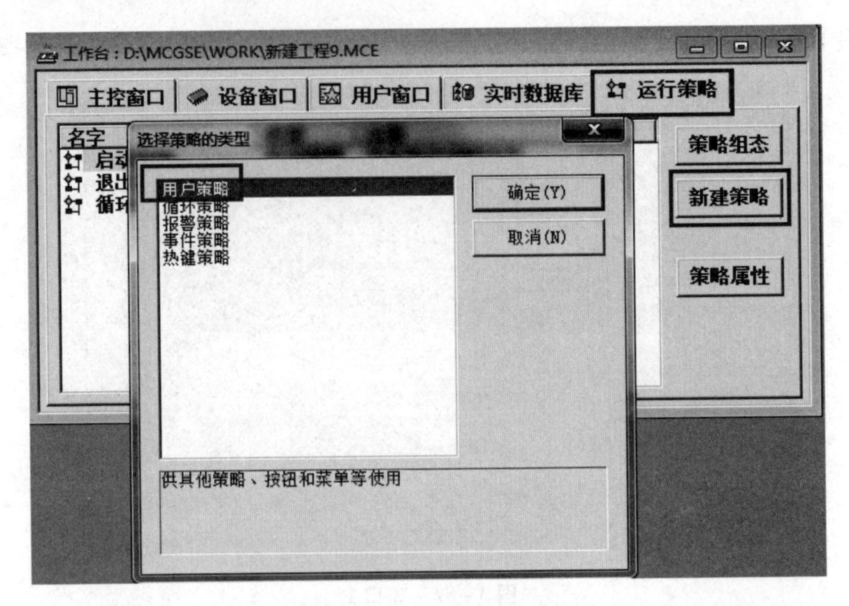

图 3-84 新建用户策略

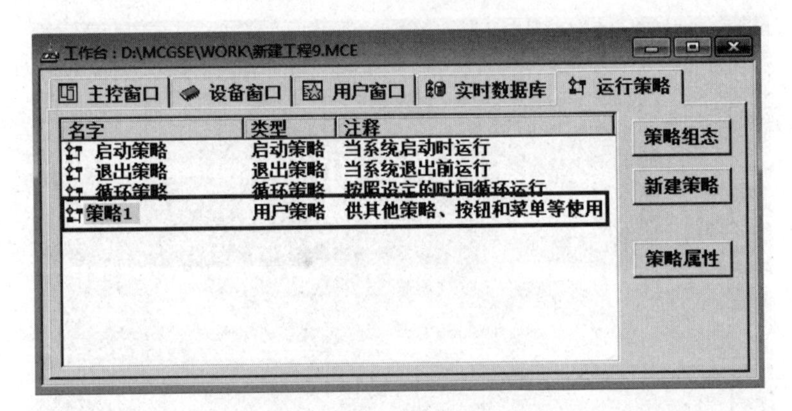

图 3-85 新建用户策略

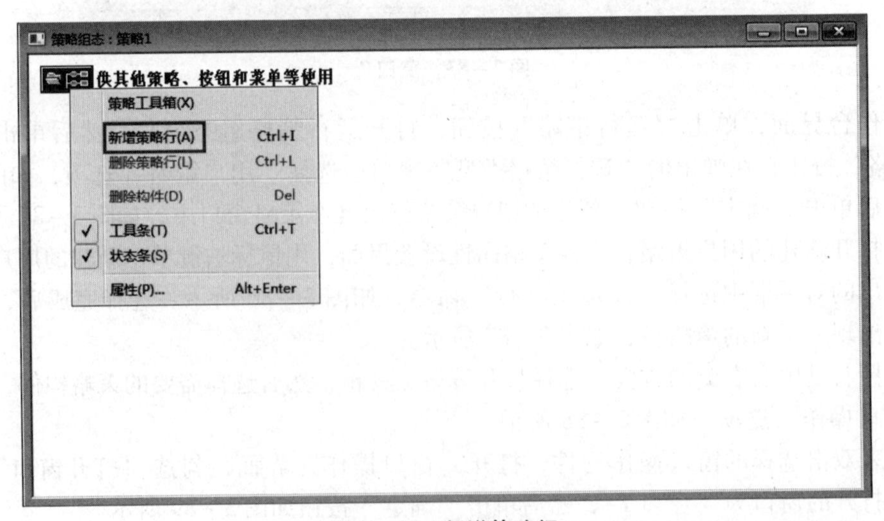

图 3-86 新增策略行

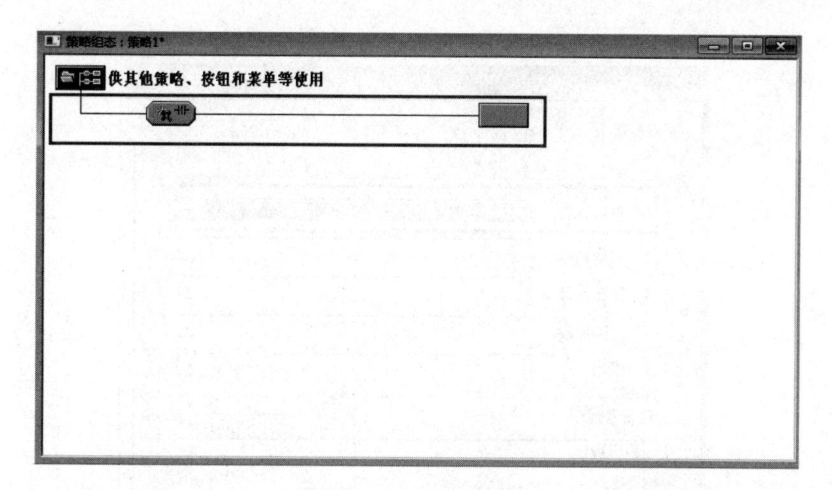

图 3－87　新增的策略行

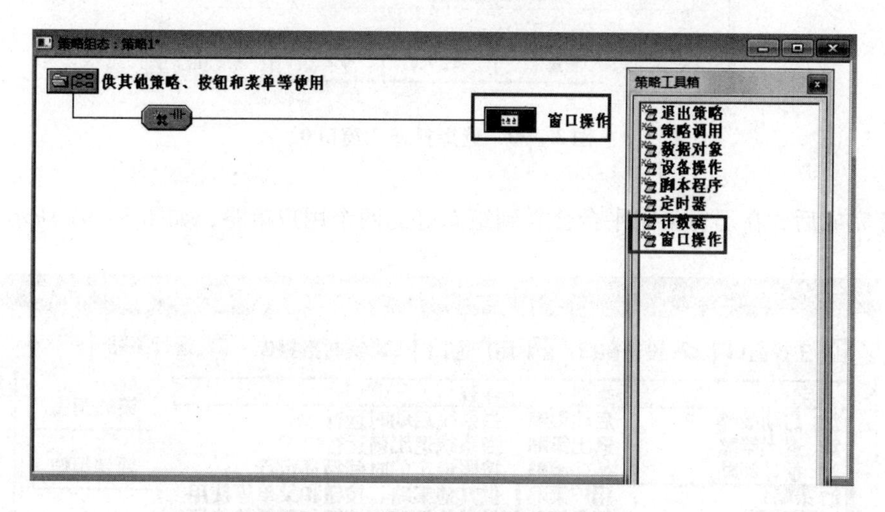

图 3－88　选择“窗口操作”选项

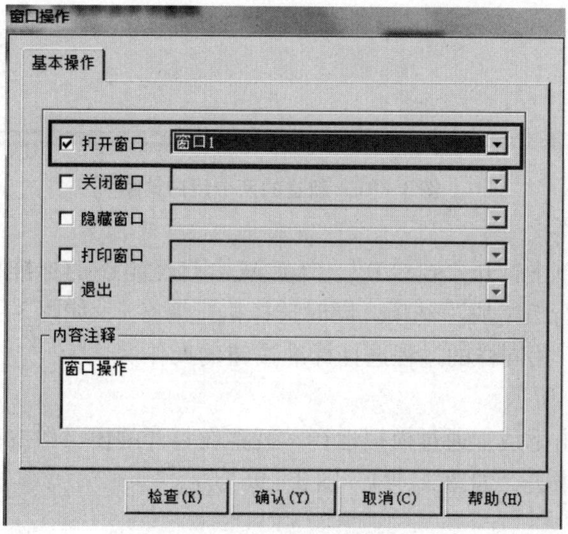

窗口操作
基本操作
☑ 打开窗口　窗口1
☐ 关闭窗口
☐ 隐藏窗口
☐ 打印窗口
☐ 退出
内容注释
窗口操作
检查(K)　确认(Y)　取消(C)　帮助(H)

图 3－89　选择打开“窗口1”

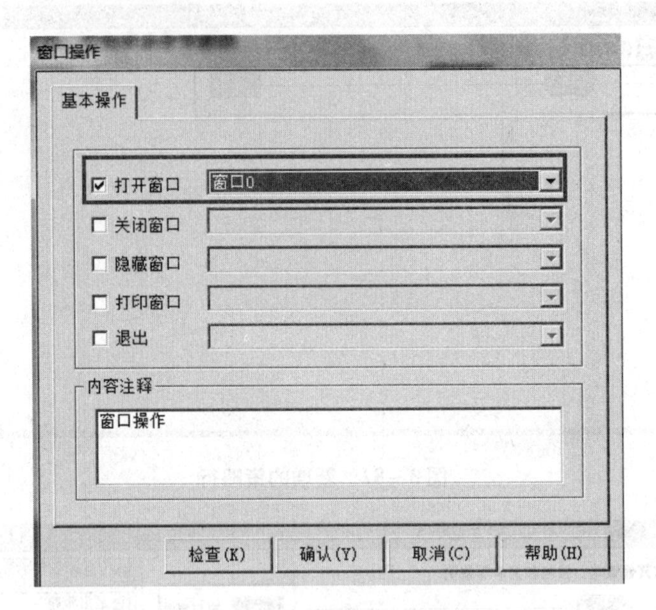

图 3－90　选择打开“窗口 0”

组态完成后，在运行策略平台会看到组态好的两个用户策略，如图 3－91 所示。

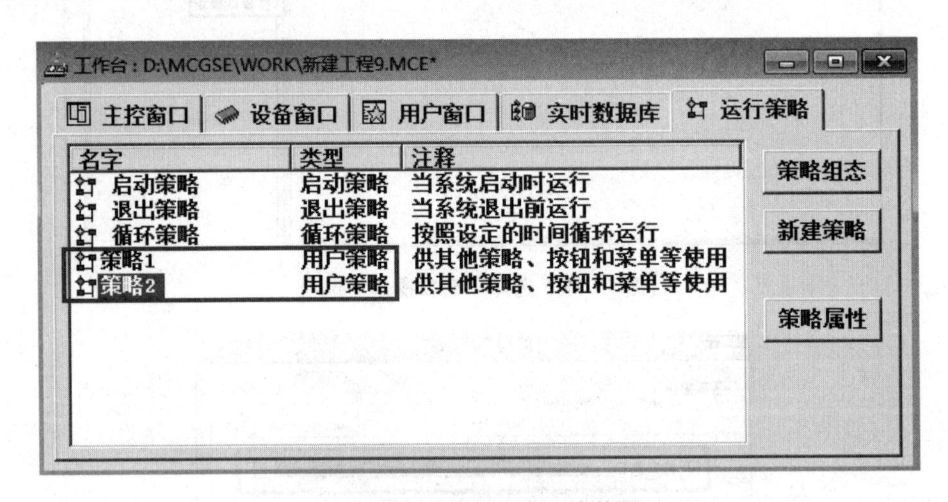

图 3－91　新建的两个用户策略

回到用户窗口，单击打开“窗口 0”，然后双击已经组态的标准按钮，在“操作属性”页面中选择“执行运行策略块”选项，同时选择执行策略 1，如图 3－92 所示。

在“窗口 1”中，用同样的过程选择标准按钮的操作属性为“执行运行策略”，选择执行策略 2，如图 3－93 所示。

组态完成后，单击下载，通过模拟运行，观察在打开的窗口中按动相应的按钮，是否能够切换到对应的窗口中去，如图 3－94～图 3－96 所示。

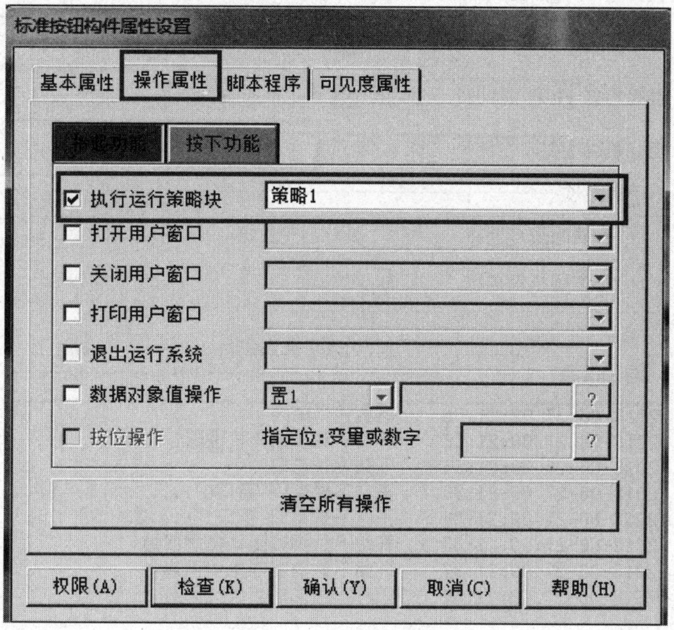

标准按钮构件属性设置

基本属性　操作属性　脚本程序　可见度属性

抬起功能　按下功能

☑ 执行运行策略块　策略1

☐ 打开用户窗口

☐ 关闭用户窗口

☐ 打印用户窗口

☐ 退出运行系统

☐ 数据对象值操作　置1　?

☐ 按位操作　指定位：变量或数字　?

清空所有操作

权限(A)　检查(K)　确认(Y)　取消(C)　帮助(H)

图 3－92　选择执行策略 1

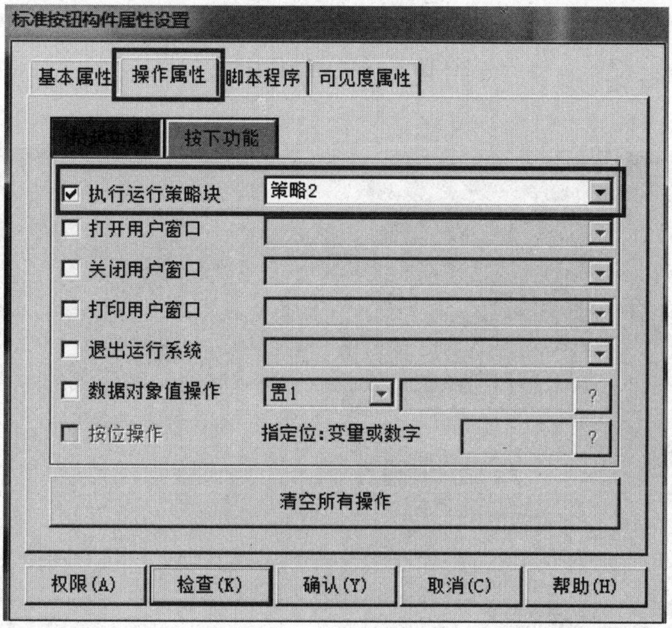

标准按钮构件属性设置

基本属性　操作属性　脚本程序　可见度属性

抬起功能　按下功能

☑ 执行运行策略块　策略2

☐ 打开用户窗口

☐ 关闭用户窗口

☐ 打印用户窗口

☐ 退出运行系统

☐ 数据对象值操作　置1　?

☐ 按位操作　指定位：变量或数字　?

清空所有操作

权限(A)　检查(K)　确认(Y)　取消(C)　帮助(H)

图 3－93　选择执行策略 2

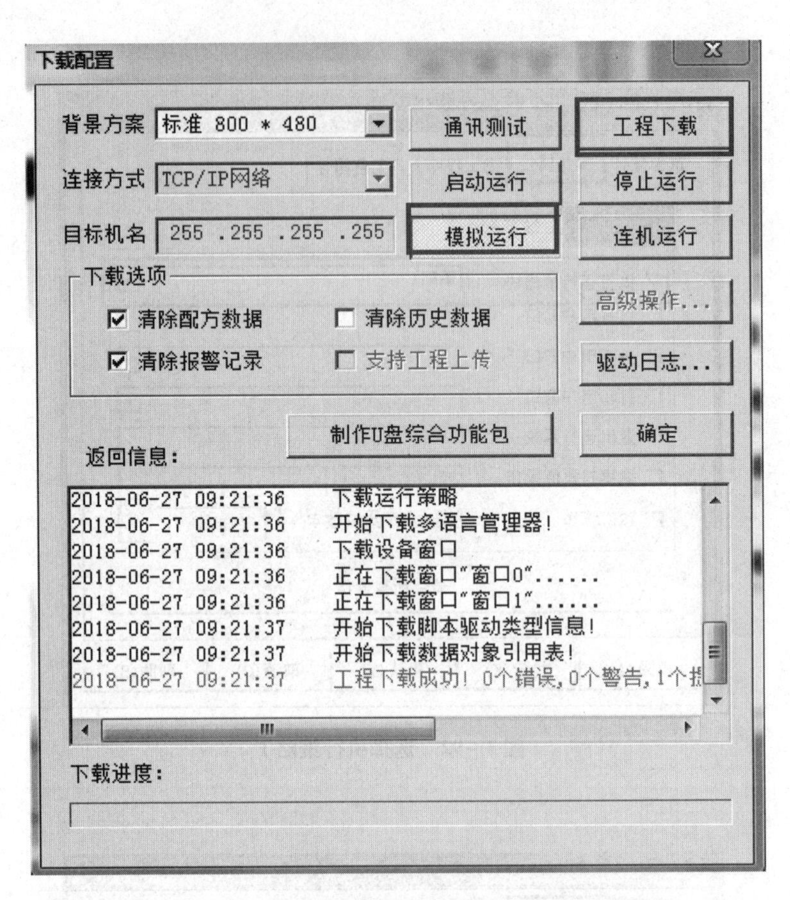

图 3－94　模拟运行

图 3－95　进入“窗口 1”

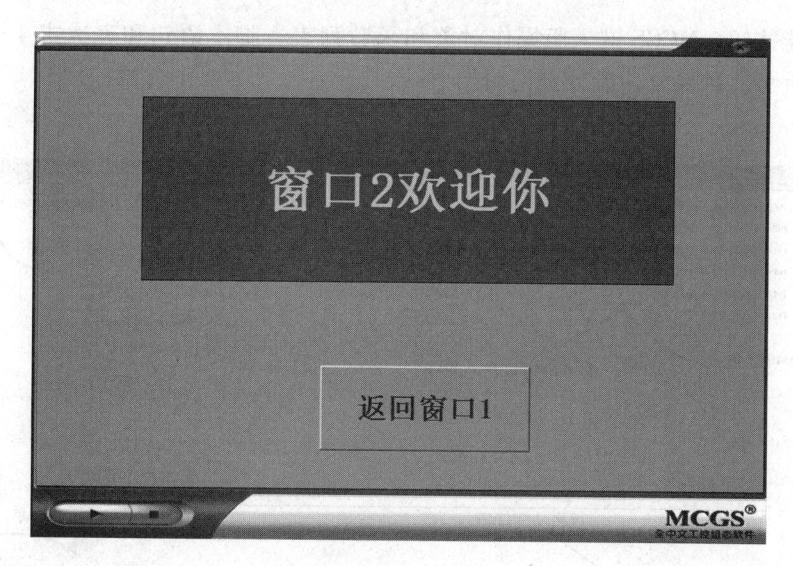

图3-96　进入"窗口2"

【实训练习3.5】

新建一个工程，在"窗口1"中组态2个标准按钮、1个标签，要求用按钮1通过组态策略改变标签的背景颜色。按钮2通过组态策略实现进入"窗口2"的功能。同样在"窗口2"中组态1个按钮，使用同样的方式返回"窗口1"。

3.6 脚本程序

3.6.1 脚本程序简介

脚本程序是组态软件中的一种内置编程语言引擎。当某些控制和计算任务通过常规组态方法难以实现时，通过使用脚本程序，能够增强整个系统的灵活性，解决其常规组态方法难以解决的问题。

MCGS嵌入版脚本程序为有效地编制各种特定的流程控制程序和操作处理程序提供了方便的途径。它被封装在一个功能构件里（称为脚本程序功能构件），在后台由独立的线程来运行和处理，能够避免单个脚本程序的错误导致整个系统的瘫痪。

在MCGS嵌入版组态软件中，脚本语言是一种语法上类似Basic语言的编程语言。在运行策略中，可以把整个脚本程序作为一个策略功能块执行，也可以在动画界面的事件中执行。MCGS嵌入版组态软件引入的事件驱动机制，与VB或VC中的事件驱动机制类似，比如对用户窗口，有装载、卸载事件，对窗口中的控件，有鼠标单击事件、键盘按键事件等。这些事件发生时，就会触发一个脚本程序，执行脚本程序中的操作。

3.6.2 脚本程序编辑环境

脚本程序编辑环境是用户书写脚本语句的地方。脚本程序编辑环境主要由脚本程序编辑框、编辑功能按钮、MCGS 嵌入版操作对象和函数列表、脚本语句和表达式 4 个部分构成，如图 3－97 所示。各部分功能分别说明如下：

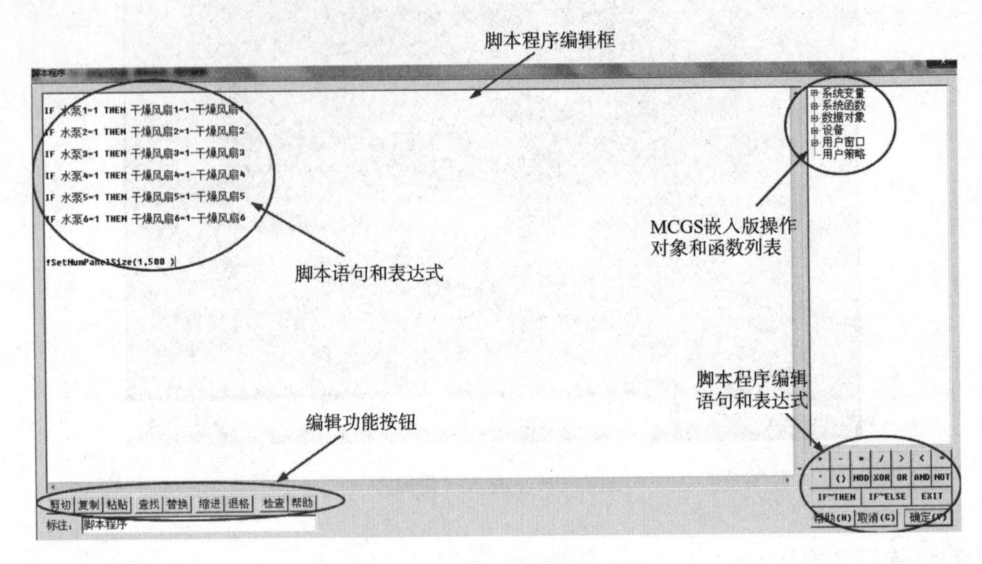

图 3－97　脚本程序编辑环境

脚本程序编辑框用于书写脚本程序和脚本注释，用户必须遵照 MCGS 嵌入版组态软件规定的语法结构和书写规范书写脚本程序，否则语法检查不能通过。

编辑功能按钮提供了文本编辑的基本操作，使用这些操作可以方便操作和提高编辑速度。比如，在脚本程序编辑框中选定一个函数，然后单击“帮助”按钮，MCGS 嵌入版组态软件将自动打开关于这个函数的在线帮助，或者，如果函数拼写错误，MCGS 嵌入版组态软件将列出与所提供的名字最接近的函数的在线帮助。

脚本程序语句和表达式列出了 MCGS 嵌入版组态软件使用的 3 种语句的书写形式和 MCGS 嵌入版组态软件允许的表达式类型。单击要选用的语句和表达式符号按钮，在脚本编辑处光标所在的位置填上语句或表达式的标准格式。比如，单击“IF ~ THEN”按钮，则 MCGS 嵌入版组态软件自动提供一个 IF ... THEN 结构，并把输入光标停到合适的位置上。

MCGS 嵌入版操作对象和函数列表以树结构的形式，列出了工程中所有的窗口、策略、设备、变量、系统支持的各种方法、属性以及各种函数，以供用户快速查找和使用。比如，可以在“用户窗口”树中，选定一个“窗口 0”，打开“窗口 0”下的“方法”，双击 Open 函数，则 MCGS 嵌入版组态软件自动在脚本程序编辑框中添加一行语句“用户窗口．窗口 0. Open( )”，通过这行语句，就可以完成打开窗口的工作。

3.6.3　脚本程序基本语句

在 MCGS 嵌入版组态软件中，脚本程序使用的语言非常类似普通的 Basic 语言，由于 MCGS 嵌入版脚本程序是为了实现某些多分支流程的控制及操作处理，因此其包括几种最简单的语句——赋值语句、条件语句、退出语句和注释语句，同时，为了提供一些高级的循环和遍历功能，还提供了循环语句。所有的脚本程序都可由这 5 种语句组成，当需要在一个程序行中包含多条语句时，各条语句之间须用“:”分开，程序行也可以是没有任何语句的空行。在大多数情况下，一个程序行只包含一条语句，赋值程序行中根据需要可在一行上放置多条语句。

1. 赋值语句

赋值语句的形式为：数据对象 = 表达式。赋值号用“ = ”表示，它的具体含义是：把“ = ”右边表达式的运算值赋给左边的数据对象。赋值号左边必须是能够读写的数据对象，如开关型数据、数值型数据以及能进行写操作的内部数据对象，而组对象、事件型数据对象、只读的内部数据对象、系统函数以及常量，均不能出现在赋值号的左边，因为不能对这些对象进行写操作。

赋值号的右边为一个表达式，表达式的类型必须与左边数据对象值的类型符合，否则系统会提示“赋值语句类型不匹配”的错误信息。

2. 条件语句

条件语句有如下 3 种形式：

（1）IF【表达式】THEN【赋值语句或退出语句】

（2）IF【表达式】THEN

【语句】

ENDIF

（3）IF【表达式】THEN

【语句】

EISE

【语句】

ENDIF

条件语句中的 4 个关键字“IF”“THEN”“EISE”“ENDIF”不分大小写，但如拼写不正确，检查程序会提示出错信息。

条件语句允许多级嵌套，即条件语句中可以包含新的条件语句，MCGS 脚本程序的条件语句最多可以有 8 级嵌套，为编制多分支流程的控制程序提供了方便。

IF 语句的表达式一般为逻辑表达式，也可以是值为数值型的表达式，当表达式的值为非 0 时，条件成立，执行 THEN 后的语句，否则，条件不成立，将不执行该条件块中包含的语句，开始执行该条件块后面的语句。

值为字符型的表达式不能作为 IF 语句中的表达式。

3. 循环语句

循环语句的关键字为 WHILE 和 ENDWHILE，其结构为：

WHILE【条件表达式】

…

ENDWHILE

当条件表达式成立时（非 0），循环执行 WHILE 和 ENDWHILE 之间的语句，直到条件表达式不成立（为 0）时退出。

4. 退出语句

退出语句的关键字为 EXIT，用于中断脚本程序的运行，停止执行其后面的语句。一般在条件语句中使用退出语句，以便在某种条件下停止并退出脚本程序的执行。

5. 注释语句

以单引号开头的语句称为注释语句，注释语句在脚本程序中只起注释说明的作用，实际运行时，系统不对注释语句作任何处理。

3.6.4　脚本程序的实例

下面通过一个实例具体看一下脚本程序的组态应用。

新建一个组态工程，在工程中新建一个用户窗口，并在用户窗口中组态，如图 3－98 所示。

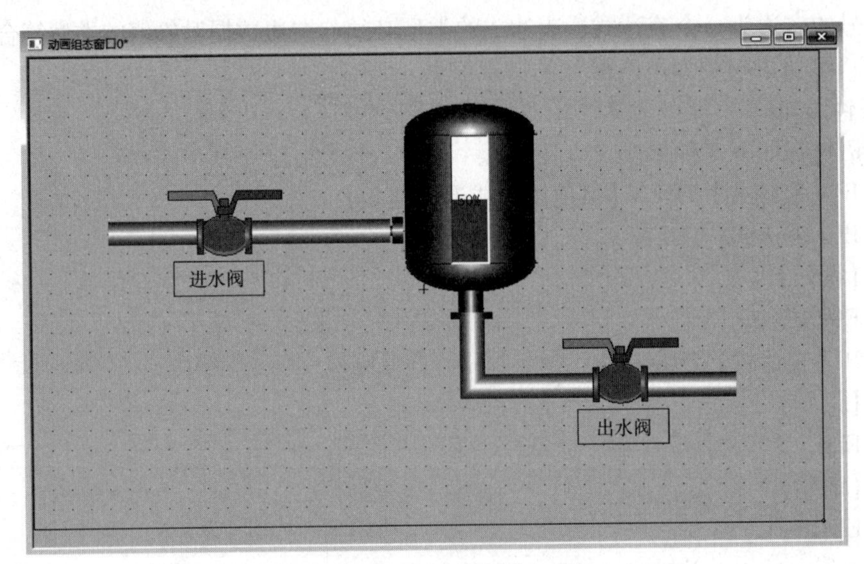

图 3－98　组态画面

控制要求：单击进水阀，进水阀门打开，开始进水，罐内水位开始增加，当罐内水位增加到 90% 时，进水阀自动关闭。单击出水阀，罐内水位开始下降，当水位下降到 10% 时自动关闭出水阀。

分析：在该工程中有两个开关量信号（进水阀和出水阀）和一个数值量信号（水位）。

首先在实时数据库中新建 3 个实时数据，分别为“出水阀”“进水阀”“水位”；数据类型分别为“开关型”“开关型”“数值型”，如图 3－99 所示。

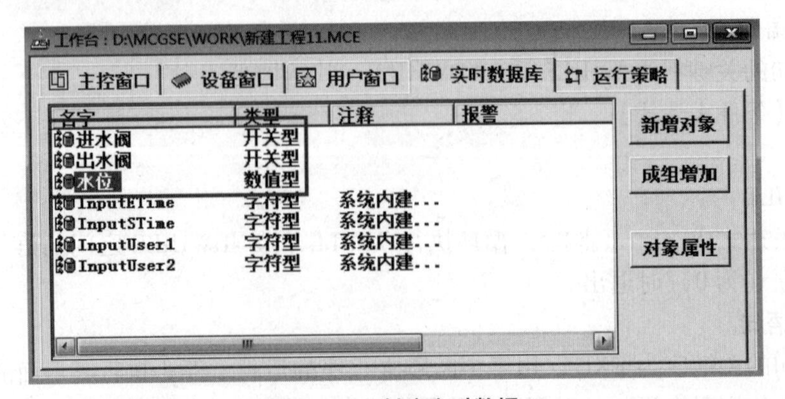

图 3－99　创建实时数据

在用户窗口中双击进水阀，打开属性设置界面，进行进水阀的属性设置，设置过程如图 3－100～图 3－103 所示。

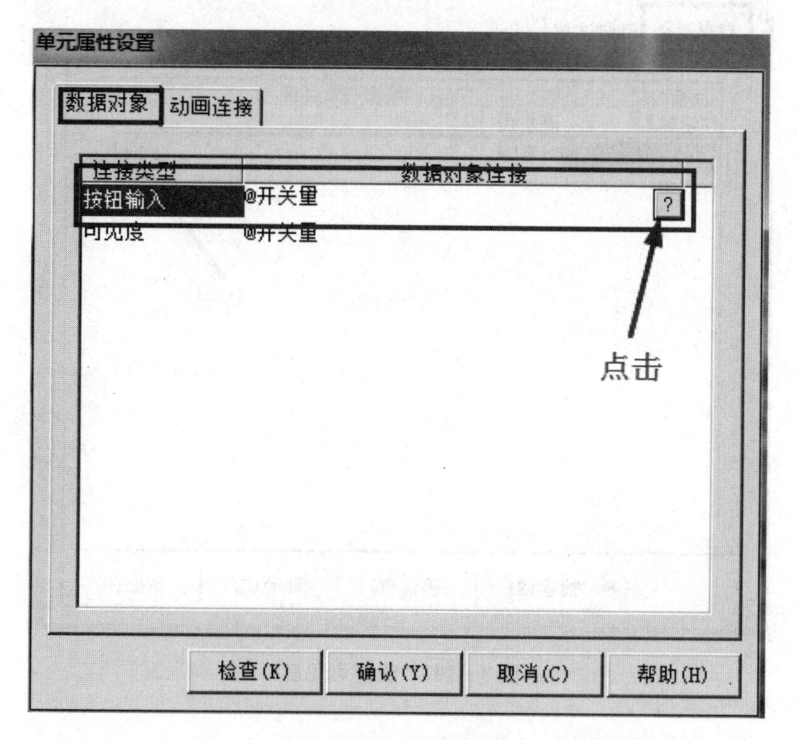

图 3－100　连接变量

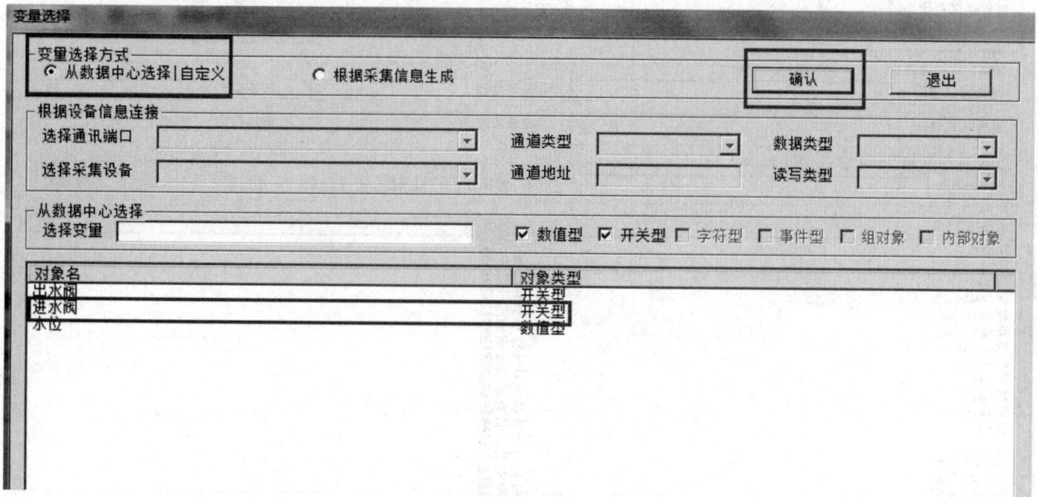

图 3－101　选择变量进水阀

用同样的方式对出水阀进行组态，组态完成后的结果如图 3－104 所示。

双击储水罐中的百分比填充构件，打开属性设置界面，对百分比填充进行参数设置。只设置操作属性即可，其他属性值默认。设置结果如图 3－105 所示。

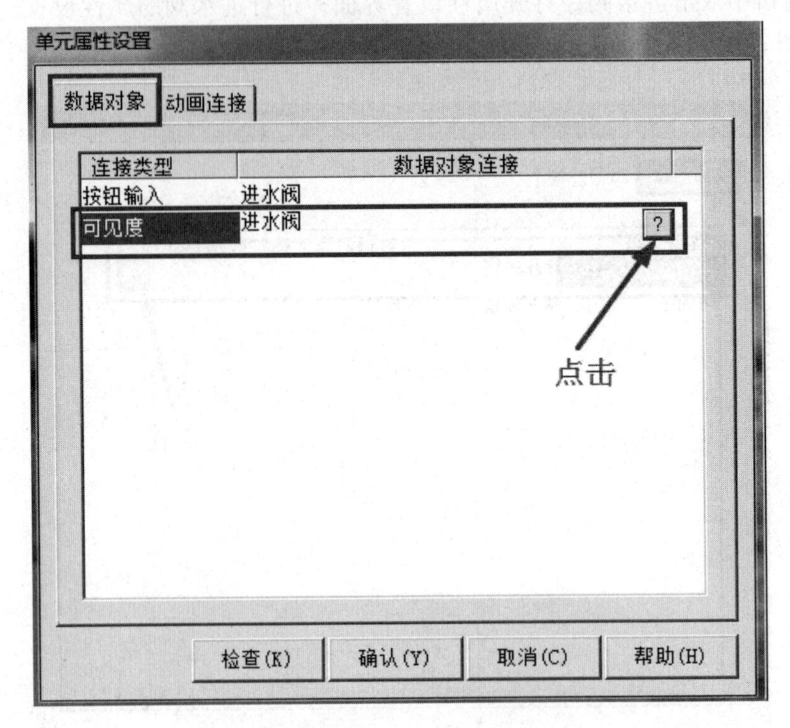

图 3－102　设置可见度

变量选择
变量选择方式
从数据中心选择|自定义
根据采集信息生成
确认
退出
根据设备信息连接
选择通讯端口
通道类型
数据类型
选择采集设备
通道地址
读写类型
从数据中心选择
选择变量
数值型　开关型　字符型　事件型　组对象　内部对象

对象名	对象类型
$Date	字符型
$Day	数值型
$Hour	数值型
$Minute	数值型
$Month	数值型
$PageNum	数值型
$RunTime	数值型
$Second	数值型
$Time	字符型
$Timer	数值型
$UserName	字符型
$Week	数值型
$Year	数值型
InputETime	字符型
InputSTime	字符型
InputUser1	字符型
InputUser2	字符型
出水阀	开关型
进水阀	开关型
水位	数值型

图 3－103　选择可见度变量

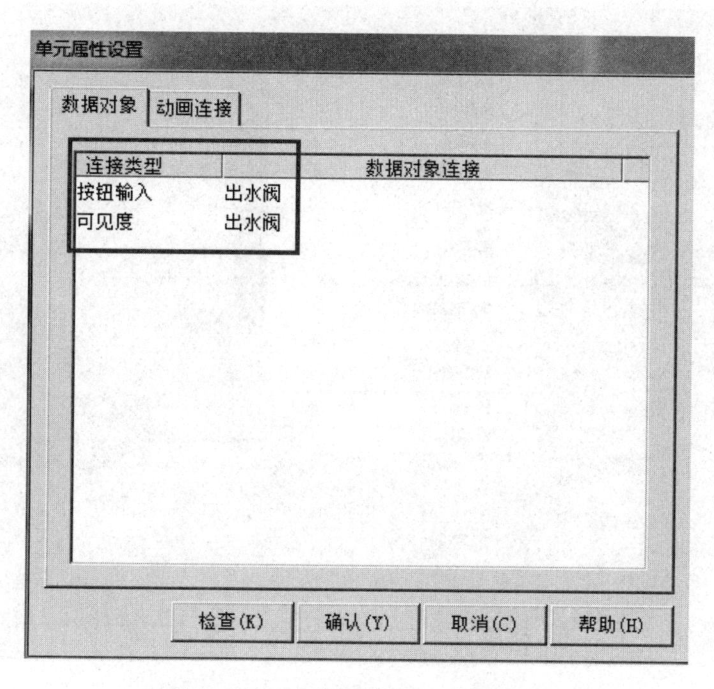

图 3－104　出水阀组态完成后的结果

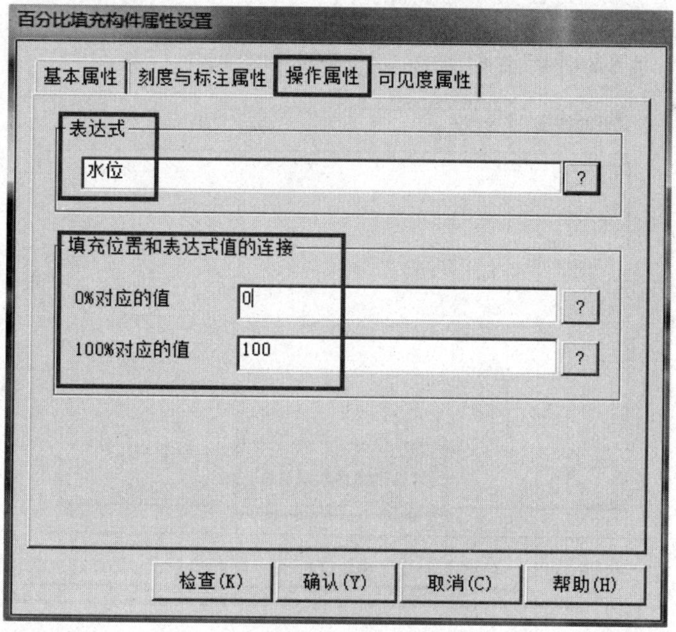

图 3－105　百分比填充的操作属性

设置完成后，在窗口的空白处单击鼠标右键，打开窗口属性，选择“循环脚本”选项卡，将循环时间设定为200 ms，打开脚本程序编辑器，如图3－106、图3－107所示。

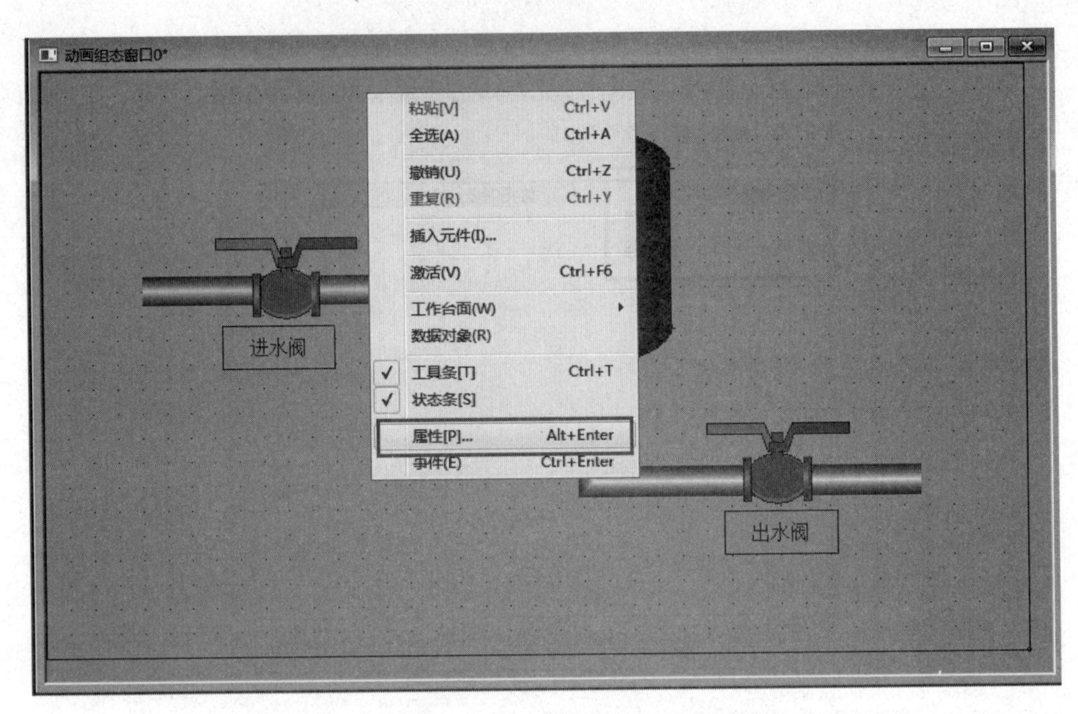

图 3－106　窗口属性

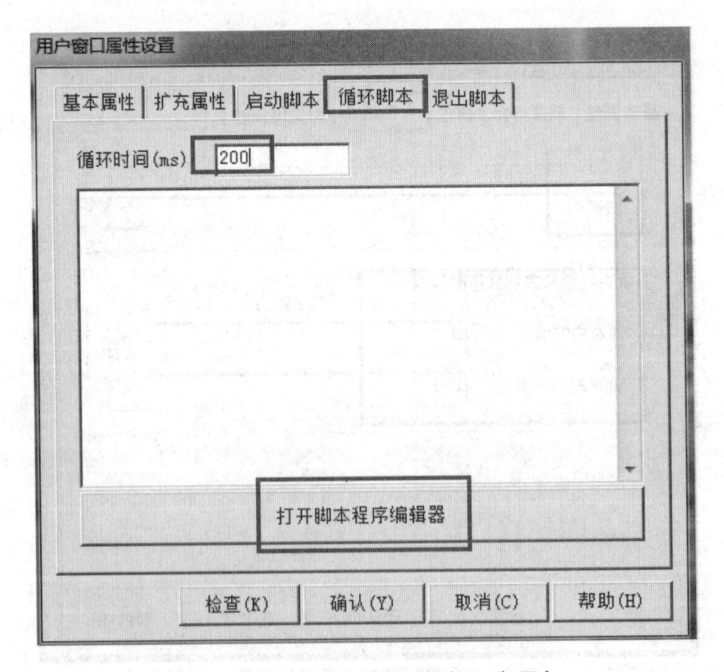

图 3－107　选择“循环脚本”选项卡

打开脚本程序编辑器后，就可以进行脚本程序的编写，如图 3－108 所示。

接下来把组态好的工程下载到触摸屏或者模拟运行，查看实际的运行效果，如图 3－109、图 3－110 所示。

图 3－108　编写脚本程序

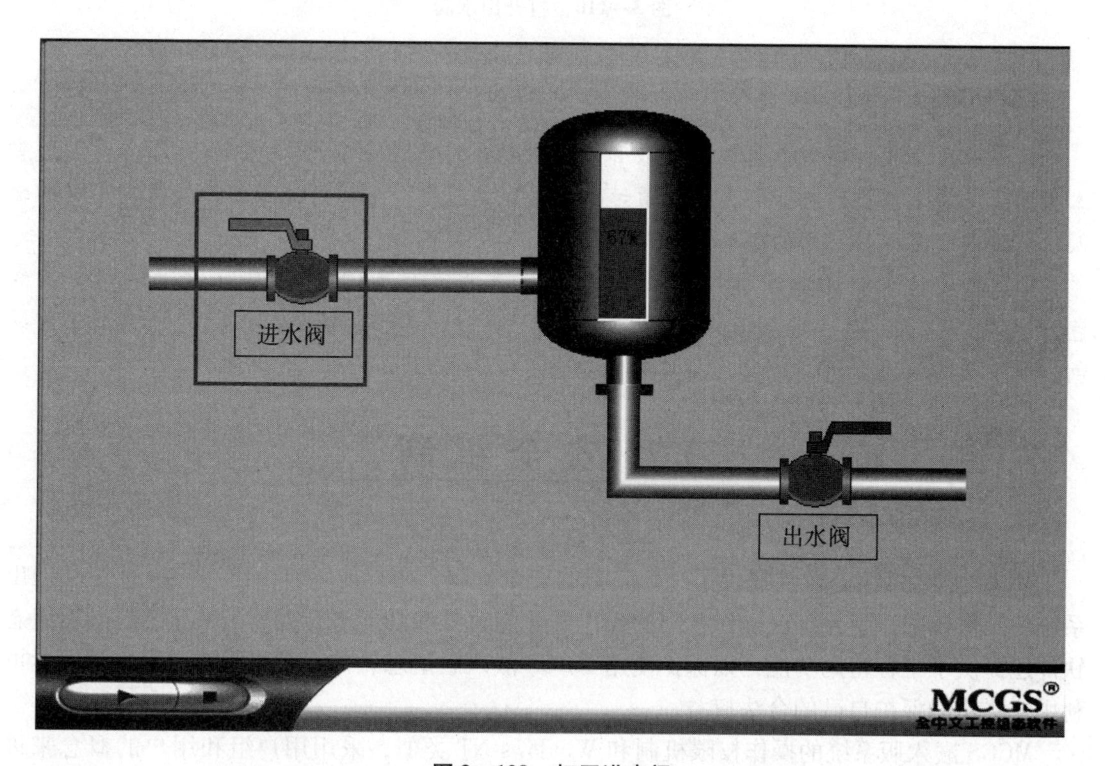

图 3－109　打开进水阀

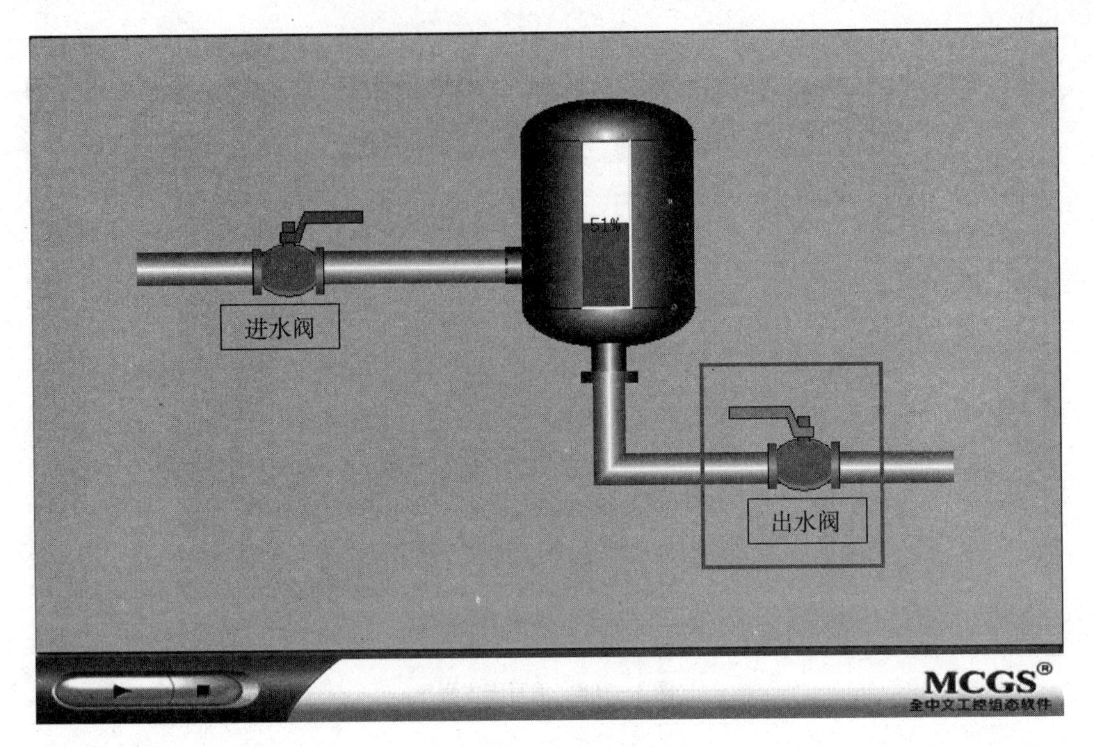

图 3-110　打开出水阀

【实训练习 3.6】

新建一个工程，在用户窗口中组态 1 个输入框、1 个滑动输入器、2 个标签。要通过脚本程序改变输入框显示键盘的大小。通过脚本程序的编写，完成通过滑动输入器在不同的输入位置改变 2 个标签不同的颜色显示。

输入器的值小于 10 时，标签都为绿色；输入器的值大于 10 小于 60 时，“标签 1” 为绿色，“标签 2” 为红色；输入器的值大于 60 小于 90 时，“标签 1” 为红色，“标签 2” 为绿色；输入器的值大于 90 时，2 个标签都为红色。

3.7　安全机制

MCGS 嵌入版组态软件提供了一套完善的安全机制，用户能够自由组态控制按钮和退出系统的操作权限，只允许有操作权限的操作员才能对某些功能进行操作。MCGS 嵌入版组态软件还提供了工程密码功能，以保护使用 MCGS 嵌入版组态软件开发所得的成果，开发者可利用这些功能保护自己的合法权益。

MCGS 嵌入版系统的操作权限机制和 Windows NT 类似，采用用户组和用户的概念来进行操作权限的控制。在 MCGS 嵌入版组态软件中可以定义多个用户组，每个用户组可以包含多个用户，同一用户可以隶属于多个用户组。操作权限的分配是以用户组为单位来进行的，即哪些用户组有权限操作某种功能以及某个用户能否对某种功能进行操作取决于该用户所在的用户组是否具备对应的操作权限。

MCGS 嵌入版系统按用户组分配操作权限的机制，使用户能方便地建立各种多层次的安全机制，如实际应用中的安全机制一般要划分为操作员组、技术员组、负责人组。操作员组的成员一般只能进行简单的日常操作；技术员组负责工艺参数等功能的设置；负责人组能对重要的数据进行统计分析。各组的权限各自独立，若某用户因工作需要进行所有操作，则只需把该用户同时设为隶属于 3 个用户组即可。

注意：在 MCGS 嵌入版组态软件中，操作权限的分配是对用户组来进行的，某个用户具有什么样的操作权限是由该用户所隶属的用户组来确定的。

3.7.1 定义用户和用户组

在 MCGS 嵌入版组态环境中，选取“工具”菜单中的“用户权限管理”菜单项，如图 3－111 所示，弹出图 3－112 所示的“用户管理器”窗口。

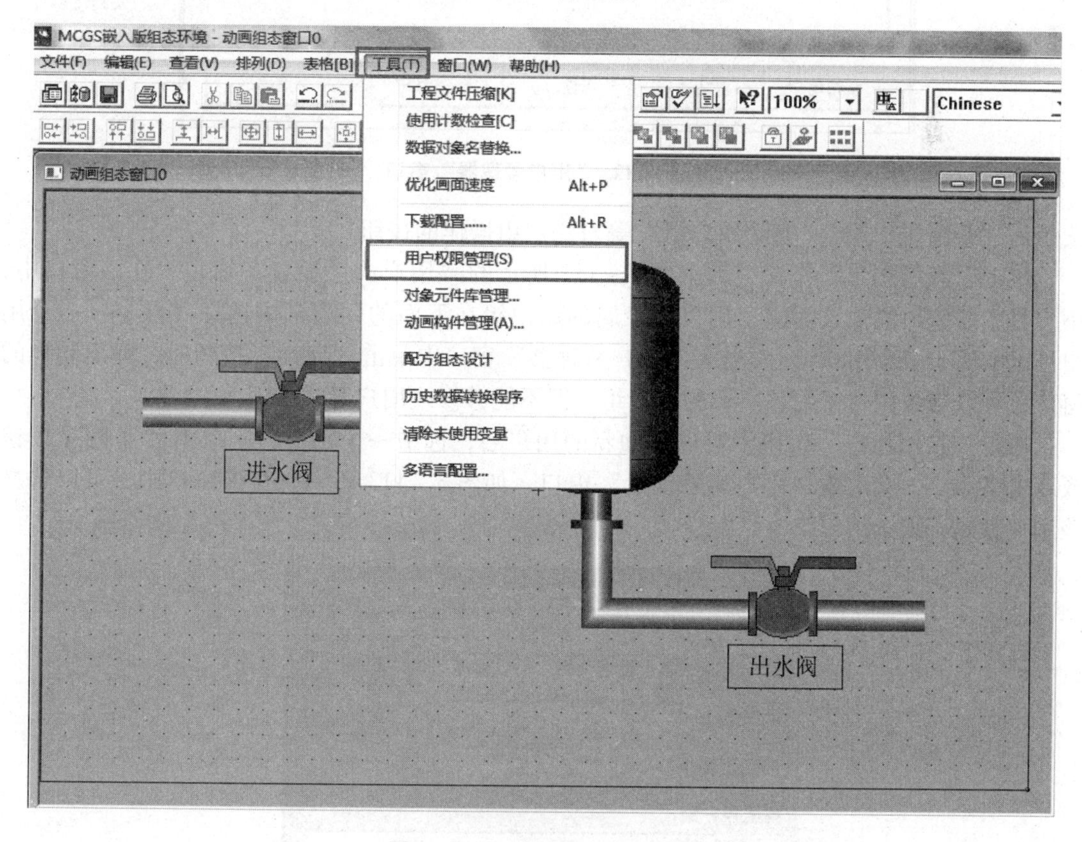

图 3－111 选择用户管理权限

在 MCGS 嵌入版组态软件中，固定有一个名为“管理员组”的用户组和一个名为“负责人”的用户，它们的名称不能修改。管理员组中的用户有权限在运行时管理所有的权限分配工作，管理员组的这些特性是由 MCGS 嵌入版系统决定的，其他所有用户组都没有这些权限。在“用户管理器”窗口中，上半部分为已建用户的用户名列表，下半部分为已建用户组的列表。当用鼠标激活用户名列表时，在窗口底部显示的按钮是“新增用户”“复制用户”“删除用户”等对用户操作的按钮；当用鼠标激活用户组名列表时，在窗口底部显示的

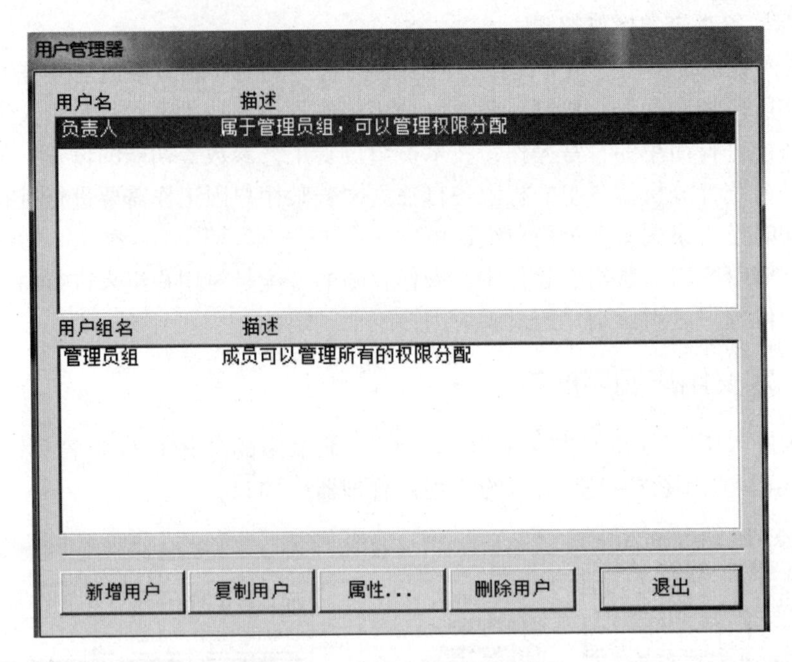

图 3－112 “用户管理器”窗口

按钮是“新增用户组”“删除用户组”等对用户组操作的按钮。

单击“新增用户”按钮，弹出图 3－112 所示的“用户属性设置”窗口，在该窗口中，用户对应的密码要输入两遍，用户所隶属的用户组在下面的列表框中选择（注意：一个用户可以隶属于多个用户组）。当在“用户管理器”窗口中单击“属性”按钮时，弹出同样的窗口，可以修改用户密码和所属的用户组，但不能够修改用户名。

单击“新增用户”按钮，可以添加新的用户名，选中一个用户时，单击“属性”按钮或双击该用户，会出现“用户属性设置”窗口，如图 3－113 所示，在该窗口中，可以选择该用户隶属于哪个用户组。

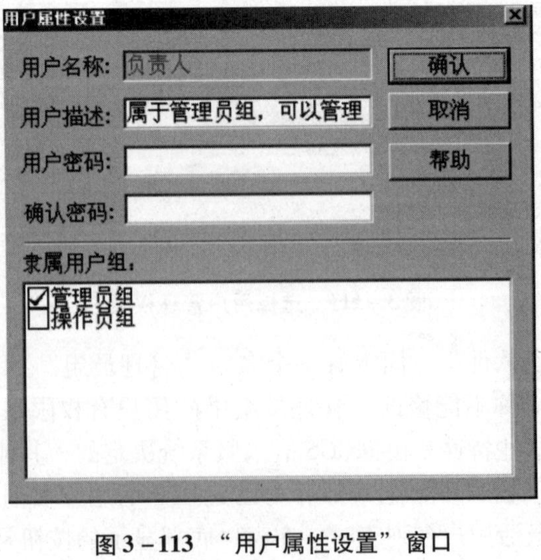

图 3－113 “用户属性设置”窗口

单击“新增用户组”按钮，可以添加新的用户组，选中一个用户组时，单击“属性”按钮或双击该用户组，会出现“用户组属性设置”窗口，如图 3－114 所示，在该窗口中，可以选择该用户组包括哪些用户。

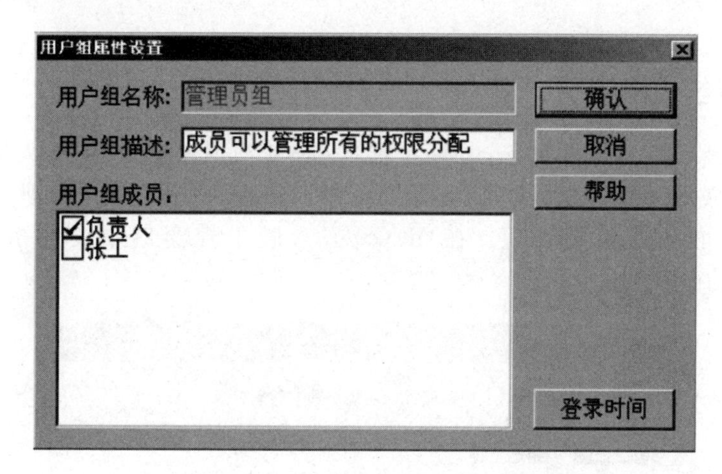

图 3－114　“用户组属性设置”窗口

在图 3－114 所示的窗口中，单击“登录时间”按钮，会打开“登录时间设置”窗口，如图 3－115 所示。

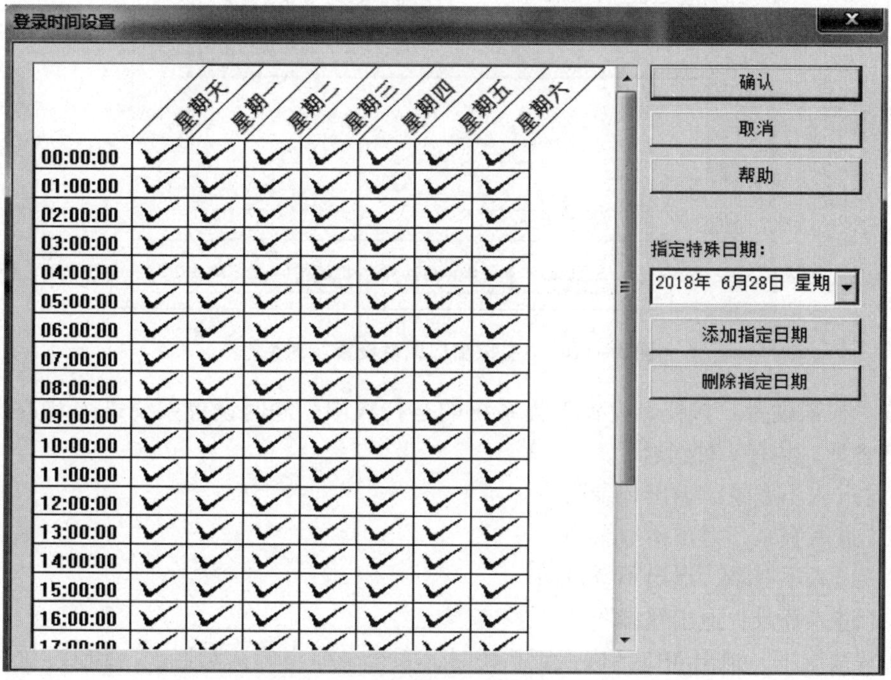

	星期天	星期一	星期二	星期三	星期四	星期五	星期六
00:00:00	✓	✓	✓	✓	✓	✓	✓
01:00:00	✓	✓	✓	✓	✓	✓	✓
02:00:00	✓	✓	✓	✓	✓	✓	✓
03:00:00	✓	✓	✓	✓	✓	✓	✓
04:00:00	✓	✓	✓	✓	✓	✓	✓
05:00:00	✓	✓	✓	✓	✓	✓	✓
06:00:00	✓	✓	✓	✓	✓	✓	✓
07:00:00	✓	✓	✓	✓	✓	✓	✓
08:00:00	✓	✓	✓	✓	✓	✓	✓
09:00:00	✓	✓	✓	✓	✓	✓	✓
10:00:00	✓	✓	✓	✓	✓	✓	✓
11:00:00	✓	✓	✓	✓	✓	✓	✓
12:00:00	✓	✓	✓	✓	✓	✓	✓
13:00:00	✓	✓	✓	✓	✓	✓	✓
14:00:00	✓	✓	✓	✓	✓	✓	✓
15:00:00	✓	✓	✓	✓	✓	✓	✓
16:00:00	✓	✓	✓	✓	✓	✓	✓
17:00:00	✓	✓	✓	✓	✓	✓	✓

图 3－115　“登录时间设置”窗口

MCGS 嵌入版系统中登录时间设置的最小时间间隔是 1 小时，组态时可以指定某个用户组的系统登录时间。如图 3－115 所示，从星期天到星期六，每天 24 小时，指定某用户组在某一小时内是否可以登录系统，在某一时间段打上“√”则表示该时间段可以登录，否则该时间段不允许登录系统。同时，MCGS 嵌入版系统可以指定某个特殊日期的时间段，设置用户组的登录权限，在图 3-115 中，在“指定特殊日期”下拉列表中选择某年某月某天，单击“添加指定日期”按钮则把选择的日期添加到图中左边的列表中，然后设置该天的时间段的登录权限。

3.7.2 系统权限设置

为了更好地保证工程运行的安全、稳定可靠，防止与工程系统无关的人员进入或退出工程系统，MCGS 嵌入版系统提供了对工程运行时进入和退出工程的权限管理。

打开 MCGS 嵌入版组态环境，在 MCGS 嵌入版主控窗口中设置系统属性，打开图 3-116 所示的窗口。

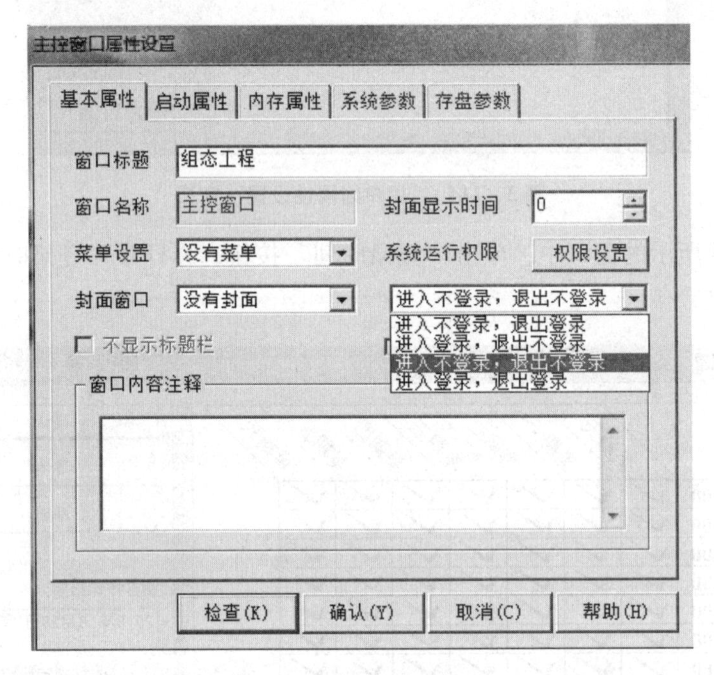

图 3-116 “主控窗口属性设置”对话框

单击“权限设置”按钮，设置工程系统的运行权限，同时设置系统进入和退出时是否需要用户登录，共有 4 种组合：

（1）“进入不登录，退出登录”；

（2）“进入登录，退出不登录”；

（3）“进入不登录，退出不登录”；

（4）“进入登录，退出登录”。

在通常情况下，退出 MCGS 嵌入版系统时，系统会弹出确认对话框，MCGS 嵌入版系统提供了两个脚本函数在运行时控制退出时是否需要用户登录和弹出确认对话框——!EnableExitLogon() 和 !EnableExitPrompt()。这两个函数的使用说明如下：

!EnableExitLogon(FLAG)，FLAG=1，用户登录成功后才能退出系统，否则拒绝用户退出的请求；FLAG=0，不需要用户登录即可退出系统，此时不管系统是否设置了退出时需要用户登录，均不登录。

!EnableExitPrompt(FLAG)，FLAG＝1，工程系统退出时弹出确认对话框；FLAG＝0，工程系统退出时不弹出确认对话框。

为了使上面两个函数有效，必须在组态时在脚本程序中加上这两个函数，在工程运行时调用一次函数运行。

3.7.3　操作权限设置

MCGS 嵌入版操作权限的组态非常简单，当对应的动画功能可以设置操作权限时，在属性设置窗口页中都有对应的“权限”按钮，图 3－117 所示是标准按钮的权限设置界面。在用户窗口中双击打开标准按钮的属性设置界面，单击“权限”按钮后弹出图 3－118 所示的“用户权限设置”窗口。

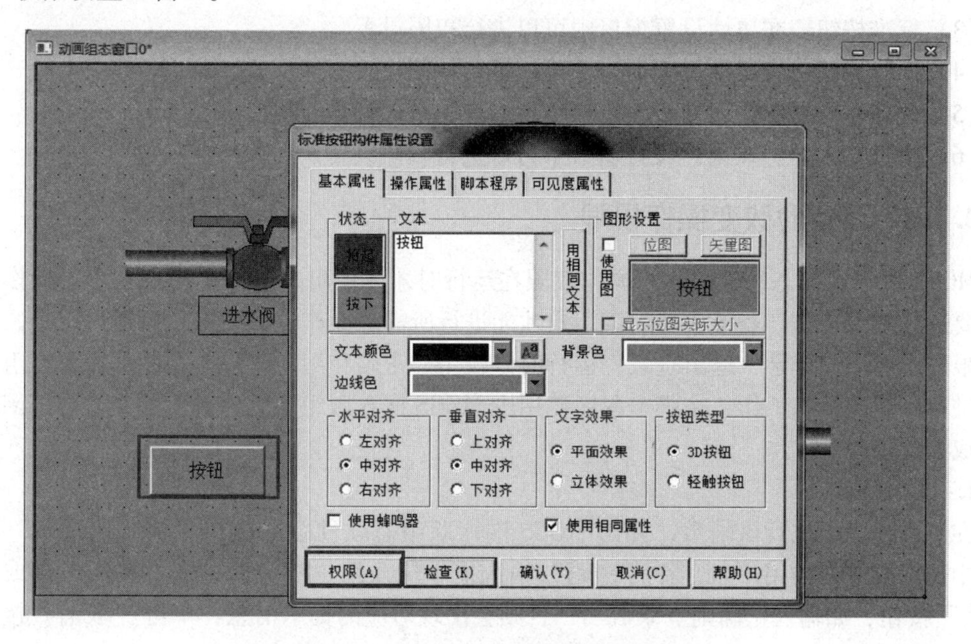

图 3－117　标准按钮的权限设置界面

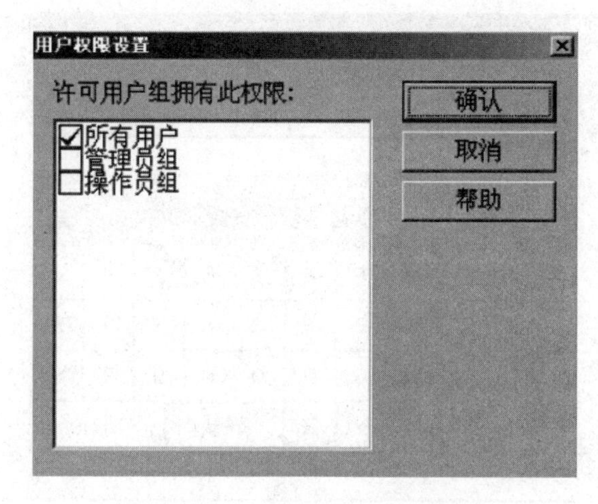

图 3－118　“用户权限设置”窗口

作为缺省设置，能对某项功能进行操作的为所有用户，即如果不进行权限组态，则权限机制不起作用，所有用户都能对其进行操作。在“用户权限设置”窗口中，把对应的用户组选中（方框内打钩表示选中），则该组内的所有用户都能对该项工作进行操作。

注意：一个操作权限可以配置多个用户组。

在 MCGS 嵌入版组态软件中，能进行操作权限组态设置的有如下内容：

（1）退出系统：在主控窗口的属性设置页中有权限设置按钮，通过该按钮可进行权限设置。

（2）动画组态：在对普通图形对象进行动画组态时，按钮输入和按钮动作两个动画功能可以进行权限设置。运行时，只有有操作权限的用户登录，鼠标在图形对象的上面才变成手状，响应鼠标的按键动作。

（3）标准按钮：在属性设置窗口中可以进行权限设置。

（4）动画按钮：在属性设置窗口中可以进行权限设置。

（5）旋钮输入器：在属性设置窗口中可以进行权限设置。

（6）滑动输入器：在属性设置窗口中可以进行权限设置。

3.7.4　运行时改变操作权限

MCGS 嵌入版组态软件的用户操作权限在运行时才体现出来。某个用户在进行操作之前首先要进行登录工作，登录成功后该用户才能进行所需的操作，完成操作后退出登录，使操作权限失效。用户登录、退出登录、运行时修改用户密码和用户管理等功能都需要在组态环境中进行一定的组态工作，在脚本程序使用中 MCGS 嵌入版组态软件提供的 4 个内部函数可以完成上述工作。

1. !LogOn()

在脚本程序中执行该函数，弹出 MCGS 嵌入版组态软件登录窗口。从“用户名”下拉列表中选取要登录的用户名，在“密码”输入框中输入用户对应的密码，按回车键或单击“确认”按钮，如输入正确则登录成功，否则会出现对应的提示信息，单击“取消”按钮停止登录，如图 3－119 所示。

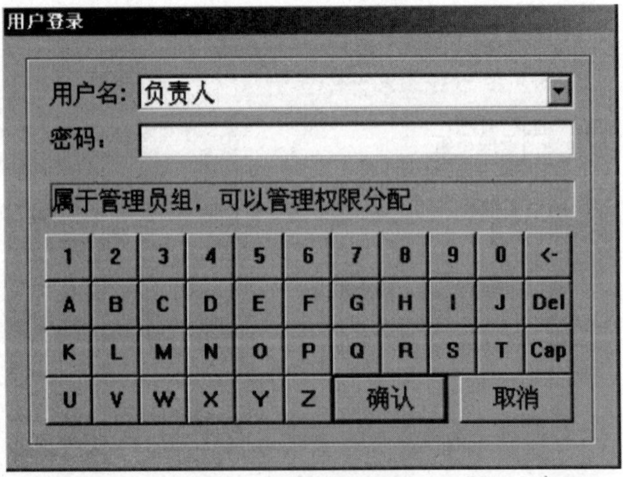

图 3－119　登录界面

2. !LogOff( )

在脚本程序中执行该函数弹出提示框，提示是否要退出登录，单击“是”按钮退出，单击“否”按钮不退出。

3. !ChangePassword( )

在脚本程序中执行该函数弹出修改密码窗口，如图 3－120 所示。

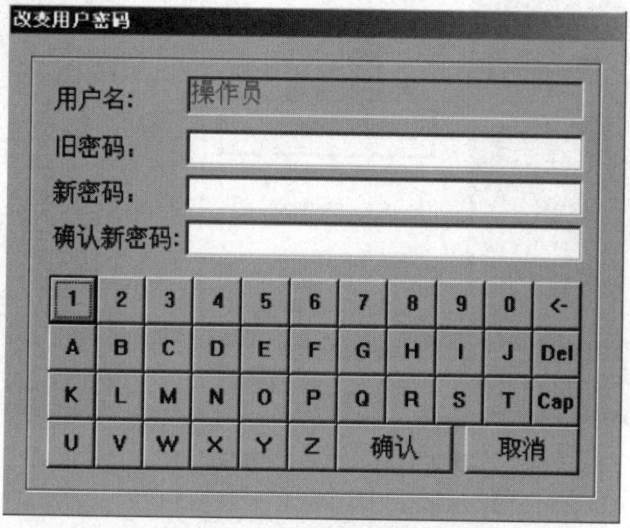

图 3－120　修改密码窗口

先输入旧的密码，再输入两遍新密码，单击“确认”按钮即可完成当前登录用户的密码修改工作。

4. !Editusers( )

在脚本程序中执行该函数弹出“用户管理器”窗口，允许在运行时增加、删除或修改用户的密码及其所隶属的用户组。注意：只有在当前登录的用户属于管理员组时，本功能才有效。运行时不能增加、删除或修改用户组的属性。

在实际应用中，当需要进行操作权限控制时，一般都在用户窗口中增加 4 个按钮：“登录用户”“退出登录”“修改密码”“用户管理”；在每个按钮属性窗口的脚本程序属性页中分别输入 4 个函数：!LogOn( )、!LogOff( )、!ChangePassword( )、!Editusers( )。这样，运行时就可以通过这些按钮来进行登录等工作。

3.7.5　工程安全管理

使用 MCGS 嵌入版组态软件“工具”菜单中“工程安全管理”菜单项的功能可以实现对工程（组态所得的结果）进行各种保护工作。该菜单项包括“工程密码设置”。

给正在组态或已完成的工程设置密码，可以保护该工程不被其他人打开、使用或修改。当使用 MCGS 嵌入版组态软件打开这些工程时，首先弹出输入框，要求输入工程的密码，如密码不正确则不能打开该工程，从而起到保护劳动成果的作用。

工程密码设置过程如图 3－121、图 3－122 所示。

如果是第一次设定密码，旧密码可以不用输入，直接输入两遍新密码即可。输入完成

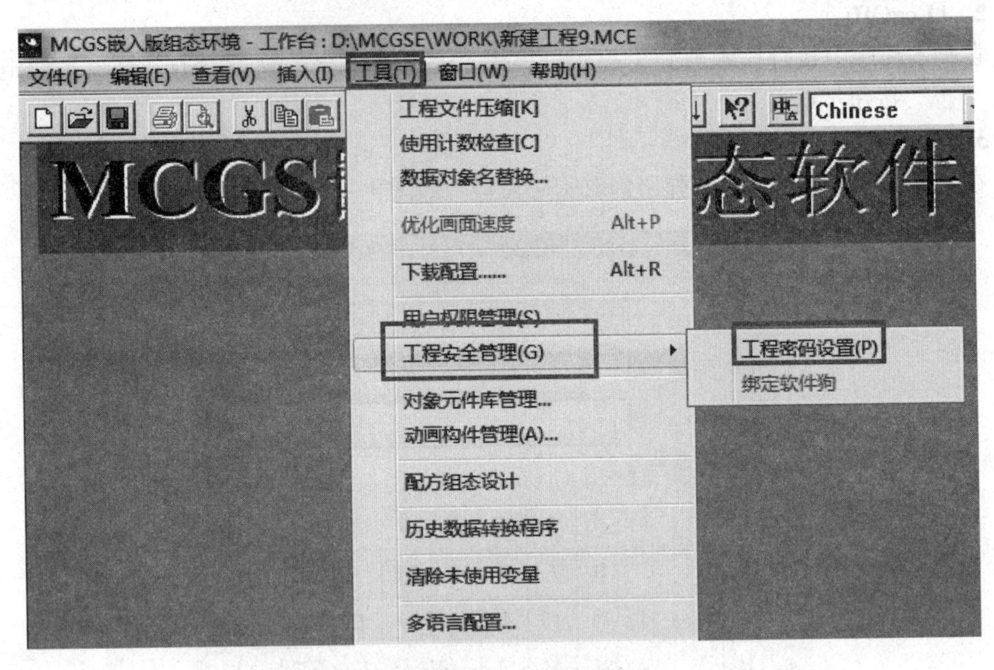

图 3－121　打开工程密码设定

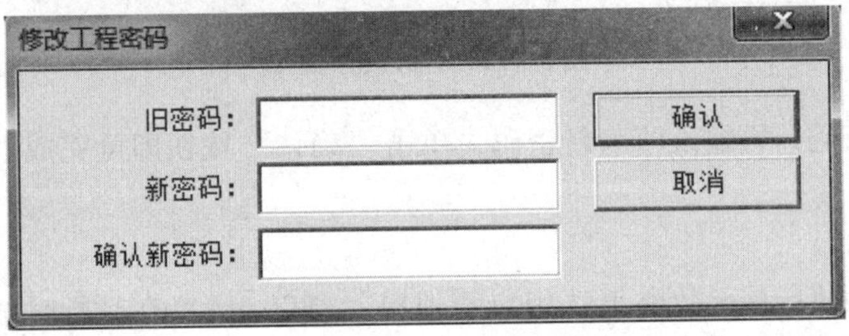

修改工程密码
旧密码：
新密码：
确认新密码：
确认
取消

图 3－122　设置密码

后，保存工程，再次打开工程的时候，回弹出密码输入框，要求输入正确的密码，才可以打开工程，如图 3－123 所示。

输入工程密码
正在打开工程：
D:\MCGSE\Work\新建工程9.MCE
请输入工程密码：
确认
取消

图 3－123　输入密码

【实训练习 3.7】

新建一个工程，建立两个用户窗口，在“窗口 1”中组态 2 个按钮，要求按动“按钮

1”时，需要输入正确的密码才能进入“窗口2”，按动“窗口1”中的“按钮2”，弹出修改密码界面，可以修改密码。在“窗口2”中组态一个按钮，可以返回“窗口1”。

3.8　配方处理

在制造领域，配方用来描述生产一件产品所用的不同配料之间的比例关系，是生产过程中一些变量对应的参数设定值的集合。例如面包厂生产面包时有一个配料配方。此配方列出所有用来生产面包的配料（如水、面粉、糖、鸡蛋、蜂蜜等），而不同口味的面包会有不同的配料用量。例如甜面包会使用更多的糖，而低糖面包则使用更少的糖。在MCGS嵌入版组态软件配方构件中，所有配料的列表就是一个配方组，而每种口味的面包原料用量则是一个配方。可以把配方组想象成一张表格，如表3-1所示。表格的每一列就是一种原料，而每一行就是一个配方，单元格中的数据则是每种原料的具体用量。

表3-1　配方组

g

配料 产品	糖	盐	面粉	水	蜂蜜
甜面包	80	10	80	30	10
低糖面包	30	5	80	30	0
无糖面包	10	5	80	30	0

MCGS嵌入版组态软件的配方功能与表3-1的不同之处在于每种原料（也就是列）在复制到数据对象时有一个延时参数。例如在流水线上，原料的投放时间肯定是不同的，有一定的先后次序，这可以通过为每种原料设置不同的输出延时，实现对每种原料投放顺序的控制。不过使用延时参数也有很多限制，例如设置了输出延时以后，配方成员参数的值会在延时到达后才复制到对应的数据对象中去，这时如果切换组态工程画面，会造成输出中断。同时现在MCGS嵌入版组态软件还没有提供相应的脚本函数用来检查成员参数值复制操作是否已经完成。这些限制会为组态带来很多意想不到的问题，所以除非必要，尽量不要使用输出延时设置。

除了输出延时参数，MCGS嵌入版组态软件的配方功能还有一个输出系数参数，可以从整体上控制原料的用量。例如表3-1所示是生产100个面包的原料用量，现在要一次性投放生产1 000个面包的原料，只要把输出系数设置为10即可。同理设置输出系数为0.5则可以投放生产50个面包的原料。

MCGS嵌入版组态软件的配方构件采用数据库处理方式：可以在一个用户工程中同时建立和保存多个配方组；每个配方组的配方成员变量和配方可以任意修改；各个配方成员变量的值可以在组态和运行环境中修改；可随时指定配方组中的某个配方为配方组的当前配方；把指定配方组的当前配方的参数值装载到实时数据库的对应变量中；可把实时数据库的变量值保存到指定配方组的当前配方中。此外还提供了追加配方、插入配方、对当前配方改名等功能。

MCGS嵌入版组态软件的配方构件由3个部分组成：组态环境配方设计、运行环境配方操作和运行环境配方操作脚本函数。

3.8.1 配方功能说明

1. 配方组和配方

在 MCGS 嵌入版组态软件的配方构件中，每个配方组就是一张表格，每个配方就是表格中的一行，而表格的每一列就是配方组的一个成员变量。

2. 配方组名称

配方组的名称应能够清楚地反映配方的实际用途，例如面包配方组就是各种面包的配方。

3. 变量个数

这里的变量个数就是配方组成员变量的数量，也就是配方中的原料总数。例如表 3－1 中的配方就有 5 种原料，那么对应的配方组就应该有 5 个成员变量。

4. 输出系数

输出系数会从整体上影响配方中所有变量的输出值。在输出变量值时，每个成员变量的值会乘以输出系数以后再输出。如果输入系数为空，那么就会跳过这个操作，其等效于将输出系数设置为 1。输出系数除了可以设置成固定常数外，也可以设置成数据对象。这样就可以通过改变输出系数对应的数据对象来控制配方组成员变量的最终输出值。

5. 变量名称

变量名称实际上是数据对象的名称。例如面包配方中“糖”这个原料对应的数据对象可能叫作“原料－糖”。

6. 列标题

每一列的标题并不会对输出值造成任何影响，只是为了便于用户查看和编辑配方，因此将其设置成有意义的名字即可。

7. 输出延时

输出延时参数会影响成员变量的值复制到数据对象时的等待时间，单位是“秒”。例如“糖”的输出延时是 100 秒，那么在运行环境下装载配方时，“糖”的变量值会在 100 秒以后才复制到对应的数据对象中去。如果使用脚本函数装载配方，那么要注意有一个脚本函数在输出值时是不会受到输出延时参数的影响的。

3.8.2 使用配方功能

使用 MCGS 嵌入版组态软件的配方构件一般分为两步：

第一步：配方组态设计，即通过配方组态窗口输入配方所要求的成员变量及其参数值，例如一个面包房生产面包需要的各种原料及参数配置比例。

第二步：运行环境配方操作。在运行环境中通过脚本函数打开对话框来装入配方、编辑配方，或者通过配方脚本函数直接操作配方。

具体操作如下：

(1) 第一步：配方组态设计。

单击“工具”菜单中的“配方组态设计”菜单项，进入 MCGS 嵌入版组态软件的“配方组态设计”窗口，如图 3－124 所示。

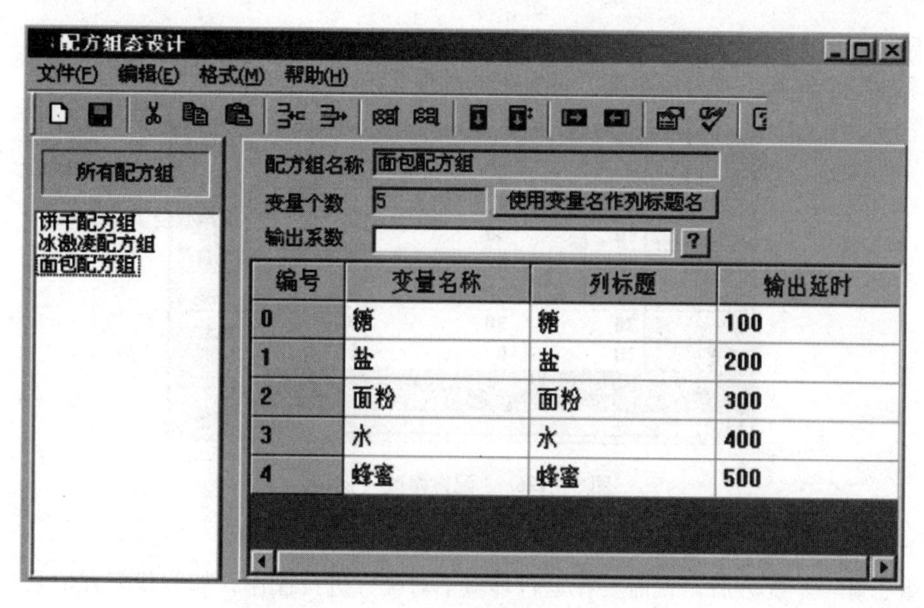

图3－124　“配方组态设计”窗口

“配方组态设计”窗口是一个独立的编辑环境。用户通过菜单、工具栏按钮以及键盘热键能够完成配方和配方成员的新建、编辑、删除等操作。

“配方组态设计”窗口主要分为3部分：左边是配方组列表，工程中所有的配方组都会显示在这里；右边上部是配方组的名称、成员变量个数等配方组信息；下方则显示这个配方组的成员变量列表及其对应的数据对象名称、列标题等信息。用户要查看或者修改某个配方组的成员及其参数，必须先从列表中选中要操作的配方组，然后在右边进行相应的操作。

使用“配方组态设计”窗口进行配方参数设置的具体步骤如下：

①新建配方组：单击“文件”菜单中的“新增配方组”菜单项或者工具栏中的新建配方图标，会自动建立一个缺省的配方组。缺省的配方组名字为“配方组X”，没有任何成员变量，输出系数为空。

②配方组改名：从左边配方组列表中选中要改名的配方组，再单击“文件”菜单中的“配方组改名”菜单项，然后在输入对话框中输入配方组的新名字。

③配方组信息修改：选中配方组，在右边上方输入配方组的新信息，例如输出系数。

④配方组成员变量编辑：选中配方组后，右边会显示配方组的信息和成员变量列表，每个成员变量就是成员变量列表窗口中的一行。通过“格式”菜单中的菜单项或者工具栏中的相应图标，可以完成配方组成员变量的添加、删除、拷贝、移动等操作。要为成员变量设置对应的数据对象，可以选中成员变量单元格，然后按F2键或者单击输入数据对象名称。或者在单元格上单击鼠标右键，通过实时数据选择窗口选择成员变量对应的数据对象。如果用户输入的数据对象不存在于实时数据库中，“配方组态设计”窗口会询问用户是否添加此数据对象，如图3－125所示。

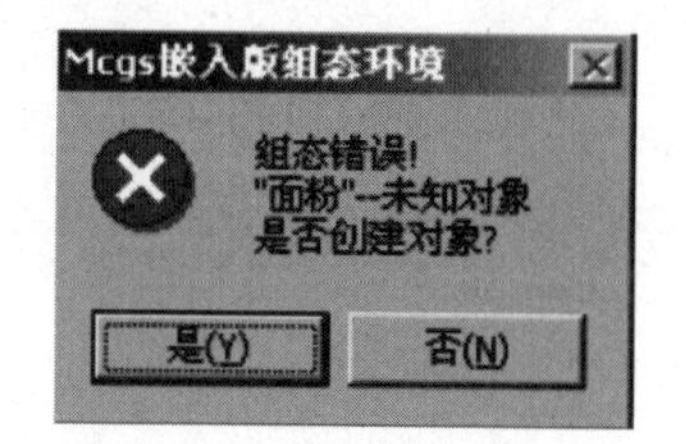

图3－125　错误提示

⑤配方编辑：配方组设置完成后就可以对配方数据进行录入了。在左边的配方组列表中双击需要修改的配方组或者选择“编辑”菜单中的“编辑配方”菜单项，打开“配方修

改”窗口，如图3－126所示。在“配方修改”窗口的配方列表中每一列就是一个配方，用户可以添加多个配方，并为每个配方设置不同的变量值。

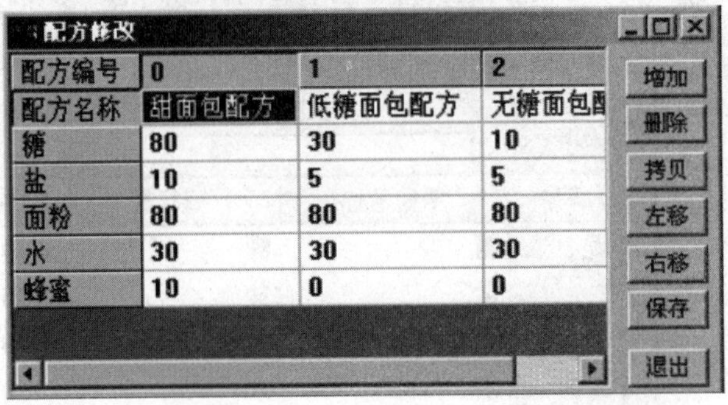

配方编号	0	1	2
配方名称	甜面包配方	低糖面包配方	无糖面包配
糖	80	30	10
盐	10	5	5
面粉	80	80	80
水	30	30	30
蜂蜜	10	0	0

增加 删除 拷贝 左移 右移 保存 退出

图3－126 “配方修改”窗口

（2）第二步：运行环境配方操作。

当组态好一个配方后，就需要在运行环境下对配方进行操作，如装载配方记录、保存配方记录值等。MCGS嵌入版组态软件使用特定的配方脚本函数实现对配方记录的操作。可用的配方脚本函数有下面几类：通过用户界面装载和编辑配方的函数、不带用户界面的配方装载和编辑函数、配方组中当前配方的定位函数、对当前配方进行操作的函数。

具体的配方函数可以在MCGS嵌入版组态软件的“帮助”中查看。

第四部分

实例分析——触摸屏在恒压供水系统中的综合应用

随社会经济的迅速发展，人们对供水质量和供水系统可靠性的要求不断提高，再加上目前能源紧缺，利用先进的自动化技术、控制技术以及通信技术，设计高性能、高节能、能适应不同领域的恒压供水系统成为必然趋势。

恒压供水系统是针对居民生活用水而设计的。由变频器、PLC、触摸屏组成控制系统，调节水泵的输出流量。在该系统中电动机泵组由两台水泵并联而成，由变频器或工频电网供电，根据供水系统出口水压和流量控制变频器电动机泵组的速度和切换，使系统运行在最合理的状态，保证按需供水。

本部分主要介绍触摸屏在该系统中的主要作用及组态过程。触摸屏在恒压供水系统控制过程中完成以下功能：

（1）通过触摸屏进行参数设置；

（2）通过触摸屏完成水泵的启停控制；

（3）通过触摸屏显示设备的运行参数；

（4）通过触摸屏记录系统运行过程中的报警信息；

（5）通过触摸屏的动画效果演示系统的实时运行过程。

4.1 项目要求

系统的整个控制是通过 PLC 的控制程序，结合触摸屏设置的相关参数来完成的。具体的控制要求如下：

（1）系统分为手动控制和自动控制两种方式，通过控制柜门的旋钮开关来选择。在手动控制模式下，通过触摸屏的手动控制窗口中的控制按钮来启停水泵的运行；在自动控制模式下，系统根据要求自动启停水泵的运行。

（2）系统能够设定需要的压力值，变频器的运行上、下限频率值，休眠频率值，唤醒压力值等，还能够方便地设定 PID 的相关参数。

（3）能够实时记录系统的运行数据，包括运行频率、实时压力等。

（4）能够实时记录系统运行过程中的故障内容。

系统的整个运行过程是在 PLC 及其 PID 控制功能下，根据实际的用水情况，实时调节水泵的运行状态，实现供水的恒定压力。系统启动后，根据设定压力值，首先启动 1#水泵的变频运行，并实时采集管道的实时压力值，把实时压力值反馈到 PLC 的 PID 控制模块中，与设定压力值进行比较，自动输出变频器的运行频率信号，实时控制水泵的运行频率；当水泵的运行频率达到设定的运行频率上限时，说明一台水泵运行已经不能满足供水的需要，这时候就需要自动启动 2#水泵的工频运行，以满足供水的需要。当两台水泵同时运行时，1#水泵的运行频率在运行频率下限以下时，说明两台水泵已经大大超过了供水的需要，这时需要停止 2#水泵的工频运行，所以设定了运行频率的上、下限频率。

当在用水低峰时，比如凌晨时分，用水量很小，一台水泵的运行频率到达“休眠频率”时，说明外部的用水量非常小，可以停止水泵的运行，以达到节能的目的。水泵停止运行后，如果外部用水量增加，管道压力就会下降，当管道压力降低到设定的“唤醒压力”以下时，就需要再次启动 1#水泵的运行，增加管道的压力，满足供水需求。

如果外部的用水量持续不大，那么第二台水泵可能会因长期不运行而容易出现故障，当一台水泵持续运行一段时间后，就自动停止该泵的运行而启动另外一台水泵，保证水泵的正常运行。

根据以上要求，设计以下几个画面：

（1）起始窗口。起始窗口显示当前系统的名称、设计单位的名称、电话、网址等信息，如图 4－1 所示。

图 4－1　起始窗口

（2）自动运行窗口。该窗口显示系统自动运行时的效果，包括实时压力、实时运行频率、水泵的运行状态（变频/工频/检修）、水流效果，还有进入其他窗口的功能按钮等，如图 4－2 所示。

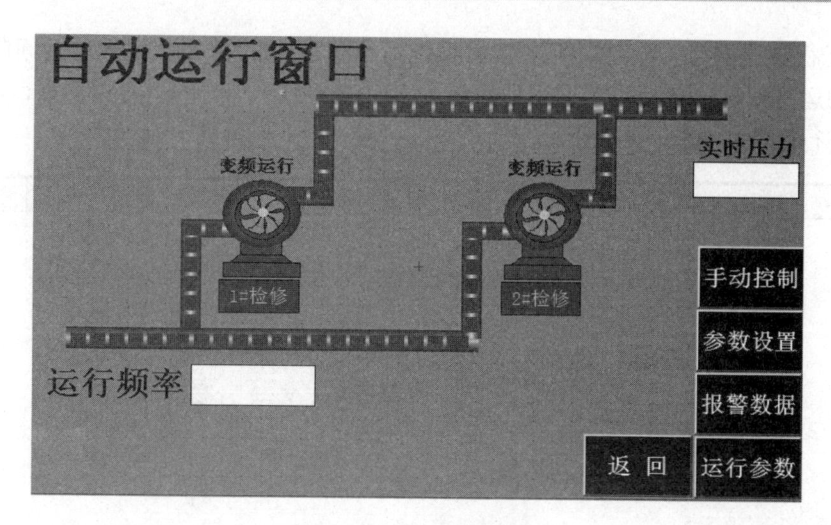

图4－2　自动运行窗口

（3）手动运行窗口。该窗口用来手动控制水泵的运行，通过手动按钮来启动、停止对应水泵的运行，如图4－3所示。

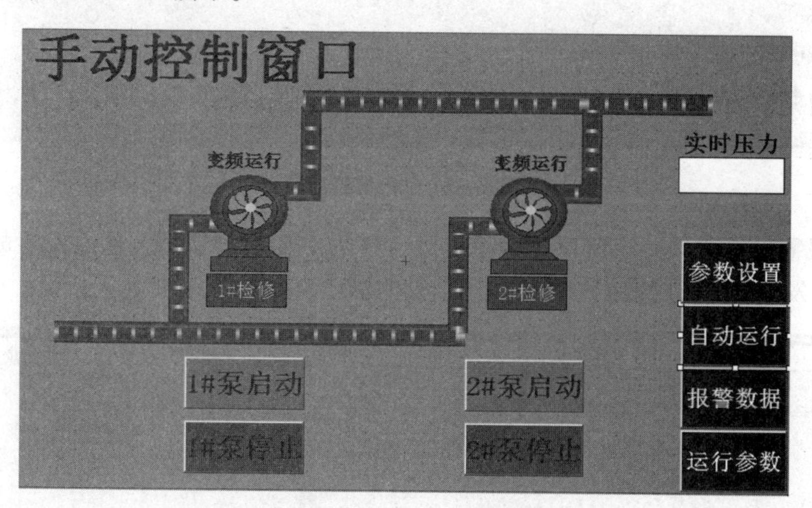

图4－3　手动运行窗口

（4）参数设置窗口。该窗口用来进行相关的参数设置，包括压力的设定值，运行频率的上限、下限，传感器参数，PID参数等，如图4－4所示。

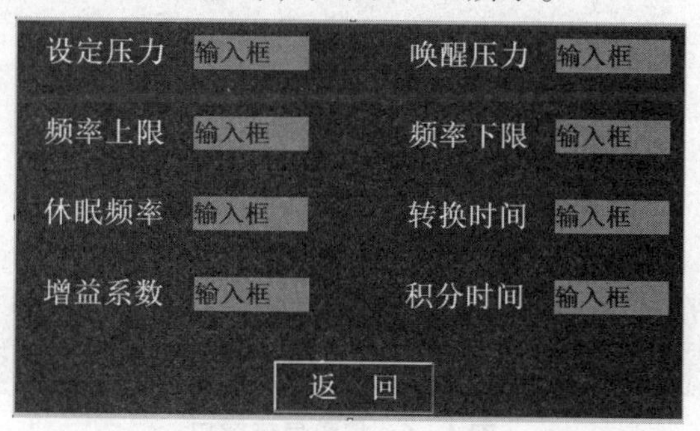

图4－4　参数设置窗口

（5）运行数据窗口。该窗口用来显示系统运行过程中的相关数据，通过间隔一定时间采集当前的运行数据，包括当前运行的水泵、实时的压力、实时的运行频率等，还可对所显示的数据进行删除，如图 4－5 所示。

序号	时间	泵1变频	泵1工频	泵2变频	泵2工频	实时压力	运行频率

设置

窗口刷新　数据删除　返　回

图 4－5　运行数据窗口

（6）报警显示窗口。该窗口显示系统运行过程中的故障数据，包括发生故障的时间、故障类型、发生故障时的数据以及对故障信息的描述，如图 4－6 所示。

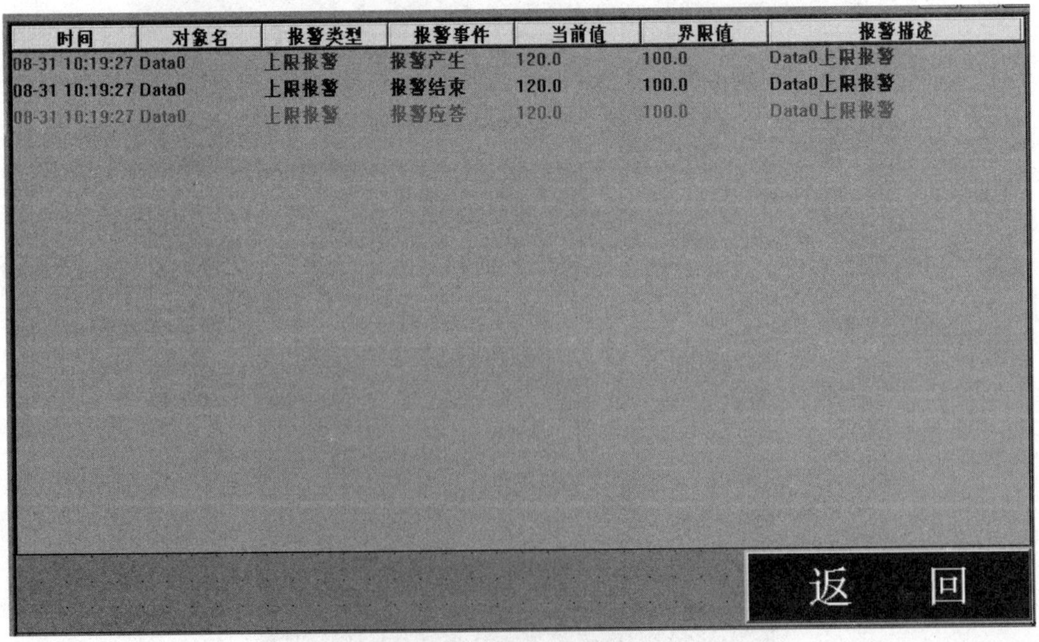

时间	对象名	报警类型	报警事件	当前值	界限值	报警描述
08-31 10:19:27	Data0	上限报警	报警产生	120.0	100.0	Data0上限报警
08-31 10:19:27	Data0	上限报警	报警结束	120.0	100.0	Data0上限报警
08-31 10:19:27	Data0	上限报警	报警应答	120.0	100.0	Data0上限报警

返　回

图 4－6　报警显示窗口

4.2　组态设备窗口与数据库

接下来根据具体的要求介绍整个组态过程。首先根据整个系统的控制过程组态需要的相关数据，如表 4-1 所示。

表 4-1　系统需要的数据

数据名称	PLC 地址	信号来源	数据类型
1#水泵变频运行	Q0.0	PLC 输出	BOOL
2#水泵变频运行	Q0.1	PLC 输出	BOOL
1#水泵工频运行	Q0.2	PLC 输出	BOOL
2#水泵工频运行	Q0.3	PLC 输出	BOOL
1#水泵故障	I0.0	1#热继电器	BOOL
2#水泵故障	I0.1	2#热继电器	BOOL
变频器故障	I0.2	变频器输出端子	BOOL
1#水泵检修信号	I0.3	柜门 1#旋钮	BOOL
2#水泵检修信号	I0.4	柜门 2#旋钮	BOOL
1#水泵启动	M0.0	PLC 内部	BOOL
1#水泵停止	M0.1	PLC 内部	BOOL
2#水泵启动	M0.2	PLC 内部	BOOL
2#水泵停止	M0.3	PLC 内部	BOOL
实时管道压力	VD0	PLC 内部	实数
实时运行频率	VD4	PLC 内部	实数
压力设定值	VD8	PLC 内部	实数
运行频率上限	VD12	PLC 内部	实数
运行频率下限	VD16	PLC 内部	实数
运行休眠频率	VD20	PLC 内部	实数
唤醒压力值	VD24	PLC 内部	实数
PID 增益值	VD28	PLC 内部	实数
PID 积分时间	VD32	PLC 内部	实数
转换时间	VW40	PLC 内部	整数

4.2.1　新建工程

在电脑中找到 MCGS 嵌入版组态软件，双击图标打开软件，如图 4-7 所示。在工程里面选择新建工程，并在随后弹出的对话框中选择触摸屏型号为 TPC7062TX，如图 4-8 所示。选择完成后单击“确定”按钮。

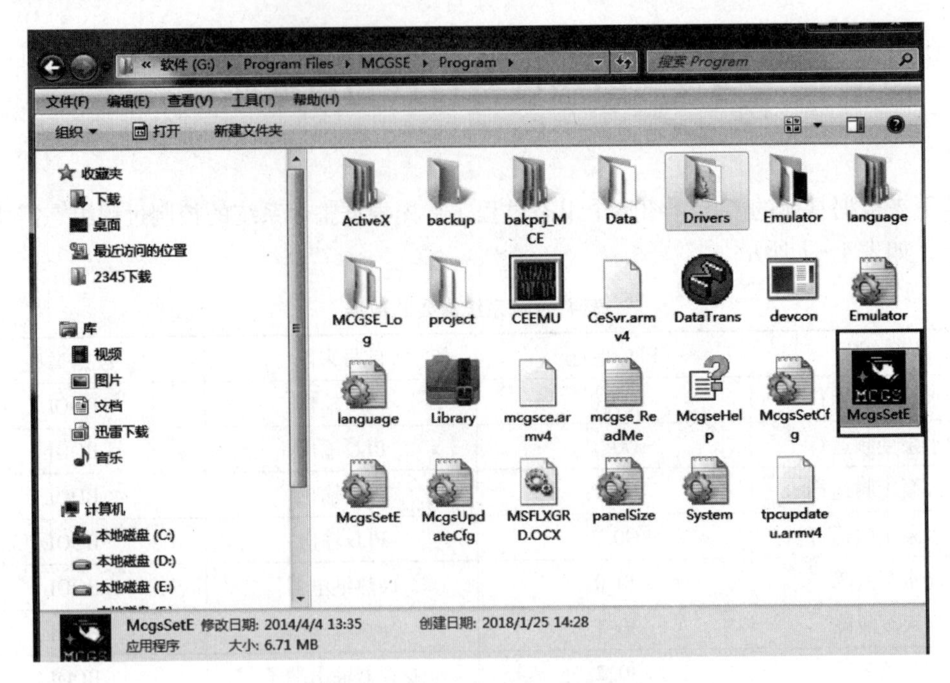

图 4－7　双击图标打开组态软件

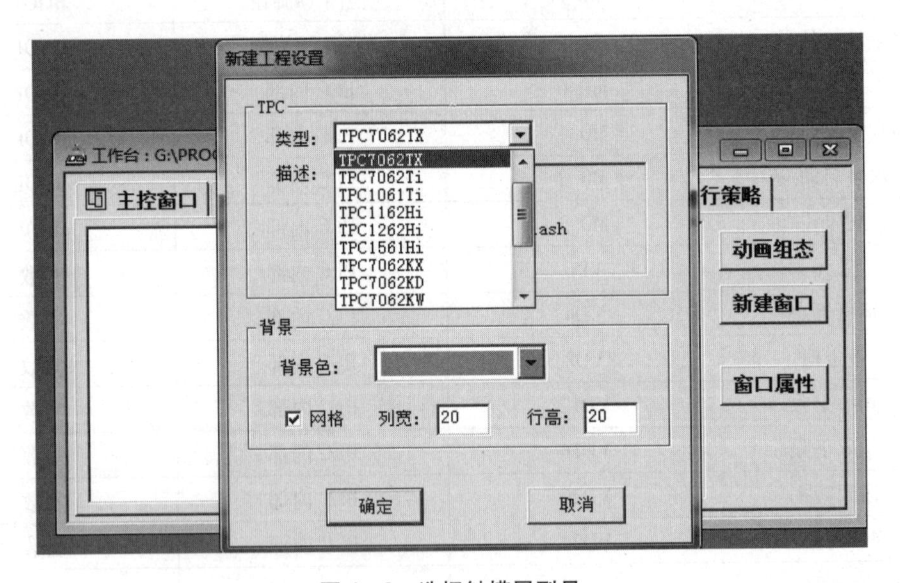

图 4－8　选择触摸屏型号

4.2.2　组态设备窗口

在“工作台”界面选择“设备窗口”选项卡，单击打开，在工作台中添加“设备窗口”按钮，双击打开设备窗口，单击工具箱图标，打开设备工具箱，选择“通用串口父设备”，再次选择“西门子 S7－200PPI”，在弹出的小窗口中单击“是（Y）”按钮，然后关闭设备组态窗口，在关闭过程中，在弹出的小窗口中单击“是（Y）”按钮，如图 4－9～图 4－12 所示。

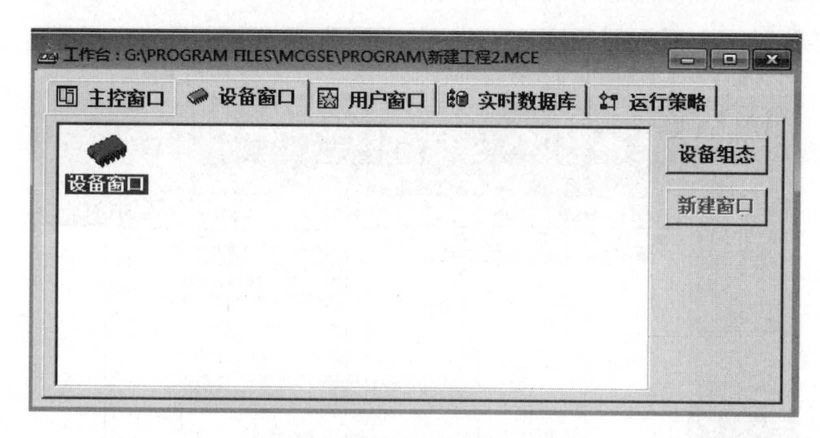

图 4－9　选择“设备窗口”选项卡

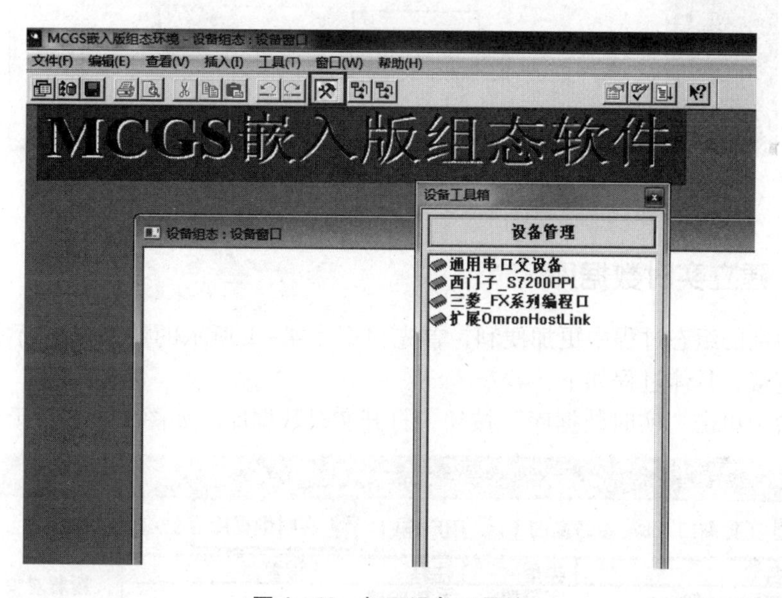

图 4－10　打开设备工具箱

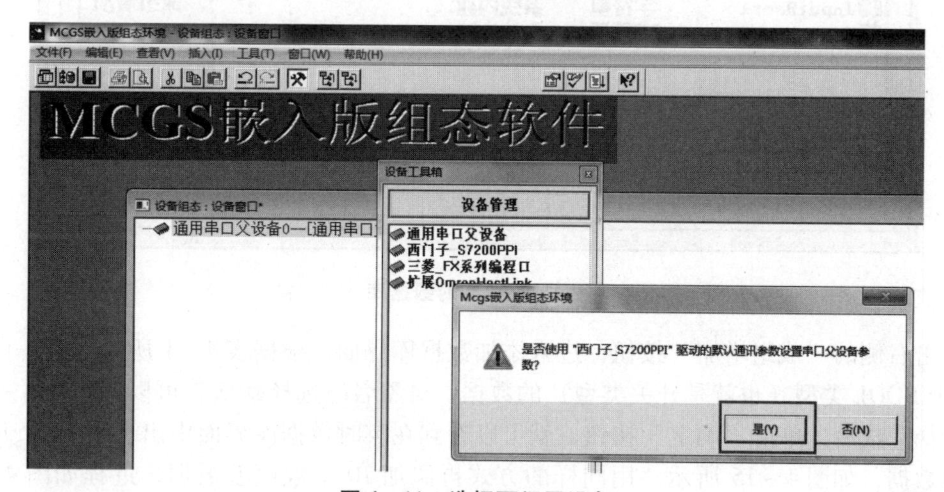

图 4－11　选择西门子设备

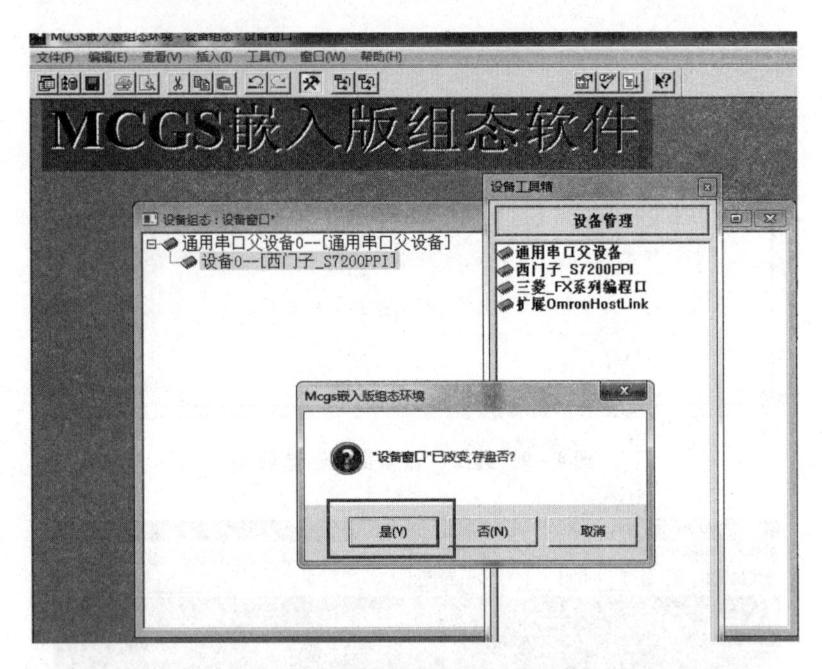

图 4－12　关闭并保存设备组态窗口

4.2.3　建立实时数据库

为了在后期的组态过程中更加便利，首先根据表 4－1 所示的数据，进行实时数据库的建立并进行链接。具体过程如下：

在工作台中单击“实时数据库”按钮，打开实时数据库，如图 4－13 所示。

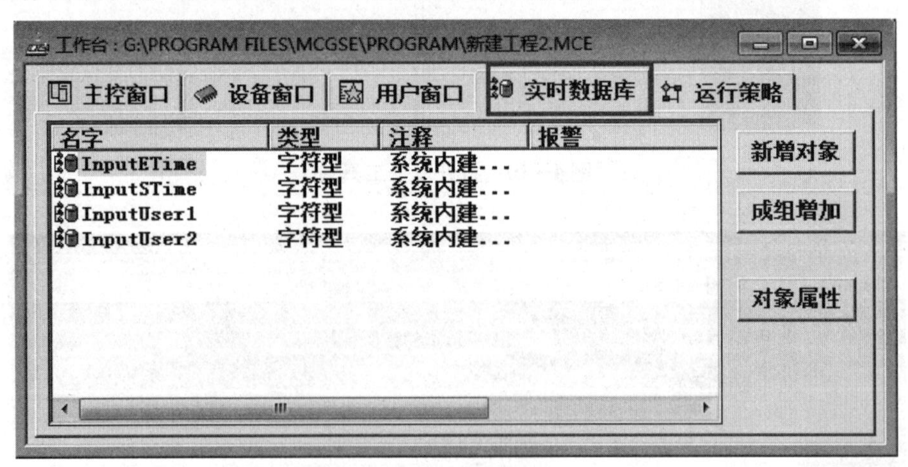

图 4－13　实时数据库

单击右侧的“成组增加”按钮，进入添加数据库界面。根据表 4－1 所示内容，首先添加 13 个 BOOL 类型（也就是开关类型）的数据，对象名称选择默认就可以，如图 4－14 所示。选择完成后，单击“确定”按钮，就可以看到在实时数据库界面中出现了 13 个开关型的实时数据，如图 4－15 所示。用同样的方式再添加 10 个数值型数据，过程如图 4－16、图 4－17 所示。

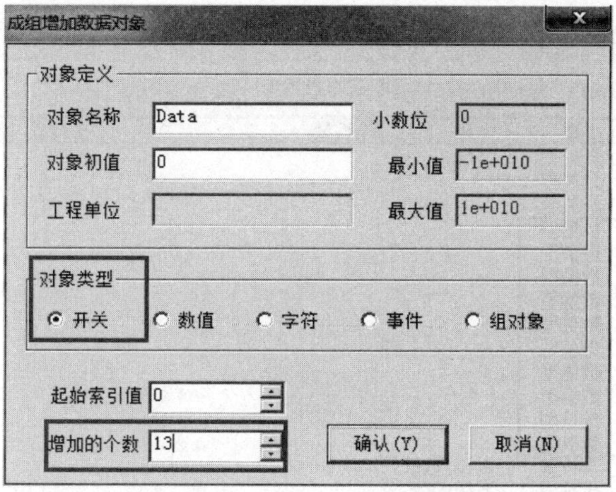

成组增加数据对象

对象定义

对象名称 Data　小数位 0

对象初值 0　最小值 -1e+010

工程单位　最大值 1e+010

对象类型

开关　数值　字符　事件　组对象

起始索引值 0

增加的个数 13　确认(Y)　取消(N)

图 4－14　添加 13 个开关型数据

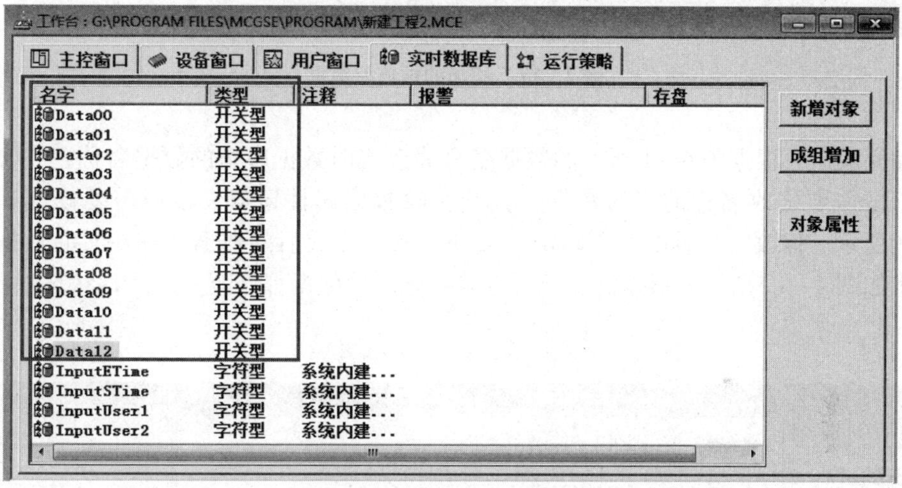

工作台：G:\PROGRAM FILES\MCGSE\PROGRAM\新建工程2.MCE

主控窗口　设备窗口　用户窗口　实时数据库　运行策略

名字	类型	注释	报警	存盘
Data00	开关型			
Data01	开关型			
Data02	开关型			
Data03	开关型			
Data04	开关型			
Data05	开关型			
Data06	开关型			
Data07	开关型			
Data08	开关型			
Data09	开关型			
Data10	开关型			
Data11	开关型			
Data12	开关型			
InputETime	字符型	系统内建...		
InputSTime	字符型	系统内建...		
InputUser1	字符型	系统内建...		
InputUser2	字符型	系统内建...		

新增对象　成组增加　对象属性

图 4－15　添加的开关型数据

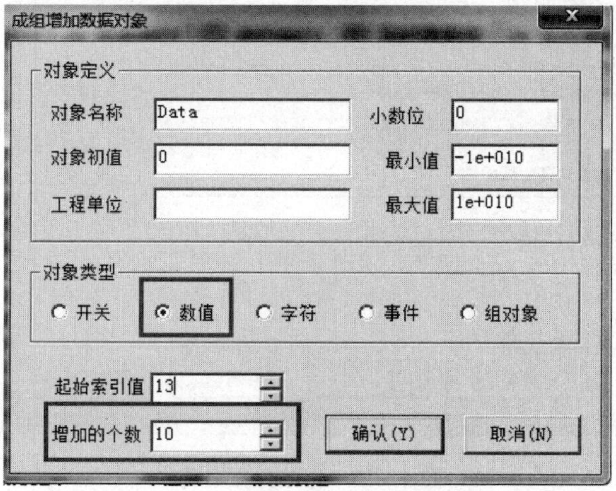

成组增加数据对象

对象定义

对象名称 Data　小数位 0

对象初值 0　最小值 -1e+010

工程单位　最大值 1e+010

对象类型

开关　数值　字符　事件　组对象

起始索引值 13

增加的个数 10　确认(Y)　取消(N)

图 4－16　添加 10 个数值型数据

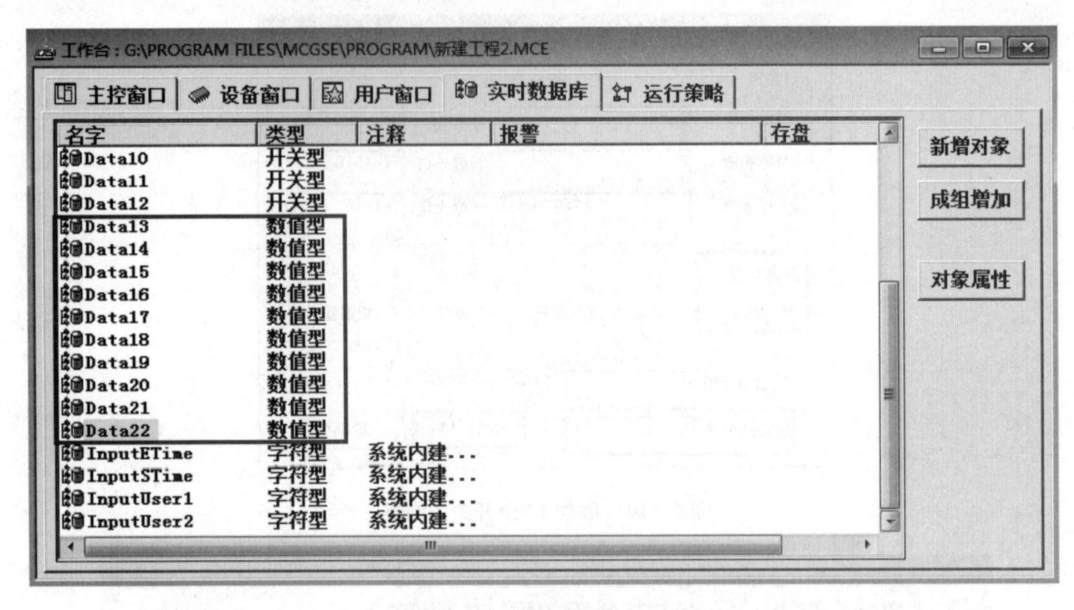

图 4－17　添加的数值型数据

添加完成后，根据表 4－1 所示的数据名称修改实时数据库里的数据名称，在实时数据库里面双击需要修改名称的实时数据，打开实时数据属性窗口，根据需要修改即可，如图 4－18 所示。修改完成后单击“确定”按钮，修改完成后的数据名称在实时数据库里的显示状态如图 4－19 所示。根据需要把所有需要修改的数据都修改完成后，状态如图 4－20 所示。

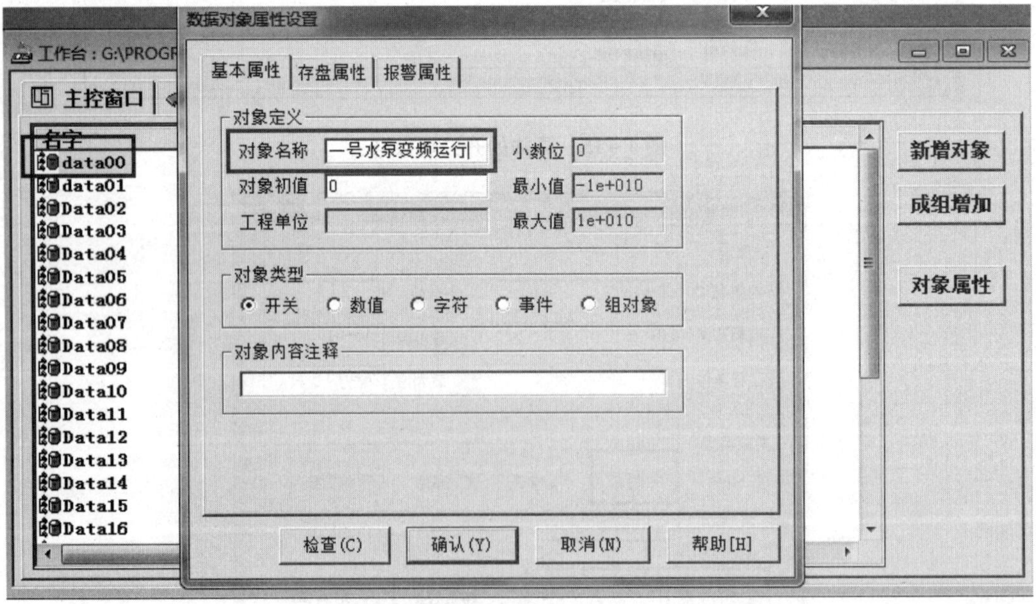

图 4－18　修改数据名称

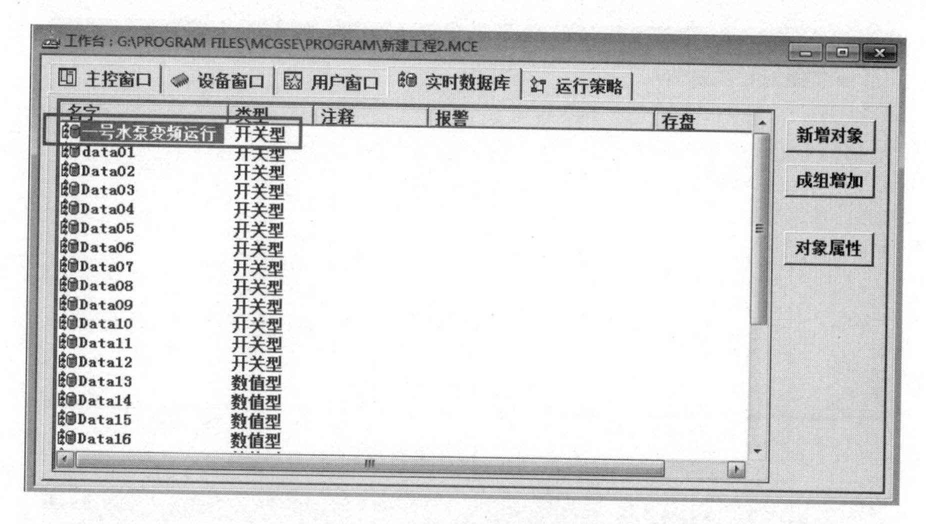

图 4-19　修改名称后的数据

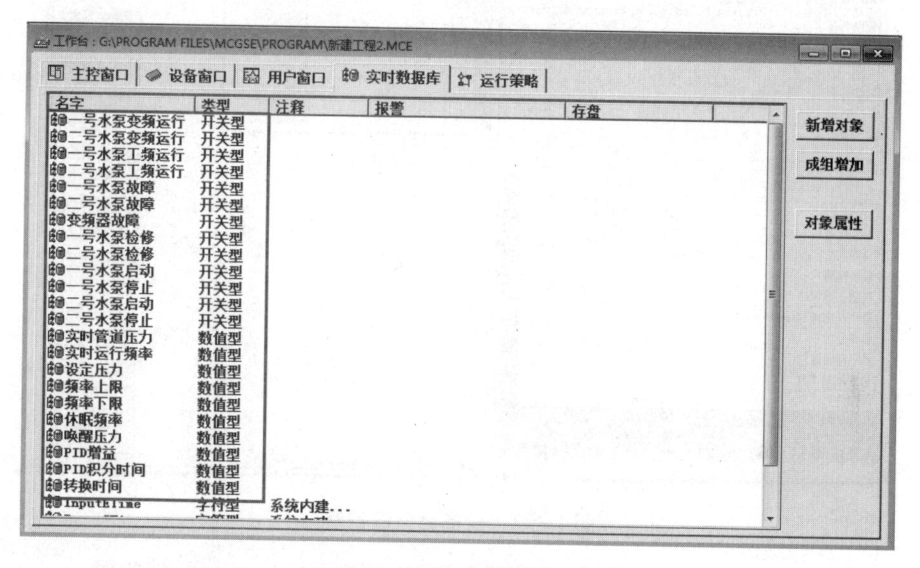

图 4-20　修改完成后的名称

4.2.4　变量连接

建立实时数据库后，为了能够在触摸屏中显示或者进行参数设置，还需要把创建的实时数据与 PLC 的地址联系起来，下面把刚刚创建的实时数据与表 4-1 所示的 PLC 地址联系起来。

再回到设备窗口，双击“设备窗口”按钮，打开刚才组态好的设备窗口，如图 4-21 所示，双击“设备 0-[西门子 S7-200PPI]”，打开设备窗口编辑器，如图 4-22 所示。在该窗口中默认的 PLC 地址是 I000.0 ~ I000.7，需要根据实际的 PLC 地址增加相应的地址，或者删除相应的地址。

根据表 4-1 所示的 PLC 地址，需要增加几个地址，单击界面右上角的“增加设备通道”按钮，打开图 4-23 所示界面。

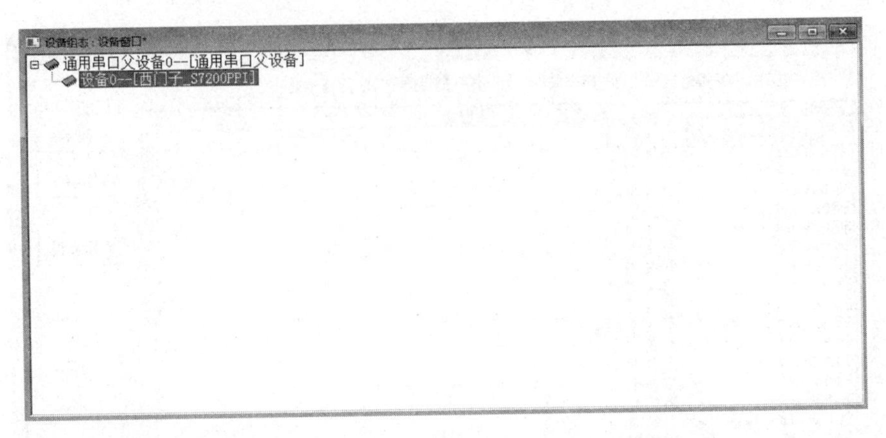

图 4－21　打开设备窗口

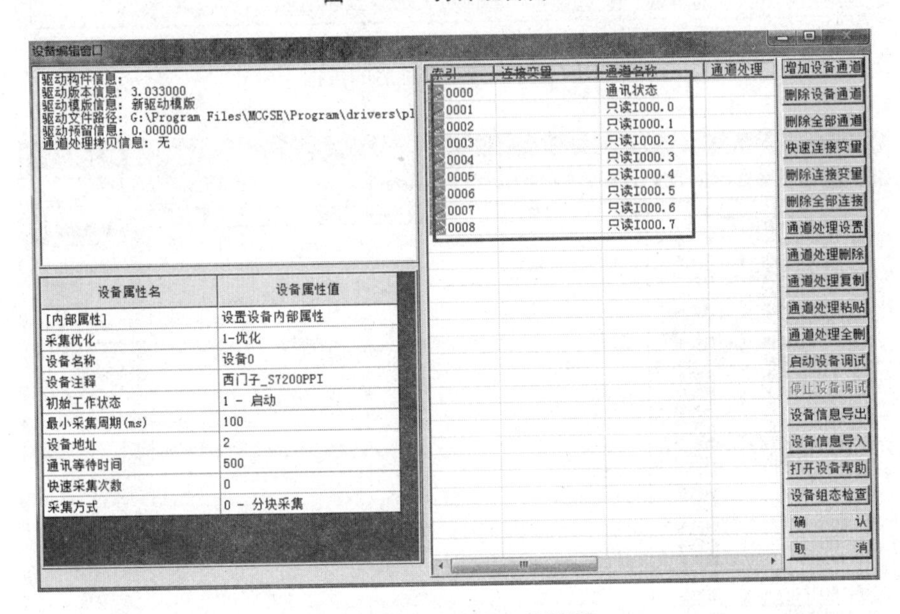

图 4－22　设备窗口编辑器

添加设备通道

基本属性设置

通道类型　I寄存器　　数据类型　通道的第00位

通道地址　0　　通道个数　1

读写方式　⊙ 只读　○ 只写　○ 读写

扩展属性设置

扩展属性名　　扩展属性值

确认　　取消

图 4－23　“添加设备通道”界面

根据实际需要添加地址。需要添加的地址有 Q0.0 ~ Q0.3、M0.0 ~ M0.3、VD0 ~ VD32、VW40。图 4 - 24 ~ 图 4 - 27 分别是添加以上地址的设置值。

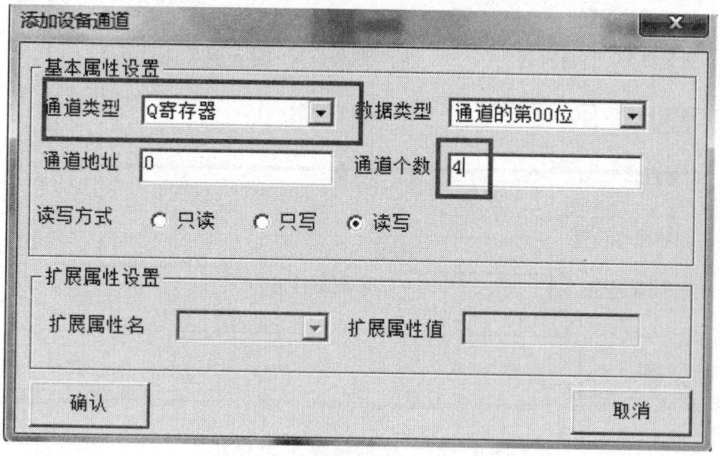

添加设备通道

基本属性设置
通道类型 Q寄存器　数据类型 通道的第00位
通道地址 0　通道个数 4
读写方式 ○只读 ○只写 ⊙读写
扩展属性设置
扩展属性名　扩展属性值
确认　取消

图 4 - 24　添加 4 个 Q 地址

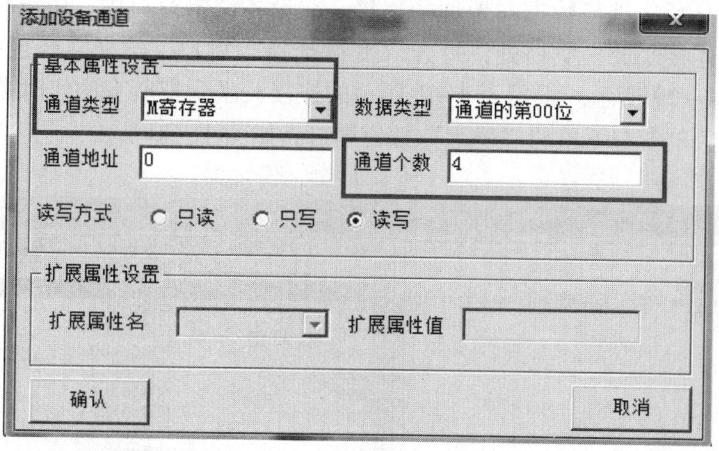

添加设备通道

基本属性设置
通道类型 M寄存器　数据类型 通道的第00位
通道地址 0　通道个数 4
读写方式 ○只读 ○只写 ⊙读写
扩展属性设置
扩展属性名　扩展属性值
确认　取消

图 4 - 25　添加 M 地址

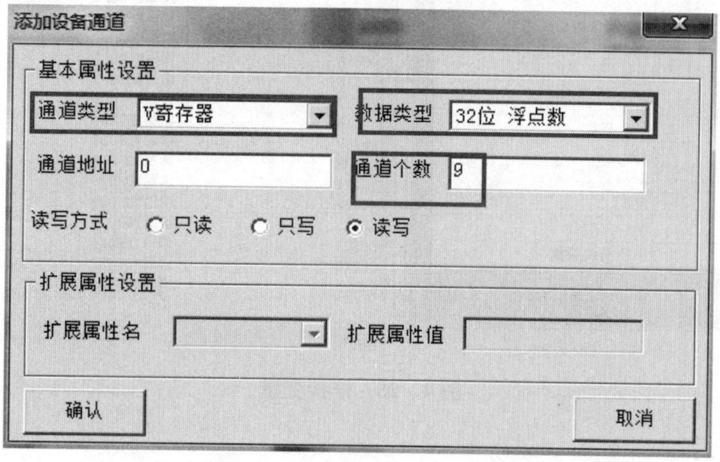

添加设备通道

基本属性设置
通道类型 V寄存器　数据类型 32位 浮点数
通道地址 0　通道个数 9
读写方式 ○只读 ○只写 ⊙读写
扩展属性设置
扩展属性名　扩展属性值
确认　取消

图 4 - 26　添加实数 V 寄存器

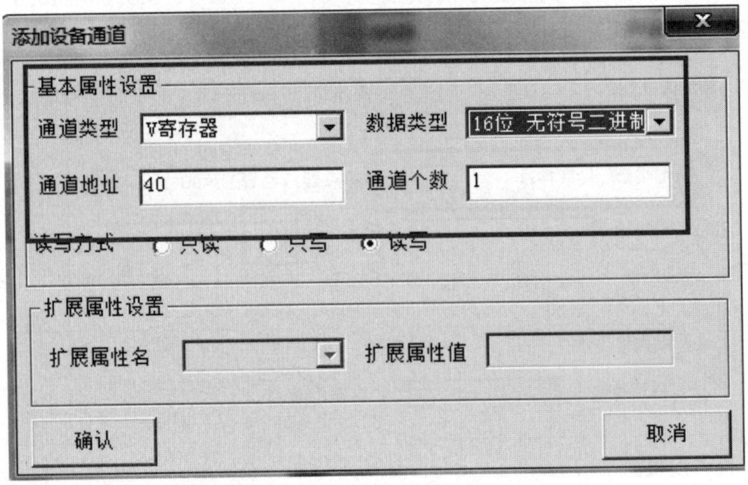

图 4－27　添加整数 V 寄存器

添加 PLC 地址后，进行数据与地址的连接，在设备编辑窗口中，用鼠标右键单击 PLC 地址所对应的“连接变量”空白处，打开“变量选择”窗口，选择需要连接的变量即可，如图 4－28、图 4－29 所示。根据表 4－1 所示的连接关系，把所有的实时数据与 PLC 进行连接，连接完成后单击右下角的“确定”按钮即可，如图 4－30 所示。

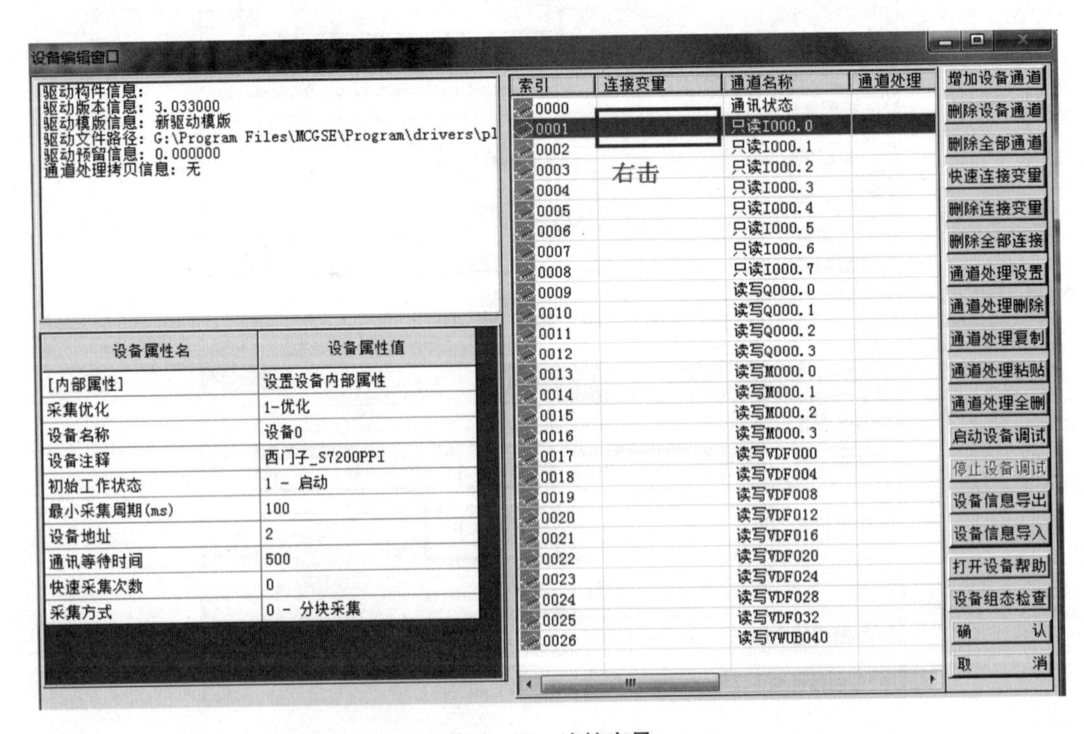

图 4－28　连接变量

变量选择

变量选择方式：◉ 从数据中心选择|自定义　○ 根据采集信息生成　确认　退出

根据设备信息连接：选择通讯端口　通道类型　数据类型　选择采集设备　通道地址　读写类型

从数据中心选择：选择变量　☐ 数值型　☑ 开关型　☐ 字符型　☐ 事件型　☐ 组对象　☑ 内部对象

对象名	对象类型
变频器故障	开关型
二号水泵变频运行	开关型
二号水泵工频运行	开关型
二号水泵故障	开关型
二号水泵检修	开关型
二号水泵启动	开关型
二号水泵停止	开关型
一号水泵变频运行	开关型
一号水泵工频运行	开关型
一号水泵故障	开关型
一号水泵检修	开关型
一号水泵启动	开关型
一号水泵停止	开关型

图 4-29　选择变量

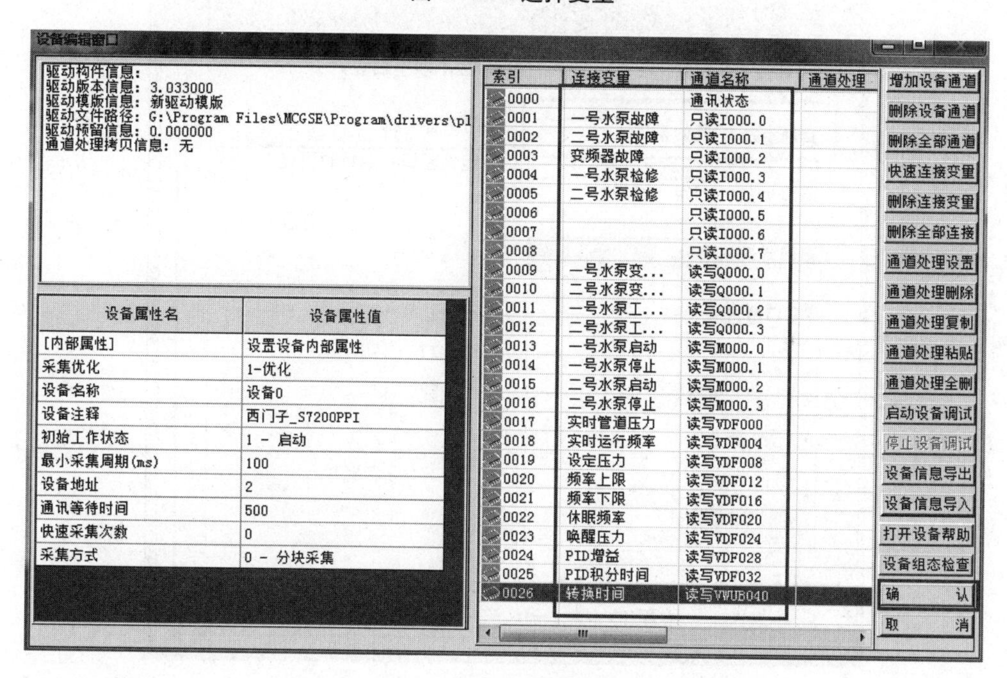

图 4-30　完成变量连接

4.3　组态用户窗口

4.3.1　新建窗口

在该项目中要组态 6 个用户窗口，首先在“工作台”界面单击“用户窗口”选项卡，再单击右侧的“新建窗口”按钮，总共建立 6 个用户窗口，如图 4-31 所示。

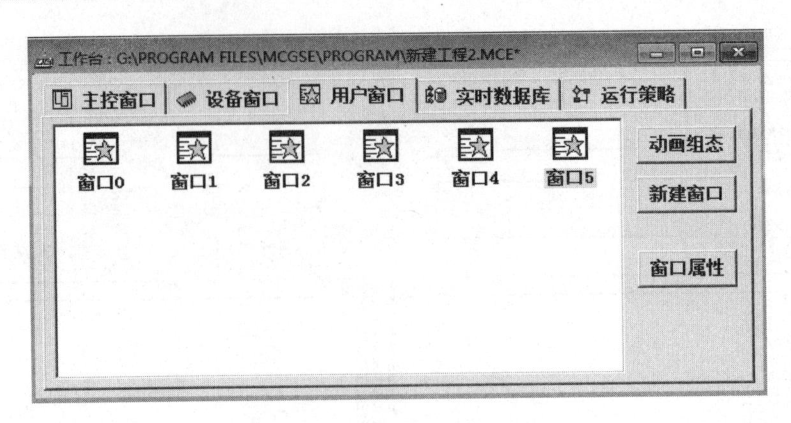

图 4-31 新建 6 个用户窗口

用鼠标右键单击“窗口 0”，选择“属性”命令打开窗口编辑界面，在“基本属性”界面修改窗口名称为“起始窗口”，如图 4-32 所示。

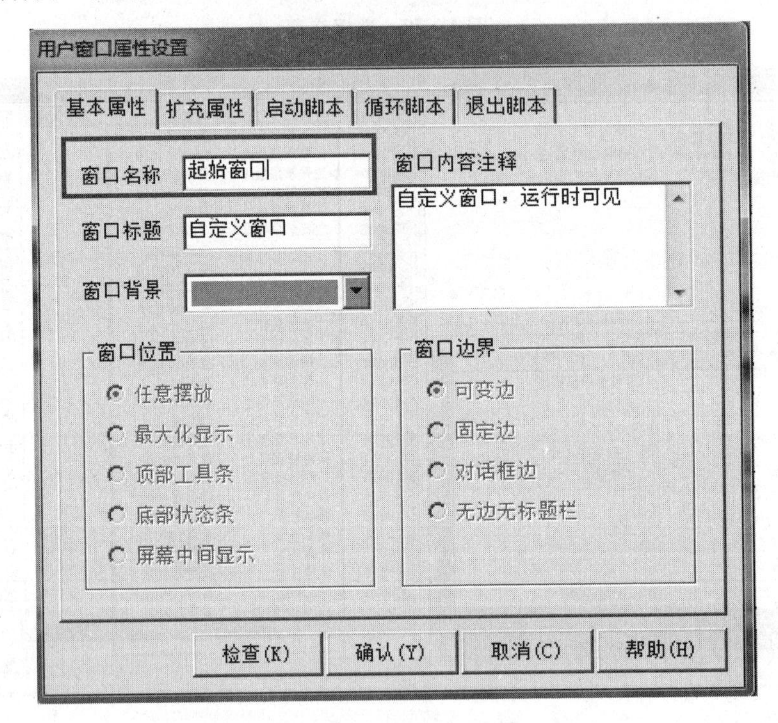

图 4-32 修改窗口名称

用同样的方法，修改其他窗口的名称分别为“自动运行窗口”“手动控制窗口”“参数设置”“运行数据”“报警窗口”，修改完成后如图 4-33 所示。

4.3.2 组态起始窗口

起始窗口示是该项目中触摸屏启动后的显示窗口，该窗口主要用来显示该项目的名称、设计单位的相关信息等。在组态过程中，选择使用图片作为背景，具体组态过程如下；

双击“起始窗口”，打开该窗口，同时打开组态工具箱，在工具箱中选择“位图”按钮，然后在窗口中画出组态的位图范围，在这里选择占据整个窗口，如图 4-34 所示。

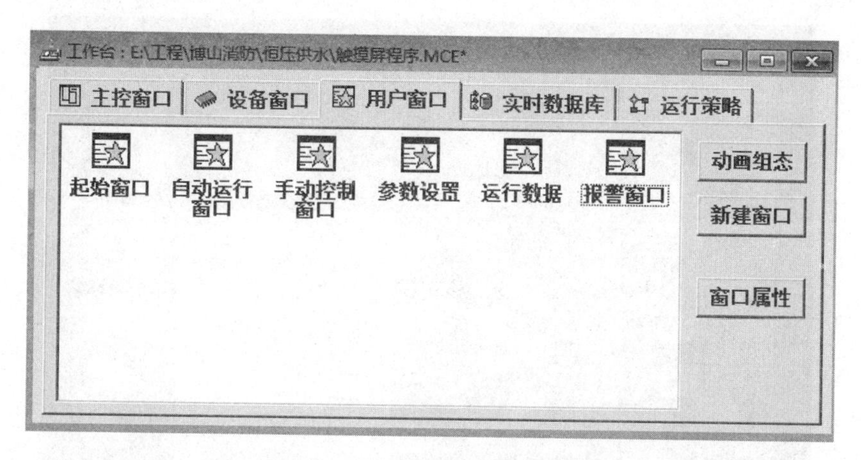

图 4－33　修改完成的窗口名称

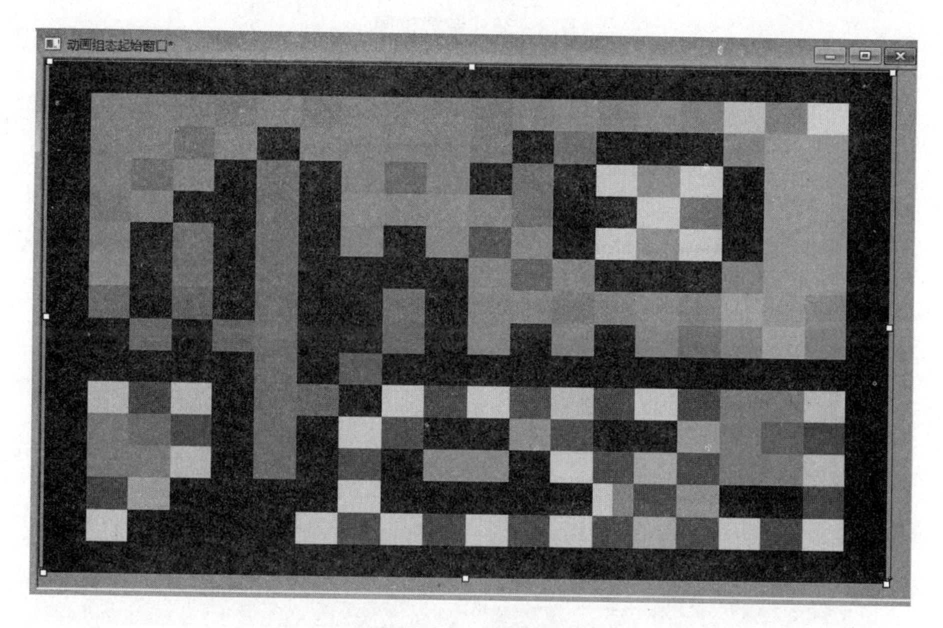

图 4－34　组态位图

在窗口中的位图上单击鼠标右键，在菜单中选择“装载位图”命令，然后根据提示选择需要的位图，如图 4－35、图 4－36 所示。选择完成后的效果如图 4－37 所示。

为了能够在起始窗口中点击任何位置都可以进入需要进入的窗口，需要对装载的位图进行动作组态。用鼠标右键单击装载好的位图，选择“属性”命令，在“属性设置”界面选择“按钮动作”选项，如图 4－38 所示。单击上方的“按钮动作”选项卡，在弹出的界面中的“打开用户窗口”下拉列表中选择“自动运行窗口”选项，如图 4－39 所示。

接下来组态项目名称及设计单位信息，这些都是通过静态文字来组态，所以在窗口的工具箱中选择“标签”选项，然后在窗口中根据需要写入相应的文字即可，如图 4－40、图 4－41 所示。

用同样的方法在窗口左下角写上设计单位的相关信息，完成后的显示效果如图 4－42 所示。

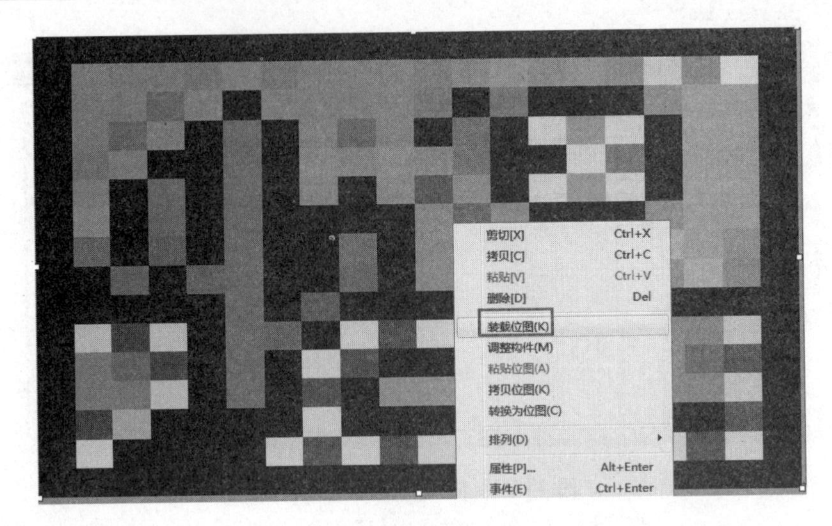

图4－35　装载位图

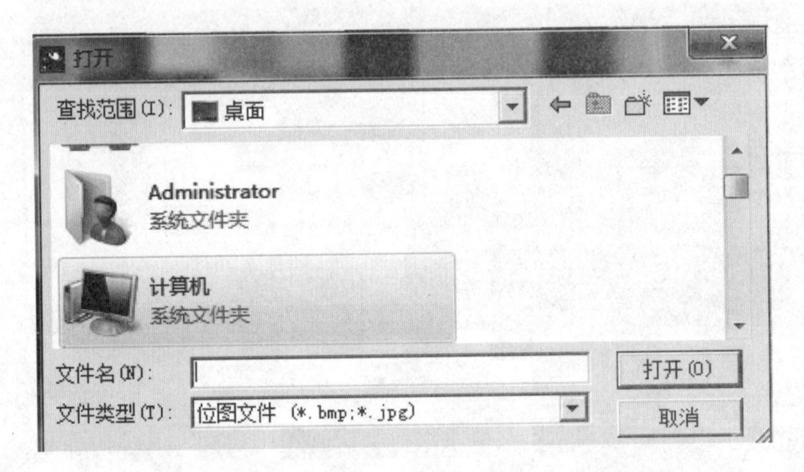

图4－36　选择位图

图4－37　装载好的位图效果

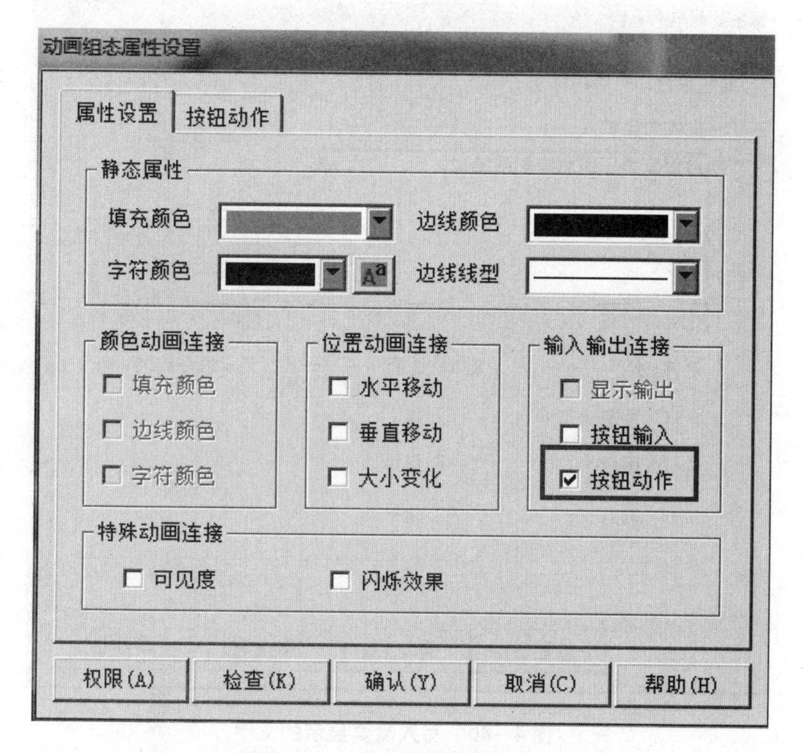

图 4－38 组态位图的按钮动作

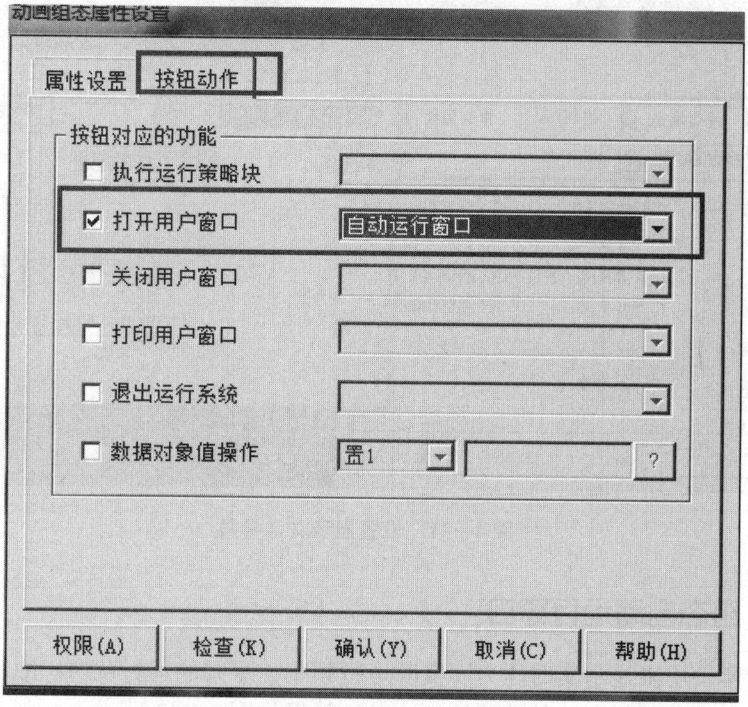

图 4－39 组态打开自动运行窗口动作

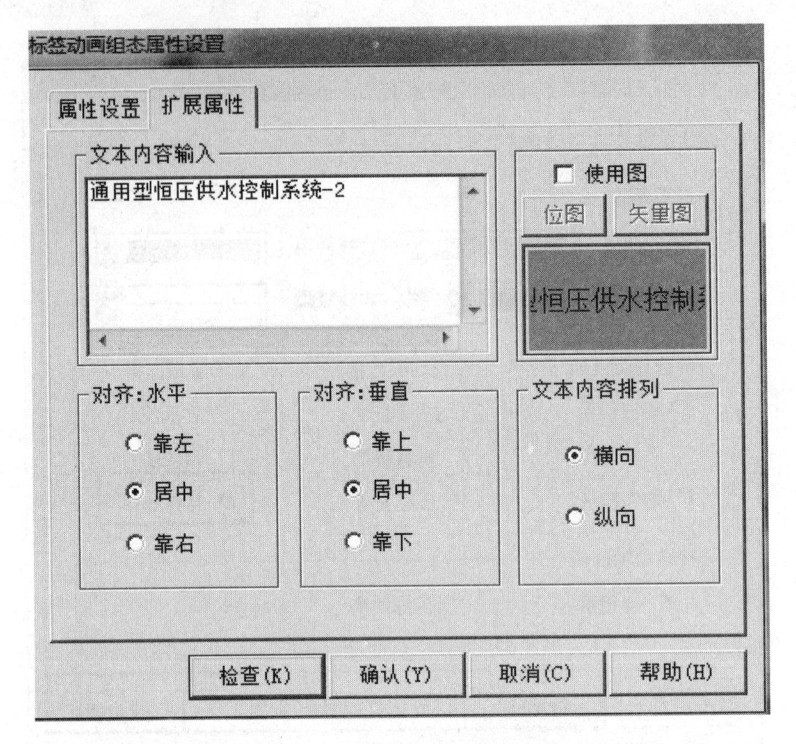

图4-40　写入需要显示的文字

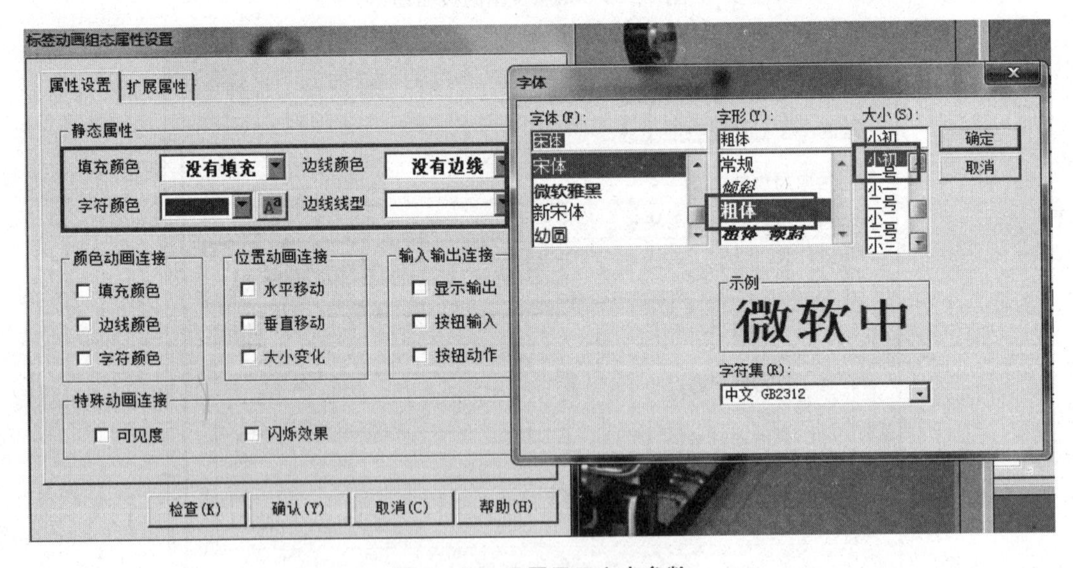

图4-41　设置显示文字参数

4.3.3　组态自动运行窗口

自动运行窗口用来显示实时压力、实时运行频率、水泵的运行状态、故障状态、水流情况等信息，还有进入其他窗口的功能按钮。显示效果如图4-43所示。

（1）在工具箱中选择“插入元件”命令，在打开的界面中选中“泵”选项，再找到合适的水泵图案即可，如图4-43所示。在窗口中放入两台水泵，放在合适的位置，如

图 4－42　显示效果

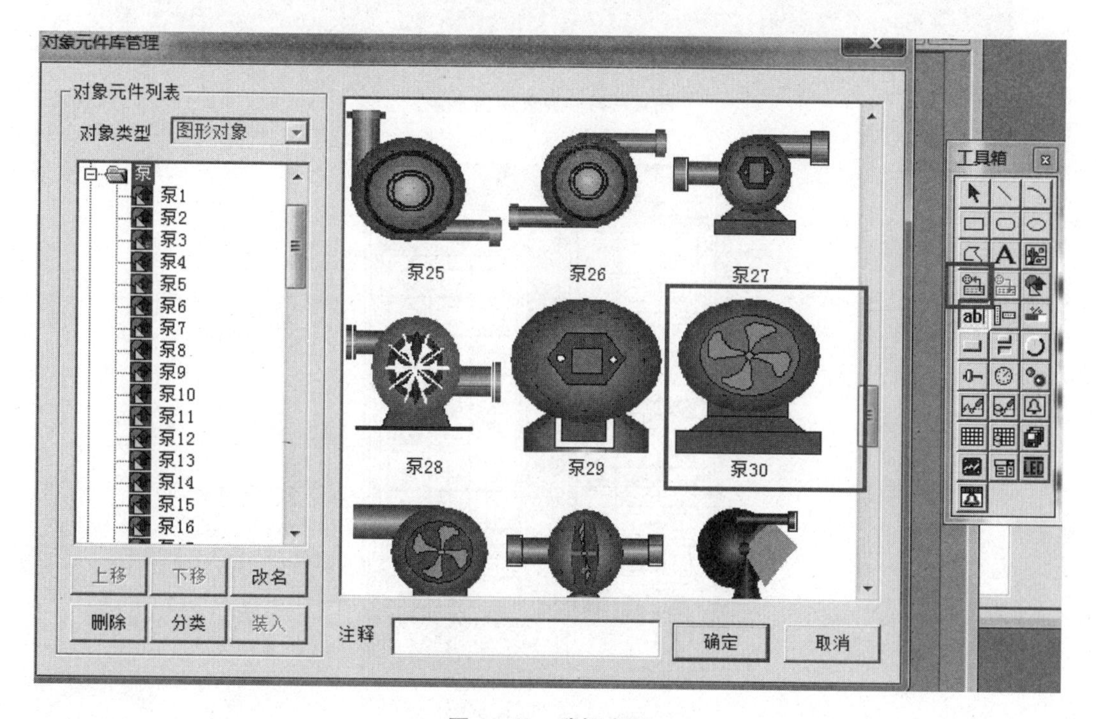

图 4－43　选择水泵

图 4－44 所示。

（2）组态流水的管道，在工具箱中选择“常用图符”命令，然后在“常用图符”界面中选择合适的管道，如图 4－45 所示。

选择合适的管道，在两台水泵之间进行连接，组成管道网，如图 4－46 所示。

管道组态完成后，需要在管道里面加入水流效果，选中工具箱里的“流动块”选项，在管道里面根据需要添加流动块。双击组态的流动块，打开流动块属性设置页面，在“基本属性”窗口中按照图 4－47 所示的参数进行设置。对全部的流动块的基本属性设置完成后，如图 4－48 所示。

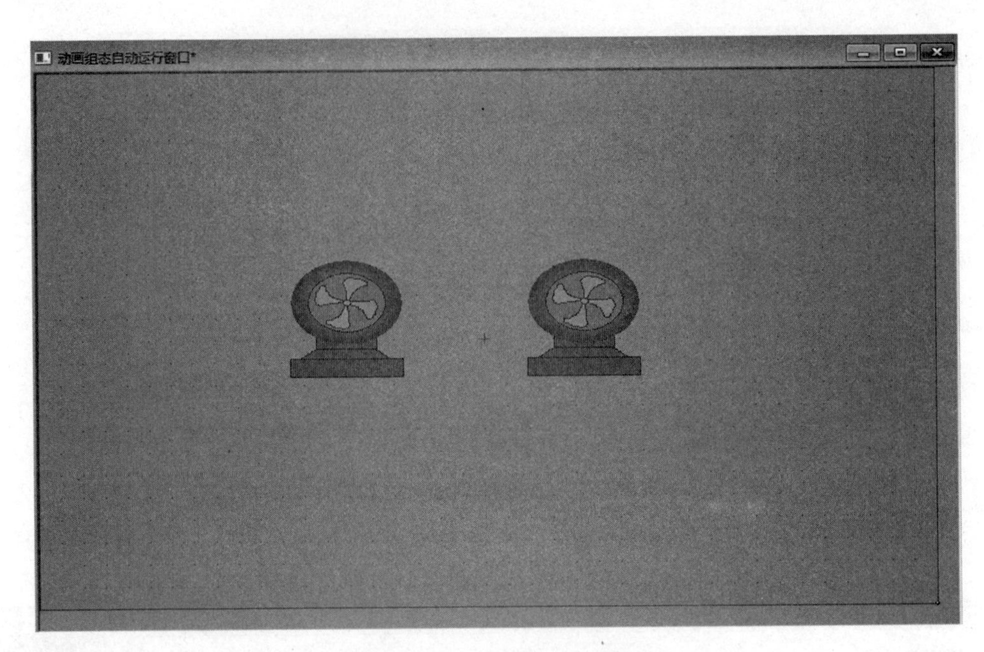

图 4－44　放置两台水泵

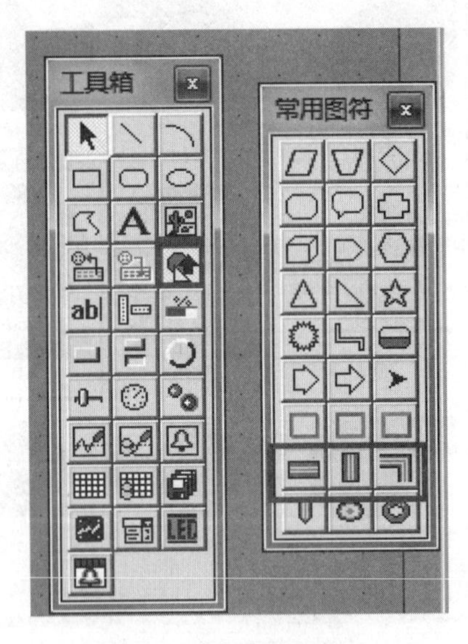

图 4－45　选择管道

在“流动属性”页面，填写相应的表达式，以确定流动块的流动属性，比如左下角的流动块，因为当1#水泵和2#水泵中的任意一台运行时，都必须有水流产生，不论变频运行还是工频运行，所以该流动块的流动属性的表达式为“一号水泵变频运行＋二号水泵变频运行＋一号水泵工频运行＋二号水泵工频运行”，如图 4－49 所示。按照同样的方式对其他流动块进流动属性设置。全部设置完成以后，水流就可以根据水泵的运行情况出现不同的流动效果。

接下来设置水泵运行时的状态显示，通过文字的不同可见性，根据水泵不同的运行方式、故障、检修等显示。

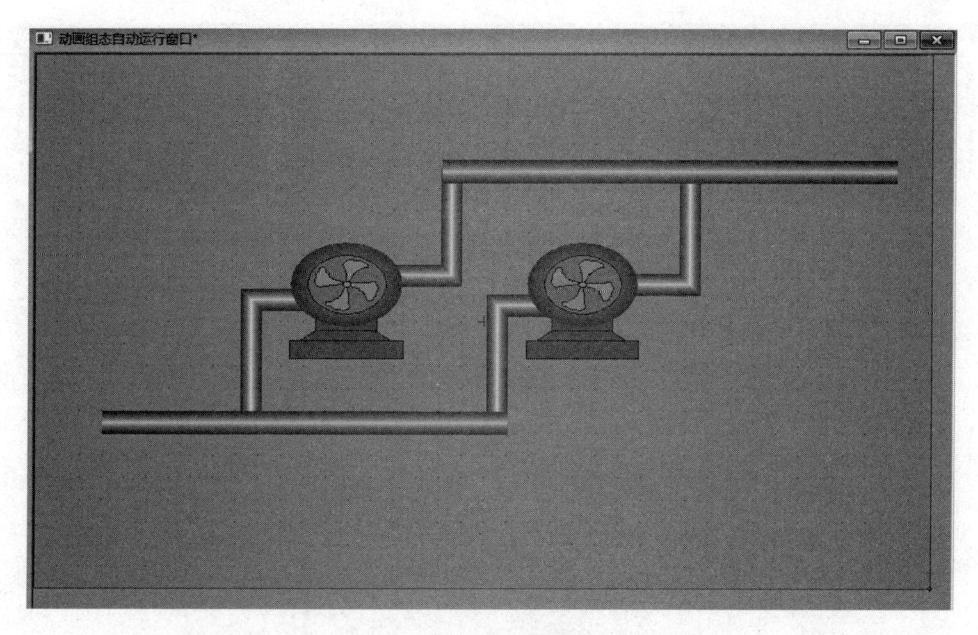

图 4－46　组态管道

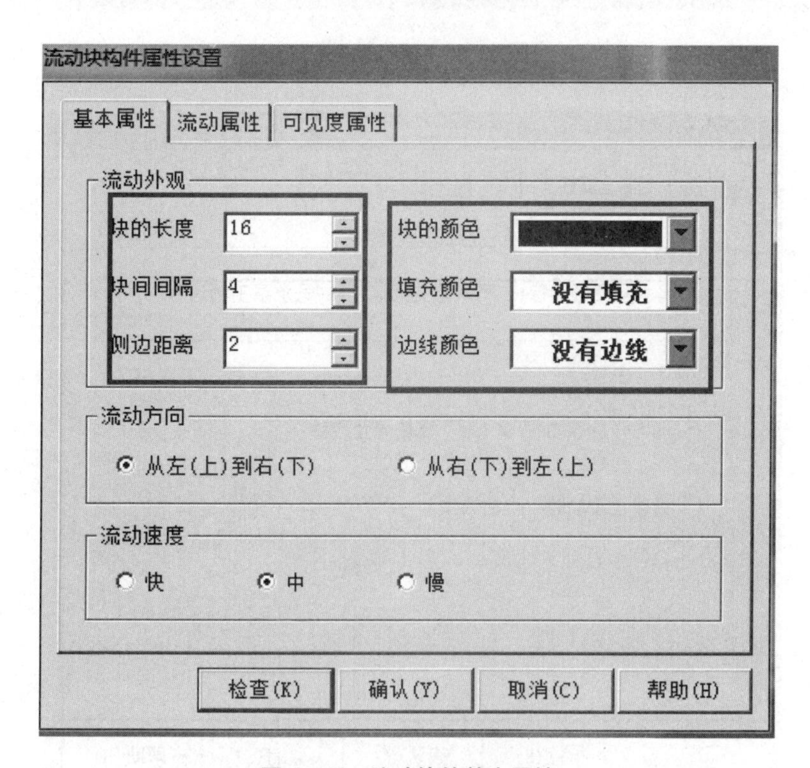

图 4－47　流动块的基本属性

在水泵的上面显示水泵的运行状态——分为工频运行和变频运行两种状态，不运行的时候不显示任何状态；在水泵的下面显示水泵是否出现故障或者处于检修状态。分别在 1#水泵的上、下两面组态 4 个标签，上面的标签内容是“变频运行”“工频运行”；下面的标签内容是“工频故障”“检修状态”。这里只介绍标签的可见度属性，对于其他属性不再赘述。

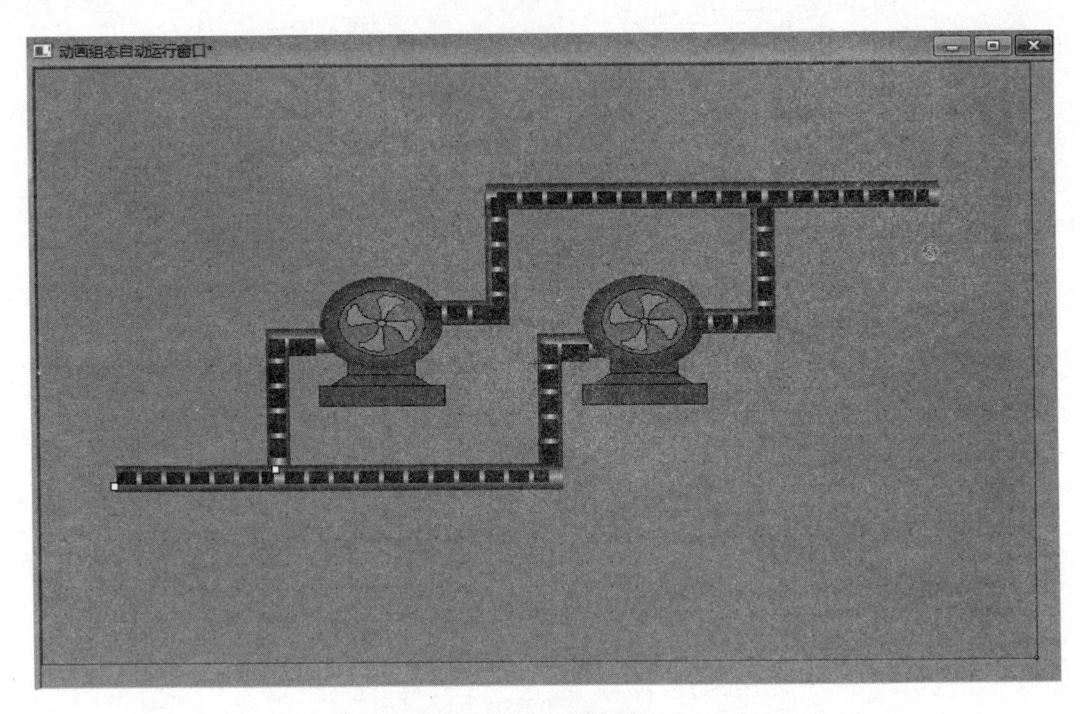

图 4-48　组态流动块

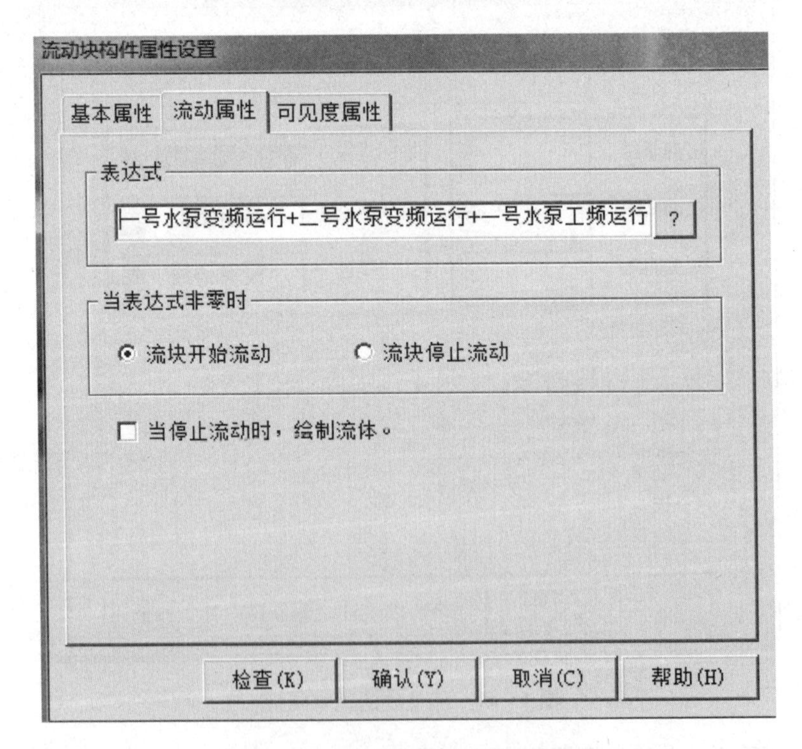

图 4-49　流动块的流动属性设置

组态完成后如图 4-50 所示。在图中没有对标签进行“中心对齐”设置，当全部标签的属性设置完成后，再进行“中心对齐”操作。双击 1#水泵的“变频运行”标签，打开可见度属性设置界面，在“表达式”中选择“一号水泵变频运行”，如图 4－51 所示。其他标签的可见度属性设置与此操作相同，选择合适的可见度表达式就可以根据水泵的不同情况，在触摸屏上显示不同的状态。

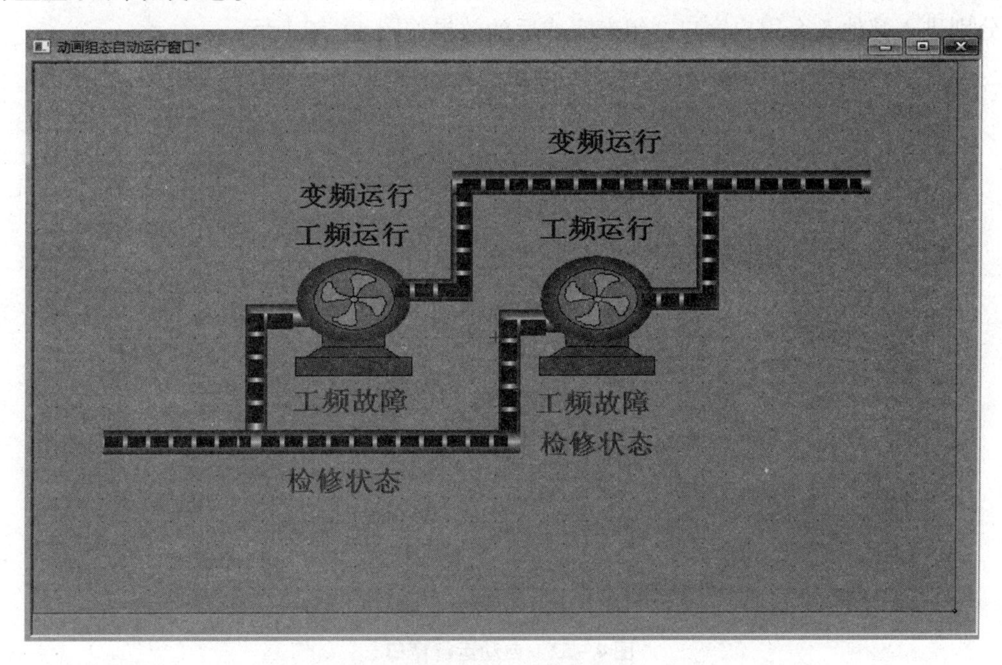

图 4－50　组态标签

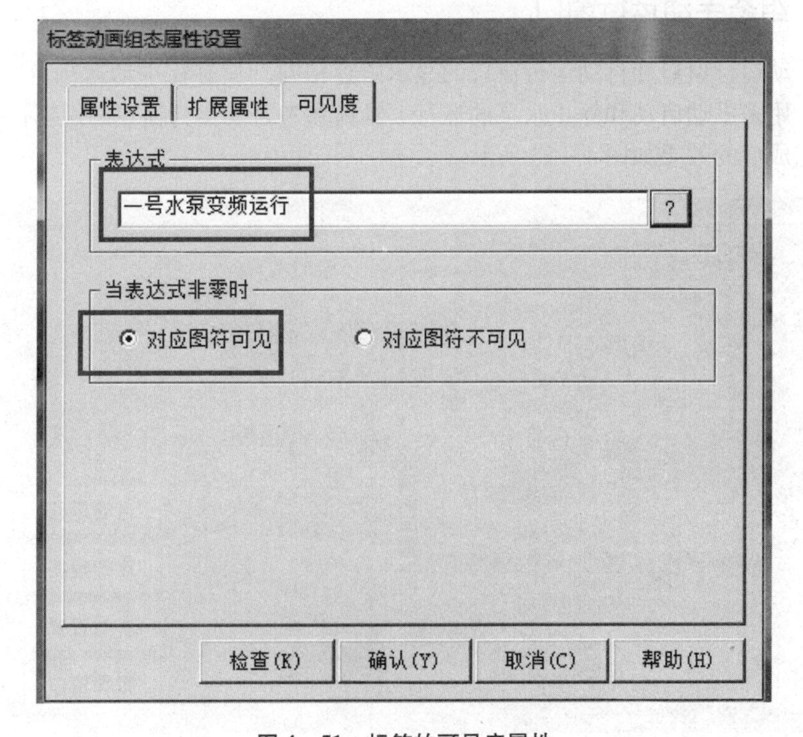

图 4－51　标签的可见度属性

为了方便辨识窗口的功能，在窗口的左上角组态另一个标签，显示该窗口的功能，此外还在窗口中组态两个显示框，分别显示“实时压力”和“运行频率”。具体的组态过程可参照前面的组态方式，这里不再赘述。为了能从当前窗口进入其他窗口，组态了5个标注按钮，分别进入其他5个用户窗口。组态完成后的效果如图4－52所示。

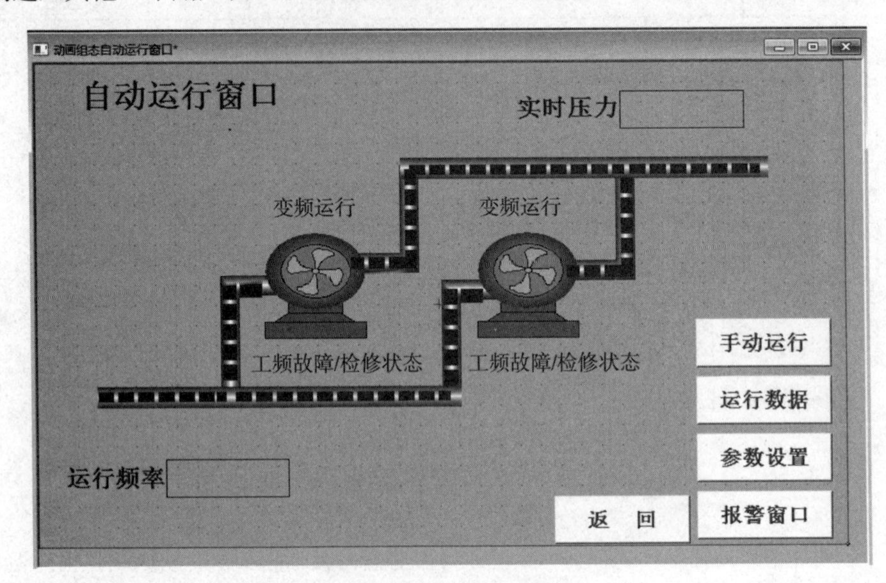

图4－52 自动运行窗口

4.3.4 组态手动运行窗口

系统的手动运行窗口和自动运行窗口的显示内容相同，只是在手动运行窗口中增加了4个标注按钮，用来手动启动和停止水泵的运行。具体参考自动运行窗口的组态过程。手动运行窗口组态完成后的效果如图4－53所示。

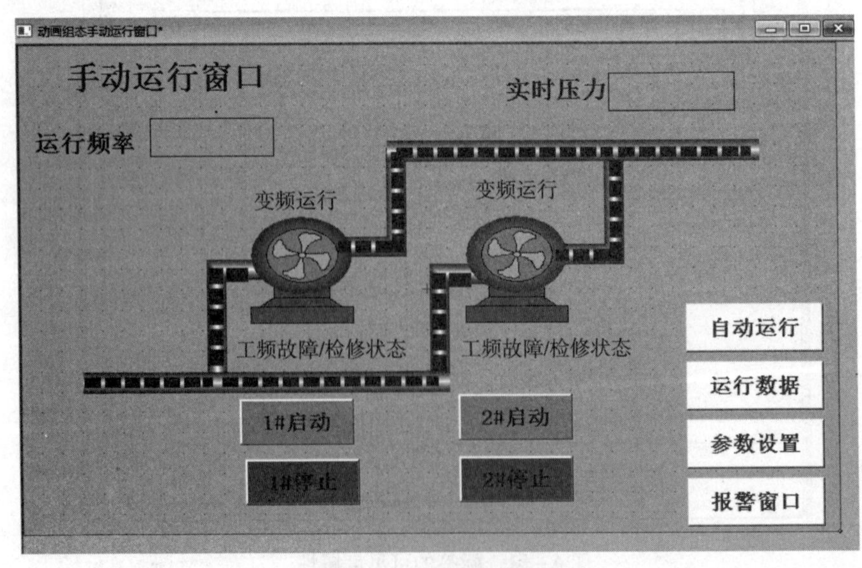

图4－53 手动运行窗口

4.3.5　组态参数设置窗口

在该窗口中，主要通过标签组态静态文字显示需要设置的参数内容，通过输入框把要输入的内容写入与触摸屏连接的设备中的相应寄存器中。

首先在工具箱中单击“标签”按钮，在窗口中组态 8 个标签，按照输入的内容修改标签的文字标识，并修改文字显示的字体、大小、颜色等参数。组态过程与其他页面的标签组态过程相同，不再重复操作。

接下来在标签文字的右侧分别组态 8 个输入框，双击其中一个输入框，打开输入框属性设置窗口，在“基本属性”窗口，分别设置输入框的背景颜色、字体等参数，如图 4－54 所示。

图 4－54　输入框的基本属性

在“操作属性”窗口，设置需要输入的变量名称，比如第一个输入框为“设定压力”，那么在操作窗口中，单击“对应数据对象的名称”选项右侧的“?”按钮，打开数据对象选择窗口，在列出的数据对象中选中“设定压力”即可。如果在输入框中要显示数据的单位，就勾选右侧的“使用单位”选项，在下方输入要显示的单位名称。还可以在“操作属性”界面下方设定输入数值的范围，也就是设定最大值、最小值，如图 4－55 所示。其他输入框的组态过程与此相同，不再一一讲解。

同样，为了能够从此窗口进入另外的窗口，设置一个返回按钮，按动该按钮可以返回自动运行窗口，其组态过程与其他窗口的切换窗口按钮相同，可参照执行操作过程。

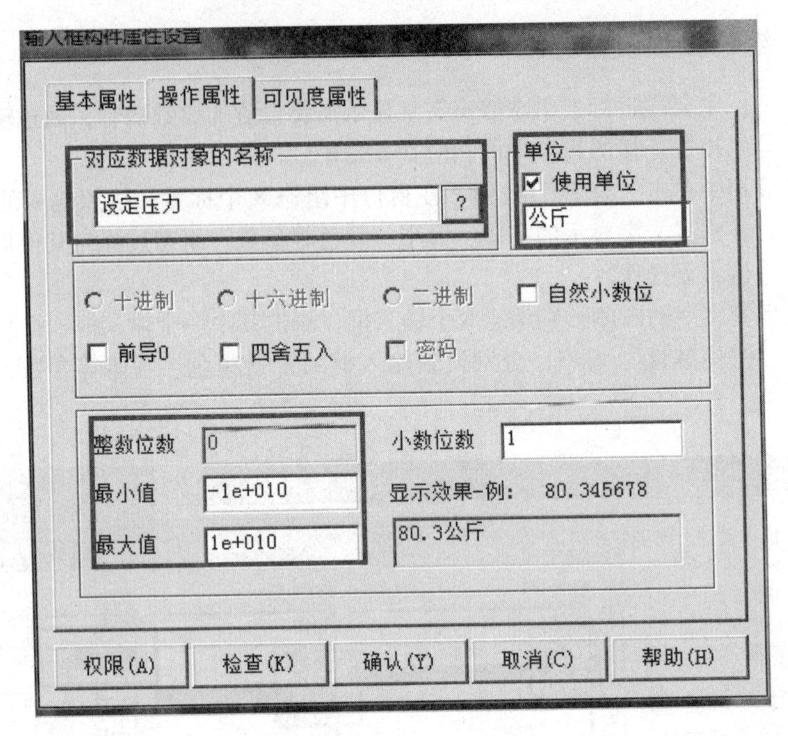

图 4 – 55　输入框的操作属性

4.3.6　运行数据窗口

要显示系统运行过程中的相关数据，可以通过工具箱中的“存盘数据浏览”来完成。在组态“存盘数据浏览”之前，需要在实时数据库中再建立一个新的数据对象“组对象”。

回到“工作台”界面，打开实时数据库，单击“新增对象”按钮，会在数据库列表中自动添加一个数据对象，如图 4 – 56 所示。

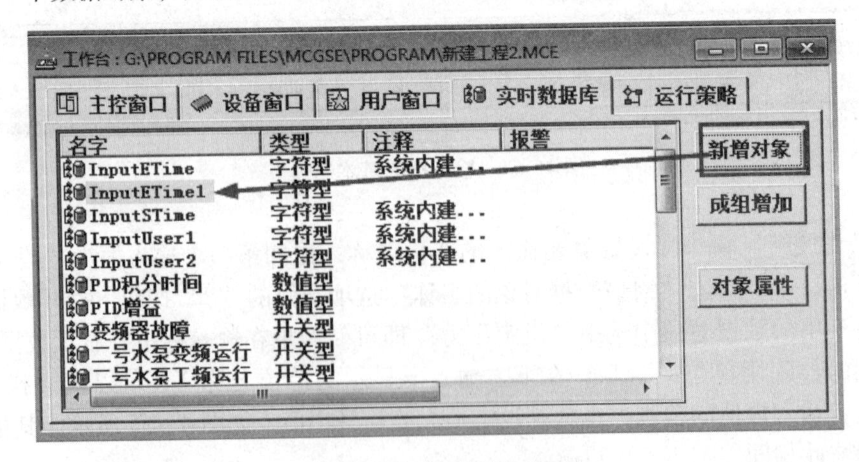

图 4 – 56　新增数据对象

双击刚建立的数据对象，打开数据对象属性设置窗口。将“对象名称”修改为“运行数据”，将“对象类型”修改为“组对象”，如图 4 – 57 所示。

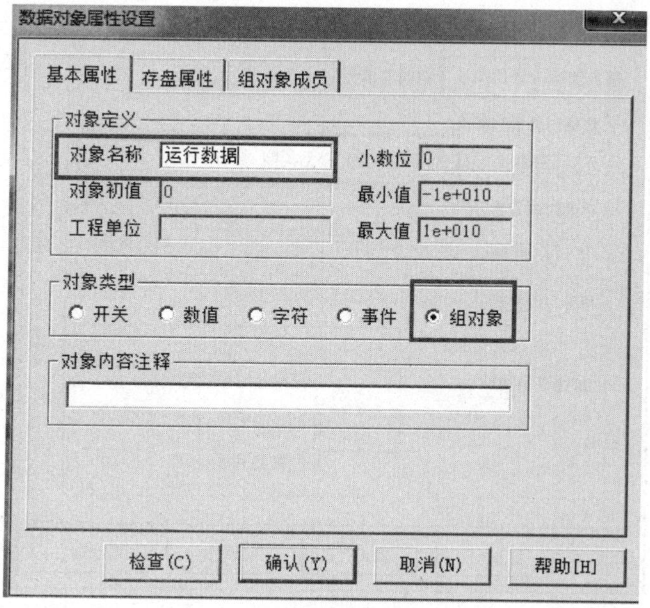

数据对象属性设置

基本属性 | 存盘属性 | 组对象成员

对象定义

对象名称 运行数据　　小数位 0

对象初值 0　　最小值 -1e+010

工程单位　　最大值 1e+010

对象类型

开关　数值　字符　事件　组对象

对象内容注释

检查(C)　确认(Y)　取消(N)　帮助[H]

图 4－57 数据对象参数

当“对象类型”改为“组对象”后，会在上方出现一个新的按钮“组对象成员”，单击“组对象成员”按钮，打开添加组对象成员界面，根据需要添加需要的组对象成员。在该项目中，添加图 4－58 所示的组对象成员。可以选中左侧的对象名称，单击“增加”按钮，也可以直接双击需要添加的组对象成员。

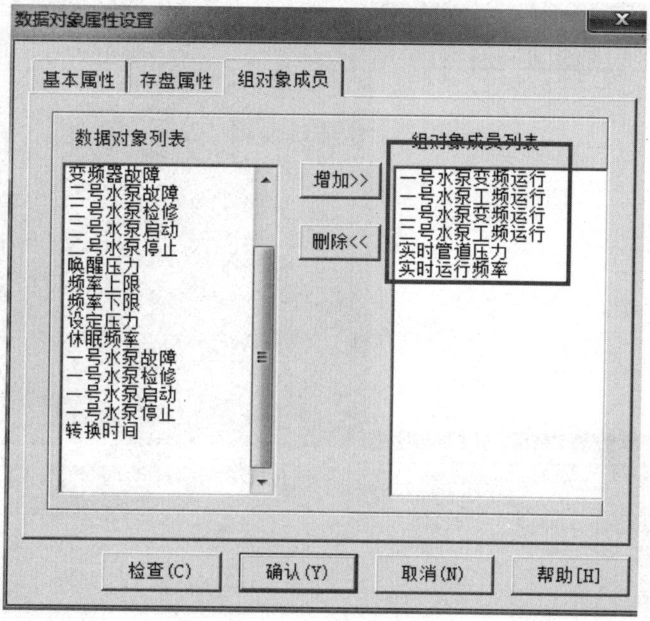

数据对象属性设置

基本属性 | 存盘属性 | 组对象成员

数据对象列表

变频器故障
二号水泵故障
二号水泵检修
二号水泵启动
二号水泵停止
唤醒压力
频率上限
频率下限
设定压力
休眠频率
一号水泵故障
一号水泵检修
一号水泵启动
一号水泵停止
转换时间

增加>>

删除<<

组对象成员列表

一号水泵变频运行
一号水泵工频运行
二号水泵变频运行
二号水泵工频运行
实时管道压力
实时运行频率

检查(C)　确认(Y)　取消(N)　帮助[H]

图 4－58 添加组对象成员

添加完成组对象成员后，单击属性设置界面上方的“存盘属性”选项卡，打开组对象存盘属性设置窗口，如图 4－59 所示。在该窗口中，在“数据对象值的存盘”选项区选择

数据对象属性设置

基本属性 存盘属性 组对象成员

数据对象值的存盘

不存盘 定时存盘，存盘周期 60 秒

存盘时间设置

永久存储 只保存当前 0 小时内数据

特殊存盘处理

加速存储时条件

加速存储周期(秒) 0 加速存储时间(秒) 0

改变存盘间隔: 0 小时前的间隔(秒) 0

0 小时前的间隔(秒) 0

检查(C) 确认(Y) 取消(N) 帮助[H]

图 4-59 存盘属性

“定时存盘”，设置存盘周期为 60 秒。

以上设置完成后，单击“确定”按钮，完成组对象“运行数据”的创建。再回到“运行数据”窗口，在工具箱中选择“存盘数据浏览”构件，在窗口中拖拽鼠标，创建一个“存盘数据浏览”界面，根据存盘数据的多少，组态合适的界面尺寸，如图 4-60 所示。

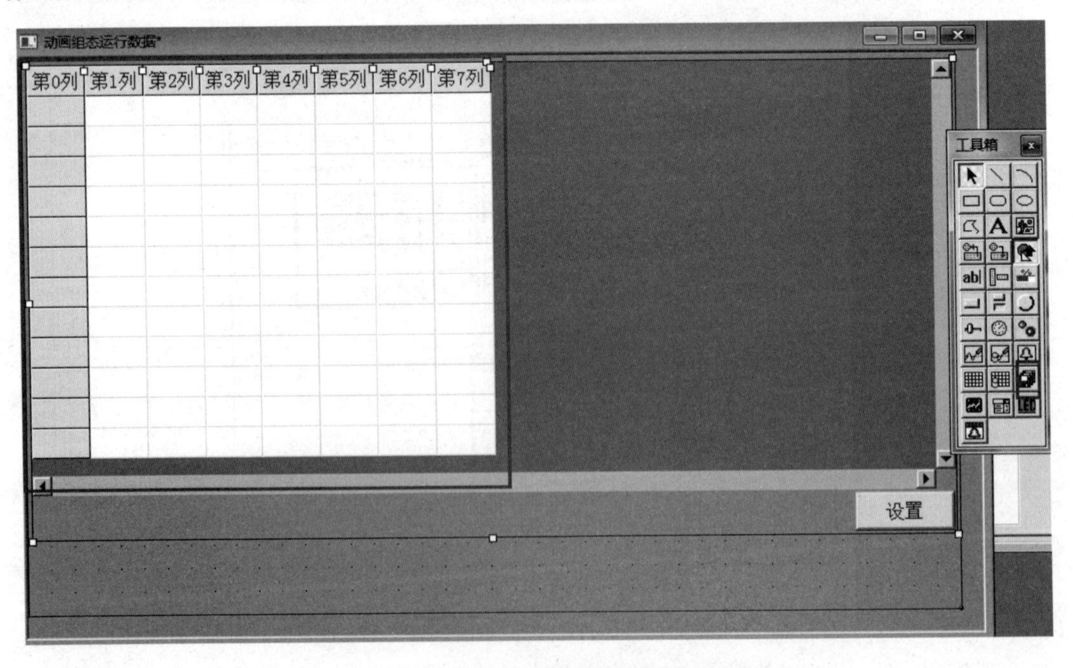

图 4-60 组态“存盘数据浏览”构件

双击“存盘数据浏览”构件，打开“存盘数据浏览构件属性设置”界面，如图 4-61 所示，主要对其中的数据来源、显示属性等参数进行设置。

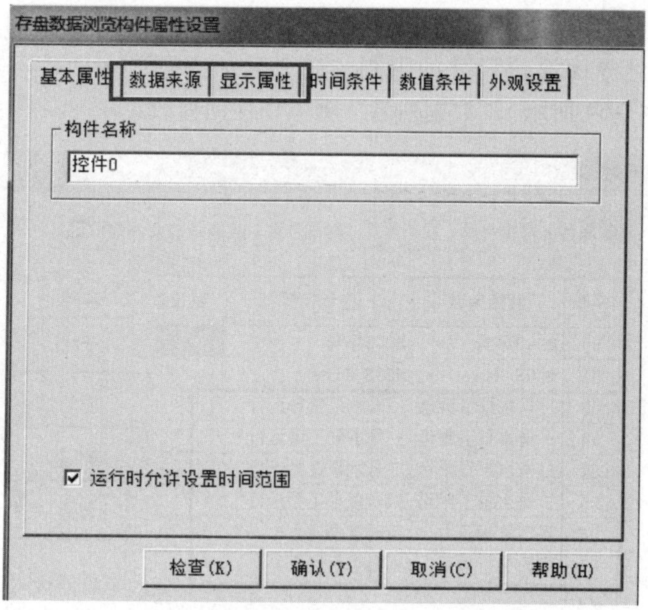

图 4－61　“存盘数据浏览构件属性设置”界面

单击“数据来源”选项卡，打开数据来源属性设置界面，如图 4－62 所示。在该界面中只选择“数据来源”选项区中的第一项“组对象对应的数据存盘”中的组对象名称。注意：在此选项中只能选择组对象。选择刚才建立的“运行数据”组对象。

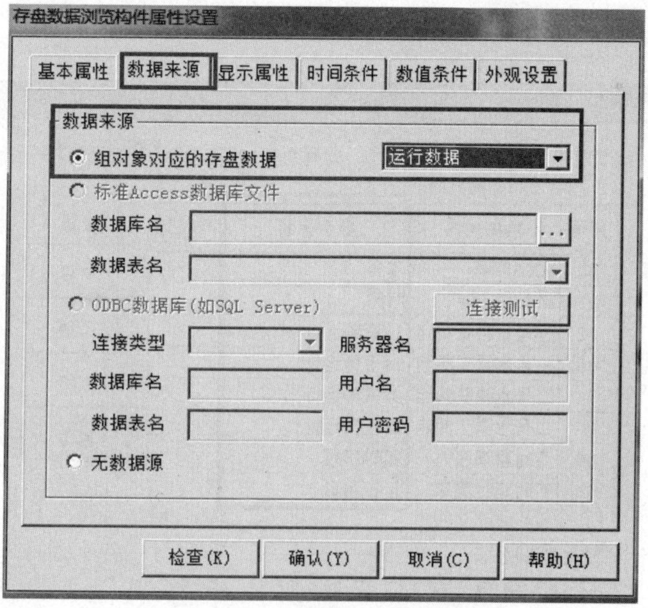

图 4－62　数据来源属性设置界面

接下来进行显示属性的设置，单击“显示属性”选项卡，进入显示属性设置界面。单击右侧的“复位”按钮，把“运行数据”组对象的组成员按照顺序自动添加到“存盘数据浏览”构件中，如图 4－63 所示。第一列和第二列是系统默认的序号和时间，根据需要修改

“显示标题”，在这里修改为“序号”和“时间”。其他自动添加的列的显示标题根据需要修改。由于受触摸屏界面显示尺寸的限制，在“显示标题”中内容不宜过长。修改后的“显示标题”如图4－64所示。“数据列名”项不作任何修改。

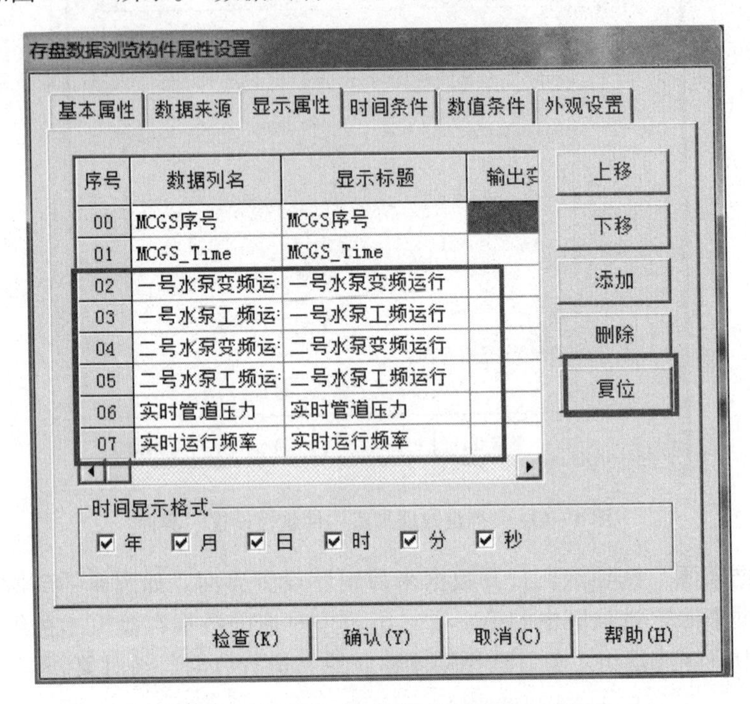

图4－63　显示属性设置界面

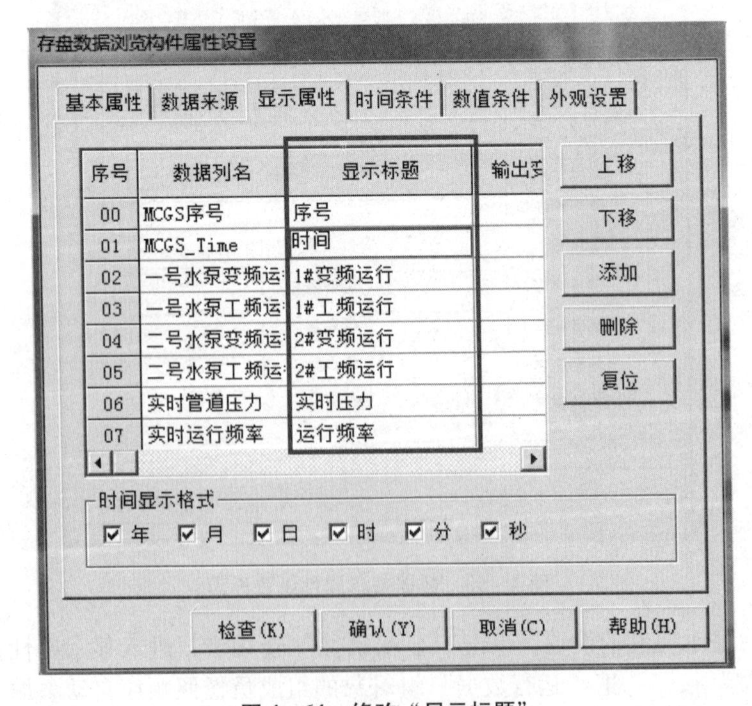

图4－64　修改“显示标题”

在该属性的最右侧，根据需要设置显示的每一列的尺寸，也就是“列宽度”。也可以在窗口的“存盘数据浏览”构件中通过鼠标拖动修改合适的列宽度。修改完成后在窗口中的显示如图 4－65 所示。

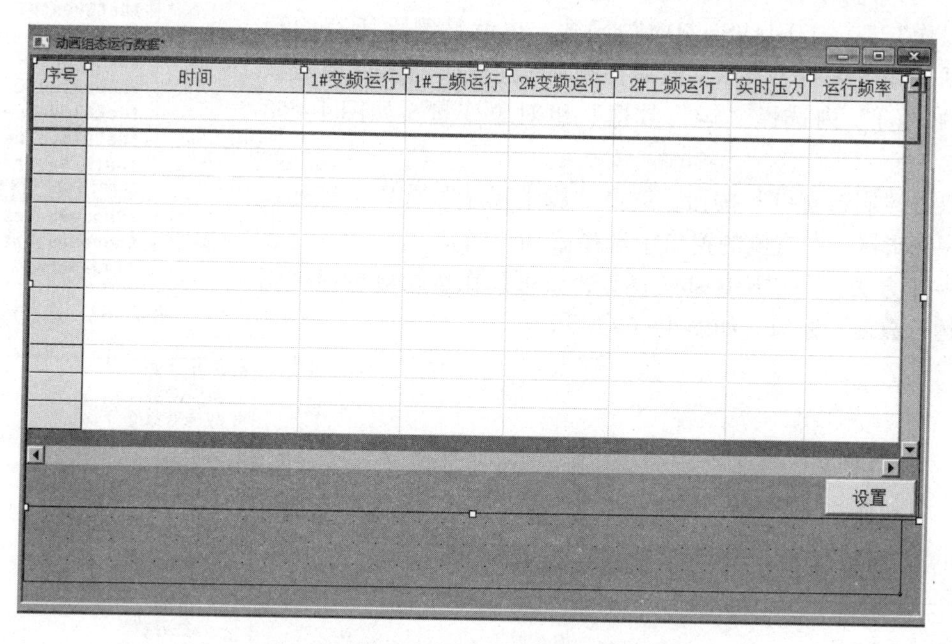

图 4－65　组态好的“存盘数据浏览”构件

由于采用了定时存盘方式，所以会在该界面中存储大量的数据，如果需要删除数据，可以采用按钮删除已经存盘的数据。在该窗口下方组态两个标准按钮，分别为“数据删除”“刷新窗口”，如图 4－66 所示。

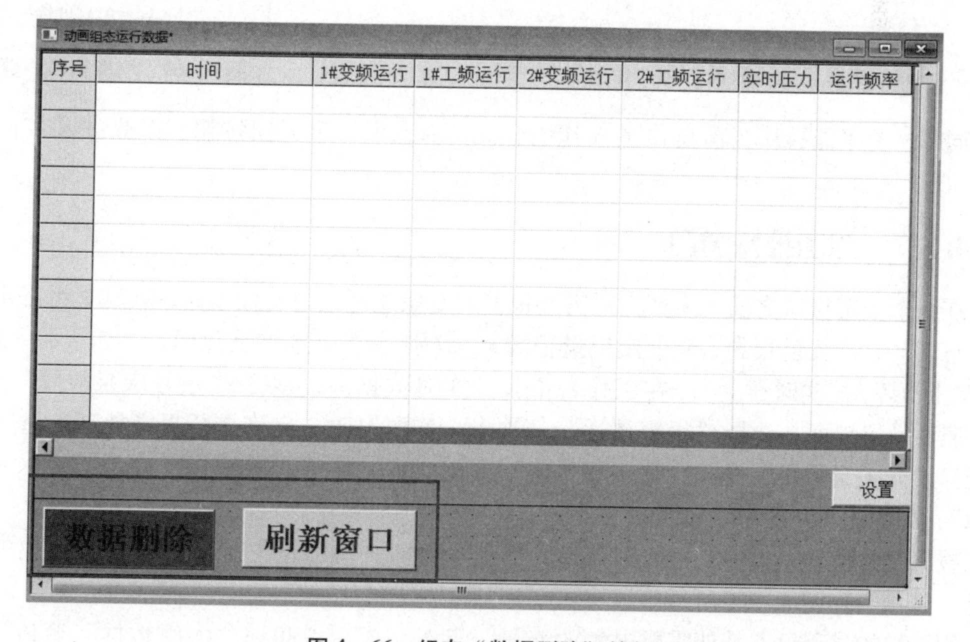

图 4－66　组态“数据删除”按钮

双击“数据删除”按钮，打开标准按钮属性设置界面，选择“脚本程序”选项，然后单击下方的“打开脚本程序编辑器”，打开脚本程序编辑界面。选择“系统函数”→“数据对象操作”→“!DelAllSaveDat”函数，也就是删除所有的存盘数据，如图4-67所示。然后在脚本程序编辑器界面中的该函数的“()”内选择“运行数据”组对象变量，如图4-68所示。

图4-67　选择函数

双击“刷新窗口”按钮，选择“脚本程序”选项，打开脚本程序编辑器，在右侧的窗口中选择“用户窗口”→“运行数据”→“方法”→“Refresh”函数，就可以在按动该按钮时刷新“运行数据”窗口，如图4-69所示。

图4-68　选择“运行数据”组对象变量

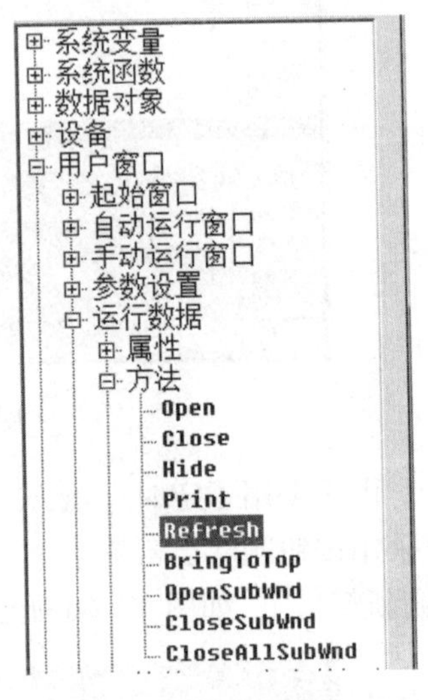

图4-69　刷新窗口函数

同样，为了能够从当前窗口进入其他窗口，组态了一个返回按钮，以此进入“自动运行窗口”。

4.3.7　组态报警窗口

在组态报警窗口之前，需要先对需要报警的对象进行报警属性组态，在这里组态4个报警信息（3个开关量报警、1个模拟量报警），分别是“一号水泵故障”“二号水泵故障”“变频器故障”“实时压力”。在工作台中打开实时数据库，双击“一号水泵故障”对象，打开属性设置界面，选择“报警属性”选项卡，首先勾选“允许进行报警处理”选项，然后选择“开关量报警”选项，将“报警值”改为“1”，将“报警注释”改为“1#水泵发生故障”，如图4-70所示。

报警属性设置完成后，再回到存盘属性设置界面，勾选下方的“自动保存产生的报警信息”选项，如图4-71所示。

用同样的过程组态其他需要报警的变量，组态完成后，回到“实时数据”窗口，再新建一个数据对象，改名为“报警数据”，“对象类型”为“组对象”，如图4-72所示，组对

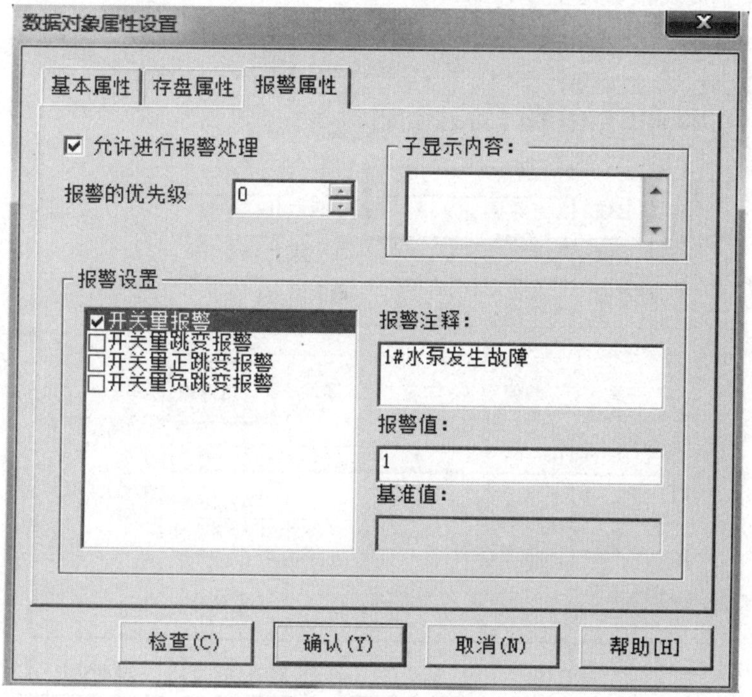

数据对象属性设置

基本属性　存盘属性　报警属性

☑ 允许进行报警处理

报警的优先级　0

子显示内容：

报警设置

☑开关量报警
☐开关量跳变报警
☐开关量正跳变报警
☐开关量负跳变报警

报警注释：

1#水泵发生故障

报警值：

1

基准值：

检查(C)　确认(Y)　取消(N)　帮助[H]

图 4 –70　报警属性

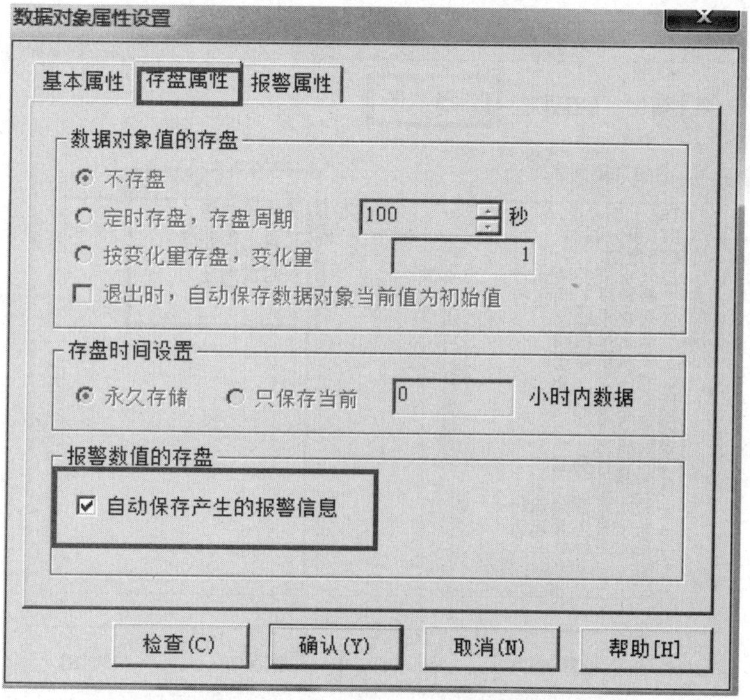

数据对象属性设置

基本属性　存盘属性　报警属性

数据对象值的存盘

◉ 不存盘
○ 定时存盘，存盘周期　100　秒
○ 按变化量存盘，变化量　1
☐ 退出时，自动保存数据对象当前值为初始值

存盘时间设置

◉ 永久存储　○ 只保存当前　0　小时内数据

报警数值的存盘

☑ 自动保存产生的报警信息

检查(C)　确认(Y)　取消(N)　帮助[H]

图 4 –71　自动保存产生的报警信息

象成员为上述4个需要报警的变量，如图4－73所示。

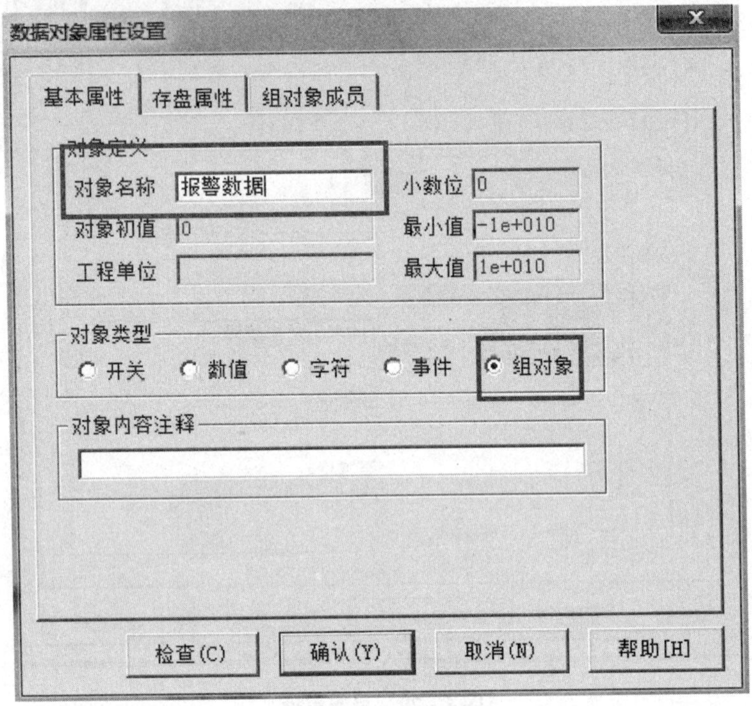

数据对象属性设置
基本属性
存盘属性
组对象成员
对象定义
对象名称
报警数据
小数位
0
对象初值
0
最小值
-1e+010
工程单位
最大值
1e+010
对象类型
开关
数值
字符
事件
组对象
对象内容注释
检查(C)
确认(Y)
取消(N)
帮助[H]

图4－72　报警组对象

数据对象属性设置
基本属性
存盘属性
组对象成员
数据对象列表
组对象成员列表
InputUser2
PID积分时间
PID增益
二号水泵变频运行
二号水泵工频运行
二号水泵检修
二号水泵启动
二号水泵停止
唤醒压力
频率上限
频率下限
设定压力
实时运行频率
休眠频率
一号水泵变频运行
一号水泵工频运行
增加>>
删除<<
变频器故障
一号水泵故障
二号水泵故障
实时管道压力
检查(C)
确认(Y)
取消(N)
帮助[H]

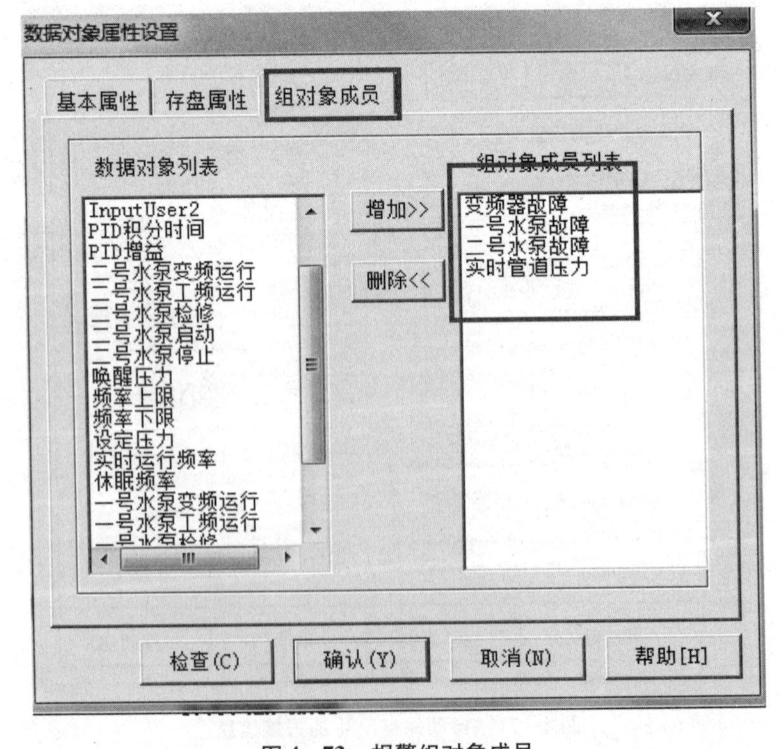

图4－73　报警组对象成员

报警组对象组态完成后，回到用户窗口中的报警窗口，在工具箱中选择“报警显示”构件，在窗口中拖拽鼠标建立“报警显示”界面，如图4－74所示。

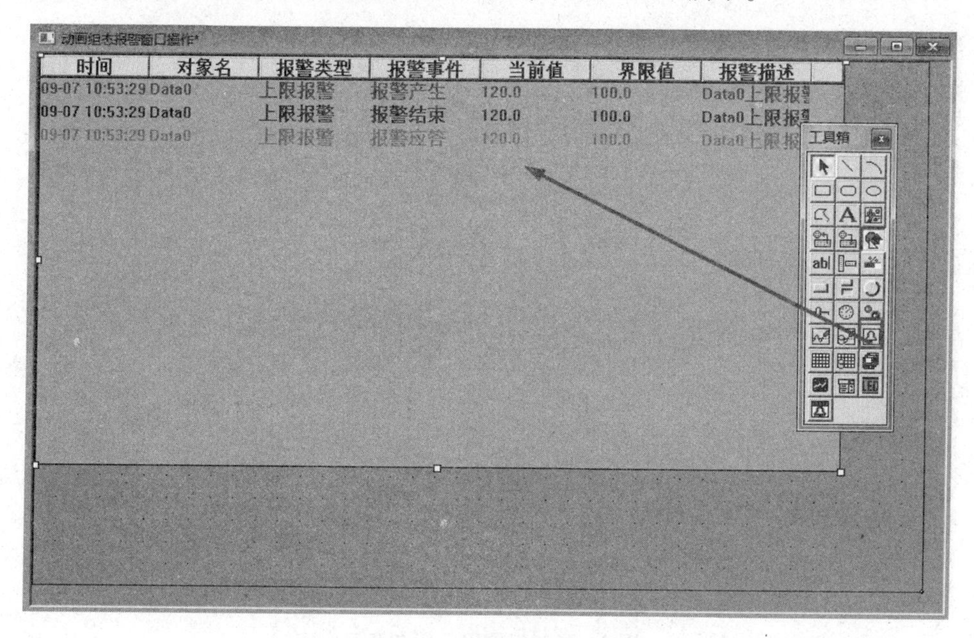

图4－74　“报警显示”界面

双击“报警显示”构件，打开“报警显示构件属性设置”界面，在该界面中，只需要设置“对应的数据对象名称”即可，在这里选择“报警属性”组对象，并勾选下方的“运行时，允许改变列的宽度”选项，如图4－75所示。组态完成后，就可以在该页面中查看对应的设备出现故障时的信息。

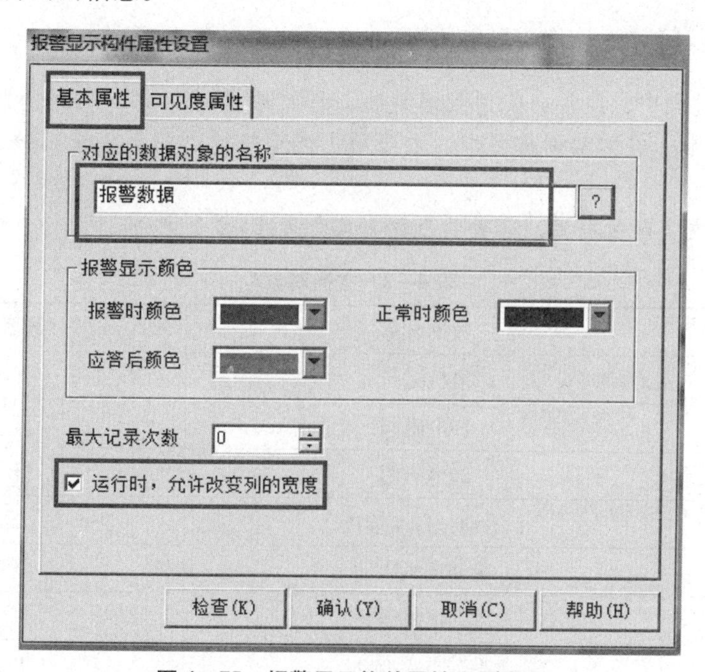

图4－75　报警显示构件属性设置界面

同样，为了能够从当前窗口进入其他窗口，组态一个返回按钮，以此进入“自动运行窗口”。组态完成后如图 4－76 所示。

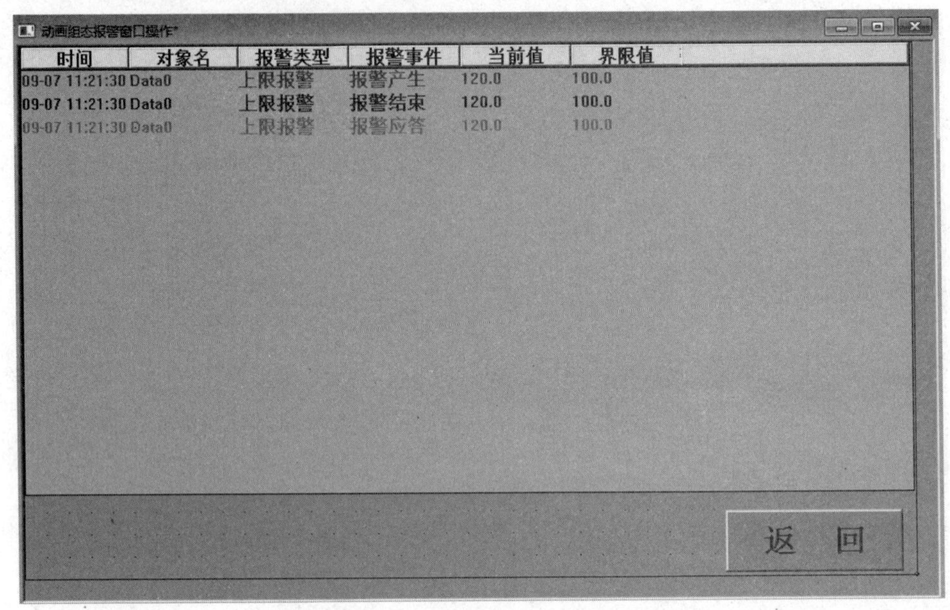

图 4－76　报警显示组态窗口

至此，该系统所有的窗口都组态完成，把组态好的页面下载到触摸屏中，然后与 PLC 进行连接，把编写好的 PLC 程序下载到 PLC 中以后，就可以查看运行的效果。在这里对 PLC 部分不作介绍。

结合以上组态过程，完成以下实训练习。

【实训练习 4.1】（燃烧机的温度控制）

在窑炉加热过程中，经常会使用到燃烧机，通过触摸屏与 PLC 的程序控制可以实现燃烧机的手/自动控制。在本实训练习中，主要组态燃烧机控制的触摸屏部分，PLC 控制程序不在此讲解。

（1）首先建立实时数据库，需要的数据对象如表 4－2 所示。

表 4－2　数据对象

序号	数据名称	数据类型
1	风机运行	开关量
2	1#电磁阀	开关量
3	2#电磁阀	开关量
4	手动、自动选择	开关量
5	手动风机启动	开关量
6	手动风机停止	开关量
7	手动点火启动	开关量

续表

序号	数据名称	数据类型
8	手动点火停止	开关量
9	自动点火启动	开关量
10	自动点火停止	开关量
11	实际温度	数值型
12	设定温度	数值型
13	风机执行器开度	数值型
14	煤气执行器开度	数值型
15	手动风机执行器开度	数值型
16	手动煤气执行器开度	数值型

（2）组态手动控制画面。

参照“手动控制页面”图完成燃烧机手动控制画面的组态，具体组态要求如下：

①组态风机图片，并带有风机叶轮，风机启动后，叶轮做旋转运行动作，风机停止后，旋转动作停止，在风机运行时，风机管道中显示风向标志，风机停止风向标志消失。

②组态两个煤气电磁阀，点火启动后（不论自动点火还是手动点火）两个电磁阀同时打开（电磁阀的打开/关闭状态通过不同的颜色填充区分）。点火关闭后，电磁阀关闭。在电磁阀打开状态下，在煤气管道中显示煤气流动标志，电磁阀关闭，煤气流动标志消失。

③组态一个旋钮元件，用来切换手动控制/自动控制状态，并在相应状态下，自动进入对应的控制页面。

④组态 4 个手动控制按钮，如图 4 – 77 所示，分别用来手动控制风机及点火电磁阀的启动与停止。

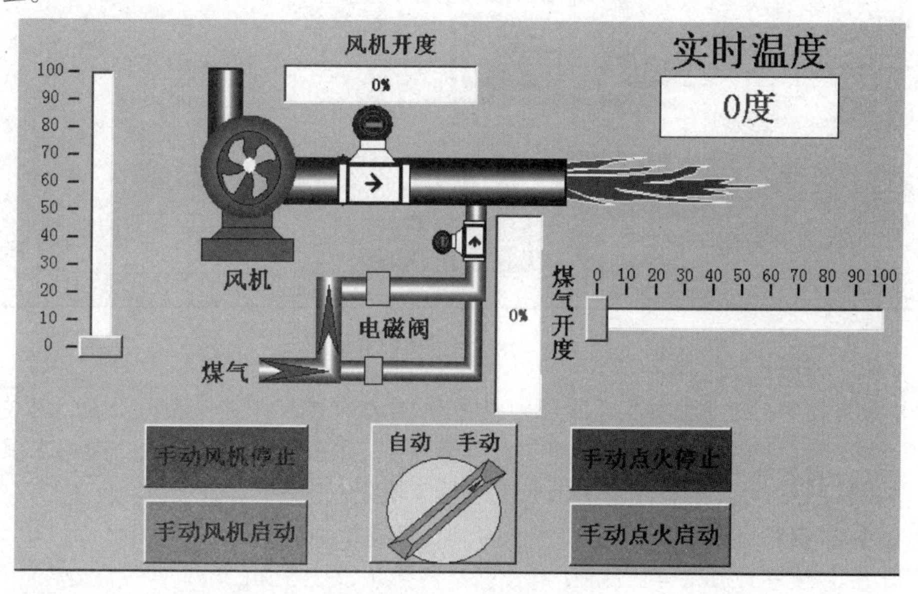

图 4 – 77　手动控制页面

⑤组态实际温度显示元件，单位为℃，组态风机及煤气执行器的开度显示值（0%～100%）。

⑥组态手动控制风机和煤气执行器的开度设定值，可以采用旋钮输入器或者滑动输入器。

（3）组态自动控制页面。

自动控制页面中有好多元件与手动页面中的元件相同，可直接复制后粘贴使用，如“自动控制页面”图所示。自动控制页面的具体组态要求如下：

①组态风机图片，并带有风机叶轮，风机启动后，叶轮做旋转运行动作，风机停止后，旋转动作停止，在风机运行时，风机管道中显示风向标志，风机停止风向标志消失。

②组态两个煤气电磁阀，点火启动后（不论自动点火还是手动点火）两个电磁阀同时打开（电磁阀的打开/关闭状态通过不同的颜色填充区分）。点火关闭后，电磁阀关闭。在电磁阀打开状态下，在煤气管道中显示煤气流动标志，电磁阀关闭，煤气流动标志消失。

③组态一个旋钮元件，用来切换手动控制/自动控制状态，并在相应状态下，自动进入对应的控制页面。

④组态两个控制按钮，如图4－78所示，分别用来自动点火的启动和停止。

⑤组态实际温度显示元件，设定温度输入框元件，单位为℃，组态风机及煤气执行器的开度显示值（0%～100%）。

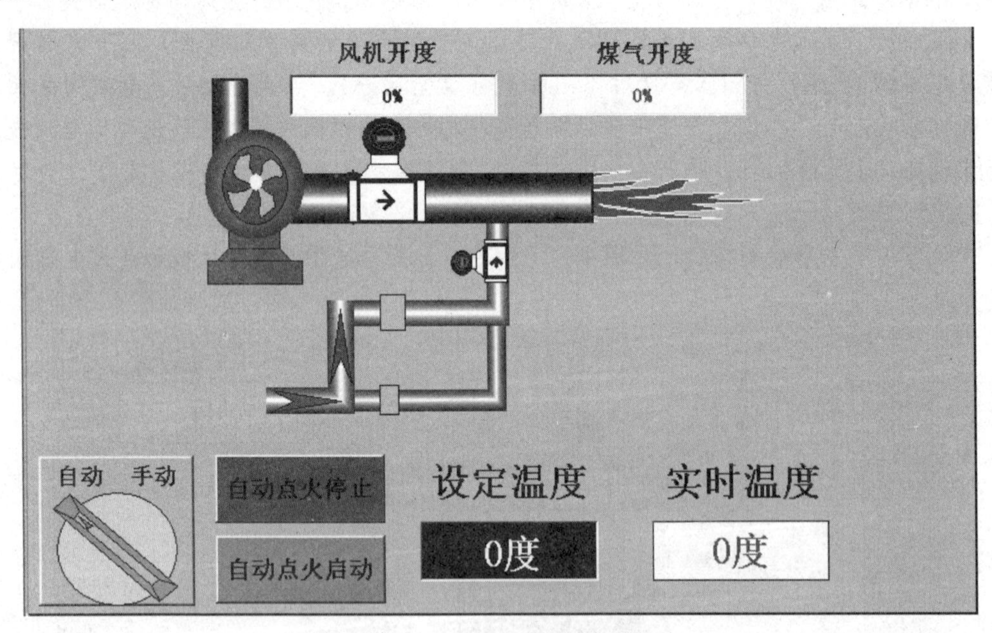

图4－78　自动控制页面

（4）组态提示：为了能够实现旋钮切换手动/自动状态，并进入相关页面，可使用“运行策略”，在“运行策略”中新建一个“循环策略”，并添加策略行后在“策略工具箱”中选择“脚本程序”，在脚本程序中写入如下程序即可：

```
IF 设备0_读写M0000 =1 THEN 用户窗口．窗口0.Open()
IF 设备0_读写M0000 =1 THEN 用户窗口．窗口1.Close()
```

```
IF 设备0_读写 M0000 =0 THEN 用户窗口. 窗口1.Open()
IF 设备0_读写 M0000 =0 THEN 用户窗口. 窗口0.Close()
```

【实训练习4.2】(消防系统中的管道稳压控制)

在实际的消防系统中，需要使用稳压泵对消防管道中的水压进行及时补压，以保持管道压力的恒定，这个就是消防系统的稳压。具体的控制要求如下（只做触摸屏组态，PLC程序不作要求）：

(1) 首先建立实时数据库，需要的数据如表4-3所示。

表4-3　需要的数据

序号	数据名称	数据类型
1	消防信号	开关型
2	一号水泵运行	开关型
3	二号水泵运行	开关型
4	无水信号	开关型
5	一号水泵故障	开关型
6	二号水泵故障	开关型
7	启动	开关型
8	停止	开关型
9	实时压力	数值型
10	压力上限	数值型
11	压力下限	数值型
12	存盘数据	组对象
13	报警数据	组对象

(2) 制作稳压系统起始画面。

参照“起始画面”图（图4-79）所示的式样制作系统的起始画面，在该画面中可自行选择图片作为画面背景，并在画面中标注系统名称，组态进入系统按钮。

(3) 组态运行页面

参照“运行页面”图（图4-80）组态稳压系统的运行页面。具体要求如下：

①组态两个稳压泵图案，并带有叶轮旋转功能，管道中有水流效果；水泵运行时，对应的水泵叶轮旋转，相应的管道水流流动，水泵停止运行后，叶轮停止，水流消失。

②当出现水泵故障，无水故障时，在页面中对应的闪烁显示“1#水泵故障”“2#水泵故障”“水箱水位低”等信息。

③组态当前实时时间。

④组态实时压力显示值，设定压力上限、压力下限输入框，显示单位为“MPa”。

⑤组态“启动”“停止”“故障复位”按钮。

⑥组态返回“起始页面”按钮，进入“运行数据”页面按钮以及进入“报警数据”页面按钮。

图 4－79　起始画面

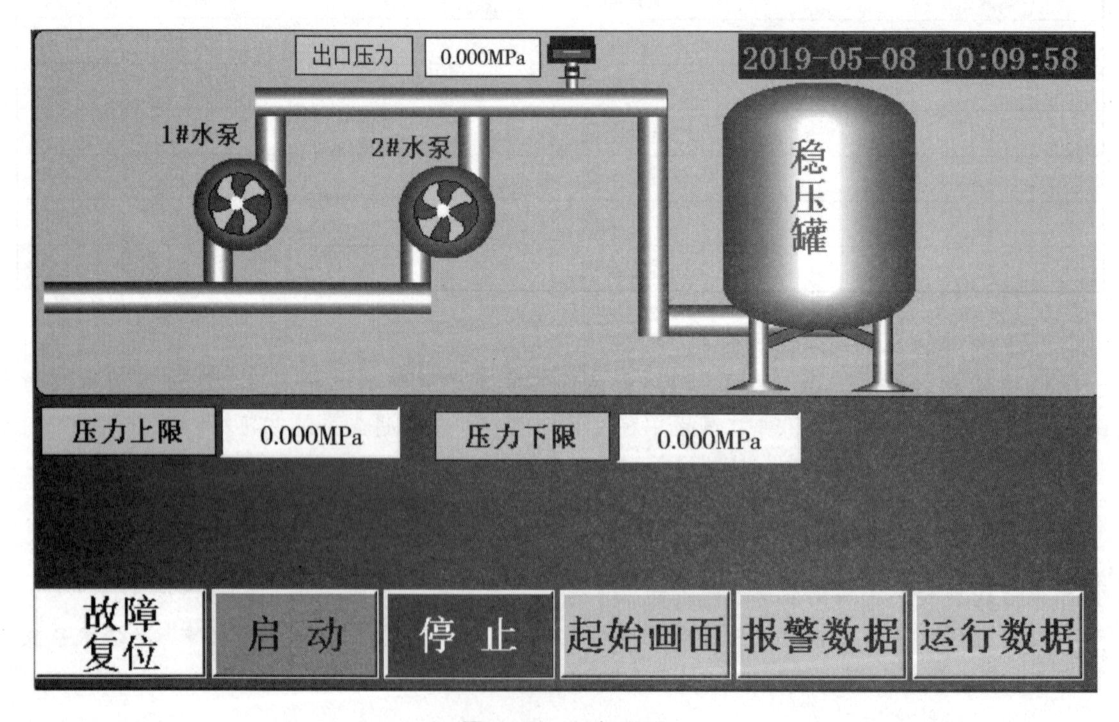

图 4－80　运行页面

(4) 组态数据存储页面。

参照“数据存储页面”图（图 4－81）完成数据存储页面的组态，具体组态过程如下：

①组态历史数据存储表格，存储数据包括“实时压力”“1#水泵运行情况”“2#水泵运

行情况”。存储时间为10s。

②组态对该页面的刷新按钮。按下该按钮，实现该页面的刷新效果。

③组态“删除数据”按钮。按下该按钮能删除存储的历史数据。

④组态返回“运行页面”按钮。

图4－81　数据存储页面

（5）组态报警数据存储页面。

参照“报警数据存储页面”图（图4－82）完成报警数据存储页面的组态，具体要求如下：

①组态“报警显示”元件，在页面中显示实时的报警信息并保持。

②报警需要显示的内容包括“报警时间”“报警类型”“报警事件”“报警描述”等。

③需要显示的报警信息包括：

a. 当1#水泵发生故障时显示“1#水泵发生故障”，故障恢复后显示“1#水泵故障恢复”；

b. 当2#水泵发生故障时显示“2#水泵发生故障”，故障恢复后显示“2#水泵故障恢复”；

c. 当无水信号产生时显示“水箱水位过低”，故障恢复后显示“水箱水位恢复正常”；

d. 当有消防信号产生时显示“发生消防报警”，消防信号消失后显示“消防报警解除”。

④要求报警触发方式采用上升沿或者下降沿触发报警方式，自动保存报警信息。

⑤组态返回起始页面、运行页面、数据存储页面的按钮。

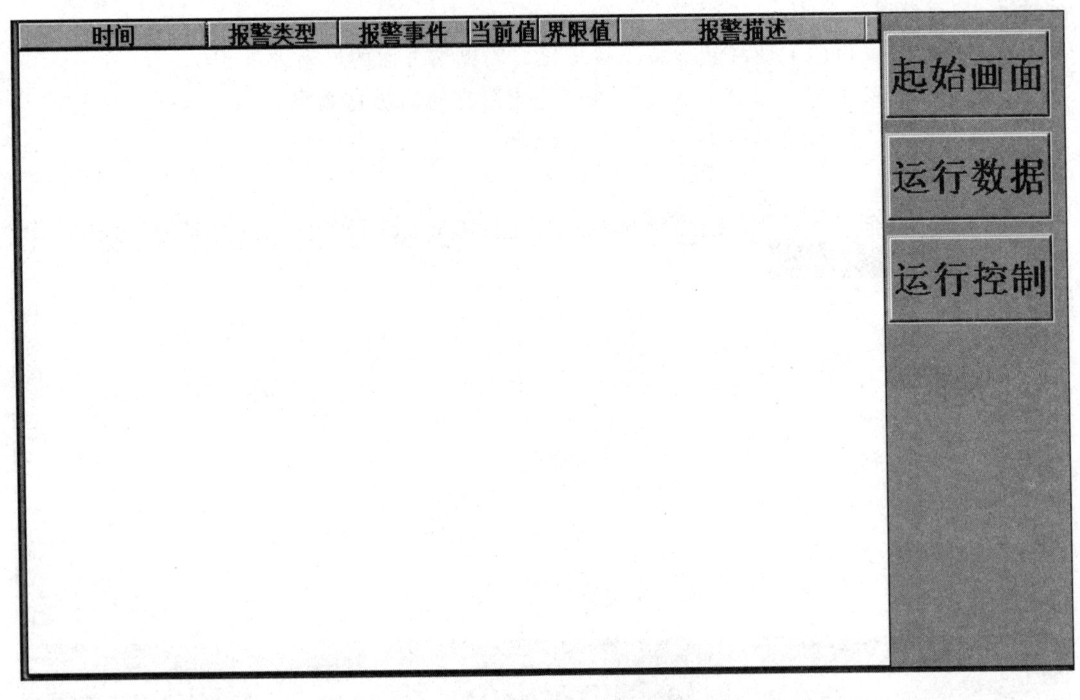

图 4－82　报警数据存储页面

以上组态过程中的数据对象与元件的连接直接使用实时数据库中的变量即可，设备窗口的组态可根据实际选择不同的 PLC 进行连接。该项目的具体运行过程需要与 PLC 控制程序结合，有关 PLC 程序的编写不在此叙述。

结合以上组态过程，完成以下实训练习。

【实训练习 4.3】［消防系统中的管道稳压控制（只做触摸屏组态，PLC 程序不作要求）］

在实际的消防系统中，需要使用稳压泵对消防管道中的水压进行及时补压，以保持管道压力的恒定，这个就是消防系统的稳压。具体的控制要求如下：

（1）首先建立实时数据库，需要的数据如表 4－4 所示。

表 4－4　需要的数据

序号	数据名称	数据类型
1	消防信号	开关型
2	无水信号	开关型
3	一号水泵故障	开关型
4	二号水泵故障	开关型
5	启动	开关型
6	停止	开关型

续表

序号	数据名称	数据类型
7	实时压力	数值型
8	压力上限	数值型
9	压力下限	数值型
10	存盘数据	组对象
11	报警数据	组对象

（2）制作稳压系统起始画面。

参照图4-83所示的式样制作系统的起始画面，在该画面中可自行选择图片作为画面背景，并在画面中标注系统名称，组态进入系统按钮。

图4-83　起始画面

（3）组态运行页面。

参照图4-84组态稳压系统的运行页面。具体要求如下：

①组态两个稳压泵图案，并带有叶轮旋转功能，管道中有水流效果；水泵运行时，对应的水泵叶轮旋转，相应的管道水流流动，水泵停止运行后，叶轮停止，水流消失。

②当出现水泵故障，无水故障时，在页面中对应的闪烁显示“1#水泵故障”“2#水泵故障”“水箱水位低”等信息。

③组态当前实时时间。

④组态实时压力显示值，设定压力上限、压力下限输入框，显示单位为“MPa”。

⑤组态“启动”“停止”“故障复位”按钮。

⑥组态返回“起始页面”按钮，进入“运行数据”页面按钮以及进入“报警数据”页面按钮。

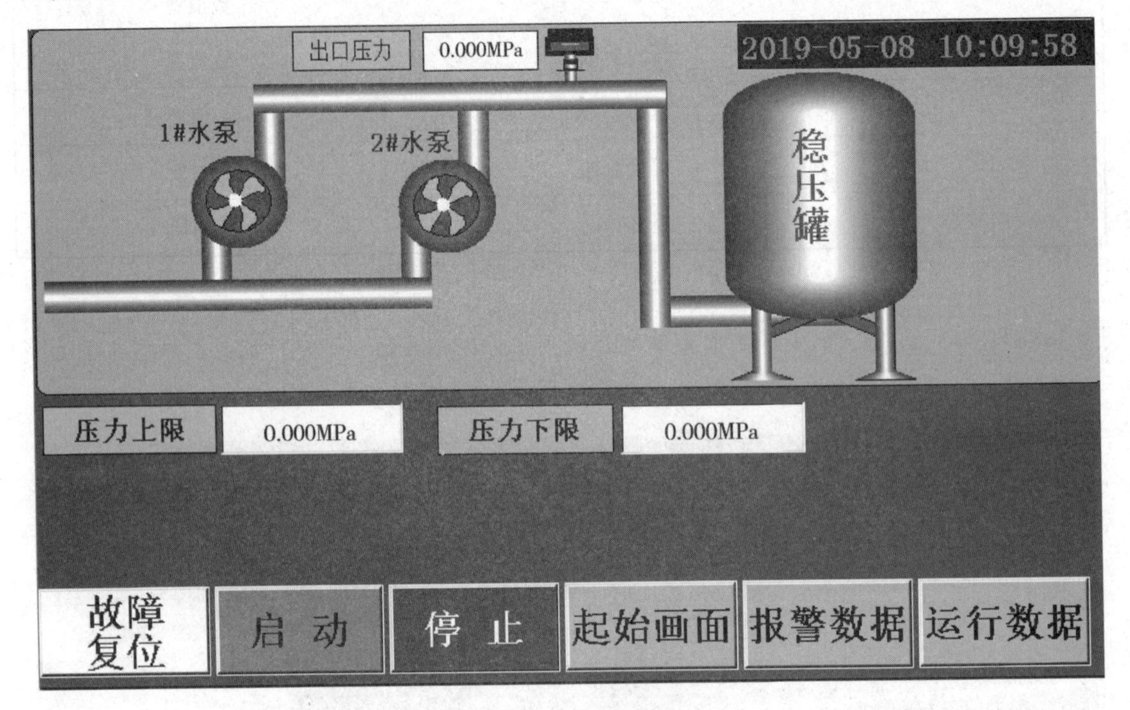

图 4-84 运行页面

(4) 组态数据存储页面

参照图 4-85 完成数据存储页面的组态，具体组态过程如下：

①组态历史数据存储表格，存储数据包括“实时压力”“1#水泵运行情况”“2#水泵运行情况”。存储时间为 10s。

②组态对该页面的刷新按钮。按下该按钮，实现该页面的刷新效果。

③组态“删除数据”按钮。按下该按钮能删除存储的历史数据。

④组态返回“运行页面”按钮。

(5) 组态报警数据存储页面。

参照图 4-86 完成报警数据存储页面，具体要求如下：

①组态“报警显示”元件，在页面中显示实时的报警信息并保持。

②报警需要显示的内容包括“报警时间”“报警类型”“报警事件”“报警描述”等。

③需要显示的报警信息包括：

a. 当 1#水泵发生故障时显示“1#水泵发生故障”，故障恢复后显示“1#水泵故障恢复”；

b. 当 2#水泵发生故障时显示“2#水泵发生故障”，故障恢复后显示“2#水泵故障恢复”；

c. 当无水信号产生时显示“水箱水位过低”，故障恢复后显示“水箱水位恢复正常”；

d. 当有消防信号产生时显示“发生消防报警”，消防信号消失后显示“消防报警解除”。

④要求报警触发方式采用上升沿或者下降沿触发报警方式，自动保存报警信息。

⑤组态返回起始页面、运行页面、数据存储页面的按钮。

图 4-85　数据存储页面

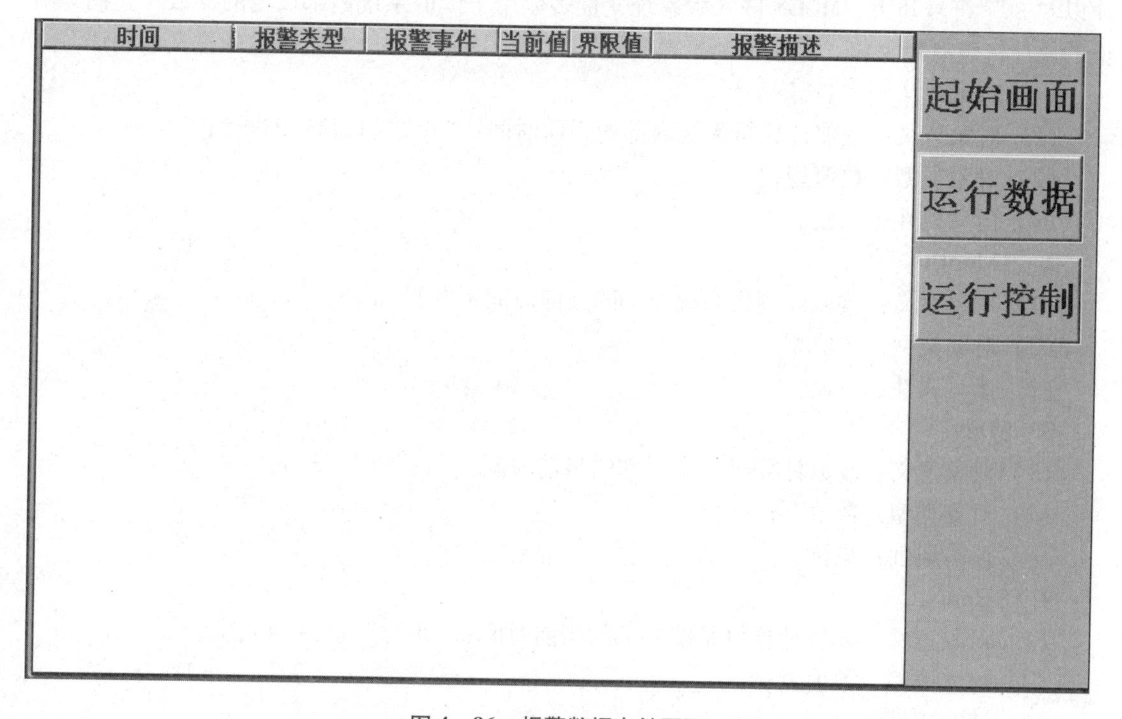

图 4-86　报警数据存储页面

以上组态过程中的数据对象与元件的连接可直接使用实时数据库中的变量，设备窗口的组态可根据实际选择不同的 PLC 进行连接。该项目的具体运行过程需要与 PLC 控制程序结合，有关 PLC 程序的编写不在此叙述。

MCGS 嵌入版组态软件内部定义了一些数据对象，称为 MCGS 嵌入版系统变量。在进行组态时，可直接使用这些系统变量。为了和用户自定义的数据对象区别，系统变量的名称一律以“＄”符号开头。MCGS 嵌入版系统变量多数用于读取系统内部设定的参数，它们只有值的属性，没有最大值、最小值及报警属性。下面分别介绍各个系统变量的意义和用法。

1. ＄Year

（1）对象意义：读取计算机系统内部的当前时间：“年”（1111～9999）；

（2）对象类型：数值型；

（3）读写属性：只读。

2. ＄Month

（1）对象意义：读取计算机系统内部的当前时间：“月”（1～12）；

（2）对象类型：数值型；

（3）读写属性：只读。

3. ＄Day

（1）对象意义：读取计算机系统内部的当前时间：“日”（1～31）；

（2）对象类型：数值型；

（3）读写属性：只读。

4. ＄Hour

（1）对象意义：读取计算机系统内部的当前时间：“小时”（0～24）；

（2）对象类型：数值型；

（3）读写属性：只读。

5. ＄Minute

（1）对象意义：读取计算机系统内部的当前时间：“分钟”（0～59）；

（2）对象类型：数值型；

（3）读写属性：只读。

6. $Second

（1）对象意义：读取当前时间："秒数"（0～59）；

（2）对象类型：数值型；

（3）读写属性：只读。

7. $Week

（1）对象意义：读取计算机系统内部的当前时间："星期"（1～7）；

（2）对象类型：数值型；

（3）读写属性：只读。

8. $Date

（1）对象意义：读取当前时间："日期"，字符串格式为（年－月－日），年用4位数表示，月、日用两位数表示，如：1997－01－09；

（2）对象类型：字符型；

（3）读写属性：只读。

9. $Time

（1）对象意义：读取当前时间："时刻"，字符串格式为：（时：分：秒），时、分、秒均用两位数表示，如：20：12：39；

（2）对象类型：字符型；

（3）读写属性：只读。

10. $Timer

（1）对象意义：读取自午夜以来所经过的秒数；

（2）对象类型：数值型；

（3）读写属性：只读。

11. $RunTime

（1）对象意义：读取应用系统启动后所运行的秒数；

（2）对象类型：数值型；

（3）读写属性：只读。

12. $PageNum

（1）对象意义：表示打印时的页号，当系统打印完一个用户窗口后，$PageNum的值自动加1，用户可在用户窗口中用此数据对象来组态打印页的页号；

（2）对象类型：数值型；

（3）读写属性：读写。

13. $UserName

（1）对象意义：在程序运行时记录当前用户的名字，若没有用户登录或用户已退出登录，$UserName为空字符串；

（2）对象类型：字符串型；

（3）读写属性：只读。

附录2 常见问题汇总

通过对大量用户问题的总结和归纳，本书提炼出100个常见的技术问题，并对每个问题的处理方案进行简明扼要的说明，有助于各级代理商技术人员、终端客户技术人员能够方便、快捷地处理在实际使用过程中遇到的各种问题。

（1）清除组态工程密码的流程是什么?

①记录客户信息，包括单位名称、客户名称、联系电话，向客户索要组态工程并要求客户提供盖有公章的证明文件和购买途径。

证明文件格式如下：

我公司为×××，该组态工程为我公司用北京昆仑通态MCGS软件开发，版权为我公司所有，而与此产生的版权纠纷问题与北京昆仑通态公司无关。

②把客户组态工程和证明文件作为附件，以邮件形式发送至support@ mcgs. com. cn。邮件内容模板如下：

你好!

客户组态工程密码丢失，申请清除密码，组态工程和证明文件见附件。客户信息：客户姓名、联系电话、单位名称。

（2）注册码申请流程是什么?

①记录客户信息（包括单位名称、客户姓名、联系电话、邮箱），要求客户获取TPC的序列号、编号和TPC的型号。

②把客户信息，屏的编号、型号、序列号以邮件的形式发送至support@ mcgs. com. cn。

邮件内容模板如下：

你好!

客户注册码丢失，申请生成注册码。屏的型号：TPC1063E；序列号：95289130B371300656B39195，点数无限制；编号：1052020081002936；客户信息：姓名、电话、单位名称。

（3）硬件返修流程是什么?

①联系相应区域的销售代理商。

②向代理商提交客户信息（包括单位名称、客户姓名、联系电话、收货地址），TPC 的型号、编号，以及详细问题描述信息。

（4）MCGS 嵌入版组态软件的点数如何计算？

在实时数据库中除 4 个系统内部变量以外，所有添加的变量都算为软件的点数，可通过执行“工具”→“使用计数检查”命令查看点数信息。

（5）网络版客户端个数怎么计算？

网络版客户端个数指在客户端同时使用 IE 浏览 MCGS 网络版服务器的计算机个数。

（6）安装时提示不能安装并口狗驱动时如何处理？

在安装组态软件时，计算机没有并口或并口被占用时会出现提示框，单击跳过此步骤继续安装即可。

（7）如何安装英文版 MCGS 通用版软件？

在英文操作系统下安装中文版 MCGS 通用版软件，软件界面即可显示英文界面，由于部分外挂构件不支持英文，添加构件时可能会出现乱码，但不影响正常使用和运行。

注：嵌入版组态环境目前无法支持英文版。

（8）加密狗有哪几种类型？

MCGS 通用版和网络版支持的加密狗目前分为并口和 USB 两种，按点数不同又可分为 64 点、128 点、256 点、512 点、1 024 点和无限点。

（9）检测不到加密狗时应如何处理？

可从以下几个方面考虑：

①是否通过“工具”菜单下的“安全管理”命令锁定了其他加密狗；

②并口上是否接打印机，如接打印机，需将 BIOS 并口模式设为 ECP + EPP；

③软件版本同加密狗版本是否一致；

④并口是否损坏，可将加密狗在其他机器并口上进行测试；

⑤加密狗驱动是否损坏，可通过光盘中的驱动进行重装测试；

⑥查杀病毒，计算机有病毒时也会检测不到加密狗；

⑦加密狗接头是否松动；

⑧重新安装 MCGS 软件；

⑨是否设置了工程运行期限。

（10）为什么打开工程提示文件名不能包含空格？

MCGS 通用版、嵌入版 6.5（含以前版本）版本工程的名称以及工程放置的路径均不能包含空格，否则不能正常打开。例如工程放置在桌面上，但是桌面的完整路径为“C:\Documents and Settings\Administrator\桌面”，其中“Documents and Settings”中包含空格，所以工程不能正常打开。

注：嵌入版 6.8 版本工程（工程名称完整不包含空格）放在桌面上可以正常打开。

（11）如何实现开机运行工程？

①删除执行程序“D:\MCGS\Program\McgsSet.exe”和其对应的桌面快捷图标；

②删除 MCGS 系统安装时创建的程序群组“开始\所有程序\mcgs 组态软件\通用版\mcgs 组态环境”；

③将“D:\MCGS\Program\mcgsrun. exe”发送到桌面快捷方式，单击鼠标右键选择“属性”选项，将快捷方式下的目标在原来的基础上添加“ + 空格 + 工程路径 + \工程名”；

④将“mcgsrun. exe”的快捷方式添加到“开始\所有程序\启动”中，开机即可运行工程。

(12) 如何查看软件运行记录?

找到通用版安装目录，比如软件安装在 D 盘，则查找“D:\MCGS\Program\daemon. log”，这个文件记录了软件运行的相关信息。

(13) 如何屏蔽热键?

在工程中调用函数!DisableCtrlAltDel() 即可，该函数可以屏蔽热键“Ctrl + Alt + Del”的功能。

注：此函数在网络版客户端和 Win98 操作系统下无效。

(14) 存盘数据浏览中分割时间点的含义是什么?

分割时间点指按照自己的需要定义昨天和今天是从哪个时间点分开的。

(15) 历史表格无法显示提取后的数据时应如何处理?

①先提取，再用历史表格查看数据是否设置存盘周期、数据连接是否正确，运用存盘数据提取时，要合理设置时间间隔和提取间隔，否则不能正常提取数据。

②看数据来源和存储目标设置是否正确，合理设置时间后，要运行一段时间，xxx. mdb 数据库里有数据以后才能显示。

(16) 如何保存数据至 SQL 数据库?

①通用版：通过存盘数据提取构件把存盘数据提取到 SQL 数据库中。数据来源选择工程自动生成的 ACCESS 数据库文件，数据输出 ODBC 数据库，选择 SQL 数据库（先在 SQLServer 中建立数据库及数据表）。

②网络版：直接在“文件”菜单下的“数据库连接设置”里面选择存盘数据库为 SQL 数据库。

(17) MCGS 嵌入版组态软件是否可以访问 Oracle 数据?

可以，前提条件是已经成功安装 Oracle 客户端软件。

(18) 网络版工程运行和退出速度慢时应如何处理?

MCGS 嵌入版组态软件自带数据库为 ACCESS 数据库，ACCESS 数据库本身为小型数据库，数据库文件超过 50 M，存盘数据量太大，会导致数据库崩溃，使工程运行缓慢。建议用 SQL 数据库存储数据或者对存储数据作定期删除处理。

(19) 如何用 IE 浏览器浏览网络版工程?

①以局域网内部 IP 浏览网络版工程：a. MCGS 网络版的默认端口号是 80，一般只要客户端机器上能直接 ping 通运行网络版机器的 IP 地址，在客户端机器上的 IE 栏内输入网络版服务器 IP 地址，便可直接浏览；b. 若 80 端口被其他地址绑定，可以通过“主控窗口”在“HTTP 参数”属性下另设置端口号，这时要加端口号，才可以用 IE 浏览器浏览。

②通过外网访问局域网内的一个运行网络版的 PC，首先将内网运行网络版所绑定的端口通过局域网映射到公网，且将 PC 1966 端口映射出去。以 ADSL 拨号上网为例作简单介绍：服务器安装花生壳软件，并输入申请的免费域名，如“mcgsjn. givp. net”。对路由器（如 TP – LINK）进行配置：

a. 进入动态DNS设置，绑定域名；

b. 在“转发规则”中进入“虚拟服务器”进行附表1所示设置；

附表1

ID 服务端口	IP 地址	协议	状态
1 3100	200.200.200.11	TCP	生效
2 1966	200.200.200.11	TCP	生效

c. 运行PC上的网络版工程，在外网IE栏内输入地址“http://mcgsjn.givp.net:3100/defaul.htm”，即可实现外网访问。

（20）工程损坏时如何进行修复？

①安装Office办公软件里的ACCESS数据库；

②把组态工程关闭，用鼠标右键单击工程，执行“打开方式”→“选择程序”→“Microsoft Office ACCESS”→“确定”命令；

③提示转换/打开数据库时，选择打开数据库（注意：不能选择转换数据库，转换后的工程不可识别）；

④打开ACCESS数据库后，执行“菜单工具”→“数据库实用工具”→“压缩和修复数据库”命令，即可对工程进行修复；

⑤如果用上述方法无法修复工程，说明工程损坏严重，需要重新组态工程。

（21）如何实现横向打印？

在用户窗口属性设置界面的“扩充属性”选项区中将打印窗口的“窗口视区大小”改为打印纸张的大小，并选择“横向打印”选项。

（22）脚本驱动可以在MCGS通用版中使用吗？

可以，但是需要使用通用版定制环境。定制环境可以到www.mcgs.com.cn的“下载中心”→“定制版本”里下载脚本驱动开发工具，在脚本开发工具包里就有通用版的定制环境。

（23）TPC工程运行环境自动重启工程运行时CPU占用率如果达到99%，运行环境会自动退出，然后重新启动，这是什么原因？

CPU占用率高的原因可能有：位图多、循环策略里面的脚本程序多和循环周期短等。

（24）TPC工程运行30分钟即退出的原因和处理方法是什么？

①属性设置显示“运行未获授权”，说明注册码丢失，需要重新生成注册码；

②属性设置显示“组态未获授权”，说明未插加密狗下载工程，TPC进行工程下载时需要在上位机上插加密狗。

（25）如何安装注册码？

①上位机安装：通过“下载配置”→“高级操作”→“更新注册码”命令，选择注册码文件进行安装；

②下位机安装：将注册码拷贝到U盘里，插到TPC USB口上，在TPC的“启动属性”→“系统维护”界面进行安装。

（26）下载工程时提示版本不一致时如何处理？

①如果是已经运行的工程，更换上位机环境，以免造成屏和新环境兼容问题；

②如果是新建工程，使用标准发行 TPC，建议通过向导自动更新屏里的环境。

(27) 如何更换 TPC 中的环境?

①下载时单击“高级操作”按钮更新下位机运行环境；

②将“CeSvr. armv4”和“mcgsce. armv4”文件拷贝到 U 盘里，并将后缀改为“. exe”，将“CeSvr. exe”替换屏中“我的电脑\HardDisk\CeSvr. exe”文件，将“mcgsce. exe”替换屏中“我的电脑\HardDisk\mcgsbin\mcgsce. exe”和“我的电脑\HardDisk\backup\mcgsce. exe”文件。

(28) 组对象中增加/删除成员不起作用时如何处理?

执行菜单栏中的“工具”→“使用计数检查”命令，可刷新组对象中的成员。

(29) 1 秒钟以下的存盘数据怎样实现?

将组对象的存盘属性中的存盘周期设置为 0 秒，在循环策略中调用!savedate( ) 函数，利用循环策略的时间来实现周期存盘（设置循环策略时间小于 1 秒钟即可）。

(30) 如何导出 TPC 中保存的历史数据?

建议使用!ExportHisDataToCSV( ) 函数实现数据导出，具体函数应用见 MCGS 帮助文档。

(31) 历史表格数据不刷新时如何处理?

在 MCGS 嵌入版组态软件中，窗口中的历史表格是不会自动刷新的，历史表格只有在其窗口打开时才去访问数据库读数据，此后不再进行数据库的访问。可通过在循环策略窗口或窗口的循环脚本中执行“窗口名称 . Refresh( )”语句来刷新窗口，访问和读取数据库，达到实时刷新历史表格数据的目的。

(32) 历史表格中不显示历史数据时如何处理?

①确认组对象是否作了存盘处理；

②确认窗口有无进行实时刷新；

③确认显示属性中是否没有作变量连接。

(33) 在工程运行中如何改报警上、下限值?

在循环策略中使用!SetAlmValue( ) 函数，可在工程运行时修改报警的上、下限值，具体函数应用见 MCGS 帮助文档。

(34) 历史报警不显示的原因是什么?

①报警数据对象的属性设置中没有选择“自动保存产生的报警信息”；

②报警数据没有达到报警值的上/下限值；

③组对象没有选择“MCGS_ALARM”。

(35) 实时报警不显示的原因是什么?

①报警数据没有达到报警值的上/下限值；

②报警变量属性设置中没有设置报警。

(36) TPC 中报警数据占用多少空间?

系统报警组 MCGS_AlarmInfo 占用固定空间 1 MB。

(37) TPC 中存盘数据占用空间如何计算?

存盘是以组对象为单位来保存的，保存数据空间是所有的组对象成员的占有空间再加上时间保存需要的8个字节。数值型：4字节；开关型：4字节；字符型：字符长度+4字节。

(38) 如何更改TPC中软键盘的大小?

使用!SetNumPanelSize(Type, Size) 函数，具体函数应用见MCGS帮助文档。

(39) TPC如何进行窗口打印?

①使用“按钮”的打印窗口功能；

②使用!SetWindow() 函数进行打印；

③使用运行策略中“窗口操作”构件的打印窗口功能。

(40) TPC打印窗口如何充满纸张?

①新建工程，TPC类型选择7062K，单击“确认”按钮；

②新建“窗口0”，设置窗口属性，在“基本属性”页中设置背景色为白色；

③激活“扩充属性”页，将窗口视区大小设置为A4大小，勾选“横向打印窗口”选项，单击“确认”按钮；

④进入动画组态窗口，窗口按A4纸大小放置，右边界约为1 100，下边界约为760；

⑤可通过“文件”菜单下的“打印预览”命令调整具体位置；

⑥设置打印按钮属性，选择“操作属性”页面中的“抬起功能”选项卡，勾选“打印用户窗口”选项，选择要打印的“窗口0”，单击“确认”按钮；

⑦设置完成，将工程下载到屏里，打印时即可打出来充满A4纸的画面。

(41) 网线下载工程失败时如何处理?

①确认TPC和PC的IP地址是否设置在同一网段；

②确认TPC运行环境是否已运行；

③确认PC网卡速度是否设置为10 M半双工；

④确认网线接线是否正确。

(42) 如何解决USB下载失败问题?

①确认USB接线没问题；

②确认TPC的下载口没问题；

③确认TPC运行环境是否已经运行；

④将TPC断电5分钟后再进行工程下载。

(43) Vista系统下USB无法下载工程

①进入Vista系统桌面，用鼠标右键单击“计算机”图标，选择“属性”选项，弹出“我的电脑属性”对话框；

②选择左侧的“设备管理器”选项调出设备管理器界面；

③展开“移动设备”节点下面的“PocketPCUSB Sync”设备，用鼠标右键调出菜单，选择“更新驱动程序软件”选项；

④在“更新驱动程序软件”界面，选择“浏览计算机以查找驱动程序软件”选项；

⑤在“浏览计算机驱动程序文件”界面上，选择“从计算机的设备驱动程序列表中选择”选项，进入驱动列表选择界面；

⑥在“选择要为此设备安装的设备驱动程序”界面上，选择“从磁盘安装…”选项，进入文件选择对话框，选择“USBDrv. rar”压缩包解压目录下的文件“wceusbsh. inf”；

⑦在下面这个对话框中选择“PocketPCUSB Sync”选项，然后单击“下一步”按钮；

⑧这时 Windows Vista 系统就开始进行驱动程序的更新，更新完成之后，即可通过 USB 口进行工程下载。

（44）如何实现弹出子窗口？

可以使用 OpenSubWnd( ) 函数来实现，具体函数应用见 MCGS 帮助文档。

（45）如何在断电后保存最后一次的值作为下次开机初始值？

在退出策略的脚本中用!SaveSingleDataInit( ) 和!FlushDataInitValueToDisk( ) 函数保存最后一次的值作为下次开机的初始值。

（46）如何设置工程运行期限？

①通用版在组态环境中的“工具”→“工程安全管理”→“工程运行期限设置”里进行设置；

②嵌入版工程运行期限的设置方法如下：

a. 使用 StrComp( ) 函数比较停止运行的时间和当前时间是否相同，将 1 赋给一个变量（使用循环策略）；

b. 当两个时间相同时，即变量等于 1 时，使用!SetDevice( ) 函数停止设备工作，建立一个触发弹出输入密码窗口的变量，将变量赋 1（使用事件策略）；

c. 触发输入密码窗口的变量等于 1 时，弹出输入密码窗口（需要自己做），输入密码（使用启动策略）；

d. 使用 StrComp( ) 函数，比较输入的密码与设置的密码是否相同，相同时，执行!SetDevice( ) 函数，启动设备工作，并将运行的时间、触发输入密码窗口的变量清掉。

（47）设备管理器中驱动很少的原因是什么？

①确认组态软件安装时是否选择“所有驱动安装”选项，如果没有选择，则需重新安装驱动；

②如果在组态软件的设备窗口没有找到支持的驱动，查询该设备是否支持标准 Modbus 协议，若支持，可以使用 MCGS 通用设备下的标准 Modbus 驱动；

③联系所属区域代理商，定制驱动。

（48）通用串口父设备能加多少子设备？

软件本身是没有限制的，主要是受系统的限制，对 Windows 系统来说，一般是 255 个串口；对于 TPC 来说，取决于硬件接口的数量。

（49）设备调试有数据工程画面无数据时应如何处理？

①对于新建的工程：

a. 查看数据对象属性设置中是否设置了最大值、最小值范围；

b. 如果检查没问题，可能是驱动的问题，与客服联系。

②原来在设备调试中有数据显示，工程画面中也有数据显示，但因为作了什么改动以后没有数据显示，让客户重新添加驱动，使用计数检查后，再重新测试。

（50）PLC 和模块能否挂接在一个串口下？

原则上来说，只要串口通信设置相同就可以，但是 MCGS 嵌入版组态软件不推荐这样使用，因为设备协议内部可能存在潜在冲突，例如对 PLC 的某个寄存器的写操作的指令，有可能被误认为对模块的某个操作，进而导致设备访问冲突。

（51）如何查看设备的通信状态？

在 MCGS 所有非板卡类的设备（部分定制设备除外）中，第一个通道是通信通道。在进入运行环境，设备驱动程序开始工作后，此通道内返回的是设备的通信状态，例如“0”表示设备通信正常，非“0”表示设备通信不正常。注意：在上位机运行时，不要打开设备调试查看设备状态，否则会导致通信不正常。

（52）通讯状态为 -8 表示什么意思？

请检查添加的通道地址是否有超限情况，这时有问题的通道显示数值为 -5。

（53）运行工程提示串口初始化失败时应如何处理？

①检查 TPC 上是否有其他软件已经打开串口，导致串口被占用，如果有，则先关闭其他占用串口软件；

②检查通用串口父设备中是否设置了不存在的串口号。

（54）TPC 的 COM2 口与设备无法通信时应如何处理？

①检查硬件接线；

②检查通用串口父设备参数设置是否与设备通信参数一致；

③检查下载工程时通用串口父设备的串口号是否设置为 COM2，若不是，需要改正。

（55）数据能读不能写时应如何处理？

①检查添加通道时是否把该通道的属性设置为“只读”属性，若是，则不能对该通道进行写命令；

②检查是否在 PLC 程序中对该通道地址进行了其他操作；

③如果还不能解决，请致电客服。

（56）TPC 是否支持 OPC 通信？

不支持，通用版支持 OPC 通信。

（57）200PLC 如何同 TPC7062K 通信接线？

TPC RS485 接口的 7 正 8 负与 PLC 串口的 3 正 8 负连接，如附图 1 所示。

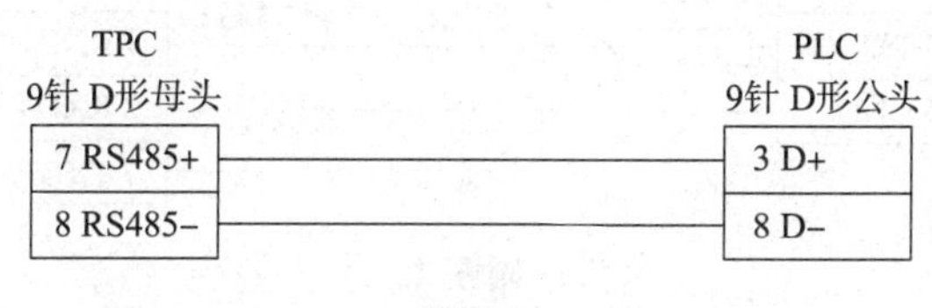

附图 1

（58）200PLC 如何同 PC 通信接线？

①使用标准串口型号的西门子 PC/PPI 电缆。

②采用 RS232/485 转换器连接，RS485 的 A 正 B 负与 PLC 串口的 3 正 8 负连接。

（59）200PLC 和 PLC 无法通信时应如何处理？

①先用编程软件测试，看 200PLC 能否通信，检查通用串口父设备的参数设置和子设备的设置是否正确，在设备窗口作设备调试，查看通信状态是否为 0；

②和计算机通信成功后，再测试能否和 TPC 通信，检查硬件连线是否正确。

（60）200PLC 用标准 PPI 电缆不能通信时应如何处理？

检查 PPI 电缆是否包含 8 个拨码开关，如是，需要把第 5 个拨码拨至“freeport”选项才可正常通信。

(61) 200PLC 通信状态跳变是什么原因?

①检查通信延时设置是否过短，设置合适的延时时间；

②检查现场是否存在干扰，可使用屏蔽线并作接地处理；

③参看 PLC “SMW22”，看 PLC 运行程序是否过大。

(62) 如何连接 200PLC 中的 VW10 寄存器类型?

V 寄存器地址：10；数据类型：16 位无符号二进制数。

说明：VW 数据类型为 word 型，故要选择 16 位数据。

(63) 200PLC 和 TPC 能否实现多主多从?

①西门子 200PLC 不支持多主结构；

②MCGS 可支持一个主站连接多个 200PLC，保证所有 PLC 的通信参数设置一致，并且要区分每个 PLC 的地址。

注：如果一个主站连接多个 200PLC，有可能导致通信速度慢或通信不稳定的现象，故一般不建议这么使用。

(64) 200PLC 是否支持自由口通信?

西门子 200PLC 的自由口通信是指可以自由编写自己的通信协议，如果需要跟 MCGS 嵌入版组态软件进行通信，则需要根据协议定制驱动程序。现有通信方式为：设定 200PLC 自由口通信方式为 Modbus 协议，则直接使用 MCGS 嵌入版组态软件中的 Modbus 驱动即可通信。

(65) 三菱 PLC 编程口如何同 TPC7062K 接线?

接线图如附图 2 所示。

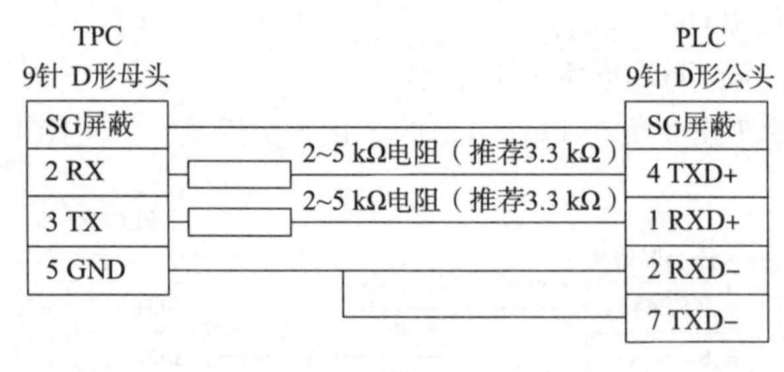

附图 2

(66) 三菱 PLC 编程口通信如何选驱动?

三菱 PLC 编程口即 422 通信，选用三菱 FX 系列编程口驱动；232BD 选用三菱 FX 系列编程口驱动；485BD 选用三菱 FX 系列串口驱动。

(67) 三菱 PLC 编程口参数如何设置?

通信参数应该设置为：串口号与设备所连接的串口号一致，波特率为 9 600，数据位为 7 位，停止位为 1 位，校验方式为偶校验。

(68) 欧姆龙 PLC 如何同 TPC7062K 接线?

接线图如附图 3 所示。

(69) 欧姆龙 PLC 支持什么通信协议?

①HOSTLINK 协议：一般的欧姆龙 PLC 都支持 HOSTLINK 协议，支持 IR、LR、HR、AR、TC、PV、DM 寄存器类型，支持 4 位地址，无法读取大于 9999 地址的寄存器区，使用

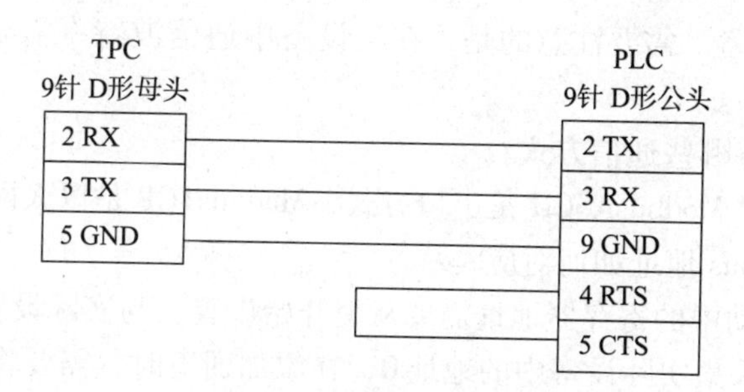

附图 3

时，可将寄存器高地址区内容移到低地址区进行读写操作。

②FINS 协议：FINS 协议为欧姆龙公司新开发的串口驱动协议，支持 CIO、WR、DM、HR、AR、TK、TS、CS、TIM、CNT、IR、DR 寄存器类型。

（70）欧姆龙 PLC 父设备参数如何设置？

①通用串口父设备通信参数设置应与 PLC 串口的通信参数设置相对应，PLC 默认标准参数设置为：9600，7，2，E（偶校验）。

②用户可根据需要进行设置，建议在通信速度要求较高时设置为 38400，7，2，E。

（71）欧姆龙 PLC 地址如何设置？

设备地址设置要与 PLC 中实际的地址设置相对应，寄存器地址要与 PLC 里的单元号一致。

（72）300PLC 同 PC 的通信方式是什么？

①根据 Profibus 总线协议通过西门子通信卡（CP5611）进行通信；

②通过 300PLC 自带的 MPI 电缆进行通信。

（73）300PLC 与 TCP 通信，需添加什么驱动？

可以通过以太网通信，在设备窗口添加通用 TCP/IP 父设备，或添加 CP443 - 1 以太网模块设备均可。

注：西门子 300PLC 和 400PLC 的子设备驱动可以通用。

（74）300PLC 能否直接读取 AIAO 数据？

不能直接读取，可以转到 DB 块里再进行数据读取。

（75）300PLC 同 TPC7062K 的通信接线如何设置？

①使用西门子原装适配器；

②使用深圳联诚 MPI 电缆，型号为 UniMAT；

③其他品牌的电缆不保证通信成功。

（76）300PLC 适配器连接 TPC 端线序是什么？

线序：2 - 3 对调，4 - 6 对调，7 - 8 对调，5 直连。不能保证最大的通信距离是 50 m。

（77）300PLC 通信状态始终为 - 1 的原因是什么？

出现这种情况一般是在通道连接中增加了 PLC 中不存在的通道，例如连接 I 区、Q 区、M 区的通道溢出了 PLC 的范围，连接了 V 区不存在的 DB 块或者连接了 DB 块中没有定义的地址。

（78）300PLC 与 TPC 连接时如何添加设备？

使用嵌入版连接西门子 300PLC，与通用版不同的是，需要选择通用串口父设备挂接西门子 300/400MPI 子设备。需要注意的是，在父设备中通信波特率需要和 PC 适配器保持一致，一定要选择奇校验。

（79）Modbus 支持哪些通信方式？

标准 ModbusRTU、ModbusASCII 是串口方式，ModbusTCP 是以太网方式。

（80）MCGS Modbus 地址如何对应？

MCGS Modbus 驱动中的寄存器地址需要从 1 开始设置，与实际设备中的地址有差 1 的偏移处理，即如果需要采集实际设备中的地址 0，在添加通道时，需要将寄存器地址设置为 1；如果需要采集实际设备中的地址 5，在添加通道时，需要将寄存器地址设置为 6，依此类推。

（81）128M TPC 的主要特性是什么？

①CE 平台升级采用 WINCE 5.0 操作系统，用户操作方法和习惯与 CE 4.2 系统一致；

②硬件存储设备升级产品的总存储数据容量从现有的 64 MB 升级到 128 MB。

（82）USB 主口和从口的区别是什么？

主口用来识别 1.1 以上的外接 USB 设备（例如 U 盘、硬盘、鼠标、键盘、打印机等），不能用来下载工程；从口只能用来下载工程，不能识别外接 USB 设备。

（83）TPC7062K 的串口引脚定义是什么？

①COM1：2（RS232 RXD）；3（RS232 TXD）；5（GND）。

②COM2：7（RS485 +）；（8 RS485 -）。

（84）“启动工程”/“不启动工程”按钮的含义分别是什么？

①“启动工程”按钮：单击“启动属性”对话框中的“启动工程”按钮，即可启动 MCGS 嵌入版运行环境，并启动下载到 TPC 中的工程，这种启动工程方式与不进入“启动属性”窗口而直接进入 MCGS 嵌入版运行环境一样；

②“不启动工程”按钮：单击“启动属性”对话框中的“不启动工程”按钮，只启动 MCGS 嵌入版运行环境，而不启动 TPC 中的工程。

（85）如何用触摸形式操作右键？

长时间点击 TPC，即可实现右键操作。

（86）如何对 TPC 进行触摸校准？

①进入 TPC CE 操作系统，双击桌面上的“触摸屏校准”图标进行校准；

②TPC 上电，单击启动进度条，进入“启动属性”窗口，不要进行任何操作，30 秒后系统自动进入触摸屏校准程序；

③进入 TPC CE 操作系统，选择“开始”→“设置”→“控制面板”→“TPC 系统设置”选项，进入“TPC 系统设置”窗口，选择“触摸屏”选项卡，单击触摸屏校准按钮即可。

（87）如何查看 TPC 的 IP 地址？

TPC 上电，单击进度条打开“启动属性”对话框，在系统信息中可以查看 IP 地址，还可查看产品配置、产品编号、软件版本。

（88）如何更改 TPC 的 IP 地址？

进入 TPC CE 操作系统，选择“开始”→“设置”→“网络和拨号连接”选项，双击“新建连接”按钮，然后单击“下一步”按钮，单击“TCP/IP 设置”按钮，进入 IP 设置界面即可对 TPC 的 IP 进行设置。

（89）如何设置TPC背光灯时间？

进入TPC CE操作系统，选择“开始”→“设置”→“控制面板”→“TPC系统设置”选项，在“TPC系统设置”窗口中单击“背关灯”选项卡，即可对背光灯进行设置。

（90）如何设置蜂鸣器的启动和关闭？

进入TPC CE操作系统，选择“开始”→“设置”→“控制面板”→“TPC系统设置”选项，在“TPC系统设置”窗口中单击“蜂鸣器”选项卡，即可对蜂鸣器进行相关设置。

（91）如何更新TPC启动画面？

工程下载，通信测试成功后，单击“高级操作”按钮，在“高级操作”对话框中，对应文件选择需要更换的启动画面，然后单击“更换启动画面”按钮即可。

注：启动画面设为与TPC相同的分辨率，其颜色必须设为256色。

（92）如何查看TPC磁盘剩余空间？

进入TPC CE操作系统，双击进入“我的电脑”，触摸长按“Harddisk”文件夹，通过右键菜单打开属性框，然后单击“剩余”选项，可查看磁盘剩余空间。

（93）如何在TPC中实现屏保？

进入TPC CE操作系统，选择“开始”→“设置”→“控制面板”→“TPC系统设置”选项，在“TPC系统设置”窗口中单击“背关灯”选项卡，勾选“使用自动关闭背光灯功能”选项，在“持续空闲”中选择相应的时间即可。

（94）如何上传TPC中的工程？

要将TPC中的工程上传至PC，必须使用装有嵌入版6.8（01.0001）及以上版本运行环境的TPC产品。

①在下载工程时在“下载配置”中必须勾选“支持工程上传”功能。

②工程上传：

a. 打开MCGS嵌入版组态软件，在菜单栏中选择“文件”→“上传工程”选项，进入“上传工程”窗口；

b. 选项设置跟下载工程时类似，如果通过网络方式上传，连接方式选择“TCP/IP网络”，在目标地址处输入目标TPC的IP地址，如果通过USB口上传，则将连接方式改为“USB通讯”，工程另存处用来设置工程上传到PC的路径及文件名；

c. 以上设置完成后，单击“开始上传”按钮，当进度条满时，上传完成。

（95）运行环境启动后白屏的原因是什么？

①封面窗口和启动画面窗口设置为同一个；

②调用了白色的启动画面窗口。

（96）如何看PC与TPC网络的连接状态？

用网络对调线将PC和TPC连接，单击PC中的“开始”→“运行”命令，在运行栏内输入“CMD”后按回车键，然后在DOS界面中输入“ping IP地址”后按回车键，通过此命令可查看网络连接状态。如果LOST为0，说明网络连接正常；如果LOST非0，说明数据包丢失，或网络连接断开。

（97）如何进入TPC操作系统？

TPC上电，在出现进度条时单击进度条，在“启动属性”窗口中单击“进入操作系统“按钮，即可进入TPC操作系统。

(98) 如何查看 TPC 中运行环境的版本号?

TPC 上电，单击启动进度条，进入“启动属性”窗口，单击“不启动工程”按钮，在“不启动工程”界面会显示运行环境的版本号。

(99) 实现同型号 TPC 间的工程移植?

①进入 TPC 操作系统，复制“我的电脑”里的“Project”(文件夹)、“mcgsCE. exe”(执行文件)、“backup”(文件夹) 3 个文件到 U 盘中。“Project”(文件夹)、“mcgsCE. exe”(执行文件) 的路径为：我的电脑\harddisk\mcgsbin,“backup”(文件夹) 的路径为：我的电脑\harddisk;

②将 U 盘插到要移植的同型号 TPC 上，将 U 盘中的 3 个文件复制到相应的路径下;

③重启触摸屏。

(100) 如何对 TPC 串口进行测试?

TPC 串口通信方式为 RS232、RS485，现以 RS232 串口通信方式为例说明如下:

①串口对调线连接 PC 串口和 TPC 串口;

②在 PC 上运行“Comm. exe”文件，并进行通信参数设置;

③进入 TPC 的 CE 操作系统，双击“我的电脑”图标，进入“HardDisk”文件夹，双击“CommThread_V2. 2. exe”文件 (如没有此文件，可在“公司网站”→“下载中心”→“常用工具”页中下载“TPC_串口测试工具”并复制到 TPC 的对应目录下)，将通信参数设置为与 PC 相同;

④在“Comm”和“CommThread”窗口分别选择“打开串口”命令，并分别进行单次数据发送和连续 2 000 次数据发送，查看接受区接收数据是否正确，有无丢失数据和乱码现象;

⑤进行以上操作后，如果发送和接收数据都正常，表明 TPC 串口通信正常。

注：进行串口测试时，要保证 PC 和 TPC 串口没有被占用。

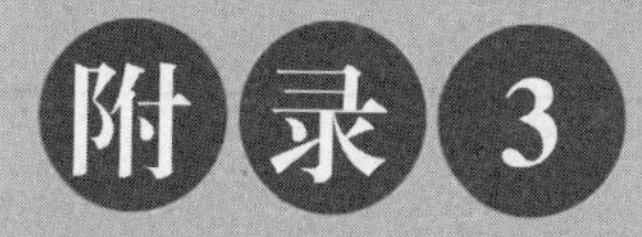

MCGS 触摸屏与常用 PLC 连接说明

1. 与西门子_S7200 系列 PLC

1）设备简介

本驱动构件用于 MCGS 嵌入版组态软件读写西门子_S7200 系列（包括 Smart200、S7_21X、S7_22X 等）PLC 设备的各种寄存器的数据，如附表 1 所示。

附表 1

驱动类型	串口设备，须挂接在通用串口父设备下才能工作
通信协议	采用西门子 PPI 协议
通信方式	主从通信方式（一主一从）。驱动构件为主站，设备为从站

2）硬件连接

MCGS 嵌入版组态软件与设备通信之前，必须保证通信连接正确。

通信连接方式如下：

（1）采用标准串口型号的西门子 PC/PPI 电缆。

（2）采用 RS232/485 转换器连接，RS485 的 A 正 B 负与 PLC 编程口 3 正 8 负连接。

（3）TPC 触摸屏的 RS485 接口的 A 正 B 负与 PLC 编程口 3 正 8 负连接。

接线图如附图 1 所示。

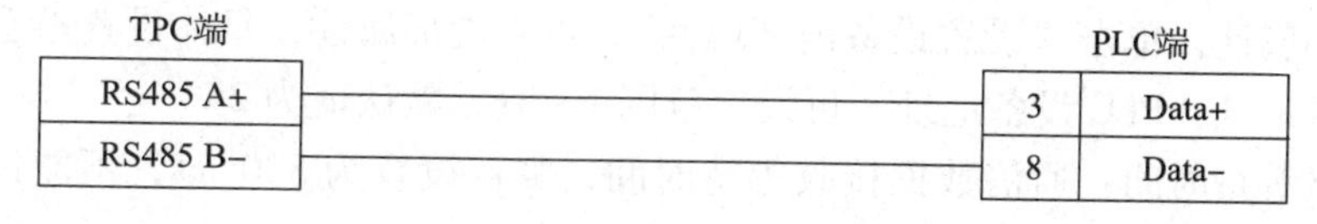

附图 1

3）设备通信参数

“通用串口父设备”通信参数设置如附表 2 所示。

附表 2

设置项	参 数 项
通信波特率	187 500、19 200、9 600（默认值）
数据位位数	8
停止位位数	1
奇偶校验位	偶检验

其中父设备通信参数设置应与设备的通信参数相同。

S7200 系列 PLC 可以通过西门子 STEP7 – Micro/WIN 为 S7200PLC 配置波特率和 PLC 地址。当为 S7200 修改参数后，需要将改动参数的系统块下载至 S7 – 200PLC。每台 S7200 CPU 的默认波特率为 9.6 Kb/s（即 9 600 b/s），默认 PLC 地址为 2。当 PLC 设置地址时，一次只能连接并设置一个 PLC。

注：本驱动不支持 USB 型号的 PC/PPI 电缆，但可以通过 USB PC/PPI 电缆对 PLC 进行通信参数的设置。

4）设备构件参数设置

“西门子_S7200PPI” 子设备参数设置如附图 2 所示。

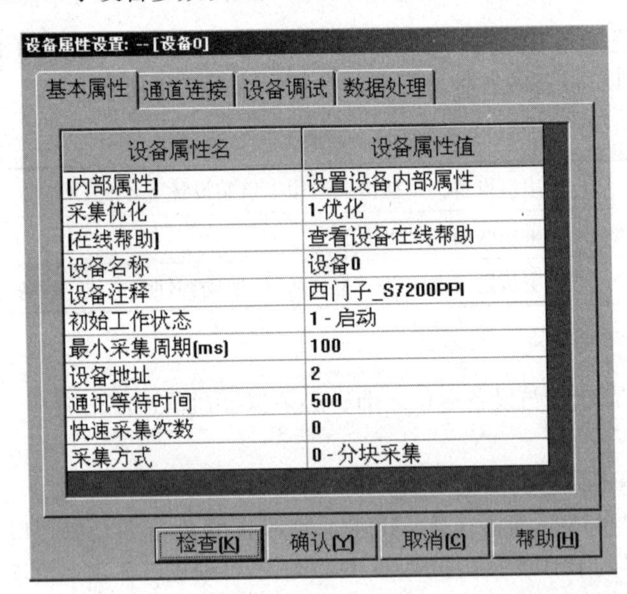

附图 2

（1）内部属性：单击“设置设备内部属性”，进入内部属性，具体设置参看内部属性。

（2）设备地址：PLC 设备地址，可设定范围 1 ~ 31，默认值为 2。

（3）通讯等待时间：通信数据接收等待时间，默认设置为 300 ms，不能设置太小，否则会导致无法通信。

（4）快速采集次数：对选择了快速采集的通道进行快采的频率（不使用，为与老驱动兼容，故保留，无须设置）。

（5）采集方式：

①0－分块采集：表示在每个采集周期只采集一个块；

②不分块采集：表示在每个采集周期采集多个块（不使用，为与老驱动兼容，故保留，无须设置）。

2. 与西门子 S7_300_400MPI 直连

1）设备简介

本驱动构件用于 MCGS 嵌入版组态软件在不使用适配器的情况下直接与西门子 S7_300_400 系列 PLC 设备通信，如附表 3 所示。

附表 3

驱动类型	串口子设备，需挂接在“通用串口设备”下才能工作
通信协议	采用直连通信协议
通信方式	总线模式一对一通信

注：本驱动构件目前只支持一对一的直连通信。

2）硬件连接

MCGS 嵌入版组态软件与设备通信之前，必须保证通信连接及适配器的设置正确。

通信连接方式：McgsTpc 的 RS485 接口的直接与 PLC 编程口连接。

接线图如附图 3 所示。

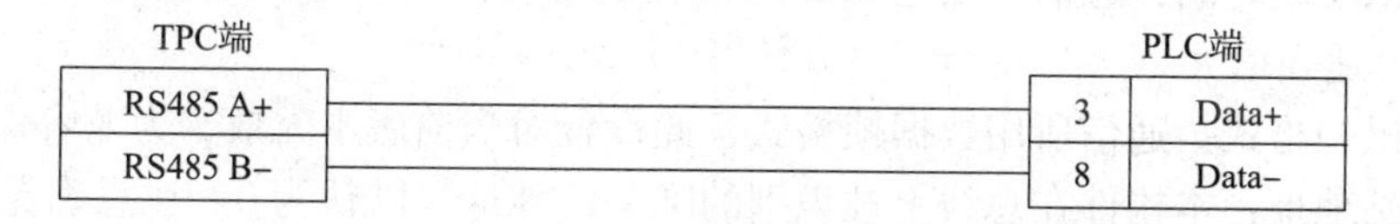

附图 3

3）设备通信参数

“通用串口父设备”通信参数设置如附表 4 所示。

附表 4

设置项	参数项
通信波特率	19 200（默认值）
数据位位数	8
停止位位数	1
奇偶校验位	偶校验

其中父设备通信参数设置应与设备的通信参数相同，否则无法正常通信。

4）设备构件参数设置

“西门子 S7_300_400MPI 直连”子设备参数设置如附图 4 所示。

（1）内部属性：单击“设置设备内部属性”，进入内部属性，具体设置参看内部属性。

（2）PLC 站地址：PLC 站地址，可设定范围 2～126，默认值为 2，设定值与 PLC 设备地址保持一致。

（3）PLC 槽号：PLC 槽号（Rack），可设定范围 0～31，默认值为 2，在和 400 系列 PLC

设备属性名	设备属性值
[内部属性]	设置设备内部属性
采集优化	1-优化
设备名称	设备1
设备注释	西门子S7_300_400MPI直连
初始工作状态	1 - 启动
最小采集周期(ms)	100
PLC站地址	2
PLC槽号	2
PLC机架号	0
通讯响应时间	800
通讯帧格式	0 - 格式A
本站地址	0

附图 4

通信时此属性一般要设定为3。设定值与PLC设备参数保持一致。

（4）PLC机架号：PLC机架号（Slot），可设定范围0～31，默认值为0。此属性一般不用设置。

（5）通讯响应时间：通信初始化MPI适配器的等待延时，默认设置为800 ms，当无法正常通信时可适当增大。

（6）通讯帧格式：通信所用数据帧格式，此设置对当前版本无效，为兼容保留。

（7）本站地址：本构件在总线上被识别的唯一站地址，默认为0。注意确保此地址不与总线上其他设备冲突，否则将无法建立通信。

（8）网络传输率：MPI网络传输率，此项设置对当前版本无效，为兼容保留。

（9）最高站地址：网络中最高的地址，可设置为15、31、63、126，默认为31。要确保MPI网络中所有站的最高站地址都相同。

注：为保证通信质量，若无必要请尽量将最高站地址设置为15或31。

3. 与西门子S7_300/400MPI

1）设备简介

本驱动构件用于MCGS嵌入版组态软件通过MPI适配器读写西门子S7_300/400系列PLC设备的各种寄存器的数据，如附表5所示。

附表 5

驱动类型	串口子设备，需挂接在“通用串口父设备”下才能工作
通信协议	采用西门子MPI协议
通信方式	一主一从的主从通信方式。驱动构件为主，PLC设备为从

2）硬件连接

MCGS嵌入版组态软件与设备通信之前，必须保证通信连接及适配器的设置正确。

通信连接方式：本构件与S7_300PLC通信时，要使用专用的标准西门子MPI适配器（PC-Adapter）与上位机RS232口通信。

MPI 适配器（PC Adapter）的串口通信的波特率可通过适配器上的 DIP 开关进行设置，且必须与上位机 Set PG/PC 中 PC Adapter 的本地连接设置一致。

西门子原厂 MPI 适配器有两种型号，分别为 6ES7 972 - 0CA23 - 0XA0 和 6ES7 972 - 0CA20 - 0XA0。其中 6ES7 972 - 0CA20 - 0XA0 只支持 19 200 的波特率。

注意：部分国内兼容的 MPI 适配器只能支持部分网络传输率及串口通信的波特率，请使用时应注意。建议先使用西门子编程软件 Step7 测试确认一下。

在与 TPC 通信时，有时需要附加通信电缆与适配器器相接，其接线图如附图 5 所示。

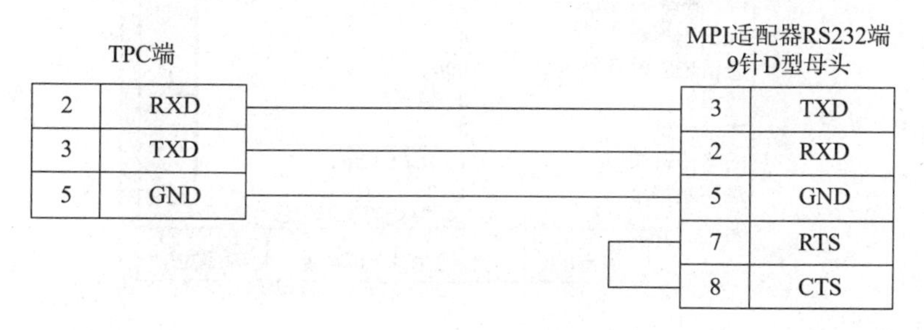

附图 5

注意：TPC RS232 端口与 MPI 适配器之间电缆的最长距离不能超过 15 米。

3）设备通信参数

“通用串口父设备”通信参数设置如附表 6 所示。

附表 6

设置项	参　数　项
通信波特率	38 400、19 200（默认值）
数据位位数	8
停止位位数	1
奇偶校验位	奇校验

其中父设备通信参数设置应与设备的通信参数相同，否则无法正常通信。

4）设备构件参数设置

“西门子 S7_300/400MPI”子设备参数设置如附图 6 所示。

（1）内部属性：单击“设置设备内部属性”，进入内部属性，具体设置参看内部属性。

（2）PLC 站地址：PLC 站地址，可设定范围 2 ~ 126，默认值为 2。

（3）PLC 槽号：PLC 槽号（Rack），可设定范围 0 ~ 31，默认值为 2，在和 400 系列 PLC 通信时此属性一般要设定为 3。

（4）PLC 机架号：PLC 机架号（Slot），可设定范围 0 ~ 31，默认值为 0。此属性一般不用设置。

（5）通讯响应时间：通信初始化 MPI 适配器的等待延时，默认设置为 800 ms，当无法正常通信时可适当增大。

（6）通讯帧格式：通信所用数据帧格式，默认为 0 - 格式 A，与西门子 ProDave 格式兼容（支持 7E 格式）；1 - 格式 B 与 TopServer 格式兼容；2 - 格式 C 与 MCGS 旧嵌入版驱动兼容；3 - 格式 D 与西门子旧版 ProDave5. 1 格式兼容（不支持 7E 格式）。建议使用默认 0 - 格

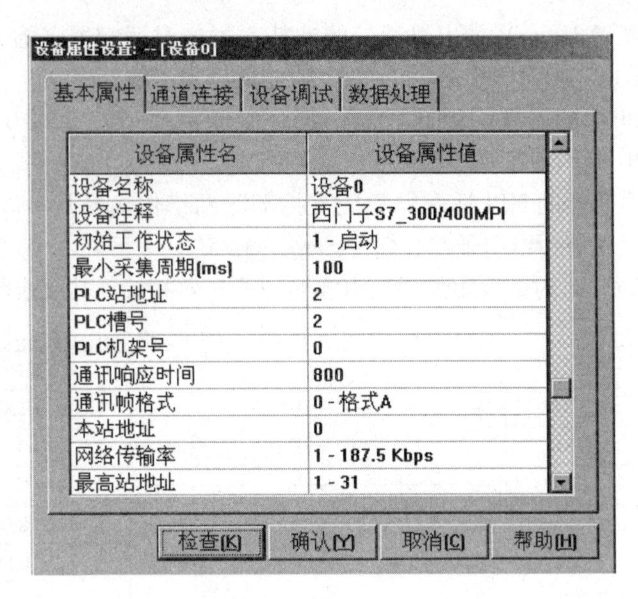

附图 6

式 A，其兼容性最强。

（7）本站地址：上位机的地址，默认为 0，建议设置为 0 或 1。

（8）网络传输率：MPI 网络传输率，可设置为 19.2 Kb/s、187.5 Kb/s、1.5 Mb/s。默认为 187.5 Kb/s。

（9）最高站地址：网络中最高的地址，可设置为 15、31、63、126，默认为 31。要确保 MPI 网络中所有站的最高站地址都相同。

注意：

（1）“网络传输率”和“最高站地址”两项的设置一定要与 PLC 的 MPI 通信设置及 Set PG/PC 适配器属性中的设置相同，并要先确保相应设置 Step7 可以正常通信。一般建议用户分别设置为默认值 187.5K 和 31。另外，“网络传输率”是指 PLC 中设置的 MPI 网络的传输速率，与“通用串口父设备”的串口通信波特率有所区别。

（2）“通讯帧格式”一般情况下使用默认的 0 – 格式 A 即可，其兼容性最强。当使用非原厂的兼容 MPI 电缆在 A 格式无法通信时，可尝试使用其他格式，此时应注意：当选择 1 – 格式 B 和 2 – 格式 C 时，只能在 MPI 网络传输率为 187.5 Kb/s 的情况下才能正常通信。这是由兼容 MPI 电缆决定的，而原厂电缆则不存在此问题。

（3）此驱动与原有老驱动兼容，并默认识别为与旧驱动兼容的 C 格式，但如果用户使用老驱动，因更换为非原厂电缆等原因，导致无法使用格式 C 通信时，应重新添加驱动，并以其他格式尝试，此时通道及变量均需重新连接。

（4）S7_300PLC 的出厂设置是：MPI 地址为 2，槽号为 2；对于 S7_400PLC，其电源可能占用槽号位为 1 ~ 3，所以 CPU 的槽号位置不再是固定值 2。

4. 与西门子 S7_1200

1）设备简介

本驱动构件用于 MCGS 嵌入版组态软件通过 PROFINET 接口读写西门子 S7_1200 系列 PLC 设备的各种寄存器的数据，如附表 7 所示。

附表 7

驱动类型	独立设备，无须添加父设备
通信协议	采用西门子 S7 以太网协议
通信方式	一主一从，多主一从

2）硬件连接

MCGS 嵌入版组态软件与设备通信之前，必须保证通信连接正确。

通信连接方式：采用 RJ－45 网线（直通网线或使用 HUB 交换），RJ45 直通网线接线图如附图 7 所示。

1	TX+	White/Orange	1	RX+
2	TX-	Orange	2	RX-
3	RX+	White/Green	3	TX+
4	BD4+	Blue	4	BD4+
5	BD4-	White/Blue	5	BD4-
6	RX-	Green	6	TX-
7	BD3+	White/Brown	7	BD3+
8	BD3-	Brown	8	BD3-

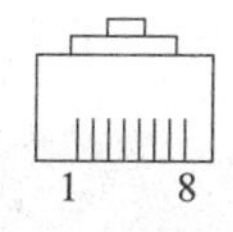

附图 7

3）设备构件参数设置

“Siemens_1200”设备参数设置如附图 8 所示。

设备属性名	设备属性值
[内部属性]	设置设备内部属性
采集优化	1-优化
设备名称	设备0
设备注释	Siemens_1200
初始工作状态	1 - 启动
最小采集周期(ms)	100
TCP/IP通讯延时	200
重建TCP/IP连接等待时间[s]	10
机架号[Rack]	0
槽号[Slot]	2
快速采集次数	0
本地IP地址	200.200.200.138
本地端口号	3000
远端IP地址	200.200.200.113
远端端口号	102

附图 8

(1) 内部属性：单击“设置设备内部属性”，进入内部属性，具体设置参看内部属性。

(2) 槽号 [Slot]：PLC 槽号（Slot），可设定范围 0～31，默认值为 2。

(3) 机架号 [Rack]：PLC 机架号（Rack），可设定范围 0～31，默认值为 0。此属性一般不用设置。

(4) TCP/IP 通讯延时：通信时等待应答帧的延时时间，默认设置为 200 ms，当无法正常通信时可适当增大。

(5) 本地 IP 地址：触摸屏或 PC 的 IP 地址。

(6) 本地端口号：触摸屏或 PC 的端口号，默认为 3000，建议使用 3000 以上的端口号（注意不要使用 1024 以下的端口号，这些端口号为系统保留端口）。

(7) 远端端口号：PLC 端的端口号，默认为 102 即可。

(8) 远端 IP 地址：PLC 端的 IP 地址，具体设置如下：

①打开 SIMATIC_STEP7_Basic_V10_5 编程软件，创建新项目，如附图 9 所示。

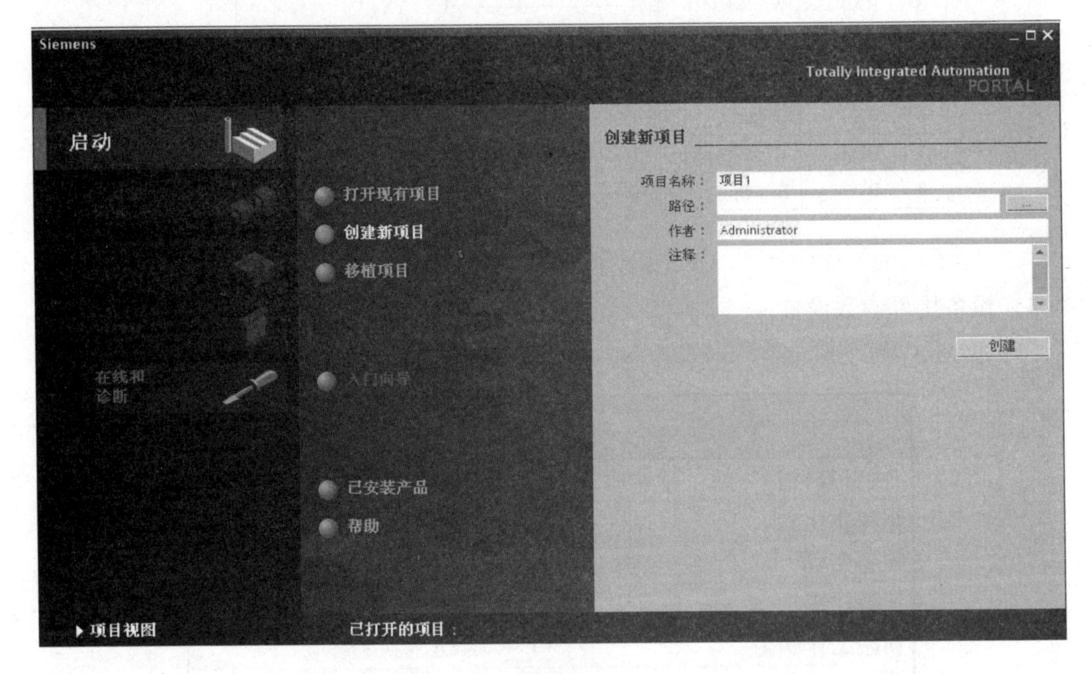

附图 9

②添加西门子 S7_1200，选择实际 PLC 的 CPU 类型，双击确定，如附图 10 所示。

③进入设备视窗，双击工作区的“PROFINET 接口”，再单击巡视窗口中的“以太网地址”，进入 IP 地址设置界面，如附图 11 所示。

以太网地址设置界面如附图 12 所示，IP 地址必须与上位机处于同一个子网，即前三段与上位机的相同，子网掩码设置为 255. 255. 255. 0 即可。

④配置好后，用鼠标右键单击项目树中 PLC 设备，选择“下载到设备”→“硬件配置”命令，如附图 13 所示。

5. 与三菱_FX 系列编程口

1）设备简介

本驱动构件用于 MCGS 嵌入版组态软件通过三菱 PLC 编程口，读取三菱_FX 系列 PLC

附图 10

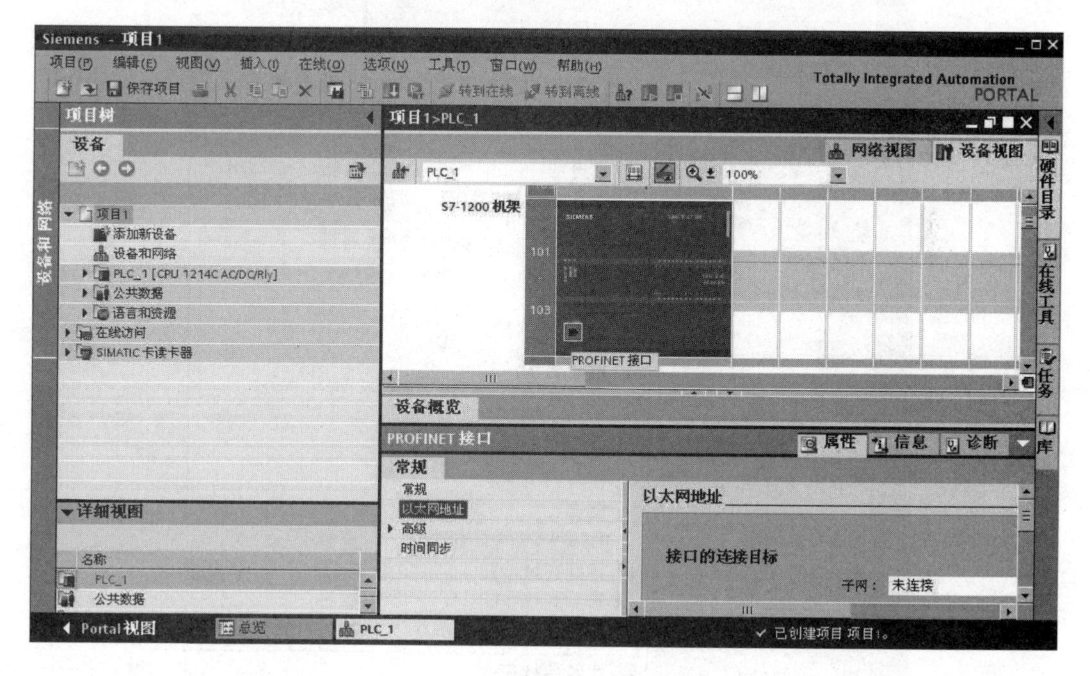

附图 11

设备的各种寄存器的数据，可支持 FX0N、FX1N、FX2N、FX1S、FX3U 等型号的 PLC，如附表 8 所示。

2）硬件连接

MCGS 嵌入版组态软件与设备通信之前，必须保证通信连接正确。

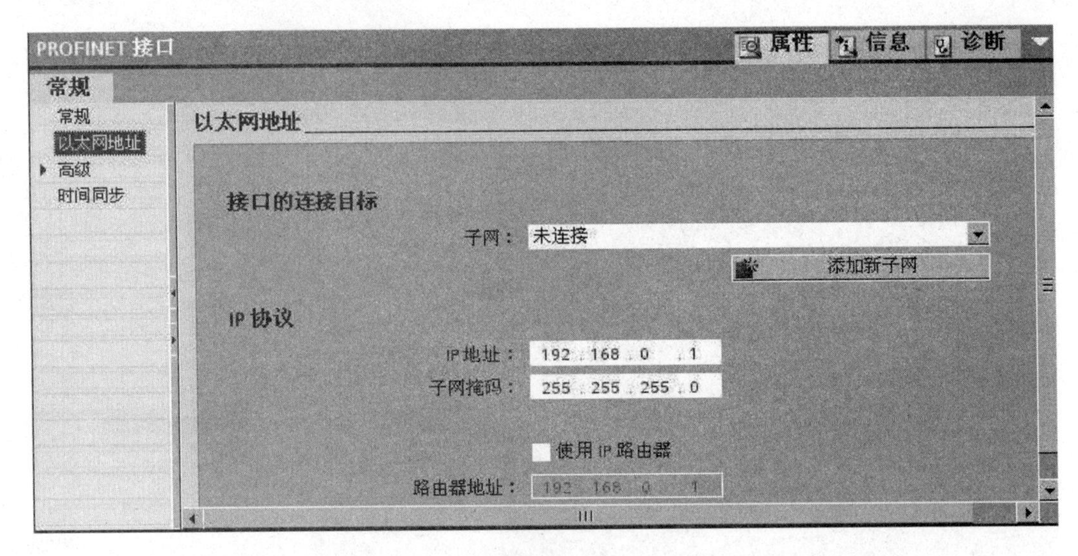
PROFINET 接口
属性
信息
诊断
常规
常规
以太网地址
高级
时间同步
以太网地址
接口的连接目标
子网：
未连接
添加新子网
IP 协议
IP 地址：
192 . 168 . 0 . 1
子网掩码：
255 . 255 . 255 . 0
使用 IP 路由器
路由器地址：

附图 12

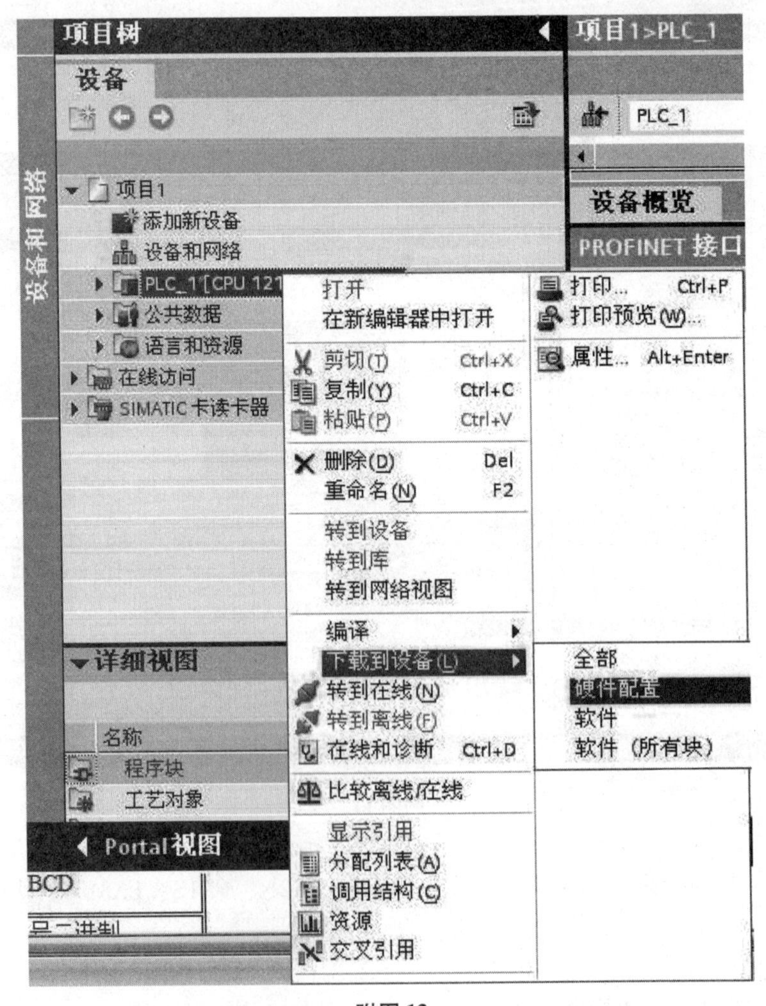
项目树
项目1>PLC_1
设备
项目1
添加新设备
设备和网络
PLC_1 [CPU 121
公共数据
语言和资源
在线访问
SIMATIC 卡读卡器
设备和网络
详细视图
名称
程序块
工艺对象
Portal 视图
设备概览
PROFINET 接口
打开
在新编辑器中打开
剪切(T) Ctrl+X
复制(Y) Ctrl+C
粘贴(P) Ctrl+V
删除(D) Del
重命名(N) F2
转到设备
转到库
转到网络视图
编译
下载到设备(L)
转到在线(N)
转到离线(F)
在线和诊断 Ctrl+D
比较离线/在线
显示引用
分配列表(A)
调用结构(C)
资源
交叉引用
打印... Ctrl+P
打印预览(W)...
属性... Alt+Enter
全部
硬件配置
软件
软件（所有块）

附图 13

附表 8

驱动类型	串口设备，需挂接在“通用串口父设备”下才能工作
通信协议	采用三菱_FX 编程口专有协议
通信方式	一主一从方式，驱动构件为主，PLC 设备为从

通信连接方式：

（1）采用标准三菱 SC－09 的 RS232 口的编程电缆与 PLC 编程口或 422－BD 通信模块通信。

（2）采用自制三菱_FX 编程电缆与 PLC 编程口或 422－BD 通信模块通信，三菱_FX 系列 PLC 编程口实际为 RS422 通信方式，需要通过 SC－09 编程电缆与 TPC 通信，也可考虑自制电缆进行通信。

三菱_FX 系列 PLC 自制简易编程电缆图如附图 14 所示。

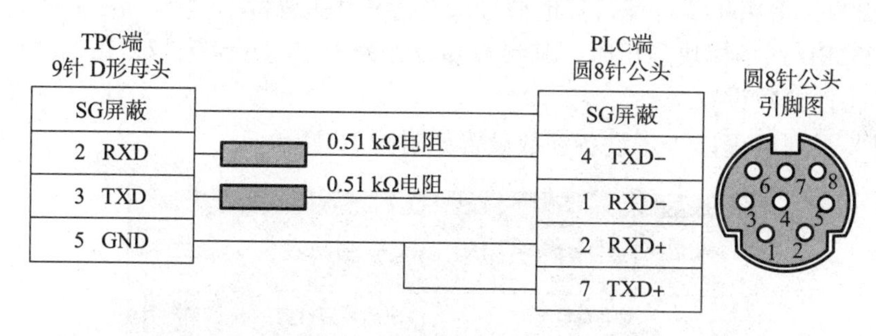

附图 14

三菱_FX 自制编程电缆说明如下：

（1）此电缆适用于所有的 FX 系列 PLC，但建议用户使用 SC－09 编程电缆。

（2）RS232、RS422 均是全双工通信，只是电平信号相反且电压不同。附图 17 中采用 RS422 单边驱动的通信方式，和 RS232 基本相同。

（3）电阻的作用主要是限制电流，防止电流太大烧坏通信端口。

（4）通信的距离约为 15 米，最好采用屏蔽电缆，并接好屏蔽。

（5）不要在两头都带电的情况下插拔编程电缆，以免烧坏通信端口。

232－BD 模块 RS232 通信电缆接线图如附图 15 所示。

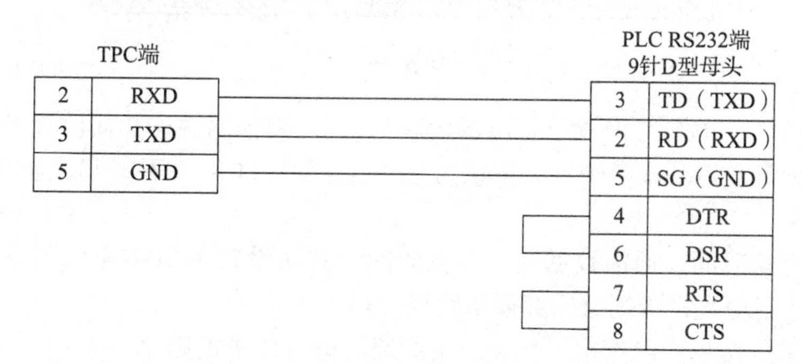

附图 15

3）设备通信参数

“通用串口父设备”通信参数设置如附表9所示。

附表9

设置项	参 数 项
通信波特率	9 600、19 200、38 400
数据位位数	7
停止位位数	1
奇偶校验位	偶校验

串口父设备通信参数设置应根据需要设置为对应值。

注：三菱_FX编程口通讯参数默认为9 600，7，1，偶校验。其中FX1N、FX2N、FX3U可以支持19 200、38 400波特率，其他型号只支持9 600波特率。

当使用232BD通信模块通讯时，其参数要设置为固定的9 600，7，1，偶校验。

4）设备构件参数设置

“三菱_FX系列编程口”子设备参数设置如附图16所示。

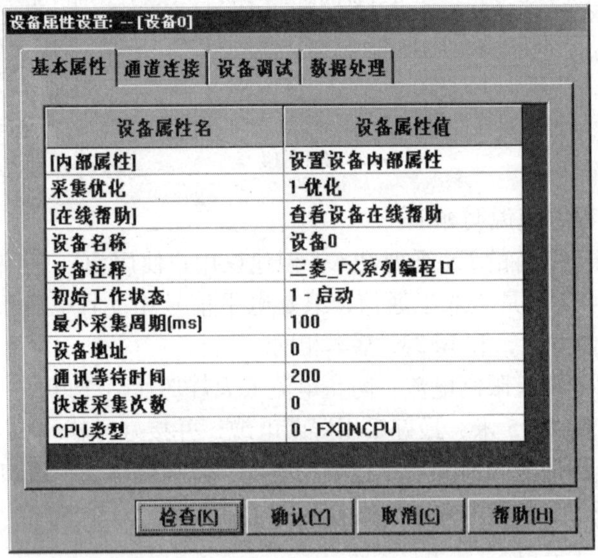

设备属性设置：--[设备0]

基本属性 通道连接 设备调试 数据处理

设备属性名	设备属性值
[内部属性]	设置设备内部属性
采集优化	1-优化
[在线帮助]	查看设备在线帮助
设备名称	设备0
设备注释	三菱_FX系列编程口
初始工作状态	1 - 启动
最小采集周期(ms)	100
设备地址	0
通讯等待时间	200
快速采集次数	0
CPU类型	0 - FX0NCPU

检查(K) 确认(Y) 取消(C) 帮助(H)

附图16

（1）内部属性：单击“设置设备内部属性”，进入内部属性，具体设置参看内部属性。

（2）设备地址：PLC设备地址，默认为0，三菱编程口为RS232/422通信方式，不需要进行地址的设置。

（3）通讯等待时间：通信数据接收等待时间，默认设置为200 ms，当采集数据量较大时，设置值需适当增大，否则会引起通信跳变。

（4）快速采集次数：对选择了快速采集的通道进行快采的频率。

（5）CPU类型：用户使用PLC的型号，0为FX0N，1为FX1N，2为FX2N，3为FX1S，4为FX3U，用户需根据所用PLC型号作相应选择。

注意：X、Y 寄存器地址为八进制（即逢 8 进 1），在添加寄存器时，地址要添加为转换成十进制后的地址。

例如：当选择 Y 寄存器，填入地址值为十进制的 10 时，添加后的通信信息为“读写 Y00012”。

6. 与欧姆龙 HostLink PLC

1）设备简介

本驱动构件用于 MCGS 嵌入版组态软件通过 HostLink 串口读写欧姆龙 PLC 设备的各种寄存器的数据。

本驱动构件支持欧姆龙 C、CV、CS/CJ、CP 系列部分型号的 PLC，如附表 10 所示。

附表 10

驱动类型	串口子设备，需挂接在“通用串口设备”下才能工作
通信协议	采用欧姆龙 HostLink（C-Mode）协议
通信方式	一主一从、一主多从方式，驱动构件为主，设备为从

2）硬件连接

MCGS 嵌入版组态软件与设备通信之前，必须保证通信连接正确。

通信连接方式如下：

(1) 采用欧姆龙串口编程电缆与 PLC 的 HostLink 串口或 RS232 扩展串口通信。HostLink 串口或 RS232 扩展口接线图如附图 17 所示。

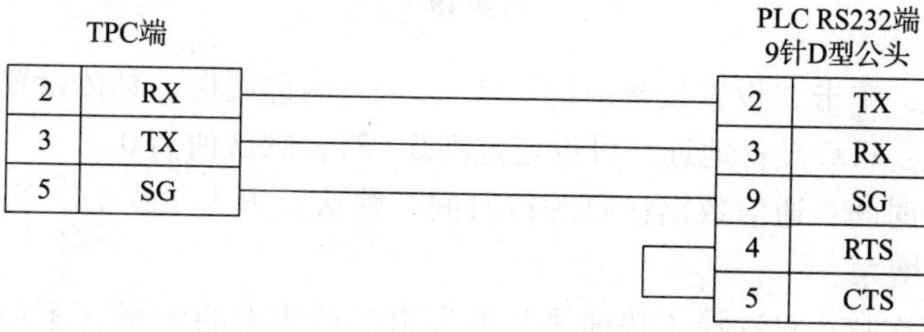

TPC端

2	RX
3	TX
5	SG

PLC RS232端
9针D型公头

2	TX
3	RX
9	SG
4	RTS
5	CTS

附图 17

注：通信扩展板及部分型号的 PLC 引脚定义与此有所不同，具体查看相应手册确认接线方式，并参照其说明进行接线。

(2) 采用 RS422 方式与 PLC 的 RS422 扩展通信板通信，通信电缆接线参见相应硬件连接手册。

3）设备通信参数

“通用串口父设备”通信参数设置如附表 11 所示。

附表 11

设置项	参　数　项
通信波特率	4 800、9 600（默认值）、19 200、38 400、57 600、115 200
数据位位数	7（默认值）、8
停止位位数	1、2（默认值）
奇偶校验位	无校验、奇校验、偶校验（默认值）

父设备通信参数设置应与设备的通信参数相同，默认为：9600，7，2，E（偶校验），不同型号的PLC有所不同，用户可根据需要进行设置，建议在通信速度要求较高时设置为38400，7，2，E或PLC所支持的更高波特率进行通信。

4）设备构件参数设置

“扩展OmronHostLink”子设备参数设置如附图18所示。

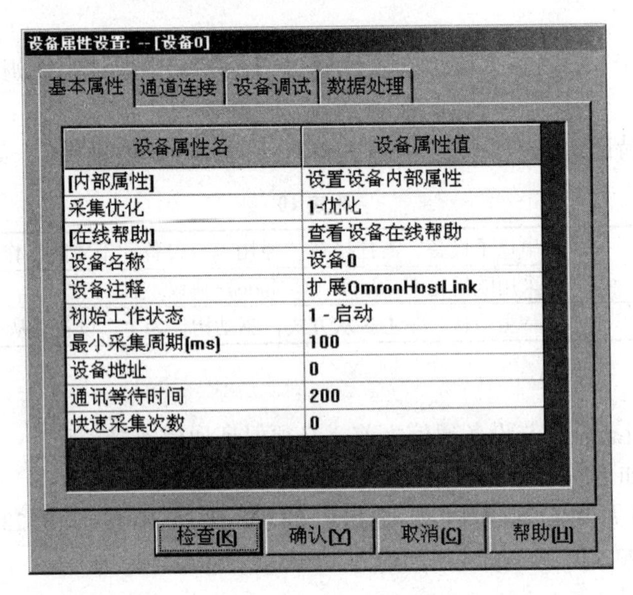

附图18

（1）内部属性：单击“设置设备内部属性”，进入内部属性，具体设置参看内部属性。

（2）设备地址：PLC设备地址，可设定范围0~31，默认值为0。

（3）通讯等待时间：通信数据接收等待时间，默认设置为200 ms，当采集数据量较大时，设置值可适当增大。

（4）快速采集次数：对选择了快速采集的通道进行快采的频率（不使用，为与老驱动兼容，故保留，无须设置）。

7. 与台达DVP系列PLC

1）设备简介

本驱动构件用于MCGS嵌入版组态软件通过台达PLC串口通信模块，读取台达DVP系列PLC设备的各种寄存器的数据，可支持ES/SS/EX等型号PLC的串口通信模块，如附表12所示。

附表12

驱动类型	串口设备，需挂接在“通用串口父设备”下才能工作
通信协议	采用台达DVP_PLC协议
通信方式	一主一从、一主多从方式，驱动构件为主，设备为从

2）硬件连接

MCGS嵌入版组态软件与设备通信之前，必须保证通信连接正确。

通信连接方式如下：

（1）采用 RS232 方式与 PLC 的 RS232 编程口通信。编程通信电缆接线如附图 19 所示。

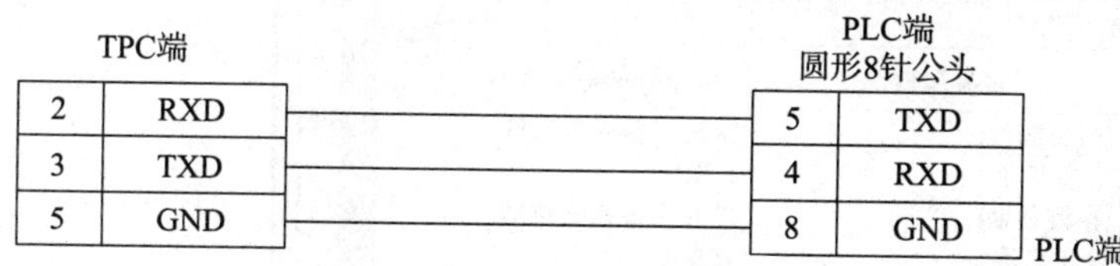

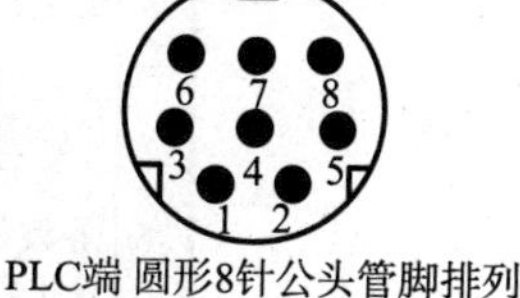

附图 19

（2）采用 RS485 方式与 PLC 的 RS485 扩展通信口通信，通信电缆为标准 RS485 连接方式，如附图 20 所示。

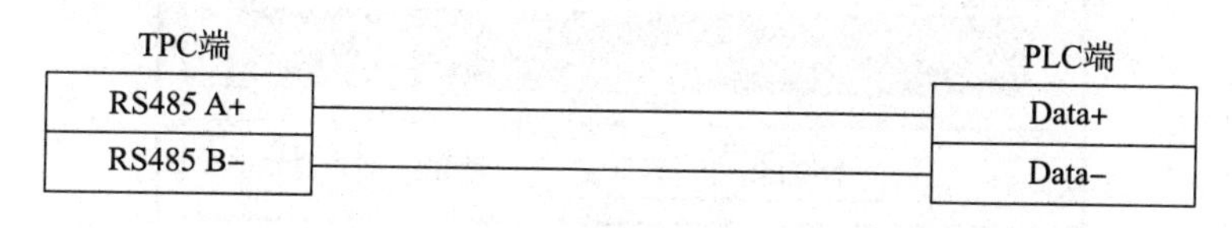

附图 20

3）设备通信参数

“通用串口父设备”通信参数设置如附表 13 所示。

附表 13

设置项	参　数　项
通信波特率	9 600
数据位位数	7
停止位位数	1
奇偶校验位	偶校验

注：父设备通信参数设置应与设备的通信参数相同，默认为：9600，7，1，E（偶校验）。

4）设备构件参数设置

“台达 DVP 系列 PLC”子设备参数设置如附图 21 所示。

（1）内部属性：单击“设置设备内部属性”，进入内部属性，具体设置参看内部属性。

（2）最小采集周期：通信一次所用最少时间，默认设置为 100 ms，此处可以设置为 20 ms，以提高采集速度。

（3）设备地址：PLC 设备地址，可设定范围 1 ~ 255，默认地址为 1。

（4）通信等待时间：通信数据接收等待时间，默认设置为 200 ms，当采集速度要求较高或数据量较大时，设置值可适当减小或增大。

（5）快速采集次数：对选择了快速采集的通道进行快采的频率（在本驱动中不起作用，无须设置）。

8. 与松下 FP 系列 PLC

1）设备简介

本驱动构件用于 MCGS 嵌入版组态软件通过松下 FP 通信口读写 PLC 设备的各种寄存器的数据，如附表 14 所示。

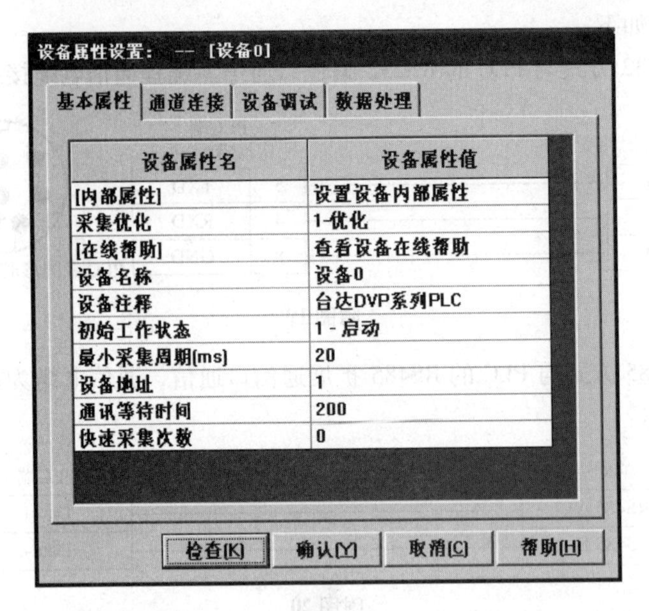

附图 21

附表 14

驱动类型	串口设备，需挂接在“通用串口父设备”下才能工作
通信协议	采用松下 Mewtocol-COM 协议
通信方式	一主一从、一主多从方式，驱动构件为主，设备为从

2）硬件连接

MCGS 嵌入版组态软件与设备通信之前，必须保证通信连接正确。

通信连接方式：采用松下串口编程电缆与 PLC 的 RS232 串口通信，如附图 22 所示。

TPC端

3	TXD
2	RXD
5	GND

PLC端
5针圆行公头

3	RXD
2	TXD
1	GND

4 2 1 5 3
5针圆形公头管脚排列

附图 22

3）设备通信参数

“通用串口父设备”通信参数设置如附表 15 所示。

附表 15

设置项	参　数　项
通信波特率	9 600（默认值）
数据位位数	8
停止位位数	1（默认值）
奇偶校验位	奇校验

其中父设备通信参数设置应与设备的通信参数相同，默认为：9600，8，1，无校验。

4）设备构件参数设置

“松下 FP 系列通讯口”子设备参数设置如附图 23 所示。

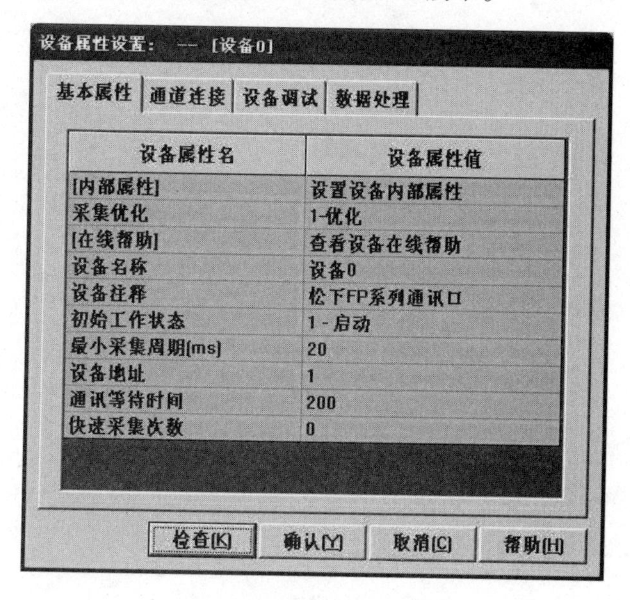

附图 23

（1）内部属性：单击“设置设备内部属性”，进入内部属性，具体设置参看内部属性。

（2）设备地址：PLC 设备地址，默认值为 0。

（3）通讯等待时间：通信数据接收等待时间，默认设置为 200 ms，当采集数据量较大时，设置值可适当增大。

（4）快速采集次数：对选择了快速采集的通道进行快采的频率。